재미있는

전파항해학

재미있는

전파항해학

초판1쇄 발행 2017년 11월 9일
초판2쇄 발행 2021년 2월 15일
초판3쇄 발행 2023년 8월 30일

지은이 최창묵 고광섭
펴낸이 이길안
펴낸곳 세종출판사

주소 부산광역시 중구 흑교로 71번길 12 (보수동2가)
전화 463－5898, 253－2213~5
팩스 248－4880
전자우편 sjpl5898@daum.net
출판등록 제02-01-96

ISBN 979-11-5979-177-2 93550

정가 29,000원

재미있는

전파항해학

| 최창묵 · 고광섭 저 |

세종출판사

머리말

항해학은 한자로 航(배항) 海(바다해) 學(학문학)으로 '배와 바다에 관한 학문' 이라는 의미를 가지며, 영어로는 Navigate의 명사형인 Navigation으로 라틴어의 navigere에서 유래되어 '선박(navis)을 움직이다(agere)'는 의미를 가지고 있어 '선박의 움직임에 관한 학문'이라 할 수 있습니다.

그러나 현재는 과학기술의 발달로 인하여 항해의 범위가 선박에만 국한되지 않으며 자동차, 항공기, 우주선까지 확대되었고 육상의 물표를 관측하는 지문항해부터 시작하여 천문항해, 전파항해로 발전되어 왔습니다.

특히, 전파항해는 기상이 좋지 않아 시계가 불량한 날에도 전파가 도달하는 유효범위 내에서 언제든지 신속하고 정확하게 위치를 산출할 수 있다는 장점으로 널리 이용되고 있으며, 위성항법은 활용분야가 국방, 교통, 해양, 항공을 비롯하여 길 찾기, 위치기반서비스(LBS) 등 일반인들에게 널리 보급되면서 위성항법시스템 없이는 사실상 생활이 불가능할 정도로 우리 생활 깊숙이 자리 잡고 있습니다.

이러한 시대적 상황을 반영하여 저자는 해군사관학교 사관생도 및 해양계 대학교 학생, 일반대학 군사학과 학생, 바다에 관심이 있는 독자들이 항해학에 대하여 보다 재미있게 공부할 수 있도록 『재미있는 항해학개론』에 이여 『재미있는 전파항해학』 교재를 집필하였습니다.

『재미있는 전파항해학』은 이렇게 다릅니다.!

하나. 재미있게 만들었습니다.

복잡하고 전문적인 수식이나 용어를 이야기 중심으로 쉽게 설명하여 독자들이 재미있게 읽을 수 있도록 작성하였습니다.

둘. 전파항해학 분야를 빠짐없이 수록하였습니다.

광범위한 전파항해학 분야를 전파항해학의 이해부터 시작하여 항해 오차원, 좌표체계, 레이더 항법, 지상파 항법시스템, 위성항법시스템, 위성항법보정시스템, 또한 최근에 이슈화된 위성항법의 취약성 및 대책까지 빠짐없이 기록하여 단계적 교육이 가능하도록 작성하였습니다.

셋. 교육효과를 높이고자 체크 포인트를 두었습니다.

교재 내용에 '해설', '이것만은 알아둡시다' 란을 추가하여 독자의 이해도 향상과 중요부분을 강조하기 위해 노력하였습니다.

바다와 해군에 큰 뜻을 품은 젊은이들이 『재미있는 전파항해학』을 통해 미래 설계에 작은 보탬이 되기를 간절히 기원합니다.

2017년 가을
진해 옥포만에서 바다를 보며...
저자 씀

목 차

1장
전파항해학의 이해

제1장
전파항해학의 이해

제1절 항해학이란 무엇인가?

항해학은 크게 사전적 의미와 광의적 의미, 협의적 의미로 구분된다.

항해학의 사전적 의미는 한자와 영어로 구분되며, 항해학을 한자로 풀이할 때 航(배항) 海(바다해) 學(학문학)으로 '배와 바다에 관한 학문' 이라는 의미를 가진다. 또한 항해학은 영어로 Navigate의 명사형인 Navigation으로 사용하며, Navigate는 라틴어의 navigere에서 유래하였다. navigere는 'navis'와 'agere'의 합성어로 navis는 '선박', agere는 '움직이다'는 의미를 가지고 있다. 즉, 선박의 움직임에 관련한 학문이라고 풀이된다. 항해학의 광의적 의미는 "한 장소에서 다른 장소로 선박, 항공기, 우주선 및 자동차 등을 안전하고 경제적인 방법으로 운항하는 기술과 학리(學理)를 배우는 과학이다."라고 정의한다. 이와 같이 항해학의 광의적 의미는 운반수단을 선박에 국한하지 않고 항공기, 우주선 및 자동차 등 다양하게 정의하고 있다.

마지막으로 항해학의 협의적 의미는 "선박을 한 장소에서 다른 장소로 항행시키는 과정에서 필요한 선박의 위치, 방향, 거리를 결정하는 방법과, 이에 관계되는 사항을 다루는 기술 및 과학" 이라고 할 수 있다. 즉, 운반수단을 선박으로 국한한 것이다.

항해학 의미! 이것만은 알아둡시다!

1 **사전적 의미** : navis(선박) + agere(움직이다) / 선박의 움직임에 관한 학문
2 **광의적 의미** : 다양한 운반수단(선박, 항공기, 우주선 및 자동차 등)을 안전하고 경제적인 방법으로 운항하는 기술과 학리를 배우는 학문
3 **협의적 의미** : 선박을 한 장소에서 다른 장소로 이동시키는 과정에서 관련된 사항을 다루는 기술 및 과학

제2절 항해학의 분류

항해학은 지문항해, 천문항해, 전파항해로 분류된다. 과거에는 지문항해와 천문항해를 주로 사용되었으나, 최신 전파를 이용한 항해장비의 발달로 정확한 위치 측정이 가능하여 전파항해는 오늘날 항해하는 선박의 중요부분을 담당하게 되었으며, 그에 따라 천문항해의 중요성은 떨어지고 전파항해의 중요성이 높아지고 있다. 본 절에서는 항해학을 분류하여 지문항해, 천문항해, 전파항해를 간략히 설명하도록 하겠다.

1. 지문항해(地文航海, Geo navigation)

지문항해는 地(땅, 육지 지) 文(글월, 학문 문) 航(배 항) 海와(바다 해)로 풀이되며, 육안을 이용하여 지형지물의 특성을 보고 위치를 파악하며 해도상에 위치를 기입하며 항해하는 방법이다. 과거 두려움 속에서 수평선 너머를 항해할 수 없었을 때에 가장 먼저 시작되었다.

지문항해는 크게 연안항해와 추측항해로 구분된다. 연안항해는 육지의 물표, 항로표지 등 보이는 목표 물표를 이용하여 이들의 방위 또는 방위와 거리를 이용하여 얻어진 위치선들을 교차시켜 선위를 결정하고 침로를 정하는 방법으로 <그림 1-1>과 같다. 때에 따라서는 수심을 일정한 간격으로 연속 측정하고 해도 수심과 비교하여 선위 결정에 이용하기도 한다. 연안항법으로 결정된 위치는 실측위치가 된다.

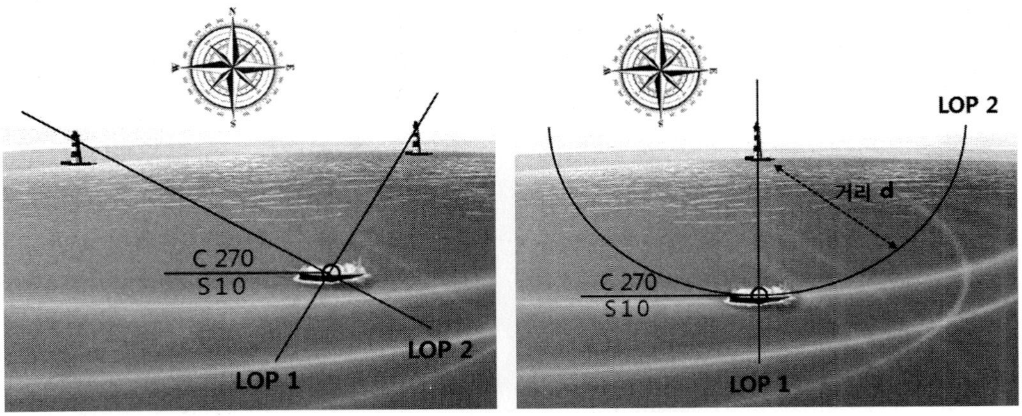

(a) 방위에 의한 위치선(LOP)　　(b) 방위와 거리에 의한 위치선(LOP)

〈그림 1-1〉 지문항해 시 위치측정 개념

추측항해는 최근의 실측위치를 기준으로 그 후 함정의 침로와 속력을 통해 선박이 있을 것이라 예상되는 위치를 구하는 방법으로 해류, 조류, 파도 등 외력을 고려하지 않는 특징이 있어 추측항해를 통해 결정된 위치는 실측위치가 아니다.

2. 천문항해(天文航海, Celestial Navigation)

천문항해는 天(하늘, 천체 천) 文(글월, 학문 문) 航(배 항) 海(바다 해)로 풀이 된다. 즉, 항해를 함에 있어 하늘(천체)을 이용하는 것이라 할 수 있다. 천문항해는 인간이 관심과 열정을 기울였던 과학 중 가장 오래된 분야 중 하나이다.

원시 시대에 생활하던 사람들은 하늘을 바라보며, 하루하루 다르게 이동하는 천체를 관측하였으며, 오랜 기간 동안 경험과 직감을 통해 천체를 이해하게 되었다.

따라서 밤에는 지구의 자전축(Axis, 진북의 방향) 상에 존재하는 북극성(폴라리스)을 향해 지표로, 낮에는 태양을 향해 지표로 <그림 1-2>처럼 항해자가 바다 한가운데에서도 목표 방향을 설정할 수 있도록 하였으며 이를 천문항해라고 한다.

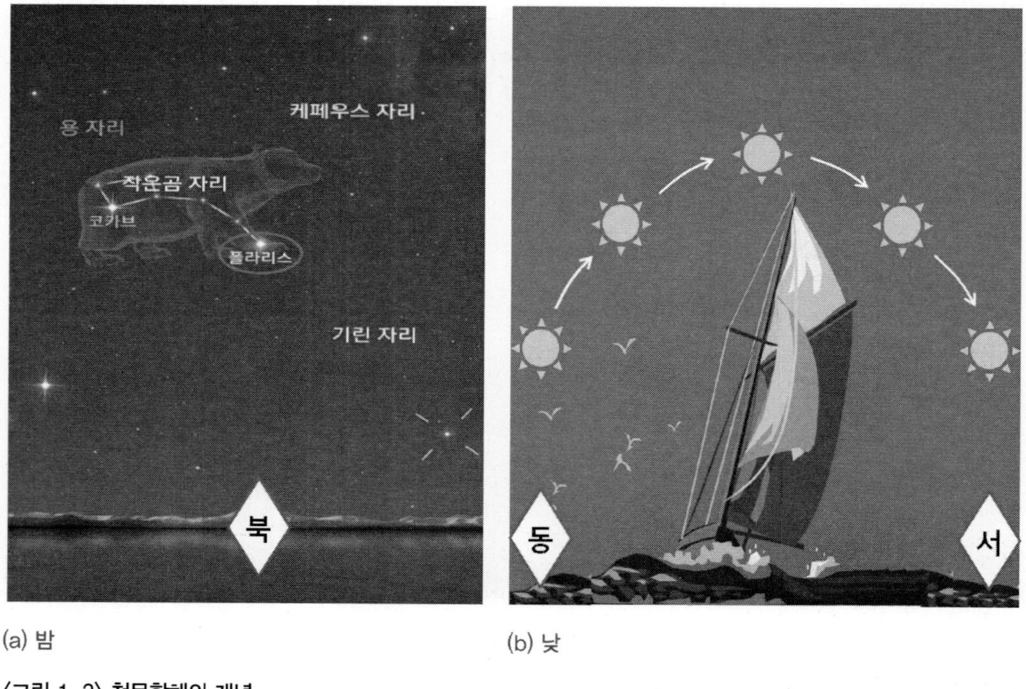

(a) 밤 (b) 낮

〈그림 1-2〉 천문항해의 개념

3. 전파항해(電波航海, Electronic Navigation)

전파항해는 電(번개, 전기 전) 波(물결 파) 航(배 항) 海(바다 해)로 풀이된다. 즉, 전파를 이용한 항해 장비를 사용하여 배의 위치를 산출하며 항해하는 방법이다. 전파는 19세기 후반에 발견되어 직진성, 등속성, 반사성이 있다는 특징을 이용하여 항법 등 다양한 응용분야에 이용되고 있다. 즉, 과거에는 육상의 물표나 천체를 이용하여 선위를 산출하였지만, 20세기에 들어오면서 전파를 이용한 과학기술이 급속도로 발달하여 먼 바다에서 배의 위치를 알 수 있는 방법이 제안되고 실현되었다.

전파항해는 기상이 좋지 않아 시계(視界)가 불량한 날에도 전파가 도달하는 유효거리 내에서 언제든지 신속하고 정확하게 선위를 산출할 수 있다는 점에서 더욱 널리 이용되고 있다. 전파항해 장비는 레이더(RADAR : Radio Detecting and Ranging), 로란, 무선방위탐지기(RDF : Rdio direction finding), 위성항법장치 등이 있다.

최근에는 전파항해가 컴퓨터 기술과 융합하여 전자항해라는 용어로 사용되기도 한다.

이것만은 알아둡시다! 항해의 분류!

1 **지문항해** : 지형지물을 이용 선박의 위치를 결정, 해도상 기점(추측, 연안항해)
2 **천문항해** : 천체를 관측하여 선박의 위치 결정(북극성, 별 이용)
3 **전파항해** : 전파를 이용한 항해장비를 사용하여 선박의 위치 결정(Radar, GPS 등)

제3절 전파항법의 종류

1. 무선방위탐지기를 이용한 항법

전파항법은 전파의 성질(직진성, 등속성, 반사성)을 이용하여 얻어진 정보를 가지고 선위를 측정하여 목적지를 찾아가는 항법으로 가장 먼저 적용된 것은 무선표지국의 신호를 받아 무선방향탐지기를 이용하는 항법이다.

무선방향탐지기는 방위각 눈금과 지향성 안테나 장치를 결합한 무선수신 장치로서, <그림 1-3>과 같이 육상송신국인 무선표지국으로부터 전파가 전파되어 오는 방위를 측정하여 방위 또는 위치를 결정하였다.

1960년대 운용이 시작되었으며 초기에는 기상에 관계없이 사용할 수 있다는 장점으로 각광을 받았으나 이후 쌍곡선 항법장치가 개발되어 사용빈도가 낮아지고 선박 탑재규정이 삭제되었다. 현재는 일부 무선표지국에서 DGPS 시스템의 신호를 송출하고 있다.

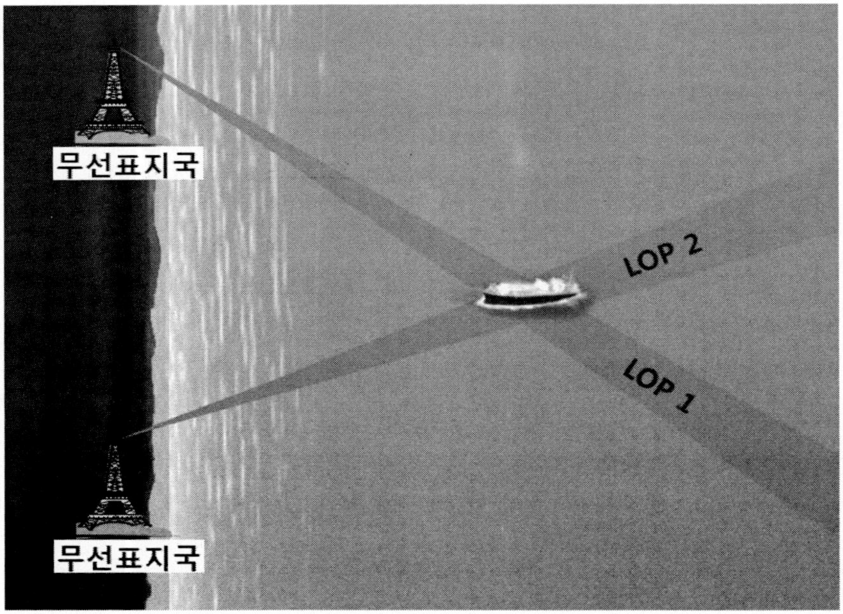

〈그림 1-3〉 무선방위탐지기를 이용한 항법

2. 레이더 항법

레이더항법은 선박이 항해 중 레이더를 이용하는 항법을 말하며, 전파항법의 범주라 할 수 있다. 레이더는 전파를 이용하여 물표를 탐지하고 그 방향과 거리를 측정하는 장비로써 1934년 영국에서 처음으로 군용레이더가 개발된 이래로 제2차 세계대전을 거치며 빠른 성장을 거듭하여 현재에 이르고 있다. 현재의 레이더는 PPI(Plan Position Indicator) 영상방식으로 <그림 1-4>처럼 영상 판독이 X-lay 사진을 보는 것과 유사하여 운용을 위한 전문교육이 필요하다.

레이더를 항해에 이용할 경우 크게 두 가지로 나누어지며, 첫 번째는 선위의 결정, 두 번째는 충돌예방이다. 또한 선위를 결정할 경우는 다시 직접이용법과 간접이용법으로 구분된다. 연안이나 좁은 협수로를 항해할 경우는 주위의 정세 변화가 매우 빠르기 때문에 상대방위 표시방법으로 직접 레이더 화면을 보면서 직접이용법으로 항해하는 것이 유리하고, 그렇지 않은 경우에는 진방위 표시방법으로 레이더로 물표의 방위, 거리를 이용하여 구해진 위치선을 플로팅하여 항해하는 간접이용법이 유리하다.

최근에는 레이더를 전자해도표시시스템(ECDIS ; Electronic Chart Display and Information System)과 자동식별시스템(AIS ; Automatic Identification System)을 연동하여 더욱 편리하게 항해하고 있다.

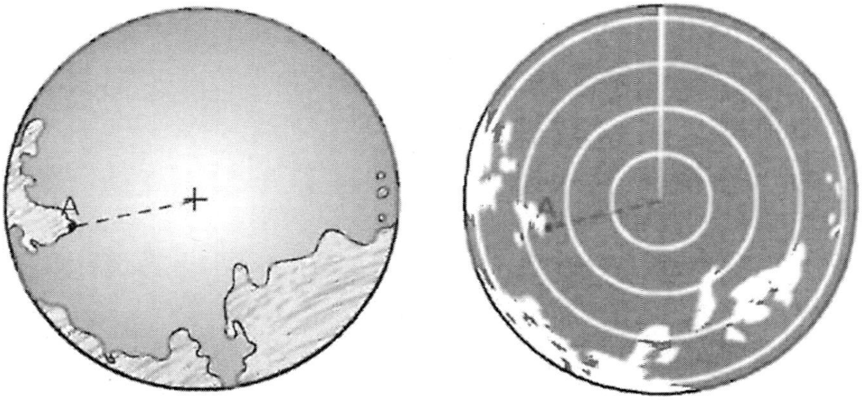

(a) 실제화면　　(b) 레이더 화면

〈그림 1-4〉 레이더 화면 [출처 : 세상을 바꾼 항해술의 발달]

3. 쌍곡선 항법

쌍곡선 항법은 "두 점으로부터의 거리차가 일정한 점들의 자취는 쌍곡선이다"는 원리를 이용한 것으로 <그림 1-5>와 같이 A점(주국 : Master)과 B점(종국 : Slave)의 전파 도달 시간차로 인해 첫 번째 쌍곡선(LOP 1)이 결정되고 A점과 C점(종국 : Slave)의 전파 도달 시간차로 인해 두 번째 쌍곡선(LOP 2)이 결정되면 두 쌍곡선의 교점이 선박의 위치가 된다.

쌍곡선 항법장치로는 로란-A, 로란-C, 오메가, 데카가 있었으나 위성항법의 등장으로 모두 중단되었으며, 일부 지역의 로란-C만이 작동하고 있다. 그러나 이 시스템마저도 eLoran이란 시스템으로 발전하고 있다. eLoran은 위성항법의 취약성에 대한 대체항법시스템 개념으로 등장하였으며 위치측정 원리는 <그림 1-6>과 같이 로란-C의 측위원리를 변경하여 송신국에서 신호의 도착시간을 계산하고 오차를 보정하여 정확도를 향상시키는 차세대 항법시스템이다.

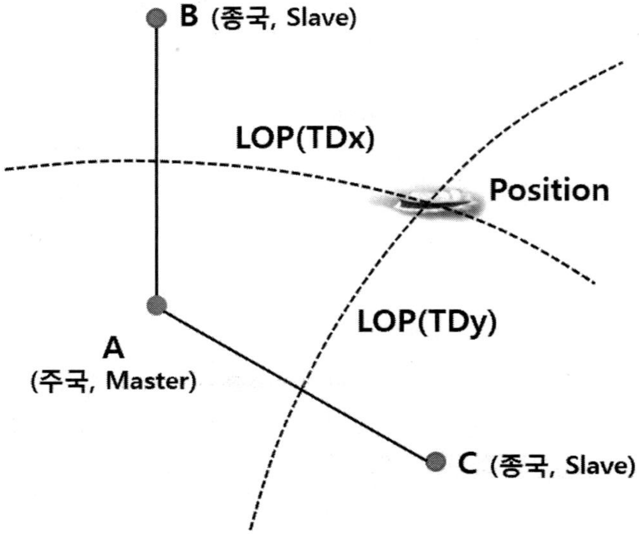

〈그림 1-5〉 쌍곡선 항법

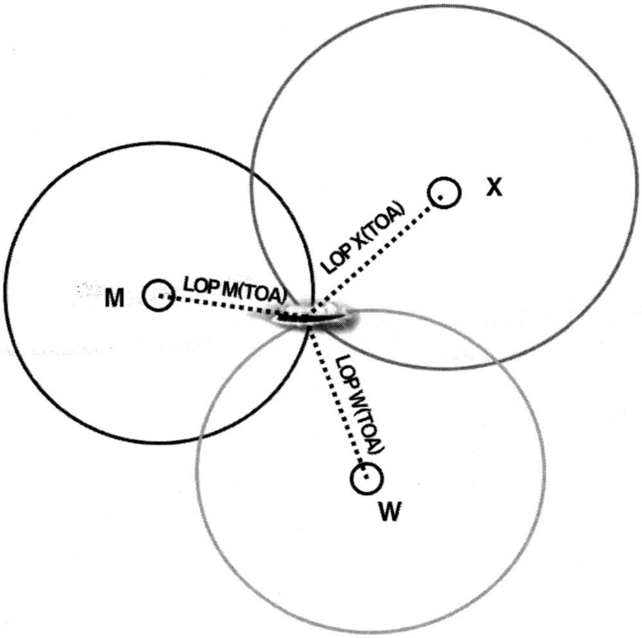

〈그림 1-6〉 eLoran 항법

4. 위성항법

1957년 구소련의 스퓨토닉 1호 인공위성 발사 성공에서 시작된 우주개발기술은 그 응용분야의 하나로 인공위성을 이용하여 위치를 구하는 항법기술의 촉진을 가져왔고, 이 항법을 위성항법이라 부르고 있으며 이것은 전파항법의 범주라 할 수 있다. 위성항법시스템은 전세계적인 규모의 측위 시스템이라 GNSS(Global Navigation Satellite System)라 불리고, 세계적으로 미국의 GPS, 러시아의 GLONASS가 운용되고 있으며, EU의 Galileo, 중국의 COMPASS 등이 구축 중에 있다. GNSS는 국제해사기구(IMO ; International Maritime Organization) 등 국제기구가 공식으로 채택한 용어로서 "인공위성을 이용한 항법 방식을 일반적으로 부르는 용어"이다.

위성항법시스템의 측위원리는 <그림 1-7>과 같이 위성으로부터 전파신호를 받아 위성과 사용자간의 의사거리(pr ; pseudorange)를 계산하여 위치를 결정한다. 3차원으로 정확하게 위치를 산출하려면 4개 이상의 위성으로부터 신호를 수신하여야 하며 위치 정확도는 10m 내외이다.

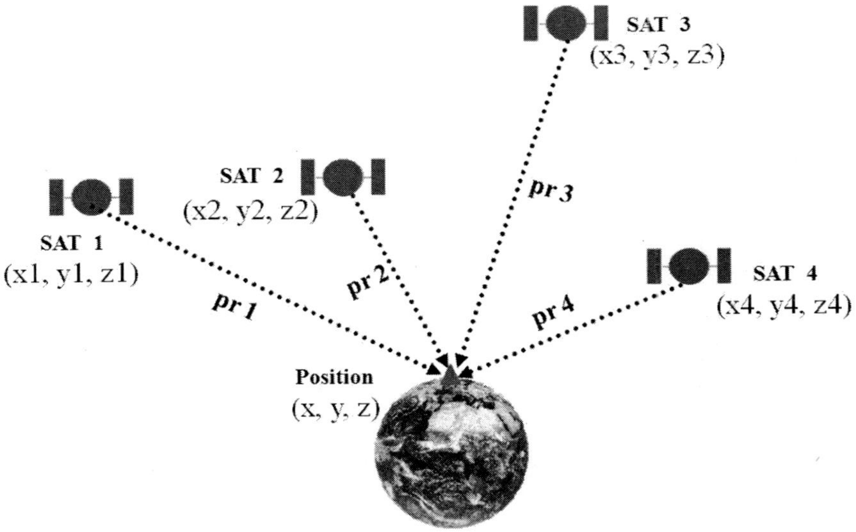

〈그림 1-7〉 위성항법 측위 원리

5. 위성항법보정시스템을 이용한 항법

위성항법시스템은 위성신호에 포함된 위성시계오차, 위성궤도오차, 전리층 지연, 대류권 지연 등의 오차로 인하여 아직까지 선박의 협수로 항해나 항만내의 운항, 항공기의 이착륙, 도심에서의 차량항법 및 정밀 측위가 필요한 많은 분야에서 요구되는 정확도, 지속성 등을 충족시키기에는 다소 부족하다. 따라서 각국에서는 위성항법보정시스템(DGNSS; Differential GNSS)들을 개발하여 운용하고 있다.

위성항법보정시스템의 핵심은 위성항법시스템의 위성신호에 포함된 오차를 계산하여 보정정보로 송신하면 위성항법보정시스템 사용자의 수신기에서 오차를 제거하여 사용함으로써 위치 정확도를 개선함은 물론, 모니터링 및 레인징(Ranging) 서비스로 인하여 무결성과 지속성 향상에 도움을 주며, 운용방법에 따라 <그림 1-8>과 같이 위성을 이용하여 보정해주는 위성기반 보정시스템(SBAS; Space Based Augmentation System)과 지상기지국을 이용하여 보정해주는 지상기반 보정시스템(GBAS; Ground Based Augmentation System)으로 구분된다.

위성기반 보정시스템(SBAS)은 미국의 WAAS(Wide Area Augmentation System), 유럽의 EGNOS(European Geostationary Navigation Overlay Service), 일본의 MSAS(Multifunctional Sallite Augmentation System), 인도의 GAGAN(GPS Aided GEO Augmented Navigation) 등이 있고 지상기반 보정시스템(GBAS)은 해상용 DGPS, Eurofix, LAAS(Local Area Augmentation System) 등이 있다.

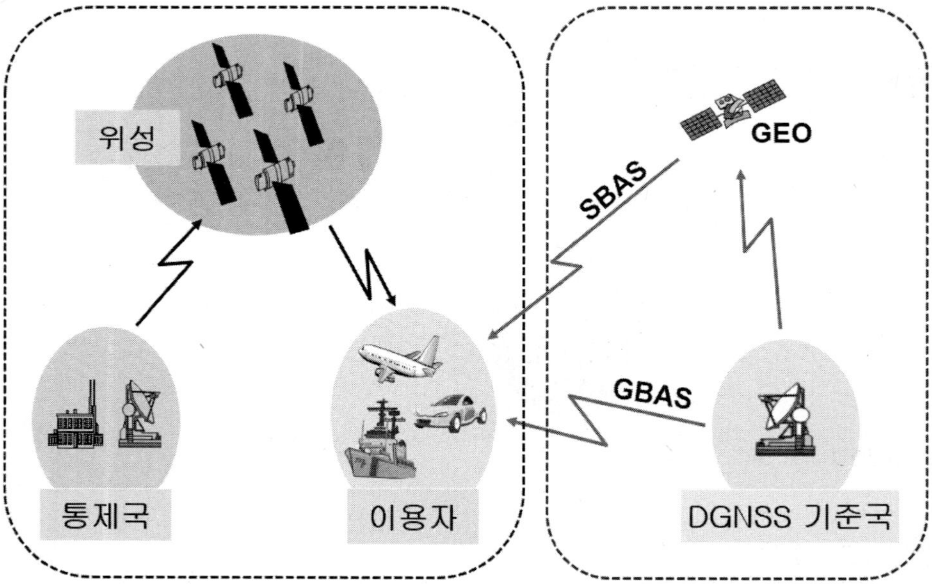

〈그림 1-8〉 위성항법보정시스템(DGNSS)을 이용한 항법

이것만은 알아둡시다! 전파항법의 종류

1 **무선방위탐지기를 이용한 항법** : 육상송신국인 무선표지국으로부터 전파가 전파되어 오는 방위를 측정하여 방위 또는 위치를 결정하는 항법

2 **레이더항법** : 전파항해 장비인 레이더를 이용하여 선박의 위치를 결정하는 항법

3 **쌍곡선항법** : 쌍곡선의 원리를 이용하여 기지국들에서 보낸 신호의 도착 시간차를 이용하여 선박의 위치를 결정하는 항법

4 **위성항법** : 인공위성으로부터 신호를 받아 선박의 위치를 결정하는 항법
 * 미국의 GPS, 러시아의 GLONASS, 유럽의 GALILEO, 중국의 COMPASS 등

5 **위성항법보정시스템을 이용한 항법** : 위성항법시스템의 오차를 보정해서 위치 정확도를 향상시킨 항법으로 무결성, 이용성, 지속성도 향상됨
 * 미국의 WAAS, 유럽의 EGNOS, 인도의 GAGAN, 한국의 MDGPS 등

| 참고문헌 |

[1] 고재우, 임봉택, 최창묵, 『재미있는 항해학개론』, 세종출판사, 2016.

[2] 박양기 등 2, 『지문항해』, 연경문화사, 2010.

[3] 김우숙, 『세상을 바꾼 항해술의 발달』, 북멘토, 2011.

[4] Thomas J. Cutter, 『Dutton's Nautical Navigation』, Naval Institute Press, 2004.

[5] E. R. Ahmed, 『Introduction to GPS』, 2nd-ed., Artech House, 2006.

[6] 최창묵, 고광섭, "항법전에 대응한 항법시스템 발전방향에 관한 연구", *한국정보통신학회논문지*, vol. 19, no. 3, pp. 756-763, March 2015.

2장
항해 오차원

제2장
항해 오차원

제1절 개 요

해상에서 선박이 항법을 한다는 것은 항해 목표를 설정하고 위치를 결정하면서 찾아가는 것이다. 이때 위치를 결정한다는 것은 육상물표에 의한 방법, 천체 관측에 의한 방법, 전파신호에 의한 방법 등에 의거 위치선(LOP; Line Of Position)을 구하여 교점을 선박의 위치로 결정하게 된다. 이 때 아무리 항해 숙련자라 할지라도 측정된 위치에는 오차(Error)를 포함하게 된다.

따라서 본 장에서는 오차의 종류, 정확도 및 정밀도, 신뢰도, 선박의 위치오차 등에 대하여 설명하고자 한다.

제2절 오차의 종류

모든 상황에서 시스템을 이용하여 측정하고자 할 경우에는 피측정물은 어느 결정된 값을 가지고 있는데 그 값을 참값(True Value)이라고 한다. 그리고 한번을 측정하나 여러 번을 측정하나 항상 동일한 값이 구해지는 것이 아니라 매번 약간씩 다른 값이 구해지게 되는데 이는 오차가 부가되기 때문에 나타나는 현상으로 측정값에서 참값을 뺀 값이다.

오차는 크게 <그림 2-1>과 같이 구분할 수 있다.

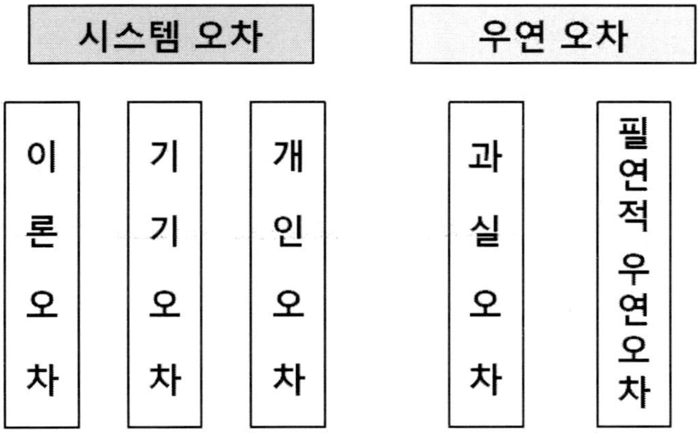

〈그림 2-1〉 오차의 종류

오차에는 일정한 원인이 있어서 보정하려면 보정이 가능한 오차인 시스템 오차와 발생 시기와 크기를 예측할 수 없어서 보정이 불가능한 오차인 우연 오차로 구분할 수 있다. 예를 들면 굴절에 의한 오차, 온도 및 습도 변화에 의한 오차와 같이 이론상 계산이 가능한 오차와 기기의 조정불량에 의하여 생기는 오차, 측정자의 숙련도 또는 습관에서 오는 개인 오차 등은 보정이 가능한 시스템 오차이다. 시스템 오차와는 별개로 예를 들면 바람의 영향 등과 같이 우연하게 생기는 오차는 재현성이 없어 보정이 불가능하기 때문에 지속 오차로 남게 되는데 이러한 오차를 우연 오차라 한다.

우연오차는 측정횟수가 많아질수록 다음과 같이 공리와 같은 성질이 있다.

① 절대치 값이 같은 양(+)과 음(-)의 오차가 발생하는 횟수는 같다.
② 절대치 값이 작은 오차는 큰 오차보다 많이 발생한다.
③ 매우 큰 오차는 발생하지 않는다.

우연오차는 측정을 여러 번 반복하면 대략 오차 크기를 예측할 수 있으나 측정자의 일시적 착오에 의하여 큰 오차를 낼 수도 있기 때문에 해상에서 항해 중 항해 당직자의 위치 측정은 신중하게 측정되어야 한다.

제3절 정확도와 정밀도

결정된 위치를 표현할 때 정확도(Accuracy) 또는 정밀도(Precision)라는 표현을 많이 혼용하여 사용한다. 엄밀히 표현하면 정확도란 일반적인 통계학적 의미로 계산된 값이나 추정 값이 참값에 얼마나 가까이 있는가를 나타내는 척도로 사용되는 용어이며 정밀도는 측정된 값들 사이의 일관성에 대한 정도를 나타내는 것으로 측정한 데이터 값들의 상호 불일치성에 근거하는 값을 나타내는 척도로 사용되는 용어이다.

위치정도를 비교하면 <그림 2-2>와 같으며 (a)는 정확도가 높은 것이고 (b)는 정밀도가 높은 것이다.

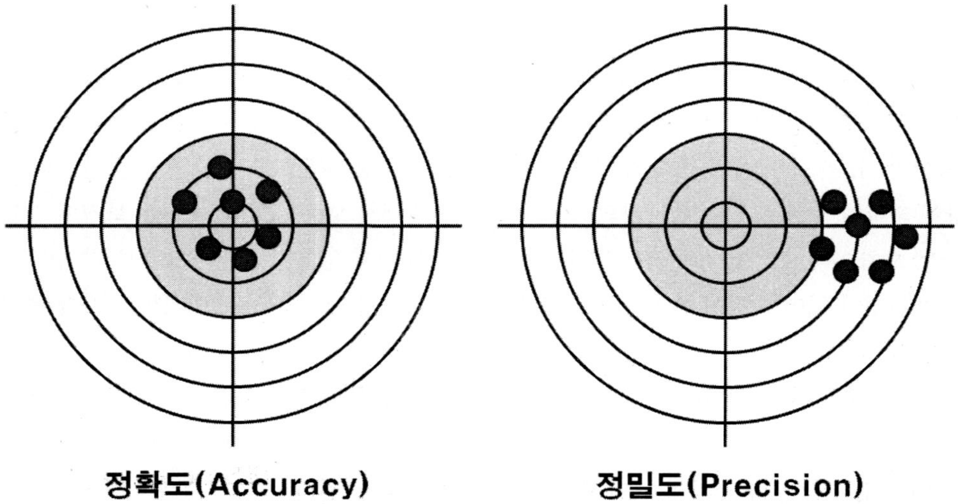

〈그림 2-2〉 위치 정도

제4절 신뢰도

신뢰도는 측정된 결과 값이 얼마나 안정성, 일관성, 정확성을 가지고 있는지를 나타내기 위해 사용된다. 측정을 여러 번 반복할 경우 측정값의 분포는 정규분포를 나타내게 된다. 정규분포의 경우 참값은 정규분포의 중앙값으로 정해지고, 이 값을 기준으로 측정값들의 오차를 중앙값으로부터 얻을 수 있다.

예를 들어 정밀도가 높은 측정값의 집단과 정밀도가 낮은 측정값의 집단의 분포곡선을 비교하면 <그림 2-3>과 같다. 이때 정밀도가 높은 측정값의 집단은 중앙값 부근에 밀집하여 분포하고 정밀도가 낮은 측정값의 집단은 중앙값은 같더라도 중앙값에서 멀리 떨어진 곳까지 넓게 분포한다.

즉 정밀도가 높은 측정값의 상대도수는 중앙값에서 높고, 중앙값에서 멀어지면 급격히 감소한다. 반면에 정밀도가 낮은 측정치의 상대도수는 중앙값에서 비교적 낮고, 중앙값에서 멀어져도 그리 급하게 감소하지 않는다. 이와 같이 중앙값이 같더라도 측정치의 정밀도가 서로 다르면 각각의 측정값의 분포가 서로 다르므로 측정값의 분포를 정확히 표현하기 위하여서는 중앙값 외에 분산, 표준편차를 이용하게 된다.

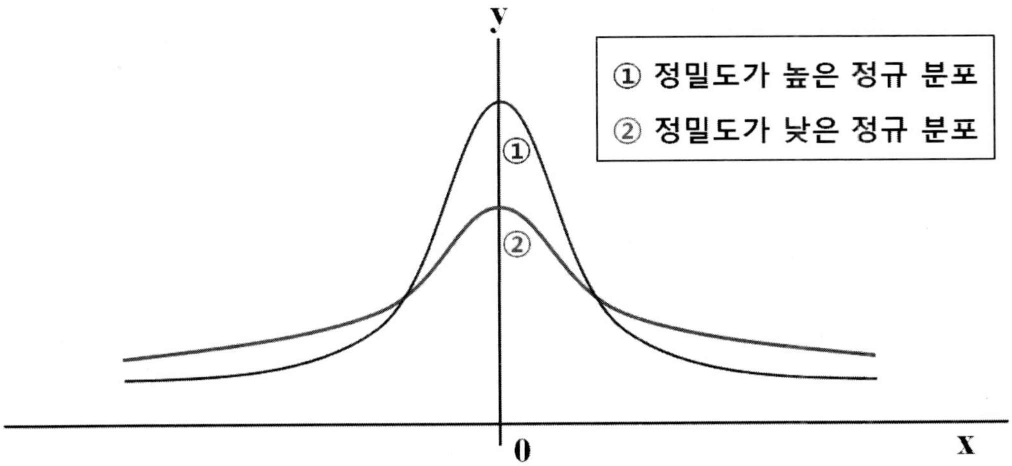

〈그림 2-3〉 정밀도가 높고 낮은 정규분포 곡선

표준편차는 오차의 2승의 산술평균의 평방근을 말하며 σ (Sigma)로 표현하고 정도에 따라 <그림 2-4>와 같이 1σ (68.2%), 2σ (95.4%), 3σ (99.7%)로 나타낸다. 이는 편차가 σ 이상인 경우는 측정 3회 시행 중 한번 나올 정도를 말하며 2σ, 3σ는 각각 20회 또는 400회 이상 시행해야만 한번 나올 정도를 말한다. 그러나 앞서 우연오차 공리 3가지 중 하나인 '매우 큰 오차는 발생하지 않는다.'가 항상 성립되어 일어날 확률은 거의 없다.

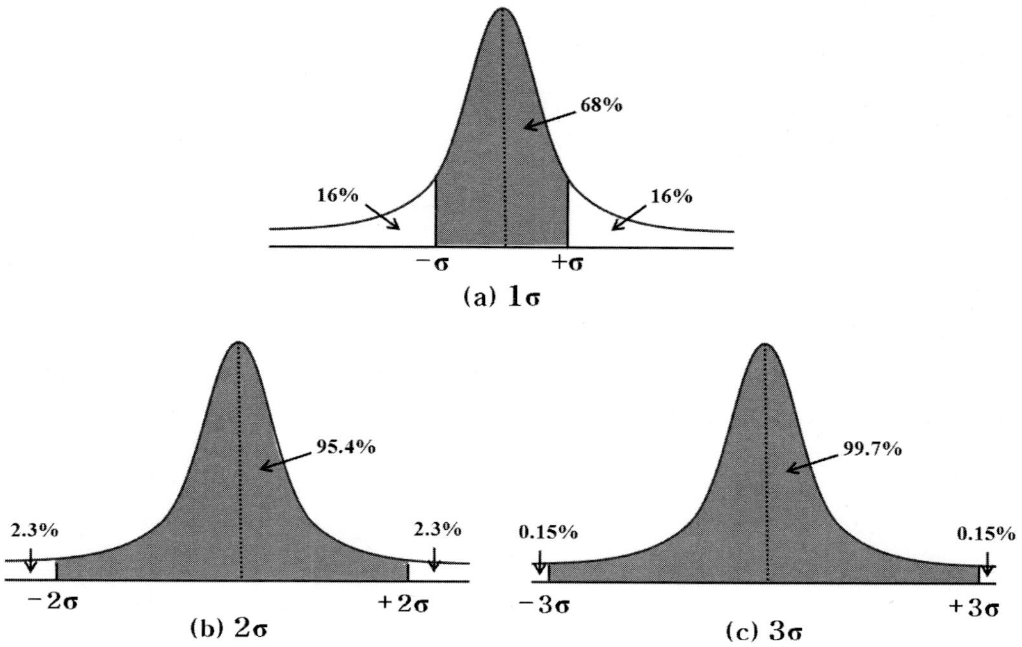

〈그림 2-4〉 표준편차의 확률

측정된 결과 값에 대해 정확도를 표현할 때에는 rms (root mean square)를 사용하며 확률분포는 표준편차와 동일하게 1rms (68.2%), 2rms (95.4%), 3rms (99.7%)로 나타낸다. 또한 rms를 거리에 대하여 사용할 경우에는 drms (distance root mean square)가 사용된다.

미사일이나 폭탄의 명중 정도를 나타낼 때에는 원형 공산 오차인 CEP (Circular Error Probability)를 사용한다. CEP는 확률반경으로 표현하며 중심에 명중할 확률이 평균 50%로 10발 중 5발이 원내에 떨러질 것으로 나타내는 원의 반경이다.

CEP 사용의 예를 들면, 아래와 같이 사용된다.

〈 토마호크 순항미사일 제원 〉

- 사정거리 : 2,500 km
- 탄두중량 : 1,440 kg
- 유도방식 : INS, GPS, TERCOM, DSMAC
- CEP : 5m

제5절 선박의 위치 오차

항해하는 선박은 2개 이상의 위치선을 이용하여 교점을 위치로 결정하게 되는데 이러한 경우 오차가 발생하게 된다.

1. 위치선 오차

항해하는 선박의 위치는 2개 이상의 위치선을 이용하여 결정하는데 일반적으로 위치선은 방위선, 협각, 고도 등이 이용되며 결정하는 측정순서에 따라서도 오차가 발생한다. 따라서 위치선의 교점으로 구한 선박의 위치는 위치선의 교점을 중심으로 한 어떤 범위 내에 있다고 생각해야 한다. 일반적으로 오차범위는 한 개의 위치선의 오차가 대개 그 선의 양측에 생기므로 위치선을 그 양측으로 평행하게 이동시켰다고 생각한 결과이다. 이를 표현하면 <그림 2-5>와 같다.

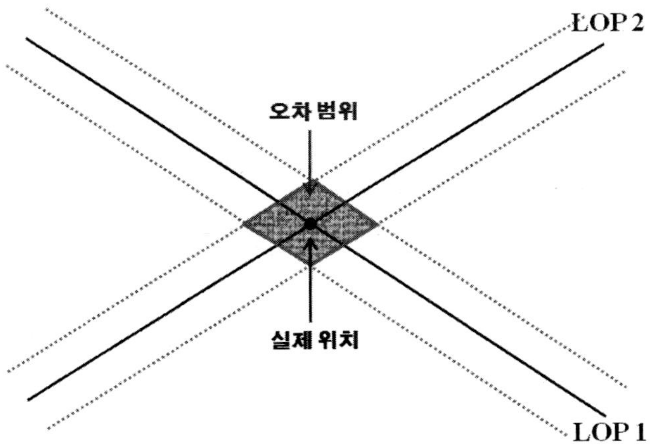

〈그림 2–5〉 2개의 위치선에 의한 오차 범위

측정하는 물표들의 사이 각이 어떻게 놓였는지가 오차를 크고 또는 작게 하는 요소가 될 수 있다. <그림 2-6>처럼 관측자가 T 위치에서 물표 A와 B를 측정할 경우 오차를 포함한 위치는 F로 나타날 수 있다. 따라서 오차는 식 (2-1)과 같이 표현된다.

$$\text{오 차}\,(error) = FT = \frac{BC \csc\theta}{2} \tag{2-1}$$

위치 오차가 최소화되기 위해서는 csc θ가 최소가 될 때 가능하기 때문에 <그림 2-6>처럼 2개의 위치선의 교각이 90° 일 때 오차가 가장 작다. 3개의 위치선에서는 각각 30~60° 일 때 오차가 가장 작다.

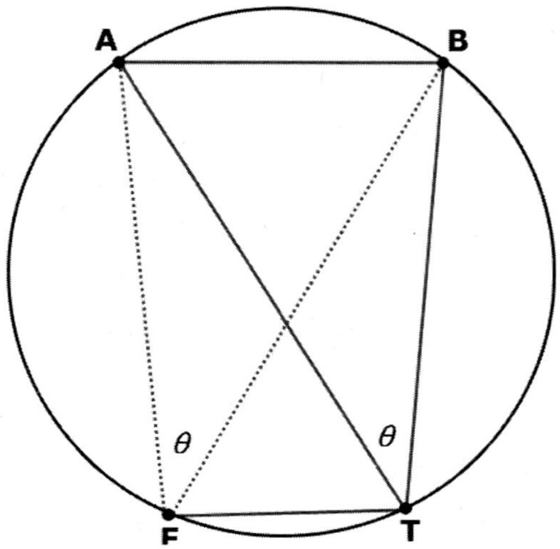

〈그림 2-6〉 2개의 위치선에 의한 오차

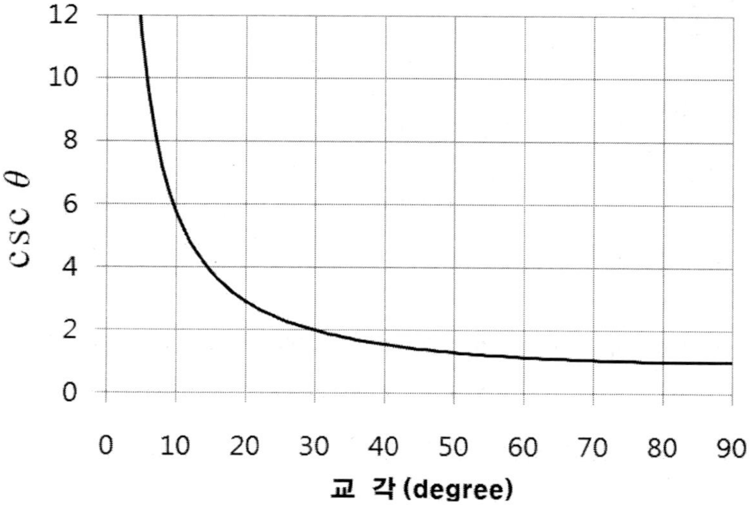

〈그림 2-7〉 2개의 위치선 교각에 따른 오차

2. 오차 삼각형

3개 이상의 위치선으로 선박의 위치를 결정할 경우 측정된 교각이 0° 또는 180°에 가까워지면 특정방향으로 오차가 극심하게 나타난다. 이 때 교각이 각각 30~60° 로 결정하여 측정하면 오차가 최소화되는데 흔히 삼각형이 그려지게 된다. 이것을 오차삼각형이라고 한다. 일반적으로 3개의 위치선의 정밀도가 같다고 보면 오차삼각형 내에서 세변까지의 거리가 세변의 길이에 비례하는 점을 선박의 위치로 결정한다. <그림 2-8>을 보면 M은 측정으로 결정한 위치이다.

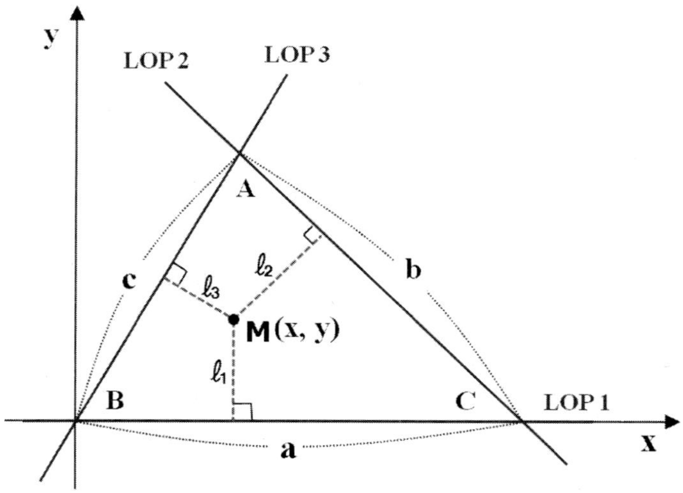

〈그림 2-8〉 오차삼각형

위치 M에서 각 변까지의 거리를 ℓ_1, ℓ_2, ℓ_3라 하고 위치선의 정도를 h라고 하면, M이 BC에서 ℓ_1에 있을 확률은 $K_1\, e^{-h^2\ell_1^2}$이고, M이 AC에서 ℓ_2의 거리에 있을 확률은 $K_2\, e^{-h^2\ell_2^2}$이고, M이 AB에서 ℓ_3에 있을 확률은 $K_3\, e^{-h^2\ell_3^2}$이 된다.

위치 M이 세변에서 ℓ_1, ℓ_2, ℓ_3의 거리에 있을 확률은 식 (2-2)와 같다.

$$K\, e^{-h^2(\ell_1^2+\ell_2^2+\ell_3^2)} \tag{2-2}$$

식 (2-2)가 최대인 점 M이 선박의 위치라 할 수 있다. 식 (2-2)가 최대가 되기 위하여서는 $H=\ell_1^2+\ell_2^2+\ell_3^2$ 이 최소가 되어야 한다.

오차삼각형 ABC의 변 BC를 x축으로, B를 원점으로 하는 직각좌표로 표현하여 위치 M의 좌표를 (x, y)로 나타내면, ℓ_1, ℓ_2, ℓ_3는 식 (2-3)과 같이 나타낼 수 있다.

$$\begin{aligned} \ell_1 &= y \\ \ell_2 &= (a-x)\sin C - y\cos C \\ \ell_3 &= x\sin B - y\cos B \end{aligned} \tag{2-3}$$

H을 최소화하기 위해 $\frac{\partial H}{\partial x}=0$, $\frac{\partial H}{\partial y}=0$으로 하면,

$$\frac{\partial H}{\partial x} = x(\sin^2 B + \sin^2 C) - y(\sin B\cos B - \sin C\cos C) - a\sin^2 C = 0 \tag{2-4}$$

$$\frac{\partial H}{\partial y} = x(\sin B\cos B - \sin C\cos C) - y(\cos^2 B + \cos^2 C + 1) + a\sin C\cos C = 0 \tag{2-5}$$

식 (2-4), (2-5)를 계산하면 식 (2-6), (2-7)과 같다.

$$x = \frac{a\sin C(\sin A\ \cos B + \sin C)}{\sin^2 A + \sin^2 B + \sin^2 C} \tag{2-6}$$

$$y = \frac{a\sin A\sin B\sin C}{\sin^2 A + \sin^2 B + \sin^2 C} \tag{2-7}$$

따라서 식 (2-6)과 식 (2-7)을 식 (2-3)에 대입하면 식 (2-8)과 같다.

$$\begin{aligned} \ell_1 &= \frac{a\sin A\sin B\sin C}{\sin^2 A + \sin^2 B + \sin^2 C} \\ \ell_2 &= \frac{b\sin A\sin B\sin C}{\sin^2 A + \sin^2 B + \sin^2 C} \\ \ell_3 &= \frac{c\sin A\sin B\sin C}{\sin^2 A + \sin^2 B + \sin^2 C} \end{aligned} \tag{2-8}$$

식 (2-8)을 비례식으로 간단하게 정리하면 식 (2-9)와 같다.

$$\ell_1 : \ell_2 : \ell_3 = a : b : c \tag{2-9}$$

따라서 동일한 정도를 가진 3개의 위치선을 이용해 결정한 선박의 위치 M은 M에서 각 위치선에 내린 수선의 길이와 오차삼각형의 대변의 길이 비가 같은 점이 된다.

만약 측정에 이용된 각각의 위치선의 정도가 다를 경우, 선박의 위치 M을 앞선 식과 같이 계산하면 오차삼각형의 대변의 길이 비와 각 위치선의 오차 정도 h_1, h_2, h_3 가 함수에 계산되어져야 한다.

제6절 위성항법에 의한 오차

위성항법의 위치 측정의 기본원리는 전파에 의한 위치선(LOP)를 계산하여 위치를 구하는 것이다. 즉, 측위 원리는 기하학적 삼각법에 의한 위치 결정으로 자신의 위치를 정확하게 알고 있는 위성에서 출발한 위성신호를 수신하여 전파의 도달 시간을 측정하고, 이것이 위치선이 되어 사용자의 위치를 계산하는 것으로 <그림 2-9>와 같이 최소 4개의 위성으로부터 신호를 받을 때 위치를 정확하게 얻을 수 있다.

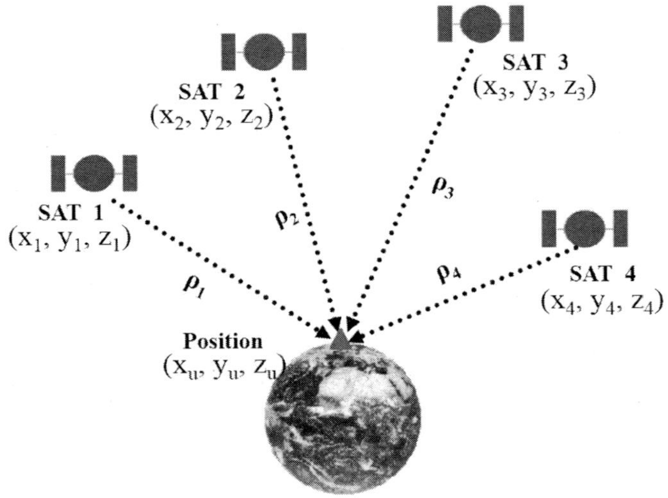

〈그림 2-9〉 위성항법 위치결정 원리

따라서 위성항법시스템의 위치오차는 크게 위성 부문, 신호전파 부문, 이용자 부문에서의 오차로 나누어 볼 수 있다. 먼저, 위성 부문의 오차는 위성시계 오차(신호 안정도, 지연 등)와 위성궤도 오차(궤도데이터의 예측과 모델, 기타요소 등)가 있고 신호전파 부문에서는 전파가 통과하는 매질의 특성인 전리층 전파지연, 대류권 전파지연이 있으며, 이용자 부문에서는 수신기 잡음, 다중경로에 의한 멀티패스 효과 등이 있다. 위성항법시스템의 세부 오차요소를 정리하면 <표 2-1>과 같이 나타낼 수 있으며, 대략적인 수치는 GPS 기준으로 작성하였다.

〈표 2-1〉 위성항법 오차 요소

부 문	오차 요소	UERE(σ) / GPS 경우
위 성	위성시계 오차	3m
	위성궤도 오차	4m
신호전파	전리층 전파지연	4~5m
	대류권 전파지연	1~2m
이용자	수신기잡음	1.5m
	멀티패스	2.5m
	기타	0.5m
UERE(rss)		8.0m

위성시계 오차는 위성에 탑재된 원자시계로부터 발생하는 오차로 주통제국에 의해 어느 정도 예측이 가능하다. 위성궤도 오차는 관제소에서 취득한 데이터를 바탕으로 예측하여 그 파라미터를 위성이 코드정보와 함께 방송하고 있으나 예측된 궤도와 실궤도 사이에는 차이가 생겨 오차가 발생한다. 전리층과 대류권 지연오차는 전파 신호가 대기를 통과하여 올 때 매질 변화에 따른 지연 오차로 전리층에서 더 크게 발생된다. 전리층에서의 전파지연은 전리층의 전자 활동이 활발한 경우에는 커지고, 활동이 미약한 자정무렵에 작아지며, 그 차가 일별, 계절별로 상당한 격차를 보인다. 주통제소에서 상기 지연량들을 예측하여 코드정보와 함께 항법메시지로 방송하여 신호 수신시 보정하여 위치오차를 줄이고 있다.

또한 위와 같은 오차에 추가하여 위성의 배치상황에 따라 기하학적인 요인과 어우러져 최종 위치 오차를 나타내게 된다.

위치 측정 시 이용되는 위성들의 배치상황에 따라 오차가 증가하게 되는데 이는 지문항해에서 교차방위법으로 위치 산출시 사이각이 어느 정도인 물표가 선정되었느냐에 따라 오차 삼각형이 크고 작아지는 것과 동일한 형태로 위치 오차가 증가하여 부정확하게 된다.

위성이 3차원 공간에 어떻게 적절히 배치되어 있는지가 위치 오차에 영향을 주게 되며, 이를

DOP(Dilution Of Position)라고 한다. DOP는 수신기에서 위성까지의 단위벡터로 표현된 체적의 크기와 반비례하게 되며, 방위각과 고도각의 행렬 조합에 의해 계산되어진다. DOP는 GDOP (Geometric DOP), PDOP(Position DOP), TDOP(Time DOP)등으로 구분하여 나타낼 수 있다. <그림 2-10>과 같이 작은 DOP 값은 위성의 좋은 기하학적 배치를 의미하며, 큰 DOP 값은 위성의 나쁜 기하학적 배치를 의미한다.

따라서 위성항법의 최종 위치 측정오차는 <표 2-1>과 같은 위성과 사용자간의 의사거리오차에 위성의 기하학적 배치인 PDOP의 곱으로 계산된다. 예를 들면, PDOP가 2인 경우 위치오차는 8m×2, 대략 16m(σ) 정도이다.

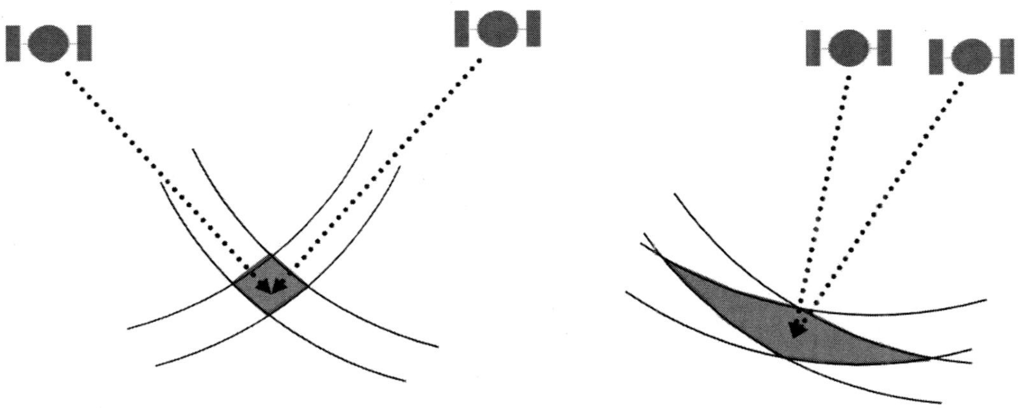

(a) Good (Small GDOP)　　(b) Bad (Big GDOP)

〈그림 2-10〉 기하학적 위성배열에 따른 DOP 값

이것만은 알아둡시다! 정확도와 정밀도!

1. **정확도** : 일반적인 통계학적 의미로 계산된 값이나 추정 값이 참값에 얼마나 가까이 있는가를 나타내는 척도
   * 정도를 표현할 경우 rms, drms를 사용
2. **정밀도** : 측정된 값들 사이의 일관성에 대한 정도를 나타내는 것으로 측정한 데이터 값들의 상호 불일치성에 근거하는 값을 나타내는 척도. 사격 시 영점조정을 실시하기 전으로 보면 됨
   * 정도를 표현할 경우 표준편차(σ)를 사용

| 참고문헌 |

[1] 고재우, 임봉택, 최창묵, 『재미있는 항해학개론』, 세종출판사, 2016.
[2] 박양기 등 2, 『지문항해』, 연경문화사, 2010.
[3] 신철호, 김우숙, 『전자항해학』, 효성출판사, 2001.
[4] 정세모, 『전파항법 및 전파수로 측량』, 이노칼라, 2001.
[5] 해양수산부, 『전파표지(시스템과 그 이용)』, 해양수산부, 2001.
[6] E. R. Ahmed, 『Introduction to GPS』, 2nd-ed., Artech House, 2006.
[7] E. D. Kaplan, 『Understanding GPS Principles and Applications』, 2nd-ed., Artech House, 2006.

3장
좌표체계

제3장
좌표체계

제1절 개 요

지구상에서 위치란 주어진 좌표체계에 있어서 다른 점들과의 기하학적 상관관계를 나타내는 것으로써 좌표체계의 특정 지점 또는 특정 선으로부터의 길이와 방향을 기준으로 한다. 따라서 항해에 있어서 좌표체계는 매우 중요하다. 일반적인 위치 표현방법은 지구타원체를 동-서 방향의 위도선과 남-북 방향의 경도선을 일정한 간격으로 설정하여 한 점을 도, 분, 초로 나타낸다.

좌표체계를 만드는데 크게 공헌한 사람은 17세기 프랑스의 데카르트이다. 그는 대수학적인 관계를 기하학적으로 해석하여 X축과 Y축을 기준으로 서로 등간격으로 수직하며 교차하는 선들로 이루어진 좌표체계를 구축하였다.

인류가 처음에는 지구을 완전한 구형으로 알고 있었지만 17세기 이후 타원체임이 입증되었다. 따라서 각 나라마다 지구를 어떤 크기의 타원체로 보느냐에 따라 지구상의 위치가 약간 다르게 표현된다. 그러나 최근에 들어 인공위성을 이용하여 지구의 크기가 정확하게 측정되자 각 나라마다 다른 지역타원체 사용의 문제점을 줄이고자 국제적으로 동일한 표준타원체를 채택하였다. 이것이 GRS 80(Geodetic Reference System 1980)과 WGS-84(World Geodetic System-84) 타원체이다. GRS 80과 WGS-84 타원체의 차이는 단반경 약 0.1mm로 거의 동일하다.

<그림 3-1>은 국제적으로 사용하는 표준타원체와 국가마다 사용하는 지역타원체의 차이를 나타내었다. 각각 지구반경과 편평률이 다르다.

국제적으로 GRS 80과 WGS-84 타원체를 기준으로 사용하는 좌표체계는 ITRF(International Terrestrial Reference Frame)와 WGS 좌표체계이다. ITRF 좌표체계는 지구의 회전운동의 감시나 좌표계의 유지 등을 목적으로 국제지구회전사업(IERS; International Earth Rotation Service) 이라는 기관에 의해 구축된 세계좌표체계이며, WGS 좌표체계는 1960년대에 미국 국방성 주도

로 GPS를 만들고자 구축한 좌표체계로써 GPS가 세계적으로 널리 사용되어 세계좌표체계가 되었다. 그 외에 러시아가 GLONASS을 만들기 위해 사용한 PZ-90 좌표체계(소련의 SGS 좌표체계가 변경)도 있으나 많은 나라들이 사용하지는 않는다.

우리나라는 동경 데이텀으로부터 Bessel 타원체를 사용하였으나 2000년초 WGS-84 좌표체계로 통일하였다.

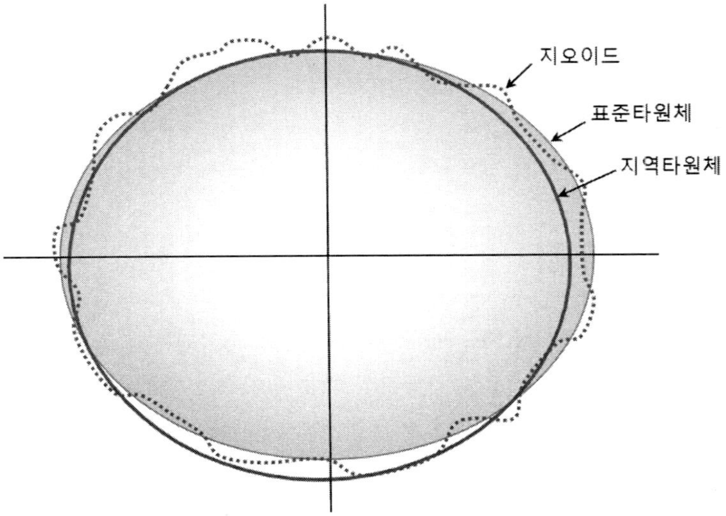

〈그림 3-1〉 국제적 표준타원체와 지역타원체의 차이

제2절 지역좌표체계

지구상의 지표면은 형상이 매우 불규칙하여 어느 지역은 울퉁하고 어느 지역은 불퉁한 형태라서 임의의 점에서 위치표시가 사실상 불가능하다. 따라서 일정한 규칙에 따라 위치를 표현하기 위해서 처음 사용한 것은 지오이드(Geoid)이다. 하지만 지오이드 또한 매우 복잡한 형태라 위치를 표시하기는 제약이 있다. 이를 해결하고자 각 국가에서는 지구와 가장 유사한 지구 형태의 회전타원체를 정의하여 사용하였다.

지오이드는 <그림 3-2>에서와 같이 지구를 중력 값으로 표현한 것이다. 즉, 바다의 평균 해수면을 기준으로 중력이 같은 점으로 이루어진 등위치에너지면을 의미한다. 따라서 회전타원체와 비교하면 바다의 경우에는 밀도가 상대적으로 낮기 때문에 지오이드가 회전타원체보다 낮은 곳에 위치하며, 육지의 경우에는 밀도가 상대적으로 높기 때문에 회전타원체보다 높은 곳에 위치하게 된다.

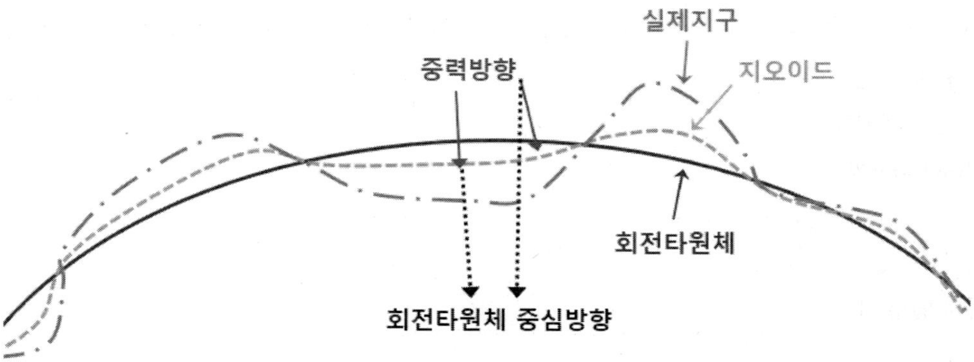

〈그림 3-2〉 회전타원체와 지오이드, 실제지구간의 관계

회전타원체는 장반경(a)과 단반경(b), 편평률(Flattening, f=(a-b)/a)로 정의되는데 울퉁불퉁한 지구를 오차 없이 하나의 타원체로 표현하는 것은 불가능하기 때문에 각 국가마다 지역의 지오이드와 적합한 지역타원체를 정의하여 좌표체계를 사용하였다. 지구의 크기에 대한 회전타원체 연구는 1841년 독일의 천문학자 프리드리히 베셀(Friedrivh Wilhelm Bessel)이 지구의 편평도가 1/299라는 것을 유도한 것을 시작으로 학자 및 단체에서 지속적으로 연구되어 왔다. <표 3-1>은 지금까지 연구되어 온 지구의 모양과 크기에 대하여 정리한 것이다.

〈표 3-1〉 지구 회전타원체의 크기

구 분	연 도	장반경(a)	편평률(f)	좌표체계 사용국가
Everest	1930	6377.276	1/300.80	인도
Bessel	1841	6377.397	1/299.15	일본 , 독일 , 노르웨이 , 한국
Clarke	1866	6378.206	1/294.98	미국 , 영국
Clarke	1880	6378.249	1/293.47	남아공 , 아르헨티나
Helmart	1907	6378.200	1/298.35	–
Hayford	1909	6378.388	1/297.00	–
국제측지학회	1924	6378.388	1/297.00	이탈리아 , 스페인
Krasovsky	1940	6378.245	1/298.30	러시아 , 폴란드
GRS 80	1980	6378.137	1/298.257	세계좌표체계
WGS 84	1984	6378.137	1/298.257	세계좌표체계

좌표체계는 각 국가마다 위치를 정확하게 표현할 수 있는 지역타원체가 정해지면 해당 지역에 가장 적합하도록 타원체의 위치 기준을 정하게 되는데 이를 데이텀 (Datum)이라 한다. 이 데이텀을 기준으로 위치를 표현하게 된다.

지역좌표체계가 각 국가에서는 가장 정확할지 모르지만 세계적으로 함께 사용할 때에는 상이하여 문제가 발생할 수 있다. 특히, 전쟁 시 연합군이 사용하는 지도좌표체계가 서로 다르면 장거리 유도무기체계 사용에 문제가 된다. 따라서 현재는 미국이 GPS 사용 목적으로 만든 WGS-84 좌표체계를 중심으로 통일화되고 있다.

우리나라는 1910년대 토지 조사사업을 할 때 당시 일본이 사용한 Bessel 타원체에 의한 동경데이텀을 이용한 좌표체계를 사용하였다. 이후 세계좌표체계인 WGS-84로 개정하여 2001년 11월까지 병행 사용하다 2001년 12월 측량법 개정에 따라 세계좌표체계만을 사용하고 있다.

제3절 세계좌표체계

세계좌표체계란 국제적으로 공통으로 사용할 수 있도록 통일된 좌표체계로써 위치의 기준을 말하며, ITRF-2000 좌표체계와 WGS-84 좌표체계가 있다.

ITRF-2000 좌표체계는 지구의 회전운동의 감시나 좌표계의 유지 등을 목적으로 국제지구회전사업(IERS; International Earth Rotation Service)이라는 기관에 의해 구축된 세계좌표체계이며, GRS 80 타원체를 기준으로 사용한다. GRS 80 타원체는 <표 3-1>에서 보이는 봐와 같이 장반경(a) 6378.137 km, 편평률(f) 1/298.257이다.

WGS-84 좌표체계는 1960년대에 미국 국방성 주도로 GPS를 만들고자 구축한 좌표체계로써 GPS가 세계적으로 널리 사용되어 세계좌표체계가 되었다. 이 좌표체계는 미국 존스홉킨스대학의 응용물리연구소 및 미해군연구소가 중심이 되어 개발하였으며 WGS-60, WGS-66, WGS-72를 거쳐 WGS-84에 이르렀다. WGS-84 타원체의 크기는 <표 3-1>에서 보이는 봐와 같이 장반경(a) 6378.137 km, 편평률(f) 1/298.257로 GRS 80과 동일하다.

그 외에 러시아가 GLONASS을 만들기 위해 사용한 PZ-90 좌표체계(과거 SGS 좌표체계)도 있으나 많은 나라들이 사용하지는 않는다.

지금은 각 국가에서 지역좌표체계를 세계좌표체계로 변환하여 사용하고 있으며, 인터넷에서 변환프로그램에 의해 좌표 값을 제공하기도 한다. 그러나 지역좌표계에서 WGS-84 세계좌표체계로 변환할 경우 기본적인 변환관계를 이해하고자 다음과 같이 식을 유도하고자 한다.

우선, 평면상에서의 직교좌표계와 경위도를 표시하는 타원좌표계 사이의 변환관계식을 구해야 한다. <그림 3-3>과 같이 지구중심을 원점으로 하는 직교좌표계 X, Y, Z를 고려하여 Z축은 북극방향, X-Y면은 적도면내에 있고 X축은 경도 0°, Y축은 동경 90도의 방향을 지시하면 X, Y, Z는 식 (3-1)~(3-3)으로 나타낼 수 있다.

$$X = (N + h)\cos\varphi\cos\lambda \tag{3-1}$$

$$Y = (N + h)\cos\varphi\sin\lambda \tag{3-2}$$

$$Z = \left(\frac{b^2}{a^2}N + h\right)\sin\varphi \tag{3-3}$$

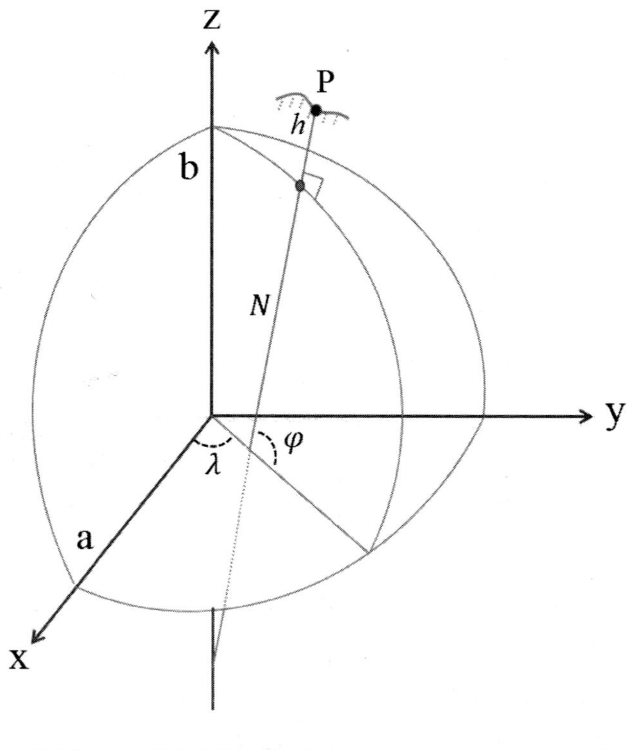

〈그림 3-3〉 직교 좌표계와 경위도 좌표계

여기서, N 은 주수직권에서의 곡률반지름으로 식 (3-4)와 같다.

$$N = \frac{a^2}{\sqrt{a^2\cos^2\varphi + b^2\sin^2\varphi}} \tag{3-4}$$

여기서, a와 b는 타원체의 장반경과 단반경, φ는 위도, λ는 경도, h는 지구타원체로에서의 표면까지 고도이다.

지구표면의 측정 위치로부터 역으로 지구타원체의 좌표를 구하면 식 (3-5) ~ 식 (3-8)로 구할 수 있다.

$$h = \frac{m}{\cos\varphi} - N \tag{3-5}$$

$$m = \sqrt{(X^2 + Y^2)} = (N + h)\cos\varphi \tag{3-6}$$

$$\tan\varphi = \frac{Z}{m}\left(1 - e^2\frac{N}{N+h}\right)^{-1} \tag{3-7}$$

$$\tan\lambda = \frac{Y}{X} \tag{3-8}$$

또한, WGS-84 좌표체계에 근거한 위도 φ, 경도 λ, 고도 h는 지역좌표체계와의 차 $\Delta\varphi$, $\Delta\lambda$, Δh를 보정하면 세계좌표체계를 다음 식 (3-9) ~ 식 (3-11)과 같이 구할 수 있다.

$$\varphi_{WGS-84} = \varphi_{Local} + \Delta\varphi \tag{3-9}$$

$$\lambda_{WGS-84} = \lambda_{Local} + \Delta\lambda \tag{3-10}$$

$$h_{WGS-84} = h_{Local} + \Delta h \tag{3-11}$$

또한, 직교좌표계의 경우에는 다음 식 (3-12)와 같이 세계좌표체계와 지역좌표체계와의 차 ΔX, ΔY, ΔZ를 보정하여 WGS-84 좌표체계의 X, Y, Z를 구할 수 있다.

$$\begin{vmatrix} X_{WGS-84} \\ Y_{WGS-84} \\ Z_{WGS-84} \end{vmatrix} = \begin{vmatrix} X_{Local} \\ Y_{Local} \\ Z_{Local} \end{vmatrix} + \begin{vmatrix} \triangle X \\ \triangle Y \\ \triangle Z \end{vmatrix} + \begin{vmatrix} \triangle S & \omega & -\psi \\ -\omega & \triangle S & \epsilon \\ \psi & -\epsilon & \triangle S \end{vmatrix} \begin{vmatrix} X-X_0 \\ Y-Y_0 \\ Z-Z_0 \end{vmatrix} \tag{3-12}$$

여기서, $\triangle S$와 ϵ, ψ, ω는 지역좌표체계의 축척 변동 값과 지역타원체의 방향변동을 나타내고, X_0, Y_0, Z_0는 지역좌표체계의 원점을 나타낸다.

우리나라의 경우, Bessel 타원체에 의한 동경데이텀을 이용한 좌표체계에서 WGS-84 세계좌표체계로 변환을 하면, <그림 3-4>와 같이 인천은 360m, 홍도가 380m, 마라도가 400m, 부산이 400m, 울릉도가 385m 차이가 발생하며, 대체적으로 남동쪽 방향으로 300 ~ 400m의 차이가 발생한다.

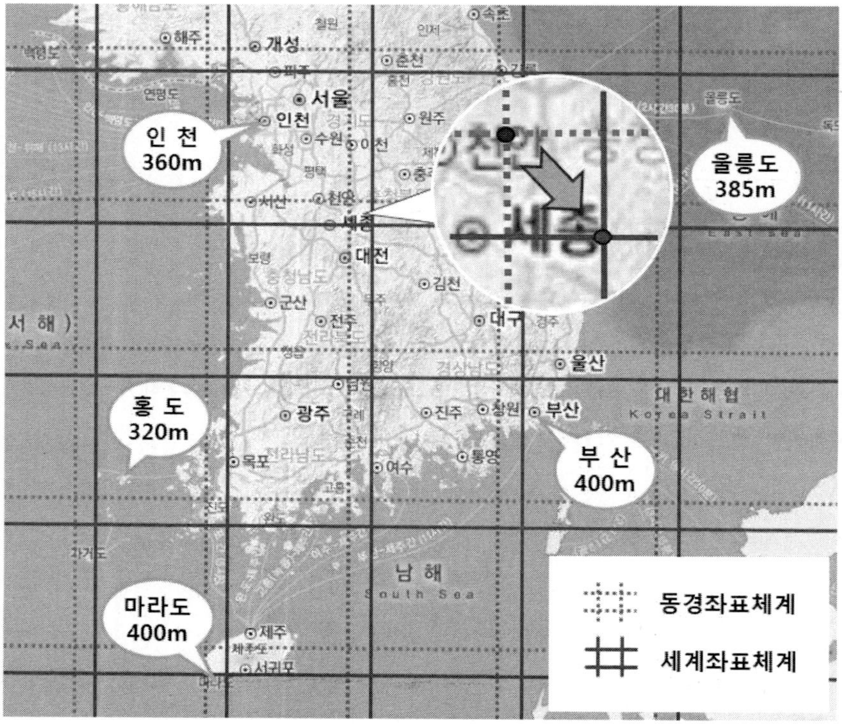

〈그림 3-4〉 우리나라의 지역좌표체계에서 세계좌표체계로 변환결과

이것만은 알아둡시다!

1 **지역좌표체계**

- 각 국가별 울퉁불퉁한 지표 상황을 고려하여 지구에 가장 가까운 회전타원체를 정의하고 좌표체계를 설정하여 사용
- 과거 우리나라는 Bessel 타원체를 이용한 동경좌표체계 사용

2 **세계좌표체계**

- 국제적으로 공통으로 사용할 수 있도록 통일된 좌표체계
- ITRF-2000 : 국제지구회전사업이라는 기관에서 구축한 좌표체계
  * GRS 80 회전타원체(장반경 6378.137 km, 편평률 1/298.257) 사용
- WGS-84 : 미국에서 GPS 사용목적으로 만든 좌표체계
  * WGS-84 회전타원체(장반경 6378.137 km, 편평률 1/298.257) 사용
- 우리나라는 WGS-84 좌표체계 사용 중

| 참고문헌 |

[1] 이희연, 『지리정보학』, 법문사, 2007.

[2] 구자용 등 11명, 『지리정보시스템』, 시그마프레스, 2014.

[3] 고재우, 임봉택, 최창묵, 『재미있는 항해학개론』, 세종출판사, 2015.

[4] 고광섭, 임정빈, 임봉택, "측지계 변환에 따른 해양안전에 관한 연구", *해양안전학회*, 제1권, 제2호, 1995년 7월

4장
전파의 특성

제4장
전파의 특성

제1절 전파란 무엇인가?

인간에게 꼭 필요한 공기나 물처럼 전파도 없으면 안 되는 귀중한 자원이다. 특히 최근에는 방송, 통신뿐만 아니라 차량 내비게이션까지 실생활에 깊숙이 들어와 있으며 에어컨, 세탁기, 전자레인지, 복사기 등과 같은 가정용과 사무실 전자제품에서 불요전자파가 발생하여 문제가 야기되고 있다. <그림 4-1>은 실생활에서 활용되고 있는 전자파의 예이다.

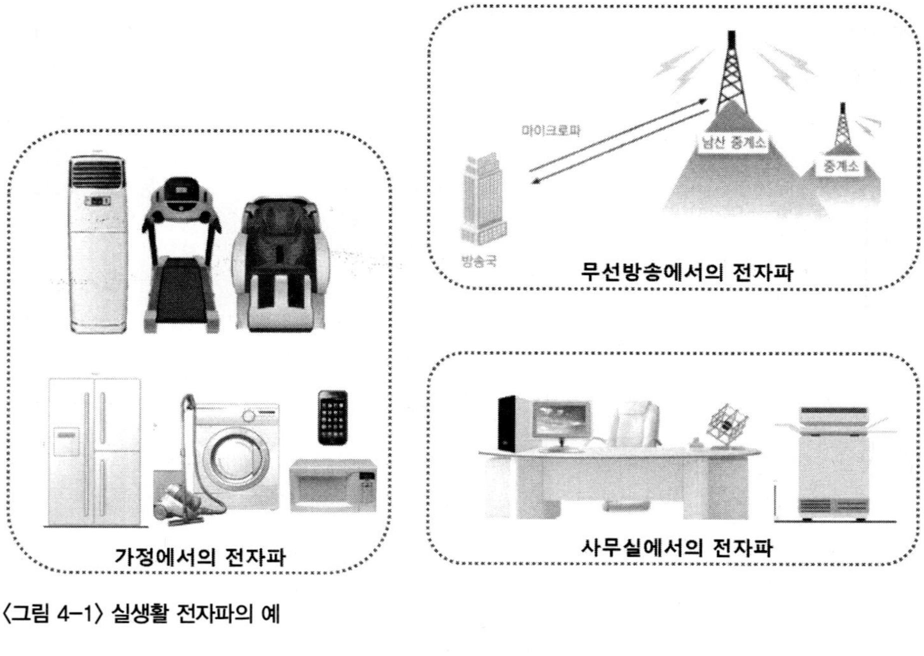

〈그림 4-1〉 실생활 전자파의 예

전파는 전기자기파의 준말로 전자파라고도 한다. 전파를 정의할 때 국제전기통신연합(ITU; International Telecommunication Union)에서는 "인공적인 유도 없이 공간에 퍼져가는 3,000GHz 이하 주파수의 전자파"로 정의하고 있다. 전파는 한정된 자원이기 때문에 국가에서 법으로 규정하여 관리하고 있다. 우리나라의 경우는 "전파법"에 의해 관리를 받는다.

과거 전파가 발견되기 이전 19세기까지는 전기와 자기가 별개의 현상이라고 생각하였다. 19세기 들어오면서 외르스테드(1777~1851년, 전류가 흐를 때 도선 옆의 나침반이 움직이는 현상을 발견), 앙페르(1775~1836년, 전기장과 자기장의 관계를 이론으로 정리), 페러데이(1791~1867년, 전자기 유도이론 정립), 맥스웰(1831~1879년, 전파 이론 규명), 헤르츠(1857~1894년, 실험으로 전파의 존재 입증), 마르코니(1874~1937년, 무선통신기기 발명) 등과 같은 과학자를 통해 전파의 존재를 발견하고 전파를 이용하는 시대가 도래되었다. 특히, 맥스웰이 전파의 이론을 통합하여 정리한 이후, 독일의 물리학자 헤르츠는 이 이론의 전파 속도를 실험적으로 측정하여 증명하려 하였으며, 그 결과 전파의 속도를 실험적으로 계산하였다. 그의 업적을 기리고자 주파수의 단위를 [Hz]로 채택하여 사용하고 있다.

전파는 안테나에 의해 송신되고 수신되며, 안테나에서 방사된 이후에는 빛의 속도로 공간에 전파된다. 잔잔한 호수에 돌을 던지면 파동 에너지가 퍼져나간다. 이 수면파는 수면을 변화시키는 에너지이며 파는 에너지를 운반하는 하나의 수단이라고 할 수 있다. 자유공간속에서 전하가 가속도 운동이나 교류전류가 흐르면 전자기적인 물결이 발생되어 <그림 4-2>처럼 주변으로 퍼져나간다. 전파는 전계가 시간적으로 변화하면서 자계를 낳고 자계는 전계를 낳아 그 변화가 교호로 생성되면서 파동 에너지가 퍼져나가는 것이다. 자유공간속에서 전파의 속도는 초속 30만

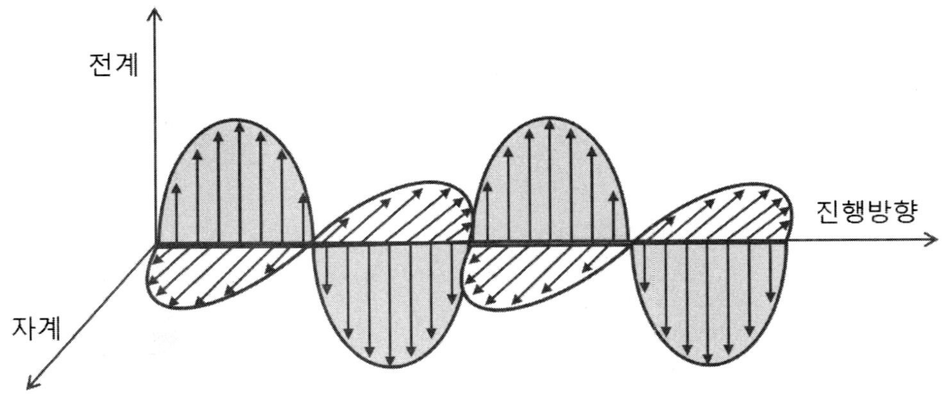

〈그림 4-2〉 전파의 전파 형태

km(3×10^8m/s)이며 금속이나 물속처럼 매질이 변하면 속도는 느려지게 된다.

핸드폰을 예로 들면, 도선에 전류가 흐르면 도선주위에 자계가 발생되고 발생된 자계를 중심으로 전계가 형성된다. 형성된 전계는 시간에 따라 변해 전계를 중심으로 다시 자계를 형성하여 <그림 4-3>처럼 퍼져나가는 것이다.

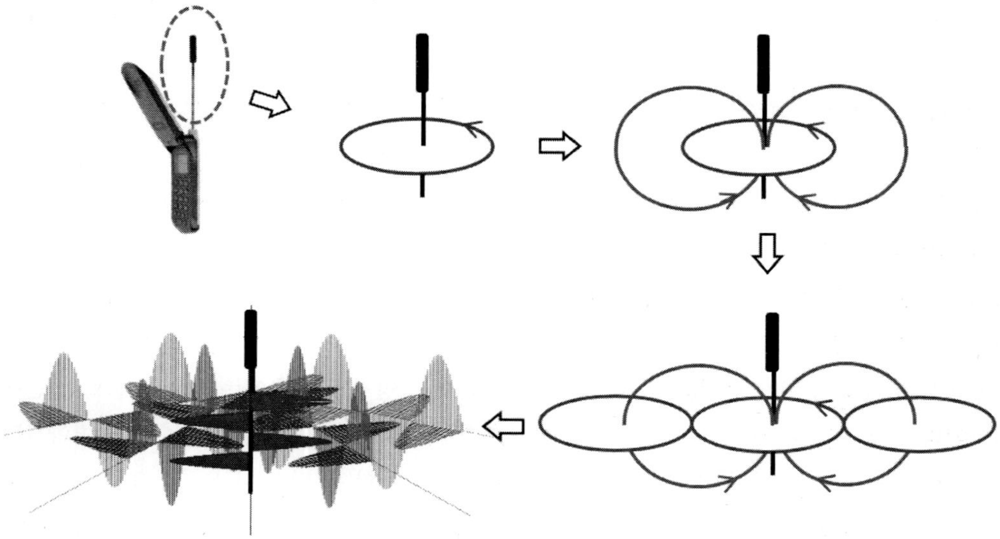

〈그림 4-3〉 핸드폰에서 전파 생성 및 방사

해설 **횡파와 종파**

1 **종파**

- 매질의 입자와 파동의 진행방향이 평행
- 용수철을 앞 · 뒤로 흔들었을 때 나타남
- 공기 중에서 340m/s로 전달되며, 물속에서는 1500m/s로 전달됨
- 진동수가 적으면 낮은 소리, 많으면 높은 소리가 남
- 예) 음파

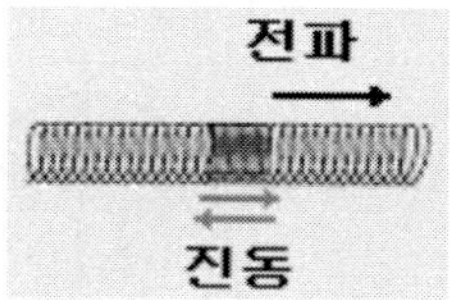

2 **횡파**

- 매질의 입자와 파동의 진행방향이 수직
- 용수철을 위 · 아래로 흔들었을 때 나타남
- 공기 중에서 3×10^8m/s로 전달됨
- 예) 전파

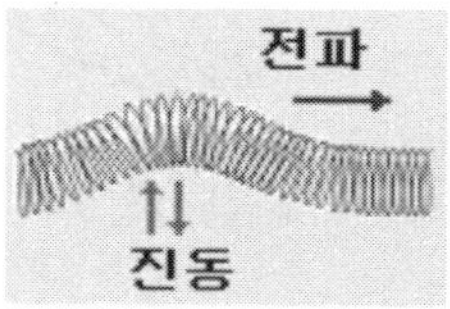

제2절 주파수

주파수는 초당 진동하는 횟수를 말하며, 흘림체의 f 로 표기하고, 단위는 헤르츠(Hz) 또는 c/s(cycle per second)로 표기한다. 만약, 주파수가 1초당 10회(사이클) 진동하면 10Hz, 1,000회 진동하면 1,000Hz라고 한다. 음파의 주파수는 16~20,000Hz까지 사용되지만, 전파의 주파수는 수백만, 수억 Hz까지도 사용되기 때문에 kHz, MHz, GHz 등을 이용하여 표현한다. 1kHz는 1,000Hz, 1MHz는 10^6Hz, 1GHz는 10^9Hz이다. 예를 들어, 300,000Hz는 300kHz로 표기하고 1,000,000,000Hz는 1GHz로 표기한다. kHz는 수가 너무 커지면 MHz, GHz 숫자를 간단하게 대치하여 사용한다. 따라서 15,000kHz는 15MHz로 표기한다.

전파는 자유공간속에서 빛과 같은 속도로 진행한다. 이는 초당 30만km, 3×10^8m/s이다.

전파의 파장(λ)은 파동이 1회 진동하는 동안 나아간 거리로써 전파의 속도(c)를 주파수(f)로 나눈 값이다. 예를 들어, 자유공간속에서 1GHz의 파장(λ)은 $c/f = 3 \times 10^8\text{m}/1 \times 10^9 = 0.3\text{m}$, 30cm이다. <그림 4-4>에는 전파의 스펙트럼을 구분하여 나타내었다.

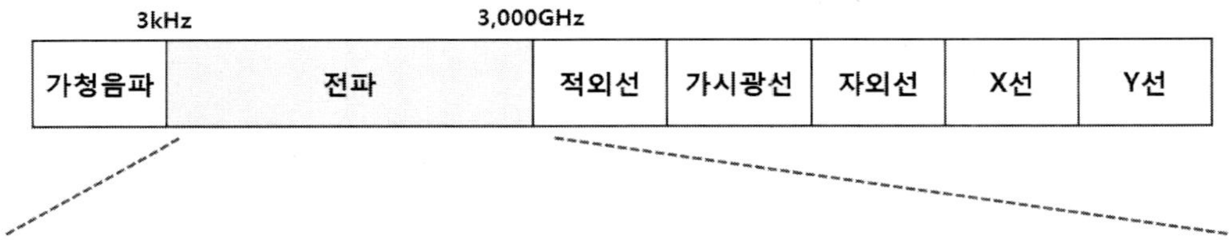

3kHz 30kHz 300kHz 3MHz 30MHz 300MHz 3GHz 30GHz 300GHz 3THz

약칭	VLF	LF	MF	HF	VHF	UHF	SHF	EHF	
명칭	초장파	장파	중파	단파	초단파	극초단파	초극초단파	밀리미터파	서브 밀리미터파
							마이크로파		
활용	전파항법 선박통신	전파항법	중파방송 선박통신 항공통신	단파방송 국제통신 장거리통신	TV방송 FM방송 이동통신	TV방송 이동통신	마이크로파통신 위성통신 각종 레이더		

* V : Very, L : Low, M : Medium, H : High, U : Ultra, S : Super, E : Extremely, F : Frequency

〈그림 4-4〉 전파의 스펙트럼

해설 **이동통신 주파수 | 왜 이동통신사는 주파수 확보 전쟁을 하는가?**

- 이동통신이란 사용자가 단말기를 이용하여 음성이나 영상, 문제 메시지, 데이터 등을 장소에 관계없이 주고받을 수 있도록 이동성을 높인 통신서비스를 말한다.
- 우리나라의 이동통신사는 KT, SK Telecom, LG U+가 있다.
- 이동통신에서 주파수의 의미는 "자동차의 도로"와 같다. 전용 도로가 좁으면 지나갈 수 있는 자동차의 대수가 한정되기 때문이다. 예를 들어, 적은 수의 차량이 4차선 도로를 이용할 때는 정체 없이 차량이 이동할 수 있으나 차량 소통량이 많아지면 속도가 줄어들고 정체되는 현상이 발생하게 된다. 따라서 이럴 때에는 차선을 8차선 도로를 만들어야 원활하게 소통할 수 있다.
- 이동통신사별 사용하고 있는 주파수 대역에 수용할 수 있는 가입자 수는 한정되어 있기 때문에 주파수 대역 확보가 매우 중요하다.
- 따라서 최근 이동통신사들이 주파수 확보를 위한 전쟁을 하는 것이다.
- 현재, 사용하고 있는 이동통신사의 주파수 대역은 다음과 같다.

구 분	800MHz	900MHz	1.8GHz	2.1GHz	2.3GHz	2.6GHz
KT	10MHz	20MHz	55MHz	40MHz	30MHz	–
SK Telecom	30MHz	–	20MHz	60MHz	30MHz	60MHz
LG U+	20MHz	–	20MHz	40MHz	–	40MHz

제3절 전파의 성질

전파는 직진하다가 반사되기도 하고 굴절, 흡수되기도 한다. 이런 현상은 날씨, 계절에 따라 변화가 매우 심하게 나타나기 때문에 전파를 항법시스템에 응용하기 위해서는 전파의 기본 특성을 면밀히 알아야 한다. 일반적인 전파의 성질은 편파성, 직진성, 등속성, 반사성, 굴절성, 회절성, 간섭성이 있다.

1. 편파성(Polarization)

전파는 전계와 자계로 구성이 되어 있으며 서로 수직이다. 진행방향에서 수직인 면과 직각이다. 전파의 편파는 파에 있어서 전계가 놓인 방향에 의해 정해진다. 만약 전계가 수직이면 수직편파라 하고 수평이면 수평편파라 한다. 송신안테나가 수직으로 설치되면 수직편파를 방사하고 수평 송신안테나는 수평편파를 방사한다.

송신과 수신안테나가 서로 편파방향이 틀어지면 송수신 성능이 떨어지거나 최악의 경우는 수신이 안 되는 현상이 발생될 수도 있다.

<그림 4-5>는 전파의 수직편파와 수평편파를 나타내었다.

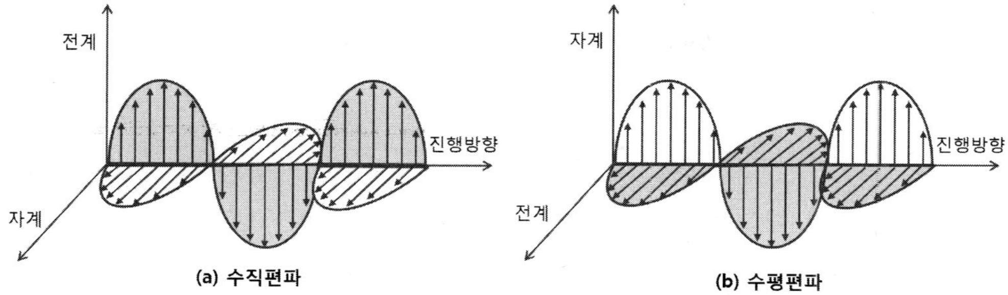

〈그림 4-5〉 전파의 수직편파와 수평편파

2. 직진성

전파는 빛과 같이 일정한 속도로 직진한다. 직진한다는 것은 한점에서 다른 한점으로 최단거리로 이동한다는 것이다. 이러한 직진성은 파동 전반에 공통적으로 나타나는 성질이다. 예를 들면, 핸드폰 사용자가 통화를 할 때에 신호는 기지국으로부터 많은 전달 경로를 통해 핸드폰 안테나로 도착되지만 실제로는 통화하기에 가장 유리한 강한 전파를 잡을 수 있는 메커니즘을 이용하여 통화 경로를 최단거리로 설정하게 된다.

3. 등속성

전파는 동일한 매질 속에서는 동일한 속도로 진행하는 등속성을 가진다. 특히, 자유공간속에서는 빛과 같이 30만km/s(3×10^8m/s)의 동일한 속도로 진행하여 1초에 지구를 일곱 바퀴 반을 돌 수 있다. 또한 유전율을 가지는 매질 속으로 들어가게 되면 전파의 속도는 느려지게 된다.

4. 반사성(Reflection)

전파가 직진하다가 도중에 물체(매질)에 부딪히게 되면 반사되며 물체(매질)의 특성에 따라 정도는 다르게 된다. 파는 한 지점으로부터 반사되지는 않지만 그 표면에서부터 반사된다. 반사에 필요한 표면의 크기는 파장과 입사각에 의해 결정된다. 전파가 평평한 면으로부터 반사될 때에는 입사각과 반사각은 동일하지만 위상변위가 발생한다. 위상변위량은 전파의 편파특성과 입사각에 의해 달라진다.

일반적으로 전파의 반사성에 의해 고스트 현상이 발생되기도 한다. 고스트 현상은 텔레비전에 상이 이중, 삼중으로 겹쳐져 보이는 현상으로, 방송국에서 날아온 전파가 빌딩이나 장애물에 의해 반사된 전파와 합쳐져 나타나는 현상이다.

5. 굴절성(Refraction)

전파가 직진하다가 처음 매질과 다른 매질 속으로 들어가게 되면 휘게 된다. 이것을 굴절이라고 부른다. 굴절 정도는 매질의 특성에 의해 좌우되며 속도가 가장 적은 매질로 향하게 된다.

전파가 지구위에서 진행하다가 공기 중보다 빠른 전파속도를 갖는 매질에 부딪치게 되면 매질로 들어가게 되고 먼저 들어간 파면은 나중에 들어간 파면의 속도보다 빠르게 진행하여 굴절하게 되는 것이다. 만약, 전파의 입사각이 일정 각 이상으로 비스듬히 누어서 굴절각이 수평각을 넘어서게 되면 결국 다른 매질로 전파가 입사하지 못하고 전반사(total reflection)가 일어나게 된다. <그림 4-6>은 굴절현상에 의해 물고기가 크게 보이는 것을 보여주고 있다.

〈그림 4–6〉 굴절현상 [출처 : 중앙 전파연구소]

6. 회절성(Diffraction)

전파가 전달되어 갈 때 어떤 물체의 가장자리를 통과할 때는 휘는 현상이 발생한다. 이를 회절이라 부른다. 전파가 직진하기 때문에 수평선 뒤에는 전달되지 않을 것 같지만 회절에 의해 에너지의 일부를 수신할 수 있게 도와주게 되는 것이다. 전파의 회절성은 주파수에 영향을 받아 파장이 길 때 현저히 나타난다.

일반적으로 전파가 도달할 수 없는 산이나 건물 뒷면에서도 라디오나 텔레비전이 수신되고 핸드폰이 통화가 되는 것은 전파의 회절성 때문이다. 또한 지구상에서 전파가 전파될 때, 굴절과 회절, 전리층 반사에 의해 전파가 지구 반대편까지 도달하는 현상이 발생한다.

7. 간섭성

연못에 돌멩이 두 개를 동시에 던져 넣으면, 돌멩이가 물속에 떨어진 곳으로부터 두 개의 동심원이 퍼져 나간다. 이 때 파동이 겹치는 곳을 살펴보면, 역위상의 경우는 한 쪽 물결의 마루와 다른 물결의 골이 겹쳐지면서 물결(파동)이 서로 상쇄하여 합쳐진 물결은 그 마루와 골이 작아지고, 동위상의 경우는 마루와 마루가 겹쳐지는 곳에서 마루가 한층 더 높아지고 골과 골이 겹쳐지는 곳에서는 골이 더 낮아진다.

전파도 위의 파동과 동일하게 동일 주파수에 의해 동위상인 경우에는 합성되는 현상이 발생하고, 역위상인 경우에는 간섭현상이 발생한다.

예를 들어, 남성과 남성이 서로 말로 싸울 경우와 여성과 남성이 서로 말로 싸울 경우를 비교하면 남성과 남성이 서로 말로 싸울 경우는 시끄럽기 만하고 이야기가 잘 들리지 않고 여성과 남성이 서로 말로 싸울 경우는 시끄럽지만 무슨 이야기를 하는지는 알아들을 수 있다. 이것은 두 남성의 음성이 저주파수로 유사하기 때문에 간섭현상이 발생하여 잘 들리지 않기 때문이다.

제4절 안테나

안테나는 전기적인 신호를 전파로 바꾸어 보내주거나 그 반대의 기능을 수행하는 장치를 말한다. 따라서 송신안테나는 장비(기지국)에서 발생시킨 신호 전력을 전파로 변환하여 공간에 효율적으로 복사하는 기능을 가진 안테나이고 수신안테나는 공간을 진행하고 있는 전파를 감지해 효율적으로 흡수하는 기능을 가진 안테나이다. 안테나는 송신용과 수신용이 별도로 구분되는 것은 아니다. 사용자가 설계단계부터 송・수신을 구분하여 만드는 것이 아니라 제작된 안테나를 송신용으로 사용하면 송신안테나이고, 수신용으로 사용하면 수신안테나인 것이다.

안테나라는 말은 영어로는 ‘antenna’이며, 곤충의 더듬이에서 유래되었다. 초기에는 ‘aerial(에어리얼)’이라는 용어로 사용되다가 1900년대 이후 antenna가 정식 용어로 사용되었으며, 기호로는 역삼각형 막대 형태인 ▼를 사용한다.

1. 안테나 빔

송신안테나에서 방사되는 전파는 특정 방향으로 <그림 4-7>과 같이 빔 형태로 방사하게 된다. 이러한 안테나 빔은 그림과 같이 특정한 방향성과 모양을 가지는데 이것을 빔패턴(Beam pattern) 또는 복사패턴(Radiation pattern)이라고 부른다.

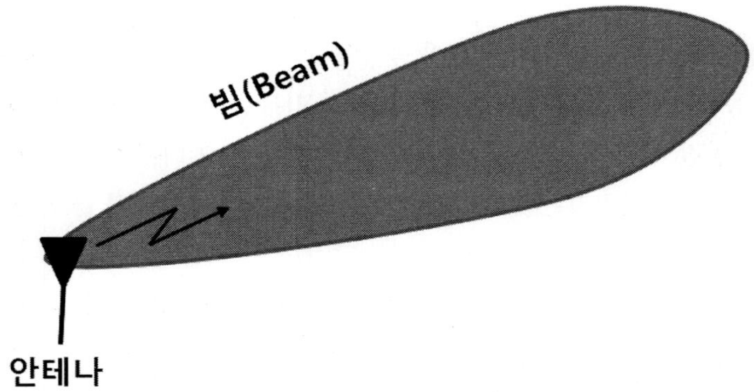

〈그림 4-7〉 안테나에서 방사되는 빔

안테나에서 빔패턴의 의미는 안테나에서 360도 전방향으로 방사되는 전파의 전계강도를 그린 곡선으로 안테나의 종류에 따라 다르게 나타나며 특정 방향으로의 지향성(directivity)을 나타낸다. 안테나에서 빔을 설명할 때 빔폭을 이야기한다. 빔폭이 넓다 또는 좁다는 의미는 <그림 4-8> 처럼 빔방향의 최대전력을 기준으로 전력이 반(3dB)이 되는 지점까지의 각도로 표현한다.

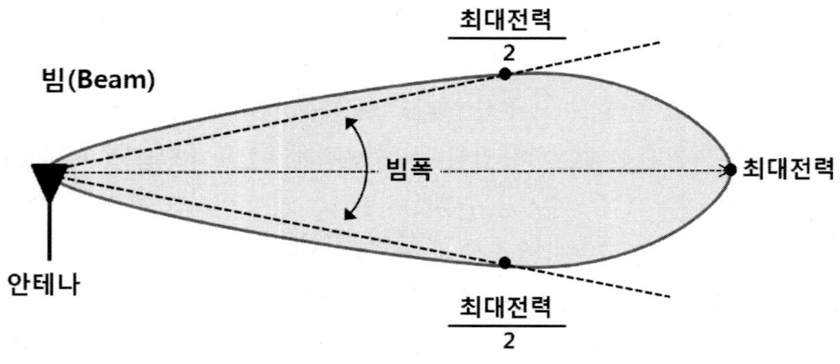

〈그림 4-8〉 안테나의 빔폭

2. 안테나 이득

안테나 이득(Antenna Gain)은 안테나의 성능을 나타내는 척도라고 할 수 있으며, 360도 전방향으로 고르게 퍼져나가야 할 에너지를 특정방향으로 보내는 비율로 등방성 안테나에 대한 상대 이득이다. 여기서 등방성 안테나는 360도 전방위로 균일하게 에너지를 전파하는 안테나를 가리킨다.

안테나 이득은 식 (4-1)과 같으며 <그림 4-9>과 같다.

$$안테나\ 이득(Antenna\ Gain) = \frac{B}{A} \times eff \quad (4\text{-}1)$$

여기서, *eff* 는 안테나의 방사효율이다.

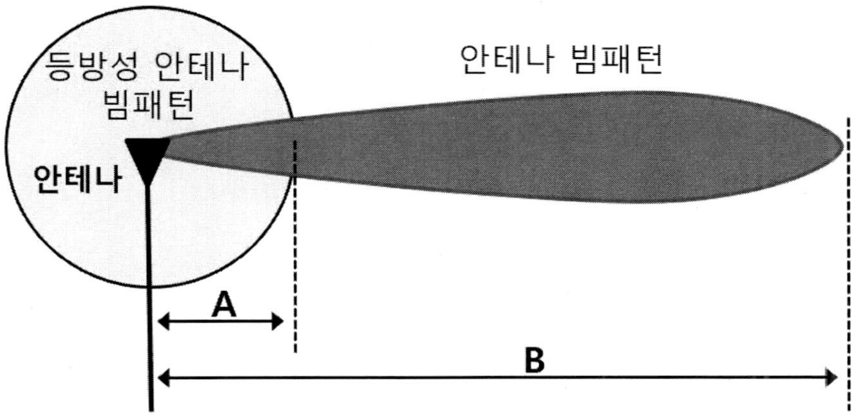

〈그림 4-9〉 등방성 안테나와 실제 안테나의 빔패턴

안테나 이득의 단위는 dB를 사용하며, 등방성 안테나를 기준으로 할 경우는 dBi를 사용한다.

예를 들어 샤워기를 보면, 샤워기의 구멍이 많을수록 물이 시원스럽게 나온다. 이것은 구멍이 적은 것은 적게 나오고, 많은 것은 많이 나오기 때문에 효율이 높은 것이다. 즉, 구멍의 개수와 크기에 따라 양이 달라지는 것이다. 반면에 안테나 이득은 식 (4-1)처럼 지향성에 효율을 곱한 것으로 표현되며, 이득이 높다는 것은 특정 방향으로 잘 변환하여 샤프하게 전파를 보내준다는 의미이다.

3. 안테나의 종류

안테나를 구분하는 방법은 전파를 방사하는 방식, 안테나의 형태, 안테나 사용 목적 등으로 나누어 볼 수 있다.

먼저 전파를 방사하는 방식에 따라 구분하면, 등방성 안테나(Omnidirectional antenna)와 특정 방향으로 전파를 방사하는 지향성 안테나(Directional antenna)가 있다. 안테나의 형태에 따라 구분하면, 선형 안테나(Wire Antenna), 개구면 안테나(Aperture Antenna), 반사판 안테나(Reflector Antenna), 배열 안테나(Array Antenna), 슬롯 안테나(Slot Antenna), 패치 안테나(Patch Antenna) 등이 있다. 또한 안테나 사용목적에 따라 구분하면, 통신용 안테나, 방송용 안테나, 레이더용 안테나, 방향 탐지기용 안테나, 항공기용 안테나 등이 있다.

본 절에서는 안테나의 형태에 따라 종류를 구분하여 설명하고자 한다.

① **선형 안테나**(Wire Antenna)

안테나의 기본적인 형태로 선형 형태인 다이폴 안테나, 모노폴 안테나, 헬리컬 안테나, 루프 안테나 등이 있다. 이런 안테나 형태들은 두 개의 서로 극이 다른 도선을 구부려서 안테나를 만들며 다이폴 안테나의 경우는 전체 길이를 $\lambda/2$ 되게, 모노폴 안테나의 경우는 전체 길이를 $\lambda/4$ 되게 만들어서 빔패턴을 형성한다.

선형 안테나는 TV수신용 안테나, 통신용 안테나 등으로 사용되고 있다.

② **개구면 안테나**(Aperture Antenna)

개구면 안테나는 전파가 개구면에서 복사되는 입체형태의 안테나로써 선형 안테나에 비해 사용 주파수가 높다. 낮은 주파수에서는 안테나 크기가 너무 커서 사용이 어렵고, 안테나 무게도 무거워지기 때문에 통상 마이크로파 주파수에서 주로 사용한다. 개구면 안테나에서 마지막 부분의 열린 면 크기는 사용하는 주파수의 파장에 비례하게 된다.

대표적인 형태는 혼 안테나(Horn Antenna) 이다.

③ **반사판 안테나**(Reflector Antenna)

원거리 사용을 위하여 안테나의 이득을 높이고 빔패턴을 샤프하게 하고자 나온 것이 반사판 안테나이며, 대표적인 것이 파라볼라 안테나(Parabola Antenna)이다.

안테나 면에 수직으로 입사된 전파는 파라볼라 반사판에 반사되어 쌍곡선의 초점 부위에 모아지고, 이 신호를 받아들이는 안테나이다. 주로 극초단파대 이상의 마이크로파 대역 안테나에 사용되어 선박용 레이더나 위성통신용으로 이용된다.

④ **배열 안테나**(Array Antenna)

반사판 안테나처럼 안테나의 이득을 높이고 빔패턴을 샤프하게 하고자 나온 안테나로써 여러 개의 안테나를 특정한 룰(사용 주파수의 파장 고려)에 따라 배열하여 각각의 안테나의 빔패턴이 합쳐져서 더욱 샤프하게 만들어 지는 안테나이다.

특수한 전파 복사 특성이 요구되는 분야에 많이 응용되며 대표적인 것이 이지스함의 스파이 레이더이다.

(a) 선형 안테나

(b) 혼 안테나

(c) 파라볼라 안테나

(d) 배열 안테나

(e) 슬롯 안테나

(f) 패치 안테나

〈그림 4-10〉 안테나의 형태에 따른 종류

⑤ **슬롯 안테나(Slot Antenna)**

슬롯 안테나는 도파관의 옆면에 여러 가지 형태의 구멍(Slot)을 뚫어서 만드는 안테나로서 큰 전력을 다룰 수 있어 선박용 항해 레이더 안테나 또는 군사용으로 많이 사용된다.

안테나의 슬롯 크기나 개수, 모양, 거리 등은 안테나의 사용 주파수나 성능을 좌우하며, 다양한 변수를 잘 조절하면 배열 안테나처럼 운용할 수 있다.

⑥ **패치 안테나(Patch Antenna)**

패치 안테나는 마이크로스트립 기판 위에 사각형 또는 원형 형태로 금속패턴을 만든 후, 여러 가지 형태로 급전하여 만들 수 있어서 마이크로스트립 안테나라고도 한다.

안테나가 소형이며 가볍게 만들 수 있어서 항공기, 우주선, 위성, 미사일, 자동차 등 다양한 응용분야에서 사용되고 있다.

<그림 4-10>은 안테나의 형태에 따라 구분한 종류를 보여준다.

제5절 전파 전파

안테나를 통해 전파가 방사되면 공기 중으로 전파(Propagation) 되면서 반사, 굴절, 회절, 산란 등의 현상이 발생한다. 또한 전파(Propagation)되는 매질과 주파수에 따라 나타나는 특성이 다소 다르게 나타나기 때문에, 본 절에서는 전파가 평면파로 전파되는 현상을 맥스웰방정식으로부터 전・자계를 검토하고, 전달경로에 따른 전파 특성과 주파수에 따른 전파 특성을 설명하고자 한다.

1. 평면파의 전파(Propagation)

전파를 이해하려면 맥스웰방정식의 해를 풀어야 한다. 공간의 매질 분포가 결정되고 전원이 결정되면 맥스웰방정식을 만족하는 전계 E 와 자계 H 가 결정되는데 이것이 전파인 것이다.

전파가 전파(Propagation) 될 때 항상 일정한 평면상에서 전계와 자계 성분의 크기와 위상이 동일한 경우, 균일 평면파라고 한다. 본 절에서는 평면파가 일반매질과 손실매질에서 어떻게 되는지 설명하고자 한다.

① 일반매질에서의 평면파

전파가 전파(Propagation) 될 때 <그림 4-11>과 같이 파원으로부터 공간에 방사된 전파는 전파됨에 따라 위상면이 직선인 평면파가 된다.

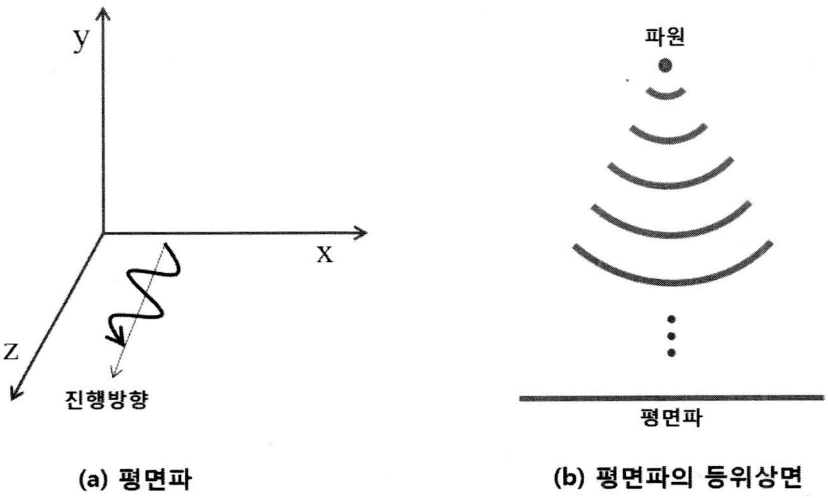

〈그림 4-11〉 평면파와 등위상면

<그림 4-11>에서 z 방향으로 전파되는 평면파는 맥스웰방정식으로부터 유도할 수 있다. 평면파의 맥스웰방정식은 식 (4-2), (4-3)과 같다.

$$\nabla \times \boldsymbol{E} = -\mu_0 \frac{\partial \boldsymbol{H}}{\partial t} \tag{4-2}$$

$$\nabla \times \boldsymbol{H} = \varepsilon_0 \frac{\partial \boldsymbol{E}}{\partial t} \tag{4-3}$$

평면파가 z 방향으로 전파되기 때문에 $\frac{\partial}{\partial t}$ 및 $\frac{\partial}{\partial z}$ 이외는 모두 0(zero)인 것을 고려하면, 식 (4-2)는 식 (4-4)와 (4-5)처럼 두 개의 스칼라 방정식으로 분해될 수 있다.

$$\frac{\partial E_y}{\partial z} = \mu_0 \frac{\partial H_x}{\partial t} \tag{4-4}$$

$$\frac{\partial E_x}{\partial z} = -\mu_0 \frac{\partial H_y}{\partial t} \tag{4-5}$$

위와 같은 방법으로 식 (4-3)에 대해서도 식 (4-6)과 (4-7)과 같이 두 개의 스칼라 방정식을 얻을 수 있다.

$$-\frac{\partial H_y}{\partial z} = \varepsilon_0 \frac{\partial E_x}{\partial t} \tag{4-6}$$

$$\frac{\partial H_x}{\partial z} = \varepsilon_0 \frac{\partial E_y}{\partial t} \tag{4-7}$$

여기서, ε_0와 μ_0는 각각 자유공간에서의 유전율과 투자율이다.

식 (4-4)와 (4-7)로부터 H_x를, 식 (4-5)와 (4-6)으로부터 E_x를 각각 소거하면, E_y 와 H_y에 관한 1차원 파동방정식이 얻어진다. 여기서, E_y에 관한 파동방정식을 고려하면 식 (4-8)과 같이 구해진다.

$$\frac{\partial^2 E_y}{\partial z^2} = \mu_0 \frac{\partial}{\partial z} \frac{\partial H_x}{\partial t} = \varepsilon_0 \mu_0 \frac{\partial^2 E_y}{\partial t^2} \tag{4-8}$$

가령 E_y에 관한 파동방정식 (4-8)의 해를 구하면 전계 E_y가 구해진다. 즉, 시간인자를 $e^{j\omega t}$라 하고, 이것을 식 (4-8)에 대입하면 E_y에 관한 선형 미분방정식이 식 (4-9)와 같이 얻어진다.

$$\frac{\partial^2 E_y}{\partial z^2} + \omega^2 \varepsilon_0 \mu_0 E_y = 0 \tag{4-9}$$

여기서, 전파정수 γ_0를 $\gamma_0 = \omega\sqrt{\varepsilon_0 \mu_0}$ 라 놓으면, 식 (4-9)의 해는 진행파 $E^+ e^{-\gamma_0 z}$와 후진파

$E^{-}e^{\gamma_0 z}$의 선형결합으로서 나타낼 수 있지만, 여기서는 +z 방향으로 전파하는 수직편파만을 고려하고 있기 때문에 진행파 $E^{+}e^{-\gamma_0 z}$ 만을 선택한다.

또한 $\gamma_0 = j\omega\sqrt{\varepsilon_0\mu_0}$ 라 놓으면, E_y는 식 (4-10)과 같다.

$$E_y = E^{+}e^{-\gamma_0 z}\, e^{j\omega t} \tag{4-10}$$

E_y 성분을 식 (4-4)에 대입하면, H_x 성분도 식 (4-11)과 같이 도출될 수 있다.

$$H_x = -\frac{\gamma_0}{j\mu_0\omega}E^{+}e^{-\gamma_0 z}e^{j\omega t} = -H^{+}e^{-\gamma_0 z}e^{j\omega t} \tag{4-11}$$

평면파의 전계성분과 자계성분에 대해 방향을 고려하여 비를 구하면, 식 (4-12)와 같이 일정한 값이 된다. 이 값은 약 377 Ω이 되며, 파동임피던스라 불린다.

$$Z_0 = \frac{E_y}{H_x} = \frac{j\mu_0\omega}{\gamma_0} = \sqrt{\frac{\mu_0}{\varepsilon_0}} \tag{4-12}$$

앞에서 전개한 것과 같이 H_y에 관한 1차원 파동방정식도 해석이 가능하고, 평면파의 수평편파에 관해서도 해를 구할 수 있다.

② 손실 매질에서의 평면파

손실 매질에서의 평면파를 고려하면, 매질의 도전율 $\sigma \neq 0$ 므로 맥스웰방정식을 식 (4-13)과 (4-14)와 같이 나타낼 수 있다.

$$\nabla \times \boldsymbol{E} = -j\omega\mu\boldsymbol{H} \tag{4-13}$$

$$\nabla \times \boldsymbol{H} = j\omega\varepsilon\boldsymbol{E} + \sigma\boldsymbol{E} \tag{4-14}$$

$\boldsymbol{E}$ 에 대한 파동방정식은 식 (4-15)과 같이 된다.

$$\nabla^2 \boldsymbol{E} + \omega^2 \mu \varepsilon \left(1 - j \frac{\sigma}{\omega \varepsilon}\right) \boldsymbol{E} = 0 \tag{4-15}$$

이 때 매질에서의 복소 전파정수 γ 는 식 (4-16)과 같이 정의된다.

$$\gamma = \alpha + j\beta = j\omega \sqrt{\mu\varepsilon} \sqrt{1 - j\frac{\sigma}{\omega\varepsilon}} \tag{4-16}$$

전계를 x 와 y 방향에서 일정하고, $\hat{\boldsymbol{x}}$ 성분만을 갖는다고 가정하면 식 (4-15)의 파동방정식은 식 (4-17)로 표현된다.

$$\frac{\partial^2 E_x}{\partial z^2} - \gamma^2 E_x = 0 \tag{4-17}$$

이 방정식의 해는 식 (4-18)과 같다.

$$E_x(z) = E^+ e^{-\gamma z} + E^- e^{\gamma z} \tag{4-18}$$

따라서 $+z$ 방향으로 전파하는 파의 전파정수의 형태는 식 (4-19) 이다.

$$e^{-\gamma z} = e^{-\alpha z} e^{-j\beta z} \tag{4-19}$$

식 (4-19)를 시변계로 나타내면 식 (4-20)과 같다.

$$e^{-\gamma z} = e^{-\alpha z} \cos(\omega t - \beta z) \tag{4-20}$$

위 식은 위상속도 $v_p = \omega / \beta$, 파장 $\lambda = 2\pi / \beta$ 와 지수함수적인 감쇠정수 α 를 갖고 $+z$ 방향으로 진행하는 파를 나타냄을 알 수 있다. 만일 손실이 없다면, $\sigma = 0$ 이므로 $\gamma = jk$ 이며 $\alpha = 0$, $\beta = k$ 가 된다.

손실항은 복소유전율을 사용하여 취급하면 편리하기 때문에 $\sigma = 0$, $\varepsilon = \varepsilon' - j\varepsilon''$ 이라 놓으

면 식 (4-16)은 식 (4-21)과 같이 나타낼 수 있다.

$$\gamma = j\omega\sqrt{\mu\varepsilon} = j\omega\sqrt{\mu\varepsilon'(1-j\tan\delta)} \tag{4-21}$$

여기서, $\tan\delta = \frac{\varepsilon''}{\varepsilon'}$는 매질의 손실탄젠트(loss tangent)라 한다.

자계는 식 (4-22)와 같이 구해진다.

$$H_y = \frac{j}{\omega\mu}\frac{\partial E_x}{\partial z} = \frac{-j\gamma}{\omega\mu}\left(E^+ e^{-\gamma z} - E^- e^{\gamma z}\right) \tag{4-22}$$

무손실의 경우와 같이, 파동임피던스 η 는 전계와 자계 사이의 관계로부터 정의될 수 있으며 식 (4-23)과 같다.

$$\eta = \frac{j\omega\mu}{\gamma} \tag{4-23}$$

따라서 식 (4-23)을 식 (4-22)에 대입하면 식(4-24)로 다시 쓸 수 있다.

$$H_y = \frac{1}{\eta}\left(E^+ e^{-\gamma z} - E^- e^{\gamma z}\right) \tag{4-24}$$

2. 전파경로에 따른 전파 특성

지상에서 안테나에 의해 방사된 전파는 전달되는 경로에 따라서 대지에 영향을 받는 지상파(Ground Wave)와 상공을 통과하는 공간파(Sky Wave)로 구분이 된다.

지상파는 직접파와 지표파, 대지반사파로 구분되며, 도전율과 유전율, 대기의 상태에 따라 전계강도에 영향을 받으며 전파된다. 지상파는 낮은 주파수대에서는 지표파의 영향을 받아 중거리 통신에 좋으며, 높은 주파수대에서는 직접파에 의해 가시거리 영역의 통신에 사용된다.

공간파는 대류권반사파와 전리층반사파로 구분되며, 장거리 통신에 용이하고 주간과 야간, 계절변화에도 영향을 받아 전파된다.

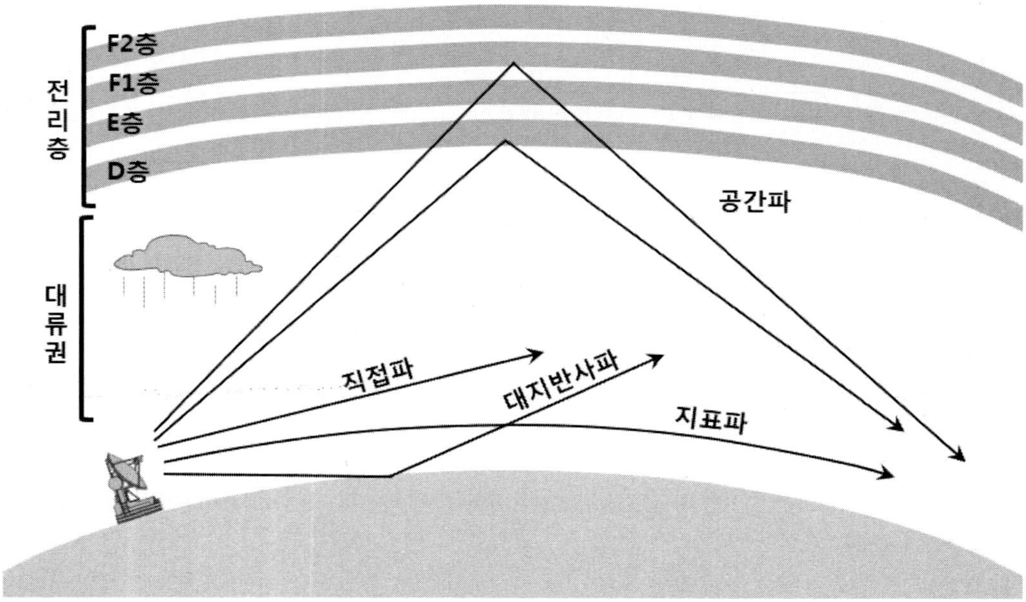

〈그림 4-12〉 전달경로에 따른 전파

① **지상파**

㉮ 직접파

직접파는 지구의 지표면 근처에서 전파되며, 송신안테나에서 수신안테나로 직접 전송된다. 즉, 송신안테나와 수신안테나는 전파의 수평선거리이내에 있어야 된다. 이 거리는 안테나의 높이를 높이면 더욱 멀어질 수 있으며 식 (4-25)와 같다.

$$\text{전파의 수평선 거리 } d = 2.22(\sqrt{h_1} + \sqrt{h_2}) \tag{4-25}$$

여기서, d 는 해리(nm)단위이며, h_1, h_2 는 송 · 수신 안테나의 높이(m) 이다.

일반적으로 대류권 아래에서는 지구상 대기의 밀도가 지구 근처에서 가장 높고 위로 올라갈수록 점차 낮아져 전파가 약간 휘거나 굴절하여 실제 수평선거리보다 약 4/3배, 30~40% 더 멀리 전파된다.

㉯ 지표파

지표파는 지구표면을 따라 전파되는 것으로 지표의 도전율에 주로 영향을 받는다. 또한 파장이 긴 장파의 경우에는 이 영향을 많이 받아 원거리 전파에 용이하다. 특히, 해상에서는 해면 반사에 의해 더욱 감쇄가 적기 때문에 수천 km까지 전달 가능하여 선박의 전파항법에 많이 사용되었다.

㉰ 대지반사파

대지반사파는 송신안테나에서 방사된 전파가 지면이나 해면에 반사되어 수신안테나에 도달하는 파를 말한다. 일단 반사되는 파이기 때문에 위상 편이와 에너지 흡수현상이 발생된다.

실제로 높이 약 1,000 m 이하에서 수 km 거리의 초단파 통신에 있어서 수평편파는 대지에서 반사할 때에 위상이 180° 편이가 되고 수신점에 도달할 때에는 위상이 늦어진다.

② 공간파

㉮ 대류권반사파

대류권은 지구표면으로부터 10km 내외까지의 공간을 말하며, 대기의 대류현상이 발생되고 기상변화를 일으킨다. 이 기상변화는 대기의 굴절율에 영향을 주기 때문에 전파의 전파에 영향을 주게 된다. 대류권내에서는 라디오 덕트 현상에 의해 역전층 내에 전파가 들어가게 되면 작은 감쇄로 원거리까지 전달되는 이상현상이 발생될 수도 있으며, 짧은 파장을 갖는 주파수에서는 눈, 비 등에 의해 감쇄현상이 심하게 발생될 수도 있다.

대류권에서는 굴절에 영향을 많이 받는다. 지상에서 위로 올라갈수록 온도, 습도, 밀도가 낮아져 굴절율이 낮아지기 때문에 전파 속도가 증가하고 지구 쪽으로 굽어지는 밴딩(Bending) 현상이 발생된다.

㉯ 전리층반사파

지구를 둘러싼 전리층은 D, E, F1, F2 층으로 이루어지며, 약 400km까지 나타나고 시간변화, 일변화, 계절변화에 영향을 많이 받는다. 태양의 극심한 활동으로 전리가 많이 대전되면 층이 두터워지기 때문에 반사가 많이 일어나고 층을 통과할 때에는 감쇄가 많이 일어나 심하면 통신이 두절될 수도 있다.

전리층은 <그림 4-13>과 같이 주간에 D, E, F1, F2 층이 두텁게 나타나고, 야간에는 D, E, 층은 소멸되고 F1과 F2 층이 합쳐져 F층으로 적게 나타나기 때문에 주간보다 야간에 감쇄가 적게 나타난다.

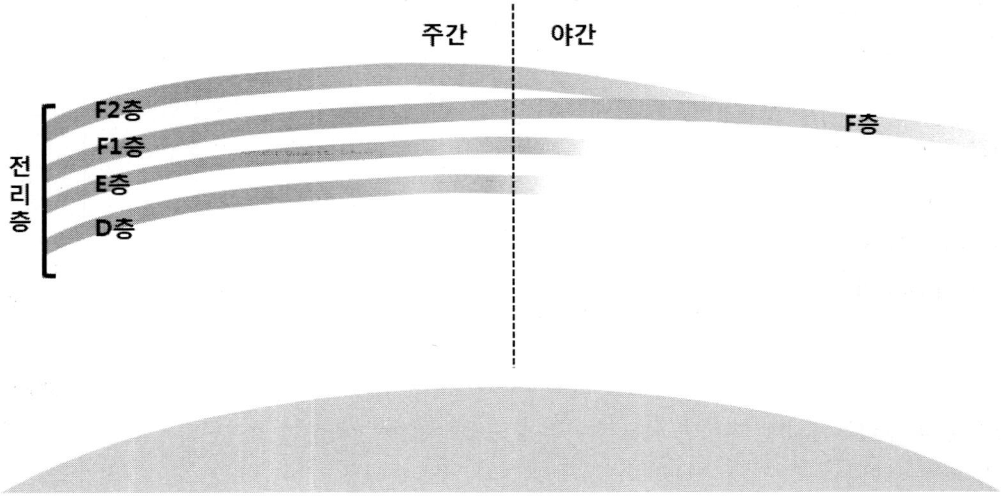

〈그림 4-13〉 주간과 야간 전리층 변화

3. 주파수에 따른 전파 특성

일반적으로 전파가 전파되는 특성을 구분할 때에는 주파수에 따라 분류하는 것이 매우 편리하다. 동일한 주파수 대역에서는 유사한 전파특성이 나타나기 때문이다. 따라서 초장파, 장파, 중파, 단파, 초단파, 극초단파 등에 대하여 전파특성을 설명하고자 한다.

① 초장파(VLF; Very Low Frequency)

초장파는 주파수 3~30kHz 대역으로 전파 파장이 10~100km로 매우 크다. 주로 지표를 따라서 전파되는 지표파의 영향을 받으며, 전리층반사파가 일부 발생된다. 일반적으로 전파는 바다 속을 통과하지 못하지만 이 주파수 대역은 파장이 매우 커서 바다 속 수십 미터까지 들어간다. 해상용 전파항법 초기에 사용되었던 오메가 항법시스템(10kHz)은 초장파를 사용되었다. 초장파 시스템들은 대역폭은 좁고 주파수 파장이 너무 크기 때문에 안테나 등 설비가 매우 커서 고가이면서도 실용성은 떨어진다.

② 장파(LF; Low Frequency)

장파는 주파수 30~300kHz 대역으로 전파 파장이 1~10km로 초장파 다음으로 크다. 장파도 주로 지표파에 영향을 받으며, 전리층반사파가 일부 나타난다. 전리층에 의한 감쇄도 작고 대지에 잘 반사되기 때문에 수천 km까지 잘 전달된다. 해상용 전파항법 시스템인 로란(100kHz), 데카(70~130kHz)가 장파를 이용한 시스템이다.

③ **중파(MF; Medium Frequency)**

중파는 주파수 300kHz~3MHz 대역으로 전파 파장이 100~1,000m이다. 중파도 지표파가 우세하게 나타나고 전리층반사파는 매우 미약하게 나타나며 원거리까지 전파가 가능하다. 따라서 예전부터 라디오 방송(중파방송)에 사용되고 있으며, 선박이나 항공기 통신용 등에도 사용되고 있다.

④ **단파(HF; High Frequency)**

단파는 주파수 3~30MHz 대역으로 전파 파장이 10~100m이다. 전리층 E층과 F층에 영향을 받아 반사가 일어나 원거리까지 전달된다. 장거리통신이 가능하여 국제방송・통신에 많이 사용되며, 일반인이 손쉽게 사용하는 아마추어 무선에도 잘 사용되고 있다. 그러나 전리층에 영향을 많이 받기 때문에 태양 폭발에 의한 델린저현상이 생길 수 있다.

⑤ **초단파(VHF; Very High Frequency)**

초단파는 주파수 30~300MHz 대역으로 전파 파장이 1~10m이다. 전리층에는 약하게 영향을 받으며, 직접파가 우세하게 나타난다. 산이나 도심의 건물에서도 회절이 어느 정도 되기 때문에 매우 용이하게 사용된다. 초단파는 단파 대비 많은 정보를 전달할 수 있어서 텔레비전 방송이나 FM 방송에 사용된다. 또한 근거리 이동통신에 적합하여 육상, 해상, 항공 모든 분야에 많이 사용된다.

⑥ **극초단파(UHF; Ultra High Frequency) 이상**

극초단파는 주파수 300MHz~3GHz 대역으로 전파 파장이 10~100cm이다. 극초단파 이상의 주파수에서는 모두 직접파와 대지반사파에 영향을 받는다. 극초단파 이상은 초단파 대비 파장이 짧기 때문에 직진성이 매우 우세하다. 또한 대역폭이 넓어 많은 정보 전송이 가능하기 때문에 이동통신 등에 용이하다.

이상에서 설명한 주파수 대역에 따른 전파특성을 요약하면 <표 4-1>과 같다.

〈표 4-1〉 주파수 대역에 따른 전파특성

구분	분 류	VLF	LF	MF	HF	VHF	UHF 이상
지상파	직 접 파				△	◉	◉
	대지반사파					△	○
	지 표 파	◉	◉	◉	△	△	
공간파	전리층반사파	△	△		◉	△	
	대류권산란파					○	○

◉ 우수, ○ 양호, △ 보통

제6절 전파의 이상현상

1. 페이딩

페이딩은 전파의 세기가 시간에 따라 변하는 현상을 말한다. 이것은 전달경로가 달라서 간섭을 일으키거나 전달경로의 상태변화에 의해 발생한다. 예를 들어, 달리는 차안에서 핸드폰을 사용할 때 신호가 '들렸다', '안 들렸다' 하는 것도 페이딩 때문이다.

페이딩은 그 변동주기가 보통 수 분의 1초 내지 수 분 정도의 것이 많다. 그리고 일반적으로 페이딩은 동일통로에서 주파수가 높을수록 그 주기가 빠르게 된다.

페이딩은 그 원인에 따라 간섭성 페이딩, 신틸레이션 페이딩, 편파성 페이딩, 흡수성 페이딩, 도약성 페이딩 등으로 분류되며 <표 4-2>와 같다.

〈표 4-2〉 페이딩의 종류

구 분	내 용
간섭성 페이딩	– 전파가 경로를 달리하여 동일지점에 도착하였을 때 전파간섭을 일으켜 나타나는 현상 – 다이버시티 수신방식[1]으로 해결 가능
신틸레이션 페이딩	– 전파경로 상 대기상태의 변동에 의해 산란파와 직접파의 간섭에 의해 생기는 현상 – 크지 않으며 수초에서 수십초 정도 주기로 발생
편파성 페이딩	– 안테나의 편파 특성에 의해 전계강도가 시간적으로 변화 – 안테나의 합성전계를 이용하여 해결 가능
흡수성 페이딩	– 매질 중의 전파 손실에 의해 발생 – 예) 델린저 현상
도약성 페이딩	– 전리층을 뚫고 올라간 신호와 반복되는 반사사이에서 발생하는 현상 – 전리층이 급변하는 일 · 출몰 전후 많이 발생

2. 델린저 현상

지구 대기에 있어서 전리층의 E층과 F층은 전파 중 단파를 반사시켜 장거리 통신을 용이하게 하고 D층은 전파를 흡수하여 통신을 악화시키는 현상이 발생한다.

델린저 현상은 태양 표면의 폭발로 인하여 앞에서 언급한 전리층 D층이 두터워져 단파를 흡수하여 통신이 두절되는 현상이다. 이 현상은 1935년 미국의 존 하워드 델린저가 통신전파의 비정상적인 감쇄현상이 태양과 관련이 있음을 발견하면서 발견자의 이름을 따서 명명되었다. 델린저 현상으로 인한 통신두절은 짧게는 수분에서 길게는 수시간 동안 계속될 수 있다.

3. 자기 폭풍

지구자계의 강도 및 방향은 규칙적인 일 변화를 하고 있지만, 일 변화의 범위를 넘어서 급격히 변동되는 일이 있다. 이 현상을 자기폭풍이라고 한다. 그 원인은 태양의 표면 폭발이 일어나거나 태양 흑점이 변화하게 되면 태양으로부터 지구에 도달하는 전자, 양성자 등 하전 입자의 방출이 증가하게 된다. 이러한 입자들이 지구 자기장에 부딪히면서 자기 폭풍을 일으키게 되는 것으로 <그림 4-14>와 같다.

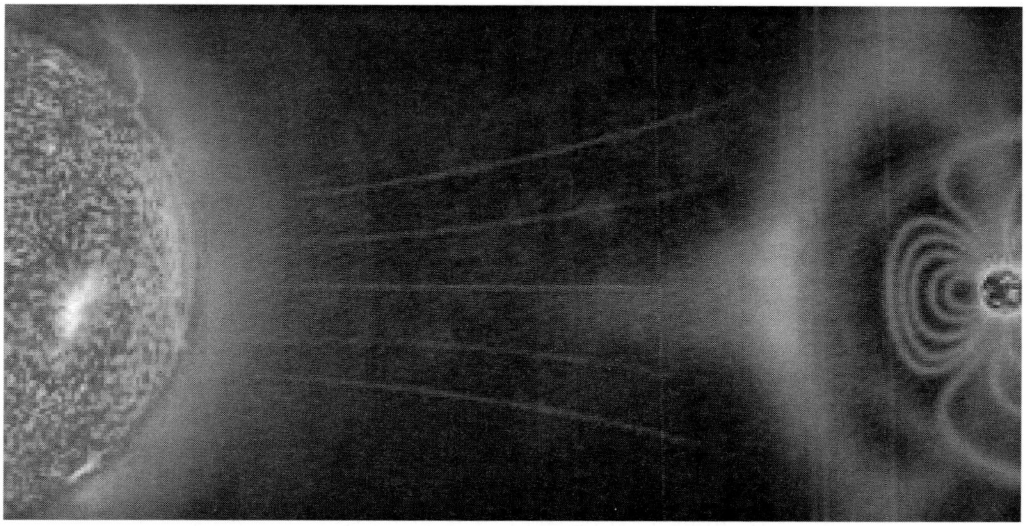

〈그림 4-14〉 자기 폭풍 [출처: 국립전파연구원]

1 무선통신에서 페이딩 영향을 경감하기 위해 전기장 세기가 다른 수신신호를 합성하여 단일 신호 출력을 얻을 수 있게 하는 방식

4. 라디오 덕트 현상

표준상태의 대기에서는 위로 올라갈수록 유전율, 굴절율이 감소하는 데 대기의 기상상태가 역전되면 이와 반대의 현상이 발생한다. 전파가 이 대기층으로 들어가게 되면 그 속에 갇혀 비정상적으로 적은 감쇄로 원거리까지 전송이 가능한 라디오 덕트(Duct) 현상이 발생한다.

여름철 일본 TV 방송이 동해안에서 수신되는 것이나 단파통신에 있어서 남해안의 교신내용이 동해안이나 서해안에서 들리는 것이 라디오 덕트 현상 때문이다.

제7절 전자파환경공학

1. 전자파의 영향

전자파환경이란 전자파 에너지가 인체, 기기 등에 영향을 미치는 주변공간을 의미한다. 과거 인간의 편리성만 추구하며 발달된 과학기술은 이러한 환경에 많은 전자파를 야기시켰다.

일상생활에서 사용 중인 정보통신기기에서 방사되는 전자파와 자연현상에 의해 발생하는 전자파, 그리고 전기・전자장비로부터 비의도적으로 방출되는 불필요한 전자파(불요 전자파)가 항상 존재하고 있다. 이러한 전자파들은 장비와 장비 간에, 장비와 인간 간에 불필요하고 유해한 영향을 주고 있다.

따라서 최근 들어 불요 전자파의 방사를 억제하여 전자파환경 오염을 방지하기 위한 규제가 증가하고 있다.

전자파가 인체가 노출되면 열작용과 자극작용이 나타난다. 열작용은 주파수가 높은 강한 전자파가 인체에 도달할 때 강하게 나타나며, 전신 또는 부분적으로 체온이 상승하여 불거지고 건강에 영향을 준다. 자극작용은 주파수가 낮은 경우에 많이 나타나며 인체 내에 유도된 전류가 신경이나 근육을 자극하게 된다. 따라서 전자파에 많이 노출되면 체온변화와 생체리듬이 깨져 두통이나, 어지러움, 심장질환 등 인체에 악영향을 미칠 수 있어 각별히 유의해야한다.

전자파가 인체에 흡수되는 양을 표현하는 값이 전자파흡수율(SAR; Specific Absorption Rate)이다. 전자파흡수율은 단위시간당 인체의 단위질량(1kg 또는 1g)에 흡수되는 전자파 에너지의 양을 의미하며 <그림 4-15>와 같고 단위는 W/kg, 또는 mW/g 이다.

우리나라는 국제권고기준(2 W/kg)보다 엄격한 1.6 W/kg으로 정하고 있으며, 휴대폰의 전자파흡수율 측정은 국립전파연구원 고시 제2015-23호(전자파흡수율 측정기준)에 따르고 측정값

〈그림 4-15〉 전자파흡수율 [출처: 방송통신위원회]

이 기준에 만족할 경우만 판매하고 있다. 또한 국내 판매 중인 모든 핸드폰의 전자파흡수율은 국립전파연구원 홈페이지에서 확인 가능하다.

일상생활에서 많이 사용하는 장비들의 전자파 감소대책은 다음과 같으며 항상 유의하여야 한다.

① 침실의 전자제품 : 인체의 머리부근에서 멀리하고 가능하면 전원을 뽑는다.

② 전기매트, 전기장판 : 열선을 이용하여 열을 발생시키는 제품들은 장시간 노출, 밀착사용 시 문제가 될 수 있어 사용 전에 동작을 시키고 취침할 때에는 스위치 전원을 끄는 것이 좋다.

③ 헤어 드라이기 : 헤어 드라이기는 강력한 모터와 많은 전력을 사용하므로 강한 전자기장이 방출된다. 가급적 낮은 단계로 사용하고 머리에서 일정 거리를 유지하는 것이 좋다.

④ 전자레인지 : 전자레인지는 2.45㎓의 마이크로파 주파수를 사용하는데 과거 주부가 백내장에 걸린 사례도 있다. 가능하면 구석진 곳에 설치하여 노출을 감소시켜야 한다.

⑤ 휴대폰 : 휴대폰은 가능하면 장시간 사용을 자제하고 사용 시 안테나가 얼굴이나 머리에서 조금이라도 떨어지도록 스피커폰 등을 이용하는 것이 좋다.

⑥ 텔레비전 : 텔레비전 바로 앞에서 시청을 하는 경우가 많은데 최소한 1m 이상 떨어져서 시청하는 것이 좋다.

⑦ 컴퓨터 : 컴퓨터 작업 시 모니터와의 거리는 60cm이상 유지하고 장시간 작업을 할 경우는 주기적으로 쉬었다가 하는 것이 좋다.

2. EMI/EMS/EMC

가정에서 TV를 시청하다가 드라이기, 진공청소기 등을 사용할 때 텔레비전 화면에 영향을 주는 것이나 핵폭발 시 생기는 전자파 또는 낙뢰에 의해 전자기기가 오동작하게 되는 현상 등과 같이 불요 전자파가 다른 기기에 영향을 주는 것을 EMI(Electromagnetic Interference), 전자파 장해라고 한다.

EMI에 의한 피해사례는 컴퓨터 오작동에 의한 열차 충돌사고, 엘리베이터 오작동에 의한 추락사고, 항공기 추락사고, 원자로 비상정지 등 많은 사례가 보고되고 있다. 또한 군에서도 <그림 4-16>과 같이 1967년 미 항공모함 포레스탈(CVA-59) 함재기 미사일이 폭발하여 승무원 134명이 사망하고 전투기 72대가 파손된 사례도 있다. 함재기 미사일에 공급되는 별도의 전원은 없는 상태였는데 함상 레이더의 신호가 유입되어 발생된 것으로 판단하였다.

〈그림 4-16〉 미 항공모함 포레스탈(CVA-59) 미사일 폭발 사고

EMI와 반대로 기기가 정상적으로 작동할 수 있도록 다른 기기의 영향을 받지 않게 내성(Immunity)을 갖게 하는 것을 EMS(Electromagnetic Susceptibility), 전자파 감수성 또는 전자파 내성이라 한다.

또한 이러한 전자파 환경 속에서 다른 기기에 영향을 미치지 않도록 하고, 다른 기기로부터 견딜 수 있도록 내성을 향상시키는 것을 EMC(Electromagnetic Compatibility), 전자파양립성이라고 한다. EMC 대책은 불요 전자파를 규제하는 값 이내로 발생되도록 하는 EMI, 불요 전자파 속에서 잘 견디는 능력을 평가하는 EMS와 관련된 일련의 작업이라 할 수 있다.

따라서, EMC 대책이 잘 수립되어 전자파환경을 안전하게 유지하는 것이 무엇보다 중요하다.

이것만은 알아둡시다!

1 전파란 무엇인가?

– 전기자기파, 전자파의 준말

– 인공적인 유도 없이 공간에 퍼져가는 3,000GHz 이하 주파수의 전자파

2 주파수란 무엇인가?

– 초당 진동하는 횟수

– 표기 : 흘림체의 *f*

– 단위 : 헤르츠(Hz) 또는 c/s(cycle per second)

3 전파의 특성 중 항해계측에 이용하는 성질은?

직진성, 등속성, 반사성

4 기하학적 수평선거리보다 전파의 수평선거리가 증가하는 이유?

– 일반적으로 대류권 아래에서는 지구상 대기의 밀도가 지구 근처에서 가장 높고 위로 올라갈수록 점차 낮아져 전파가 약간 휘거나 굴절하여 실제 수평선거리보다 약 4/3배 정도 증가

– 대류권에서는 굴절에 영향을 많이 받음. 지상에서 위로 올라갈수록 온도, 습도, 밀도가 낮아져 굴절율이 낮아지기 때문에 전파 속도가 증가하고 지구 쪽으로 굽어지는 밴딩(Bending) 현상이 발생

5 EMI/EMS/EMC?

– EMI(Electromagnetic Interference) : 불요 전자파가 다른 기기에 영향을 주는 것으로 '전자파 장해'라고 함

– EMS(Electromagnetic Susceptibility) : 기기가 정상적으로 작동할 수 있도록 다른 기기의 영향을 받지 않게 내성을 갖게 하는 것으로 '전자파 내성'이라고 함

– EMC(Electromagnetic Compatibility) : 전자파 환경 속에서 다른 기기에 영향을 미치지 않도록 하고, 다른 기기로부터 견딜 수 있도록 내성을 향상시키는 것으로 '전자파 양립성'이라고 함

| 참고문헌 |

[1] 김기채 등 6명, 『안테나 공학』, 대영사, 2004

[2] 대한전자공학회, 『전파공학』, 청문각, 2002.

[3] 김세윤, 『전자기학』, 사이텍미디어, 2001.

[4] 김동일, 『전파흡수체 공학』, 대영사, 2006.

[5] David M. Pozar, 『Microwave Engineering』, 3rd, John Wiley & Sons, 2005.

[6] 이은방 등 4명, 『전파전자항해학』, 상학당, 2010.

[7] ETRI, 『훤히 보이는 전파기술』, 전자신문사, 2009.
[8] 방송통신위원회, 『행복한 세상을 이어주는 건강한 휴대폰 생활』
[9] 국립전파연구원 홈페이지; https://www.rra.go.kr
[10] 두산백과사전

5장
전파를 이용한 위치측정 원리

제5장
전파를 이용한 위치측정 원리

제1절 개 요

사용자가 현재의 위치를 측정하기 위해서는 본인이 구할 수 있는 위치선(LOP; Line of Position)을 알아냄으로서 현재의 위치를 측정할 수 있다. 과거에는 위치선을 구하기 위해 지상 물표를 이용하거나 해, 달, 별자리 등 천문을 이용하였으나 근래에는 전파를 매개체로 이용하여 손쉽고 정확하게 위치를 측정하는 기술이 발달되었다.

19세기 전파가 발견된 이래로 과학기술의 발달과 더불어 위치를 측정하는 기술들은 위성을 이용하는 기술까지 급속도로 발달되었다.

전파를 이용한 위치 측정 기술은 전파의 기본 성질인 직진성과 등속성을 이용하여 전파의 도착시간 (TOA; Time of Arrival)을 이용하는 기법과 전파의 도착시간차 (DTOA; Different Time of Arrival)를 이용하는 기법, 전파의 도달 방위각 (AOA; Angle Of Arrival)을 이용하는 기법, 그리고 전파의 세기 (RSSI; Received Signal Strength Indication)를 이용하는 기법으로 나누어볼 수 있으며, 일부에서는 구축된 시스템 기준으로 구분하기도 한다. 본 장에서는 위치 측정 기법에 따라 구분하여 설명하고자 한다.

제2절 위치 측정 기법 및 시스템

1. 전파의 도착시간(TOA)을 이용한 기법 및 시스템

전파의 도착시간을 이용하는 기법은 기준국에서 수신기까지 전파의 도착시간을 이용하여 거리를 계산하고, 3개 이상의 기준국으로부터 거리를 계산함으로써 3개의 위치선을 이용하여 위치를 계산하는 것으로 삼각측량법에 의한 것이다.

<그림 5-1>은 전파의 도착시간을 이용하는 기법의 측정원리를 설명하고 있다.

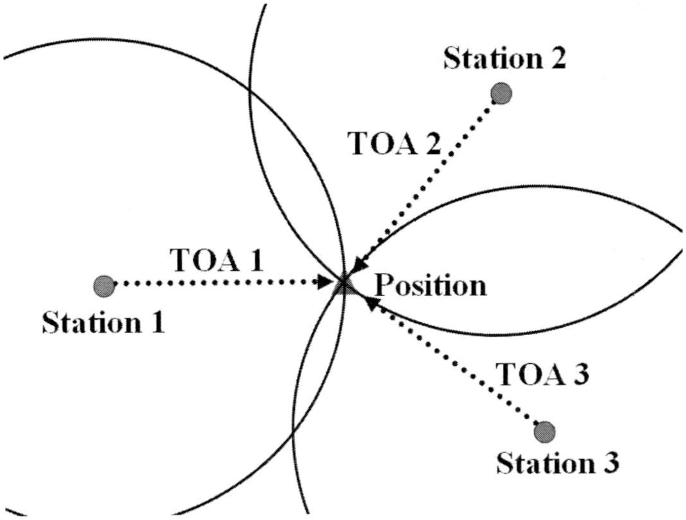

〈그림 5-1〉 전파의 도착시간을 이용하는 기법의 측정원리

전파의 도착시간을 이용하는 대표적인 방법은 위성을 이용하는 것으로 미국의 GPS (Global Positioning System), 러시아의 GLONASS (GLObal NAvigation Satellite System), 개발 중에 있는 EU의 GALILEO와 중국의 COMPASS 등의 GNSS (Global Navigation Satellite System)가 있다.

GNSS 기본 원리는 위성으로부터 수신기까지의 의사거리 (Pseudorange) pr_i와 위성과 수신기간 실제거리 ρ_i, 시계바이어스 오차 $\triangle T_b$에 의해서 계산되어진다.

$$pr_i = \rho_i + c \bullet \triangle T_b \tag{5-1}$$

여기서, c 는 빛의 속도 $(3 \times 10^8 m/s)$ 이다.

위치의 3차원 성분과 시계바이어스 오차를 포함한 네 가지의 미지수를 구하기 위해서 동시에 측정된 4개의 의사거리가 필요하며, 이는 기하학적으로 각 의사거리를 반지름으로 하는 4개의 구면의 접점을 뜻하게 된다. GNSS를 이용하는 방법의 위치 정확도는 2DRMS[2] 10m 내외이다. GNSS에 대한 자세한 사항은 제8장에서 다루도록 하겠다.

2. 전파의 도착시간차(DTOA)를 이용한 기법 및 시스템

전파의 도착 시간차를 이용하는 기법은 2개소의 송신국으로부터 전파 신호의 도착시간차를 임의의 지점에서 관측하면 관측점에서 각 송신국까지의 거리차를 측정한 것이 된다는 원리를 이용한 방식이다. 위치 측정 원리는 <그림 5-2>와 같다.

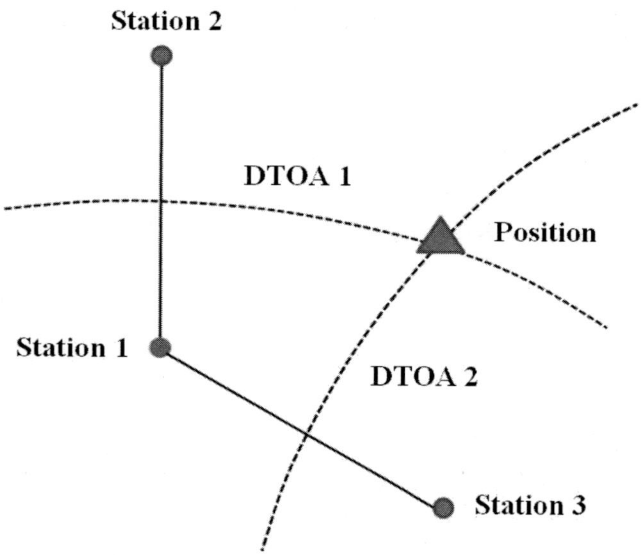

〈그림 5-2〉 전파의 도착시간차를 이용하는 기법의 측정원리

한 쌍의 두 국에 대하여 전파의 도착시간차, 관측거리차를 갖는 점의 궤적은 쌍곡선 형태의 위치선이 된다. 그리고 2개 이상의 위치선의 교점은 관측자의 위치가 된다. 이 방법을 쌍곡선 항법이라고 하며, 정확도는 대략적으로 수백 m의 오차를 포함하고 있다.

전파의 도착시간차를 이용하는 대표적인 방법이 쌍곡선 항법체계인 로란, 오메가, 데카 항법이다. 이러한 항법시스템들은 위성을 이용한 항법시스템인 GNSS의 등장으로 사향 길로 접어들

2 2DRMS (2Distance Root Mean Square) : 거리에 대한 RMS 값으로 참값을 기준으로 계산되어지며, 95.4%의 통계적 정규분포에 의해 정의되는 값이다.

었으나 최근 GNSS 취약점이 부각되면서 다시 백업시스템[3]으로 대두되며 TOA 개념을 도입한 eLoran[4]으로 재등장하고 있다. 쌍곡선 항법과 eLoran에 대한 자세한 설명은 제7장에서 다루도록 하겠다.

3. 전파의 도달 방위각(AOA)을 이용한 기법 및 시스템

전파의 도달 방위각을 이용하는 기법은 이용자가 무선방위측정기를 이용하여 전파의 도래 방위각을 측정한다. 무선방위측정기는 루프 안테나를 이용하여 수신된 전파신호의 방위를 아는 방식으로 원리는 <그림 5-3>과 같다. 한 개의 전파신호로부터 방위를 측정하고, 2개 이상의 전파신호로부터 위치 측정이 가능하다.

전파의 도달 방위각을 이용하는 대표적인 시스템은 항공의 VOR (VHF Omini Range)[5], ILS (Instrument Landing System)[6], 해상의 RDF (Radio Direction Finder)[7] 등이 있다.

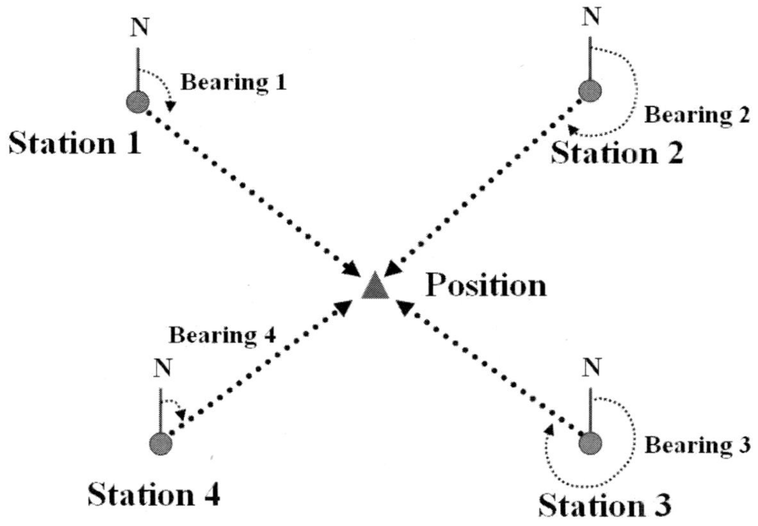

〈그림 5-3〉 전파의 도달 방위각을 이용하는 기법의 측정원리

3 백업시스템 : 하나의 시스템에 의한 서비스가 작동 불가능한 상태에 빠졌을 때, 이를 대체할 수 있는 시스템을 말한다.
4 eLoran : 장거리 항법시스템인 로란-C 서비스를 개선하여 정확도(Accuracy), 연속성(continuity), 무결성(Integrity)을 향상시킨 차세대 항법시스템이다.
5 VOR (VHF Omini Range) : VHF 무선 주파수를 이용하여 방위각 정보를 주는 시설로, 초단파 전방향 무선표지라고 한다.
6 ILS (Instrument Landing System) : 무선 주파수를 이용하여 항공기를 활주로로 유도하는 것으로 계기 착륙 방식이라고 한다.
7 RDF (Radio Direction Finder) : 무선방위측정기로 육상의 전파 도래 방위를 측정하여 항법에 이용하는 전파항해계기이다.

4. 전파 세기(RSSI)를 이용한 기법 및 시스템

전파의 세기를 이용하는 방법은 자유공간 상에서 감쇄되는 정도에 따라 거리를 측정하는 방법으로 전파되는 송신 신호의 감쇄(a)는 식 (5-2)와 같으며 송신신호와 수신 신호의 비율로 구할 수 있다. 여기에서 λ는 사용 주파수, R은 거리, c는 전파의 속도를 나타낸다.

$$a = 20\log\left(\frac{4\pi R}{\lambda}\right) \qquad (5\text{-}2)$$

$$R = \frac{\lambda}{4\pi} \cdot 10^{\frac{a}{20}} = \frac{c}{4\pi f} \cdot 10^{\frac{a}{20}} \qquad (5\text{-}3)$$

전파의 세기를 이용하여 측정된 거리가 하나의 위치선이 되며, 위치선이 3개 이상 측정되면 삼각측량법에 의해 위치를 계산할 수 있다. 대표적인 방법이 핸드폰 기지국을 이용하는 것이나 Bluetooth를 이용하는 것이다. 전파의 세기를 이용하는 기법의 측정원리는 <그림 5-4>와 같다.

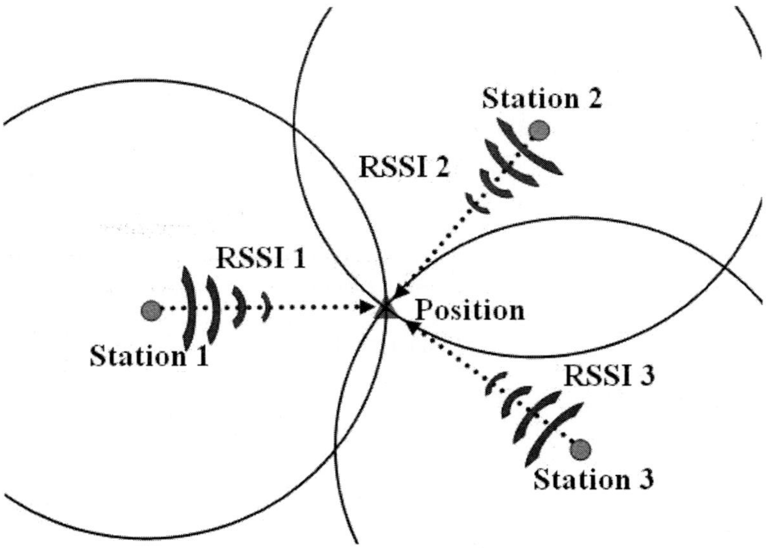

〈그림 5-4〉 전파의 세기를 이용하는 기법의 측정원리

5. 기 타

이 외에도 실내 또는 전파 수신이 잘 안 되는 곳에서 위치 측정을 위해 휴대폰 기지국 Cell-ID[8]를 이용하거나 Wi-Fi 등을 이용한 무선랜 (WLAN; Wireless Local Area Network), 근거리 통신망인 NFC (Near Field Communication)[9]나 UWB (Ultra Wide Band)[10]를 이용한 방법 들이 있다.

제3절 위치기반서비스

1. 개 요

위치기반서비스 (LBS; location-Based Service)는 휴대폰 속에 기지국이나 GPS 위성항법장치와 연결되는 칩을 부착해 위치추적 서비스, 공공안전 서비스, 위치기반정보 서비스 등 위치와 관련된 각종 정보를 제공하는 서비스를 말한다.

위치기반서비스는 과거 군사적 목적으로 군사혁신과정에서 전장양상의 변화에 맞추어 C4I (Command, Control, Communication, Computer, and Intelligence) 지휘통제체계에서부터 시작하여 정밀타격 및 네트워크중심전 (NCW; Network Centric Warfare)까지 핵심기술로 발전하여 왔으며, 이러한 위치기반 기술들이 민간분야에서 이용되면서 사람·차량 등의 위치를 파악하고 추적할 수 있음은 물론, 산속이나 사막과 같은 오지에서 위험에 처했을 때 휴대폰의 응급 버튼을 누르면 구조기관에 연결되어 구조를 받을 수 있도록 발전하였다.

경찰청에서도 근거리무선통신(NFC; Near Field Communication)을 이용하여 긴급출동서비스로 안심 신고망을 구축해 본격 운영을 시작하였다. 이는 스마트폰을 NFC 칩이 내장된 스티커에 갖다 대면 자동으로 위치가 경찰에 신고 되는 서비스이다.

각종 분야에서 활발하게 이용되고 있는 위치기반서비스의 구성요소는 <그림 5-5>처럼 측위기술, 플랫폼 기술, 서비스 기술로 나누어 볼 수 있다.

---

8 Cell-ID : 폰 단말기로 통화하고 있는 기지국 또는 기지국 섹터의 위치정보를 그래도 폰 위치로 인식하는 방식으로 어디에 있는지에 따라 큰 오차(수백 m)가 발생할 수 있다.

9 NFC (Near Field Communication) : 근거리에서 다양한 무선 데이터를 주고받는 통신기술로, 최근 스마트폰에서는 NFC 접촉 시 어플이 자동으로 실행되는 기능까지 서비스하고 있다.

10 UWB (Ultra Wide Band) : 초광대역 무선통신으로 유비쿼터스 시대에 각광받고 있으며, 사무실이나 가정의 근거리 초고속 무선 인터페이스로 연결하는 근거리 통신망에 매우 적합하다.

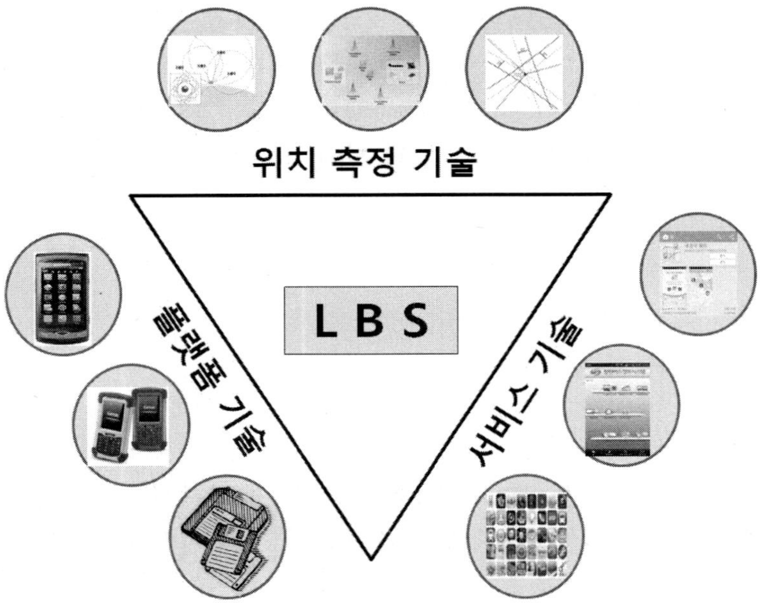

〈그림 5-5〉 위치기반서비스 구성요소

Information	Navigation	Tracking
 주변정보 제공	 길찾기, 교통정보, 버스안내	 친구찾기, 렌트카위치조회
Safe&Security	**Entertainment**	**Commerce**
 출동, 자녀·장애인 위치조회	 미팅, 채팅, 위치 운세	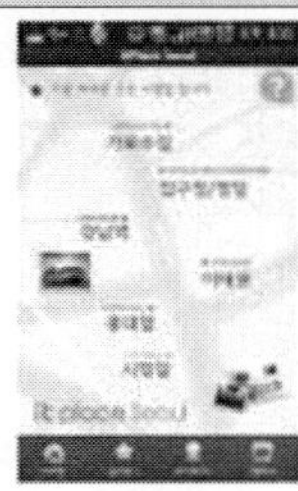 위치기반광고

〈그림 5-6〉 위치기반서비스 응용 분야 [출처 : 한국인터넷진흥원 보고서]

3가지 구성요소 중에서 가장 서비스의 종류와 품질에 영향을 미치는 핵심기술은 위치 측정기술이다. 이는 위성항법시스템이나 이동통신 시스템의 기지국으로부터 전파신호, 신호세기, 전달시간 등을 이용하고 있다. 위치기반서비스의 응용분야는 <그림 5-6>에 나타내었다. 주변정보 조회, 내비게이션, 위치 추적, 친구 찾기/소셜네트워킹, 안전서비스 등 다양한 분야에서 생활의 편리성을 제공하고 있다. 최근 세계적으로 위치 측정의 정확도에 대한 규정화 움직임도 있으며, 많은 연구자들이 정확한 위치 측정 및 서비스 영역 증대를 위해 중점적으로 연구를 수행함은 물론, 이용하는 플랫폼의 전력 최소화분야까지도 확대하여 연구하고 있다.

2. 스마트폰 위치측정 서비스

최근 스마트폰에서는 GPS, WLAN, 3G Cell-ID를 기반으로 한 위치 측정 기술, 디지털 컴파스를 이용한 방향 인식 기술, Google Map 등의 지도 및 위치 DB 등이 종합적으로 제공되고 있다.

보통 실외에서는 GPS 신호를 이용하여 위치를 파악하였으나 위성의 가시영역 밖 또는 실내에서는 GPS 수신이 불가하여 위치를 파악하기 어렵기 때문에 A-GPS(Assisted-Global Positioning System)라는 개념으로 단말기 위치 측정 시 위성을 이용한 위치 신호와 기지국 네트워크 기반을 이용한 위치 신호를 혼합적으로 사용하여 실내에서의 위치서비스를 보완하고 있다. 전 세계적으로 이동통신사, 스마트폰 제작사 등 많은 기업들이 위치기반서비스를 확대하고 있으며, 대표적인 것들이 AT&T 회사의 Navigator 앱, Google 회사의 Google MAP을 이용한 Latitude, 국내 SKT 회사의 T-Map 등 이 있다.

3. 스마트폰 이용 위치측정 결과

스마트폰의 정확한 위치측정을 위해 필자가 연구를 수행할 때에는 정확한 지도와 실시간 교통정보, 위치정보를 기반으로 한 길안내서비스를 제공하는 SKT의 T-MAP을 이용하였으며, 단말기는 삼성전자의 갤럭시 노트 2를 이용하여 위치를 측정하였다.

위치의 정확도를 확인하고자 경남 진해의 중원로터리와 제황산 공원에서 위치를 측정하였으며 측정결과는 <그림 5-7>, <그림 5-8>과 같은 데이터를 수신하였다.

GPS를 이용하여 위치를 측정하였을 때에는 <그림 5-7 (a)>, <그림 5-8 (a)>와 같은 위치 측정 결과가 수신되었다. GPS의 오차 10m를 고려하면 신뢰할 만한 정확도임을 확인할 수 있었다. GPS가 수신이 안 되는 A-GPS의 경우는 <그림 5-7 (b)>, <그림 5-8 (b)>와 같이 50~65m의 오차가 포함된 위치 측정 결과를 수신하였다.

(a) GPS (b) A-GPS (c) Cell-ID

〈그림 5-7〉 T-MAP을 이용한 위치측정결과(창원시 진해 중원로터리)

(a) GPS (b) A-GPS (c) Cell-ID

〈그림 5-8〉 T-MAP을 이용한 위치측정결과(창원시 진해 제황산 공원)

또한 건물 격벽 안쪽에서 수신할 때에는 Cell-ID 기법에 의해 250~410m 정도의 오차가 포함된 위치 측정 결과가 수신되었다. 실외에서는 GPS에 의해 10 m 내외로 언제, 어디서든, 어떤 용도로든 신뢰가 가능하지만 실내에서는 수십 미터에서 수백 미터 수준으로 신뢰도가 떨어져 측정 위치를 보완하기 위한 방법이 필요하다.

4. 스마트 폰의 위치측정 개선 방안

앞에서 실험으로 스마트폰을 이용하여 사용자 위치를 측정한 결과를 종합하여 분석하면 <표 5-1>과 같이 나타낼 수 있다.

<표 5-1>과 같은 결과를 보면 현재의 위치기반서비스가 일반적인 서비스에서는 문제점이 없다고 보이지만 재해·재난 등 긴급구조서비스나 위험신호 송신하는 각종 안전서비스에서는 다소 부족하여 현재의 서비스보다 더욱 정확한 위치서비스가 요구된다.

〈표 5-1〉 위치 측정결과 분석

구 분	오차범위	가용성	문제점
GPS	10m내외	○	실내 이용 불가
A-GPS	50~65m	△	실내 일부 가능 안전서비스 제한
Cell-ID	250~410m	×	실내 이용 제한 안전서비스 불가

따라서 다음과 같은 개선방안이 필요하다.

첫째, GPS 시스템을 이용하고 있는 위치기반서비스를 GNSS 시스템으로 확대하여 GLONASS, GALILEO, COMPASS, QZSS 등 많은 위성을 이용함으로써 DOP(Dilution of Position) 향상 및 도심 건물 등에 의한 음영구역을 최소화해야 한다.

둘째, 실내 측위 기법을 현재에 Cell-ID 기법에서 무선통신 인프라를 이용한 기법으로 개선해야 한다. 실내 측위에 적용 가능한 기술로는 무선 LAN(WiFi), IMES[11], 적외선 통신, RFID[12], UWB, Bluetooth 등 다양한 방식이 제안되고 있다. 특히 가장 효과적인 방법으로는 주변 기지국, WiFi AP 등 무선통신 인프라들을 활용한 측위기술로 판단되며, 이 기술은 무선통신 인프라

11 IMES (Indoor Messaging System) : 일본 우주항공연구개발기구(JAXA)와 측위 관련 사업을 다루는 측위위성기술주식회사가 개발한 신 기술로 실내에 호환 송신국을 설치하여 위치를 측정하는 기술이다.

12 RFID (Radio Frequency IDentification) : 소형 칩에 상품 정보를 저장하여 무선으로 데이터를 송신하는 장치로, 항법 측면에서 리더가 이를 읽어서 위치를 파악한다.

위치 DB 구축기술이 필요하다. 무선통신 인프라 데이터베이스화가 구축되면 20m 수준으로 서비스가 가능할 것으로 판단된다.

셋째, 웹 지도 정보의 정확도를 높이는 것이다. 웹 지도 서비스는 인터넷 웹 서비스와 GIS (Geographic Information System)[13]를 연동하여 지리 공간정보를 포함한 교통, 문화, 관광정보 등 다양한 부가정보를 제공하는 인터넷 서비스로써 정보의 정확도 및 지속적인 업데이트가 필수적이다. 또한 특정지역에서는 실내지도를 추가적으로 제작하여 현재의 지도와 함께 운용함으로써 실내에서도 이용 신뢰도를 향상시키는 것이다.

넷째, 위치기반서비스의 신뢰도를 알려주는 서비스를 병행하는 것이다. GNSS, Wifi AP, Cell-ID 등 다양한 방법으로 이용할 경우, 현재 이용되고 있는 기법에 따라 사용자가 바로 확인 가능하도록 신뢰도를 위치측정기법과 정보의 정확도에 따라 위험 < 경고 < 주위 < 신뢰, 4개 단계로 <그림 5-9>와 같이 구분하여 알려 주는 것이다. 또한 긴급구조 시는 반드시 GPS on/off 상태와 WiFi on/off 상태를 알려 줌으로써 신뢰도를 사용자가 실시간 알 수 있도록 유지하는 것이다.

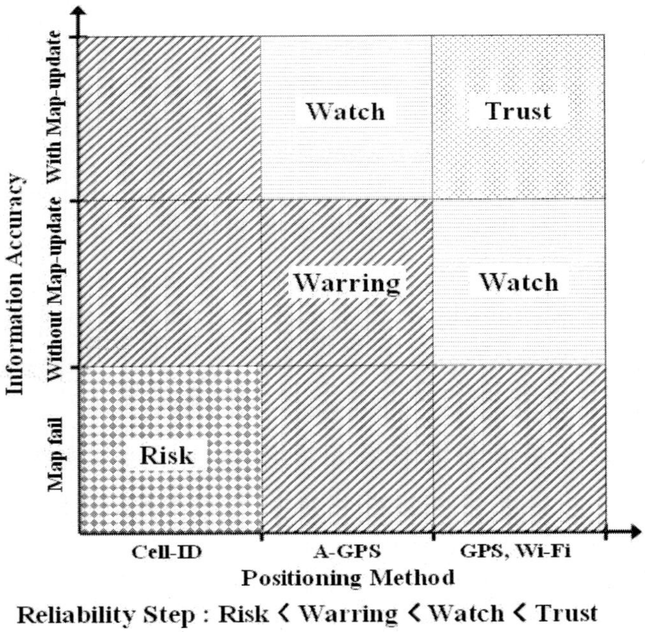

〈그림 5-9〉 위치측정기법과 정보 정확도에 따른 신뢰도

13 GIS (Geographic Information System) : 지도와 지형정보를 컴퓨터를 이용해 수집, 관리하는 지리정보시스템이다.

이것만은 알아둡시다! 전파를 이용한 위치 측정 기법

1 전파의 도착시간(TOA)을 이용한 기법

기지국에서 수신기까지 전파의 도착시간을 이용하여 위치를 계산하며, 기지국은 3개 이상 필요

* 적용 시스템 : GPS, GLONASS, GALILEO, COMPASS 같은 GNSS 시스템

2 전파의 도착시간차(DTOA)를 이용한 기법

기지국에서 수신기까지 전파의 도착시간차를 이용하여 위치를 계산하며, 기지국은 3개 이상 필요

* 적용 시스템 : 로란, 데카, 오메가 등 쌍곡선 항법 시스템

3 전파의 도달 방위각(AOA)을 이용한 기법

전파의 도발 방위각을 무선방위측정기로 측정하여 방위 또는 위치 계산

* 적용 시스템 : 항공용 VOR, ILS, 해상용 RDF 등 시스템

4 전파 세기(RSSI)를 이용한 기법

자유공간상 전파의 감쇄 정도를 예측하고, 이를 이용하여 기지국으로부터 거리를 측정하여 위치 계산

5 기 타

폰 기지국 Cell-ID 기법, 무선랜이나 NFC, UWB를 이용한 기법

| 참고문헌 |

[1] Doopedia, "Location Based Service". Available: http://www. doopedia.co.kr.

[2] Korea Internet & Security Agency, "LBS Trend Issue", Technical Report, 2011.

[3] Mikkel Baun Kiaergaard, "Location-Based Services on Mobile Phones: Minimizing Power Consumption", *IEEE Prevasive Computing*, vol.11, no.1, pp. 67-73, 2012.

[4] Jochen Schiller, Agnes Voisard, 『Location-Based Service』, Elsevier, 2004.

[5] Paul D. Groves, 『Principles of GNSS, Inertial, and Multisensor Integrated Navigation Systems』, Artech House, Boston London, 2008.

[6] 최창묵, 고광섭, "위성항법통합시스템을 이용한 DOP 향상에 관한 연구", 한국해양정보통신학회논문지, 제15권, 제9호, pp.2045-2049, 2011. 9.

[7] Ahmed El-Rabbany, 『Introduction to GPS』, 2nd ed., Artech House, Boston London, 2006.

[8] Thomas J. Cutler, 『Dutton's Nautical Navigation』, 15th ed., U.S. Naval Institute, 2011.

[9] 최창묵, "위치기반서비스의 측위시스템 정확도 향상에 관한 연구", 한국정보통신학회논문지, 제18권, 제10호, pp.2579-2585, 2014. 10.

[10] Dharma Prakash Agrawal, Qing-An Zeng, 『Introduction to Wireless & Mobile System』, 3rd ed., Cengage Learning, 2011.

[11] SK Planet, "Location-Based Service T-MAP", Available: http://www. skplanet.com.

[12] Y. S. Cho, M. Ji, Y. Lee, S. Park, "WiFi AP position estimation using contribution from heterogeneous mobile devices", in *Proceedings of IEEE Position Location and Navigation Symposium*, pp. 562-567, Apr. 2012.

[13] J. Y. Choi and Y. J. Chung, "Design and Implementation of Mobile Web Map Service", *J. Korean Soc. for Int. Inf.,* vol. 6, no. 5, pp. 97-110, Otc. 2005.

6장
레이더 항법

제6장
레이더 항법

제1절 개 요

레이더는 Radio Detection and Ranging(RADAR)의 약자로 '전파를 이용하여 탐색 및 거리를 측정한다.'는 의미이다. 레이더는 선박이나 항공기 등에서 물체를 탐지하는데 사용되며, 특히 제한시계[14]에서 유용하게 사용되는 전자장비이다.

레이더는 세계대전을 거치면서 적의 침투를 경고하고 대공무기를 통제하기 위한 용도로 개발이 활발하게 이루어져왔으며, 지금은 육상, 해상, 항공, 우주 등 모든 분야에서 널리 이용되고 있다. 본 장에서는 항해레이더에 초점을 맞추어 기본 원리, 성능, 항법 등에 대하여 설명하고자 한다.

제2절 레이더 원리

1. 레이더 주파수

레이더 운용 주파수 밴드는 <표 6-1>과 같이 30MHz ~ 300GHz 범위에서 밴드를 나누어 활용한다.

미국의 레이더 주파수 밴드체계는 2차 대전 당시 보안을 이유로 붙여진 것으로 원래 P, L, S, X, K 등으로 사용되었으나 1960년대 이후 여러 문자가 추가되면서 오늘날 쓰고 있는 분류가 확립되었다.

14 제한시계는 안개, 눈, 비 등으로 인하여 시계가 제한되는 상태를 말하며, 항해안전을 위해 견시(look-out)가 증강되고 레이더, 위성 항법장치 등 전파를 이용한 계기들이 중요하게 운용된다.

〈표 6-1〉 레이더 운용 주파수 밴드

미국공업표준 레이더 밴드(IEEE 지정)		NATO 레이더 밴드	
밴드	주파수	밴드	주파수
VHF	30 ~ 300 MHz	B	250 ~ 500 MHz
UHF	300 ~ 1,000 MHz	C	500 ~ 1,000 MHz
L	1 ~ 2 GHz	D	1 ~ 2 GHz
S	2 ~ 4 GHz	E	2 ~ 3 GHz
C	4 ~ 8 GHz	F	3 ~ 4 GHz
X	8 ~ 12 GHz	G	4 ~ 6 GHz
Ku	12 ~ 18 GHz	H	6 ~ 8 GHz
K	18 ~ 27 GHz	I	8 ~ 10 GHz
Ka	27 ~ 40 GHz	J	10 ~ 20 GHz
mm	40 ~ 300 GHz	K	20 ~ 40 GHZ
		L	40 ~ 60 GHz
		M	60 ~100 GHz

1970년대 들어서 전자전 장비가 급속도로 개발되면서 전자전 장비를 개발하는 엔지니어들과 군의 운용자들 사이에서 A~M가지의 별도의 밴드명을 붙여 사용하기 시작했는데, 이것이 NATO 레이더에서 쓰는 군용주파수 밴드이다. 혼용되어 사용 시 문제가 될 수 있으므로 어떤 방식의 밴드인지를 알고 확인해야 혼돈을 피할 수 있다.

또한 주파수 밴드를 구분하여 사용하고는 있지만 실제 사용 주파수는 밴드 내의 특정 주파수이다. 예를 들면, S-밴드는 2 ~ 4 GHz 이지만 항해용 S-밴드 레이더는 3 GHz를 사용하며, X-밴드는 8 ~ 12 GHz 이지만 항해용 X-밴드 레이더는 9.375 GHz를 사용한다.

2. 레이더 신호

레이더의 신호는 파의 형태에 따라 지속파(CW; Continuous Wave), 주파수변조 지속파(FM-CW; Frequency Modulated Continuous Wave), 펄스(Pulse), 펄스 도플러(Pulse Doppler)로 구분한다.

지속파(CW)는 도플러 효과[15]를 이용한다. 송신안테나에서 전파신호를 지속적으로 방사하여

15 도플러 효과는 파동을 발생시키는 파원과 그 파동을 관측하는 관측자 중 하나 이상이 운동하고 있을 때 발생하는 효과로써 파원과 관측자 사이의 거리가 가까워 질 때 파동의 주파수가 더 높게, 거리가 멀어지면 주파수가 더 낮게 관측되는 현상이다.

표적의 반사파를 수신안테나에서 수신하고 이동표적의 도플러 주파수를 탐지하여 움직이는 표적의 존재와 이동속도를 측정한다. 고속의 표적은 탐지가 용이하지만 저속 또는 정지한 표적은 탐지가 다소 곤란하다. 송신과 수신을 구분해야 되기 때문에 송신안테나와 수신안테나 2개가 필요하다.

주파수변조 지속파(FM-CW)는 표적의 거리측정을 위하여 파형을 주파수변조 방식을 이용하는 것이다. 송신주파수와 수신주파수가 차이가 나기 때문에 이를 이용하여 거리를 구할 수 있다. 그러나 표적이 이동시 도플러 효과로 인하여 수신신호에 주파수 편위가 생기게 되어 측정의 정확도에 영향을 미칠 수 있다. 따라서 고속 표적보다는 저속 또는 정지 표적 탐지에 용이하다.

펄스(Pulse)는 송신 시에 짧은 펄스형태의 전파를 사용하며 표적으로부터 반사 신호를 수신하여 표적의 방위 및 거리 정보를 구한다. 펄스신호의 송신과 수신 시간간격을 이용하여 계산된 거리의 반이 탐지거리이다. 신호를 간헐적으로 보내고 송신과 수신이 구분되어 있어 1개의 안테나로 운용이 가능하지만 탐지거리를 늘리기 위해서는 송신기 출력을 증가시켜야 한다. 일반적인 군용레이더로 많이 사용되고 있으며, 항해용 레이더도 이 방식을 이용하고 있다.

펄스 도플러(Pulse Doppler)는 펄스와 도플러를 이용하여 장점을 합한 것으로 표적의 방위, 거리, 이동속도를 측정하며, 도플러를 이용하여 탐지 정확도가 향상된다.

3. 레이더 구조 및 작동 원리

레이더 구조는 <그림 6-1>과 같이 크게 변조기, 송신기, 송수절환장치, 안테나, 수신기, 표시기로 구성되며, 체계 운용은 다음과 같이 이루어진다.

먼저, 변조기에서 일정한 반복 주기를 갖는 펄스신호를 생성한다. 송신기는 생성된 신호를 짧고 출력이 큰 펄스 형태의 RF 에너지로 발생시킨다. 발생된 신호는 송수절환장치를 통해서 안테나를 이용 공간으로 방사된다. 표적에 반사되어 돌아온 신호를 안테나를 통해 수신하여 송수절환장치를 거쳐 수신기로 들어온다. 수신기는 저잡음 증폭기(LNA; Low Noise Amplifier)를 이용하여 유효한 신호만 선별하여 증폭한 후 주파수 하향변환, 디지털복조처리를 거친 후에 신호처리기로 전송한다. 신호처리 과정을 거쳐 필요한 정보를 추출하고 분석하여 표적의 방위, 거리 정보를 표시기에 생성한다.

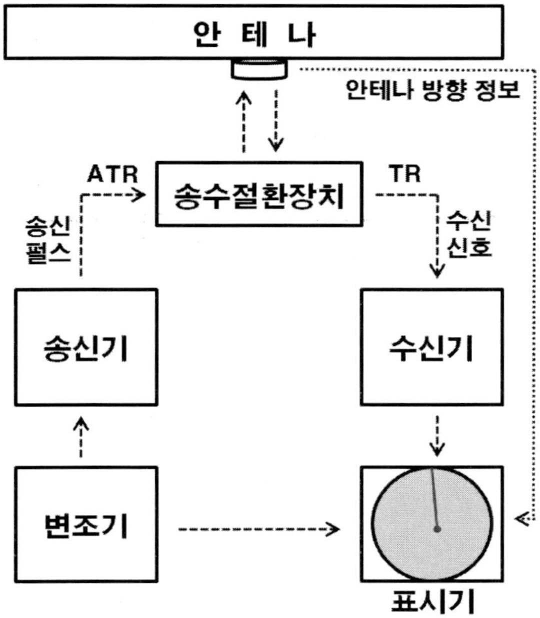

〈그림 6-1〉 레이더 구조

① 변조기(Modulator)

변조기의 기능은 레이더 시스템이 일정한 시간관계를 가지고 송신펄스를 보낼 수 있도록 펄스와 펄스 사이의 시간간격을 적당한 시간으로 만드는 것이다.

일반적으로 펄스 반복 주파수(PRF; Pulse Repetition Frequency)의 정밀한 조정을 위하여 별도의 시간 조절장치로 안정된 발진기를 사용한다. 발진기는 주어진 주파수(일반적으로 500 Hz에서 3,000 Hz 사이의 주파수)의 일정한 출력을 발생시키며 이것이 레이더의 이론상 최대작동거리를 결정하는 PRF가 된다. 발진기의 정현파 주파수는 정확하지만 파형이 정확하지 않기 때문에 전력 증폭기를 통해 신호를 증폭하고 마그네트론을 이용하여 발진을 한다.

② 송신기(Transmitter)

레이더 시스템은 기본적으로 하나의 RF 발진기이다. 이것은 변조기로부터 만들어진 펄스 신호를 마그네트론을 이용하여 전력 증폭기하여 발진을 시작한다. 마그네트론의 발진주파수는 첨두출력 10 ~ 150 kW, 주파수 3,000 MHz 또는 9,375 MHz 의 마이크로파이다. 펄스의 폭은 대략 0.1 ~ 1 μs 정도 이다. 송신기에서 만들어진 펄스 신호는 송신라인을 통해 송수절환장치를 통과하여 안테나로 보내진다.

③ **송수절환장치**(Duplexer)

송신기에 의해 발생된 펄스는 송신라인을 통해 안테나로 보내지고 거기에서 공중으로 방사된다. 일반적으로 송신 안테나와 수신 안테나를 분리하여 사용하는 것이 용이하지만 펄스레이더는 송・수신을 구분하여 단일 안테나를 사용한다. 펄스 신호가 송신될 때 고출력의 신호가 수신기로 들어가지 않도록 보호하고, 수신될 때 송신기 측으로 반사 신호가 들어가지 않도록 차단하는 기능을 하는 것이 송수절환장치(Duplexer)이다. 송수절환장치는 두가지 장치 즉, TR 스위치(Transmit/Receive Switch) 및 ATR 스위치(Anti-Transmit/Receive Switch)로 구성되며, TR 스위치는 송신기간 동안 수신기를 보호하고 ATR 스위치는 수신기간 동안 반사신호가 수신기 측으로 들어가도록 송신기를 차단하는 역할을 수행한다.

④ **안테나**(Antenna)

안테나의 기능은 송신기로부터 RF 에너지를 받아들여 원하는 방향으로 지향하여 발사하는 것이다. 또한 표적에 맞고 되돌아오는 반향신호를 수신하여 수신기로 보내는 일이다.

항해용 레이더의 안테나는 슬롯 어레이 안테나[16]로써 형태는 <그림 6-2>와 같다.

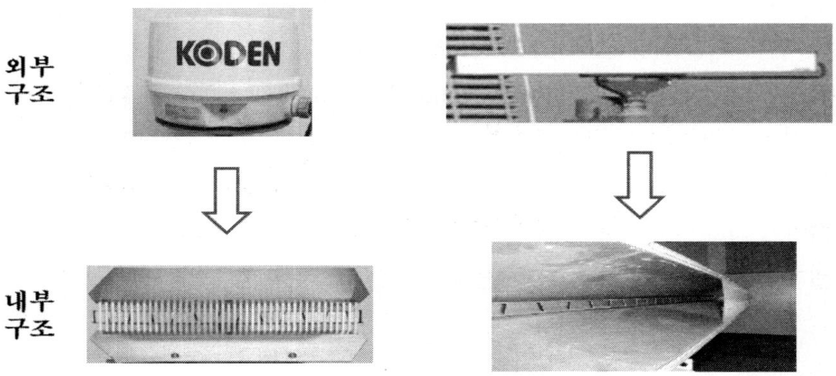

(a) 원통형태 **(b) 막대형태**

〈그림 6-2〉 항해레이더 안테나 형태

16 도파관이 전계면과 평행한 측면으로 비스듬하게 $\lambda/2$ 파장 공진 슬롯을 만들고, 슬롯을 여러 개 배열하여 필요한 지향성과 이득을 만드는 안테나를 슬롯 어레이 안테나라고 한다.

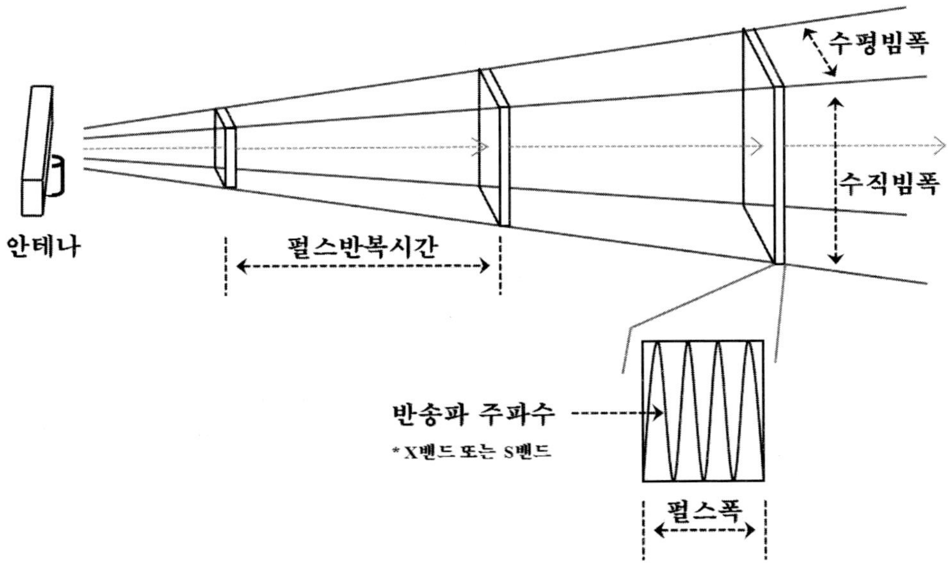

〈그림 6-3〉 항해용 레이더의 안테나 수평 빔 형태

항해용 레이더의 안테나에서 방사하는 수평 빔 형태는 <그림 6-3>과 같다.

항해용 레이더는 2차원 표면탐색레이더로써 최대탐지거리가 수평선에 제한을 받기 때문에 선박의 마스트 꼭대기에 안테나를 설치하며, 수평 빔폭은 1~3도 수준이고, 수직빔폭은 선박의 롤링과 피칭을 고려하여 10~20도 수준이다.

일반적으로 어선은 <그림 6-2> (a)와 (b) 형태의 소형 안테나를 사용하며, 수평 빔폭은 3~7도 이고, 상선은 <그림 6-2>의 (b) 형태의 1.2m 수준의 중형 안테나를 사용하며, 수평 빔폭은 2도 수준이다. 또한 군에서 사용하는 항해용 레이더는 <그림 6-2>의 (b) 형태의 3m 수준의 대형 안테나를 사용하며 빔폭은 1도 이하이다. 안테나는 구동모터를 이용하여 360도를 회전시키며 송·수신하게 된다. 항해레이더의 분당회전수는 20 RPM 내외이다.

⑤ 수신기

수신기는 통상 슈퍼헤테로다인[17] 형태이며 안테나로부터 약한 반향신호를 수신하여 크리스

17 슈퍼헤테로다인 수신 방식은 수신전파를 주파수변환기를 통해서 일정한 주파수의 중간주파수로 떨어뜨려, 중간주파수 증폭기로 충분한 증폭도와 선택도를 취한 후 검파하는 방법으로 일반적으로 라디오·텔레비전 수신기와 통신용 수신기에 사용된다.

탈 혼합기 안에서 국부 발진기로부터의 RF 신호와 혼합하고, IF 신호를 증폭, 펄스 포락선의 검출, 거기에서 나온 DC 펄스를 증폭하여 그것을 표시기에 보내는 것이다.

⑥ 표시기

레이더의 표시기의 통상적인 형태는 표적의 위치 표시기 즉, PPI(Plan Position Indicator) 방식으로 극좌표로써 목표물의 위치를 방위와 거리에 대해 표시한다. 이것은 전기적 출력을 거리 및 방위의 눈으로 볼 수 있는 표시로 전환시켜 준다. 실제 레이더 표시기 영상은 <그림 6-4>와 같다.

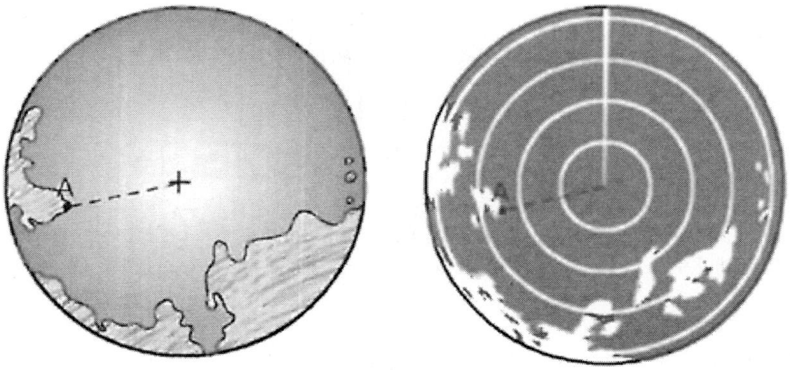

(a) 실제화면　　(b) 레이더 표시기 화면

〈그림 6–4〉 레이더 표시기 [출처 : 세상을 바꾼 항해술의 발달]

4. 레이더 분류

레이더는 전자기파의 반사효과를 이용하여 전자파 방사 후 표적에서 반사되어 되돌아온 신호를 이용하여 위협의 가능성을 가지고 있는 표적을 탐색 및 추적하고, 위협 표적의 방위, 거리, 고도, 속도 등의 정보를 획득하는 전천후 센서 체계이다.

초기 레이더는 해군 과학자들에 의해서 발전하여 왔다. 특히 세계대전을 거치면서 비약적으로 발전하였기 때문에 군사적 목적으로 발전하여 적과 적의 무장을 탐색하고 파괴하는 데 사용되었으며 이것이 오늘날 민간용으로 사용되면서 도로상에서의 차량 통제를 위한 속력탐지 레이더, 기상관측 레이더, 과학 탐사용 레이더, 차량 충돌방지용 레이더 등 많은 분야로 확대되었다. 일반적으로 레이더를 분류하면 크게 탑재 형태별, 임무 및 기능별, 탐지거리별, 파형별로 <그림 6-5>와 같이 분류할 수 있다.

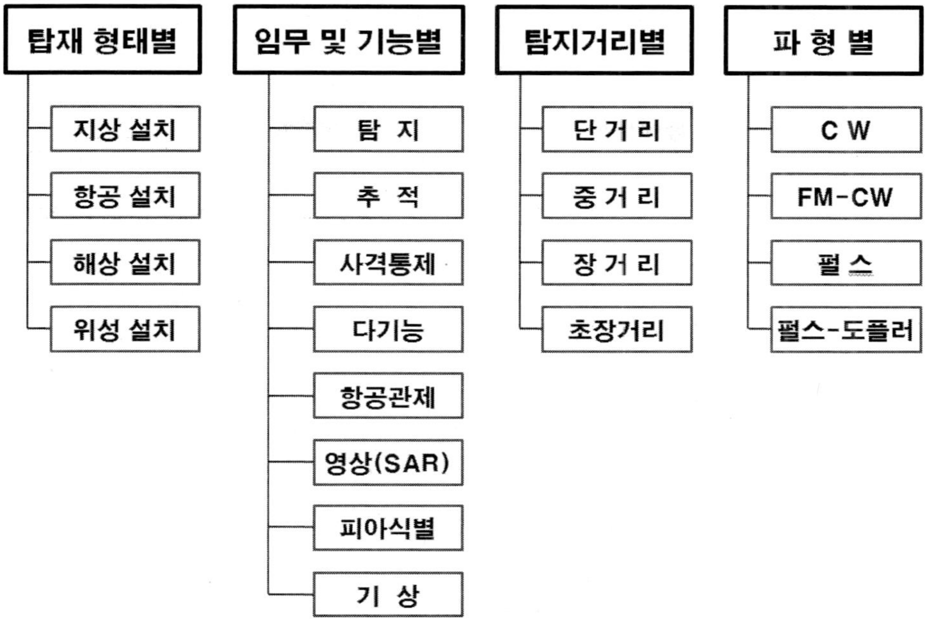

〈그림 6-5〉 레이더 분류

이 중에서도 일반적으로 임무 및 기능에 따라 많이 분류하여 탐지레이더, 추적레이더, 다기능 레이더, 사격통제 레이더, 영상 레이더, 피아식별 레이더, 기상 레이더 등으로 분류한다. 탐지레이더는 표적을 탐지하고 표적에 대한 방위, 거리, 고도, 속도를 측정하고, 추적 레이더는 탐지된 표적 중에서 특정 표적 하나 이상을 지속적으로 추적하며, 다기능 레이더 (MFR; Multi Function Radar)는 탐지, 추적, 미사일 유도 등의 기능을 동시에 수행하는 레이더이다. 영상 레이더는 항공기, 인공위성 등에 탑재되어 표적의 수신신호를 합성하여 영상으로 전시하고 관심 있는 표적을 식별하는 레이더로써 합성개구면 레이더 (SAR; Synthetic Aperture Radar)로 부르기도 한다. 피아식별기 (IFF; Identification Friend or Foe)는 탐지된 표적이 적인지 아군인지 식별하기 위한 것으로 사전에 약속한 암호화된 질문과 응답으로 적인지 아군인지 식별한다. 기상레이더는 태풍, 강수의 위치, 범위, 속도 등의 자료를 수집하는 용도로 사용한다.

항해용 X 밴드, S 밴드 레이더는 탐지레이더의 일종으로 표면탐지레이더이며, 방위와 거리를 탐지하고 고도는 탐지하지 못하는 2차원 레이더이다.

제3절 레이더 공식

1. 펄스 신호

항해용 레이더는 <그림 6-6>과 같이 펄스 신호를 만들어 방사하며, 레이더의 작동 정도를 알 수 있는 척도는 펄스반복주파수, 펄스폭, 사용전력 등의 상관관계에서 나타난다.

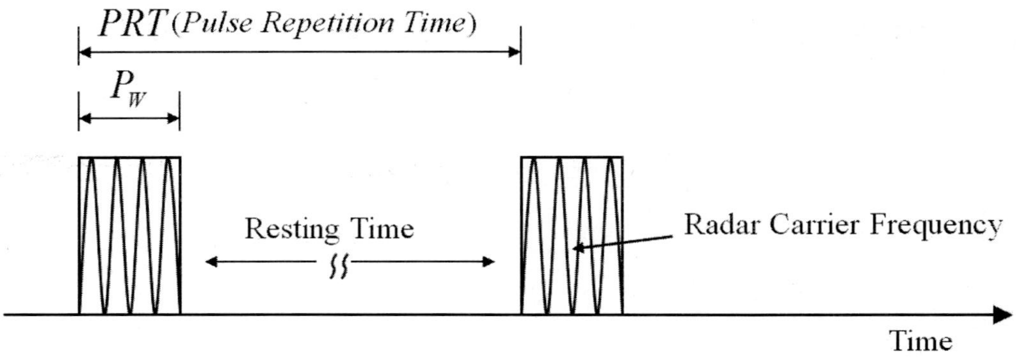

〈그림 6–6〉 레이더 펄스 신호

① **반송파 주파수**(Carrier Frequency)

반송파 주파수란 RF 에너지를 발생시키는 주파수이다. 반송파 주파수의 선택을 좌우하는 기본요소는 원하는 지향특성과 필요한 마이크로파 RF 에너지의 발생 및 수신문제이다.

탐지가 잘 되게 하려면 안테나가 높은 지향특성을 가져야 한다. 반송파 주파수가 높을수록 파장은 짧아지고 낮을수록 파장은 길어진다. 따라서 원거리 탐지를 위해서는 주파수가 낮고 파장이 길어야하며, 정확한 탐지를 위해서는 주파수가 높고 파장이 짧아야 효과적이다.

항해용 레이더의 반송파 주파수는 X 밴드 9.375 GHz, S 밴드 3 GHz를 사용한다.

② **펄스반복주파수**(Pulse Repetition Frequency)

레이더 시스템이 최대 작동거리 이내에 있는 모든 물표로부터의 반향신호가 돌아올 수 있도록 충분한 시간간격을 가지고 펄스를 송신하여야 한다. 그렇지 못하면 최대작동거리보다 더욱 멀리 떨어져 있는 표적으로부터 반향신호가 수신될 경우 계속 보내지는 송신 펄스에 의해 오신호가 발생될 수 있다.

출력이 충분하다면 레이더의 최대작동거리는 펄스반복주기(PRT; Pulse Repetition Time)에 의하여 결정된다.

예를 들면, 펄스반복주파수가 1,000 Hz이면 이 주기는 1/PRF로 1,000 μs이다. 따라서 최대작동거리는 전파속도×펄스반복주기/2로써 3×10^5km×1,000μs/2= 150 km, 약 80 마일이다.

또한 안테나가 일정 속도로 회전할 때 송신하는 빔은 비교적 짧은 시간 동안 물표에 부딪친다. 이 시간동안 탐지방향으로 충분한 수의 펄스 신호를 송신하여야 한다.

예를 들면, 안테나가 15 RPM으로 회전하고 펄스반복주파수가 1,000 Hz일 때 안테나가 1° 돌아가는 동안 11 펄스를 발사한다. 그러므로 레이더 표시기 화면의 형광물질 지속성과 안테나의 회전속도, 펄스반복주파수가 상관관계에 있는 것이다.

③ 펄스 폭(Pulse Width)

물표를 이상적으로 검출할 수 있는 최소탐지거리는 송신된 펄스 폭에 의하여 결정된다. 만일, 표적이 송신기로부터 아주 가까운 거리에 있어서 송신 펄스가 다 방사되기 전에 표적에 부딪치고 오는 반향신호가 되돌아오면 반향신호의 수신은 송수절환장치에 의해 수신되지 않는다.

예를 들면, 펄스 폭이 1μs인 레이더라면 펄스 한 개의 길이가 300m로 최소탐지거리는 펄스길이의 반인 150m이다. 이런 점에서 근거리/원거리 탐지 레이더는 펄스 폭을 고려하여야 한다. 일반적인 항해용 레이더는 0.25 μs 정도의 펄스 폭을 사용하고, 원거리 탐지용 레이더는 1 ~ 5 μs 정도의 펄스 폭을 사용한다.

④ 사용전력관계(Using Power Relation)

레이더 송신기는 RF 에너지를 발생시키는데 그 에너지의 형태는 매우 짧은 펄스로서 그 펄스들 사이의 비교적 긴 시간 동안 송신기는 정지하고 있다. 송신기의 유용한 전력은 발사되는 펄스에 포함되어 있으며 이것을 그 장치의 첨두전력이라고 한다. 전력은 통상 비교적 긴 시간 동안의 평균치로써 측정한다. 레이더 송신기는 동작하고 있는 시간보다 긴 시간 동안 정지하고 있으므로 한 사이클의 작동시간 동안에 발사하는 평균전력치는 펄스가 있는 동안의 유효전력에 비하여 비교적 작다.

장시간 동안에 소모한 평균전력과 펄스가 있는 시간 동안에 얻어지는 첨두전력과의 사이에는 일정한 관계가 있다. 한 사이클의 전 작동시간은 펄스반복주파수(PRF)의 역수이다. 다른 요소들이 일정하다면 펄스 폭이 클수록 평균전력이 커지며, 펄스반복시간(PRT)이 길어지면 평균전력이 낮아진다.

$$\frac{\text{평균전력}}{\text{첨두전력}} = \frac{\text{펄스 폭}}{\text{펄스반복시간}} \tag{6-1}$$

레이더 작동주기는 펄스 신호를 방사하는 시간간격의 전체 시간에 대한 비율로 나타낼 수 있다. 이 관계를 Duty Cycle이라고 부르며 다음 식으로 표시할 수가 있다.

Duty Cycle = 펄스 폭 / 펄스반복시간 (6-2)

예를 들면, 펄스 폭이 2 μs이고, 펄스반복주파수가 5,000 Hz인 레이더의 Duty cycle은 Pw/PRT=Pw×PRF=0.01 이다.

또한 평균전력과 첨두전력과의 비를 Duty cycle로 표시할 수 있어 첨두전력을 10kW라고 가정한다면, 평균전력은 첨두전력과 Duty cycle의 곱으로 0.1kW이다. 이는 펄스를 송신하는 2 μs 동안 10kW 첨두전력이 안테나에 공급되고, 나머지 198 μs 동안 송신기의 출력은 0이다.

레이더 시스템이 원거리 탐지를 위해서는 강력한 반향신호를 얻기 위해 높은 첨두전력의 신호를 보낸다. 낮은 평균전력은 송신기의 전자관 및 회로부속품이 작아도 될 수 있게 하며, 부피도 간결하게 할 수 있도록 한다. 그러므로 낮은 Duty cycle을 갖는 것이 유리하다.

2. 탐지거리

레이더 시스템이 펄스를 송신하는 첨두전력이 Pt(W)이고 무지향성 안테나를 사용하여 전방향으로 일정하게 방사하면 레이더에서 거리 R(m) 떨어진 곳의 전력밀도(단위면적당 전력)는 송신출력을 반경 R인 가상구의 겉넓이로 나누어 구할 수 있다.

$$\text{등방향성 안테나 전력밀도} = \frac{P_t}{4\pi R^2} \quad (\text{W/m}^2) \tag{6-3}$$

지향성 안테나를 사용하여 펄스 신호를 송신하면 전력밀도는 안테나 이득(G)로부터 다음과 같이 구해진다.

$$\text{지향성 안테나 전력밀도} = \frac{P_t G}{4\pi R^2} \quad (\text{W/m}^2) \tag{6-4}$$

레이더로부터 거리 R인 표적에 전파가 도달할 것이라는 전제하에, 표적에서 반사된 반사파는 모두 레이더로 들어오지 않고 표적의 레이더반사단면적(RCS; Radar Cross Section)으로부터 반사되어 들어온다. 실제로 표적의 레이더반사단면적을 정확히 계산하는 것은 어렵고, 표적의 재질, 모양, 크기 및 파장, 입사각 등에 따라 달라진다.

유효한 레이더반사단면적을 $\sigma(m^2)$라 한다면, 표적에서 반사된 전력의 크기는 다음과 같다.

$$\text{표적에서 반사된 전력밀도} = \frac{P_t\,G\,\sigma}{4\pi R^2} \quad \text{(W)} \tag{6-5}$$

레이더 수신안테나가 있는 지점에서의 전력밀도는 목표물에서 반사된 전력을 $4\pi R^2$으로 나눈 값이다.

$$\text{표적에서 반사된 레이더 수신점 전력밀도} = \frac{P_t\,G\,\sigma}{(4\pi R^2)^2} \quad \text{(W/m}^2\text{)} \tag{6-6}$$

이때 수신안테나에 의해 포착되는 반사파의 크기는 안테나 유효면적(A_e)을 곱해주어 다음과 같이 얻을 수 있다.

$$\text{레이더 수신안테나에 들어오는 전력} = \frac{P_t\,G\,\sigma\,A_e}{(4\pi R^2)^2} \quad \text{(W)} \tag{6-7}$$

표적이 레이더에 포착되려면 수신된 전력이 레이더의 최소탐지신호보다 커야한다. 최소탐지신호를 S_{min}, 최대탐지거리를 R_{max}라 하면 다음과 같이 나타낼 수 있다.

$$S_{\min} = \frac{P_t\,G\,\sigma\,A_e}{(4\pi R_{\max}^2)^2} \tag{6-8}$$

$$R_{\max} = \left[\frac{P_t\,G\,\sigma\,A_e}{(4\pi)^2\,S_{\min}}\right]^{1/4} \tag{6-9}$$

위 식은 레이더 탐지거리 방정식의 기본형으로 표적이 자유공간에 있을 때이며 실제로 최대 탐지거리는 안테나와의 상대속도, 표적의 재질 및 반사각, 사용주파수 등 많은 환경조건에 따라 차이가 난다.

해설 레이더반사단면적(RCS)

레이더반사단면적은 Radar Cross Section이라고 하며, σ로 표현한다.
레이더 신호에 대하여 표적이 레이더 안테나 방향으로 반사시키는 특성의 측정기준으로써 레이더에서 표적까지 거리(R)와 레이더 안테나로부터 방사되어 표적에 입사된 전력(P_i)와 표적으로부터 반사되는 전력(P_s)의 비율로 다음과 같다.

$$\sigma = 4\pi R^2 \frac{P_s}{P_i}$$

레이더 반사 단면적은 1 m^2의 단면적을 갖는 구면체로부터 반사된 신호크기를 기준으로 하여 상대의 반사 신호의 크기를 상대적으로 표현한 것으로 다음 그림과 같이 나타낼 수 있다.

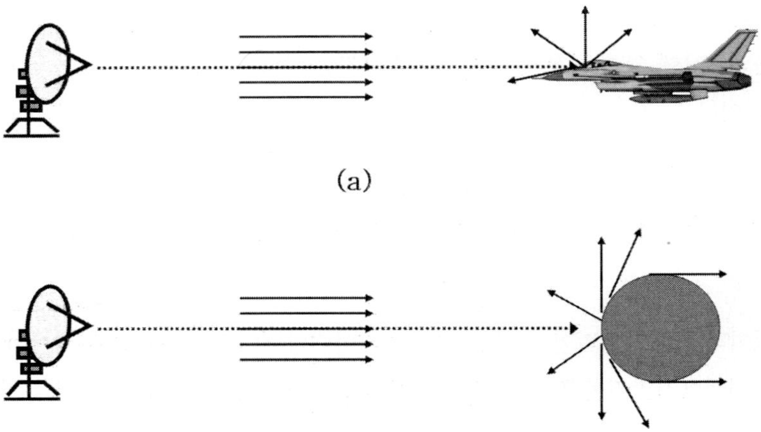

〈 레이더 반사 단면적의 개념도 〉
(a) 플랫폼(항공기, 배 등) (b) RCS 1 m^2의 구면체

제4절 레이더 성능

1. 최대탐지거리

일반적으로 레이더의 최대탐지거리는 레이더 사용 주파수, 출력, 대기상태 등 많은 복합적인 요소들이 상관관계를 갖는다. 그러나 항해용 레이더처럼 표면탐지레이더는 지구가 둥글기 때문에 수평선의 영향을 받게 된다. 지구를 구라고 가정하면, 기하학적인 수평선 거리는 <그림 6-7>에서 보이는 봐와 같이 식(6-10)과 같이 나타낼 수 있다.

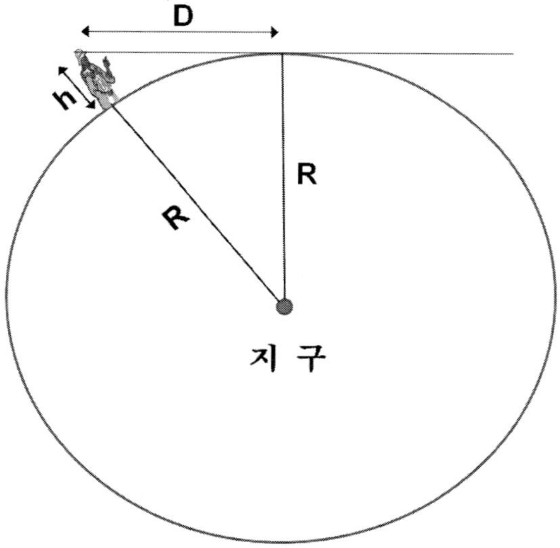

〈그림 6–7〉 기하학적 수평선 거리

$$D = \sqrt{(R+h)^2 - R^2} \tag{6-10}$$

여기서, R은 지구반경, h는 높이이다.

그러나 전파의 수평선거리는 기하학적인 수평선거리에 비하여 30~40% 더 멀리까지 도달하게 된다. 그 이유는 지구상에서 위로 올라갈수록 온도, 습도, 밀도가 낮아져서 유전율이 낮아지고, 굴절률이 낮아지기 때문에 스넬의 법칙[18]에 따라 전파가 구부러져 전파하기 때문이다. X밴드의 대략적인 수치는 식(6-11)과 같이 나타낼 수 있다.

$$D(NM) = 2.22\sqrt{h} \qquad (6\text{-}11)$$

여기서, 높이 h는 m 단위이다.

두 선박이 레이더를 이용하여 서로 탐지를 하고자 할 때, 최대탐지거리는 <그림 6-8>처럼 안테나의 높이를 고려하여 D_1과 D_2의 합으로 나타낼 수 있으며, 식 (6-12)와 같다.

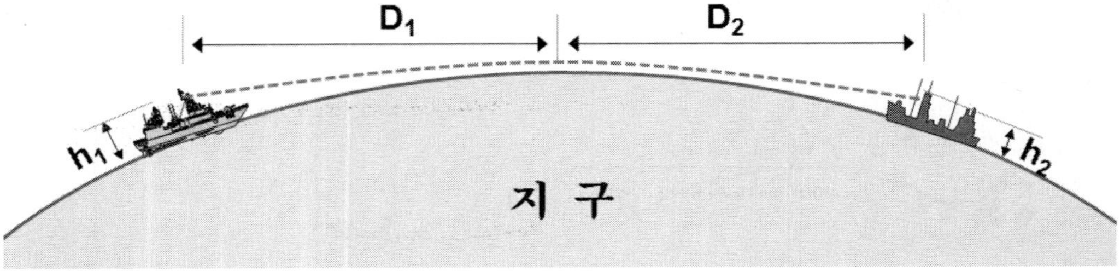

〈그림 6-8〉 레이더 수평선 거리

$$D(NM) = D_1 + D_2 = 2.22(\sqrt{h_1} + \sqrt{h_2}) \qquad (6\text{-}12)$$

2. 최소탐지거리

레이더의 최소탐지거리에 영향을 주는 가장 큰 요소는 송수절환장치 때문이다. 예를 들면, 레이더에서 송신하는 펄스의 폭이 1 μs일 때, 펄스의 길이는 300m 이다. 송신펄스가 발사되는 동안 TR 스위치에 의해 수신 쪽은 차단되고, 송신되기 때문에 펄스폭의 반이하 거리의 표적은 반사파가 수신이 되지 않아 탐지되지 않는다. 따라서 이론상으로 최소탐지거리는 펄스폭의 절반의 거리이지만 실제로는 송신펄스가 발사 완료된 후에 TR 스위치가 원상태로 회복되어 수신되도록 하는 데에 좀 더 시간이 걸리기 때문에 최소탐지거리는 펄스폭의 반보다 더 큰 값이 된다.

또한 레이더 안테나의 높이도 최소탐지거리에 영향을 준다. 안테나가 높을수록 최대탐지거리는 증가하지만, 등잔 밑이 어둡듯이 <그림 6-9>와 같이 수직빔폭 이하에서는 사각지대가 되어 탐지되지 않는다.

---

18 스넬의 법칙은 파동이 굴절률이 서로 다른 매질의 경계에서 입사각의 사인 값(Sin Θ_1)과 굴절각의 사인 값(Sin Θ_2)의 비가 항상 일정하다는 법칙이다.

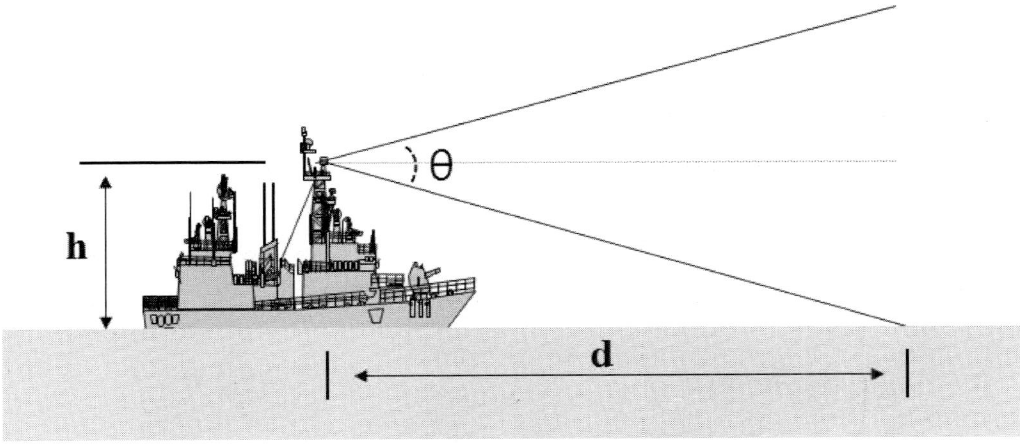

〈그림 6-9〉 수직빔 폭에 의한 레이더 사각지대

마지막으로 선박의 주위에서는 해면 반사가 쉽게 일어나기 때문에 이를 막기 위해 STC (Sensitivity Time Control) 회로를 작동하여 반향신호의 수신감도를 억제하고 있지만, 동시에 가까운 거리에 있는 물표의 탐지도 억제되므로 가까운 거리에 있는 표적의 탐지가 곤란하다. 일반적으로 최대탐지거리와 최소탐지거리에 영향을 주는 요소들을 <표 6-2>에 요약하여 나타내었다. 참고하면 유용할 것이다.

〈표 6-2〉 최대탐지거리와 최소탐지거리에 영향을 주는 요소

최대탐지거리 영향 요소	최소탐지거리 영향 요소
– 펄스 반복율이 낮을수록 증가 – 주파수가 낮을수록 증가 – 빔 폭이 좁을수록 증가 – 안테나 개구면적이 크면, 빔 폭이 좁아져 증가 – 안테나 회전율이 낮을수록 증가 – 안테나의 높이가 높을수록 증가 – 펄스 폭이 길수록 증가 – 파장이 길수록 증가 – 첨두전력이 클수록 증가 – 물체의 반사특성이 좋을수록 증가 – 기상상태가 좋을수록 증가	– 펄스폭의 1/2 거리 내 탐지 불가 – 수직빔 폭이 클수록 감소 – 안테나 높이가 낮을수록 감소 – 휘점의 크기가 작을수록 감소 – 송수절환장치의 송신에서 수신으로 TR/ATR 회복능력이 길어지면 증가

3. 방위분해능

레이더 안테나에서 방사되는 전파는 보내고자하는 방향으로 빔의 형태가 되어 발사되며, 수평방향의 형태는 <그림 6-10>과 같다.

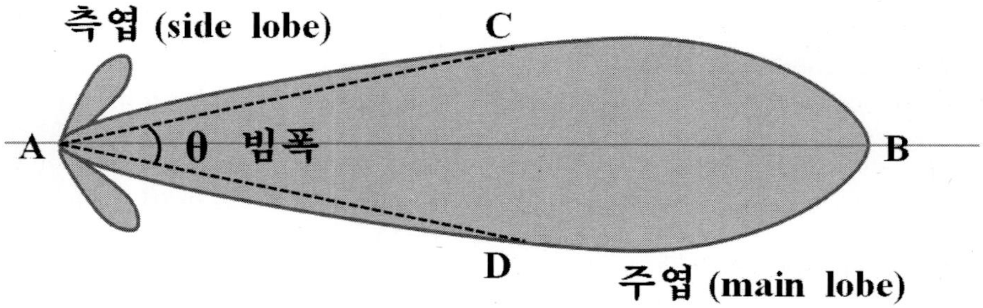

〈그림 6-10〉 레이더에서 방사되는 수평빔 형태

<그림 6-10>에서 수평면의 방향에 있어서 AB 방향이 최대 출력이 되며, AC 및 AD 방향이 출력의 반이라고 한다면 $\overline{AC}$, $\overline{AD}$가 이루는 각 Θ가 수평빔 폭이라고 한다. 또한 방사되는 전파의 주된 빔을 주엽(main lobe)이라 하고, 그 외에 작은 빔이 몇 개 나오는데 이들을 측엽(side lobe)이라고 한다.

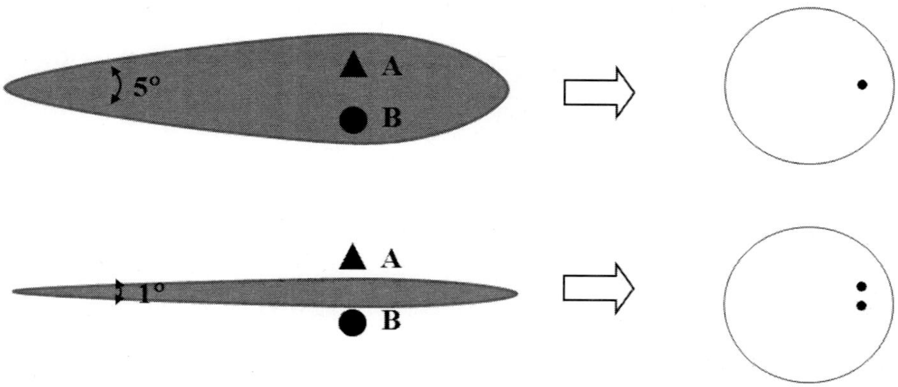

〈그림 6-11〉 방위분해능

레이더가 표적으로 빔을 방사할 때, 표적이 빔폭에 의해 빔폭의 절반만큼씩 확대되므로 두 표적이 같은 거리에 방위가 근접해 있다면 하나의 표적으로 붙어서 나타나는 경우가 있다. 이는 방위분해가 안되어 나타나는 현상이다.

<그림 6-11>은 빔폭이 넓어서 두 표적을 분리하지 못하는 것과 빔폭이 좁아서 두 표적이 분리되는 것을 나타내고 있다. 방위분해능은 빔폭의 각도에 의해 좌우되므로 빔폭이 좁을수록 방위분해능은 좋아진다. 빔폭은 사용하는 전파의 파장과 안테나의 폭의 비에 의해 결정된다.

일반적으로 X 밴드 항해용 레이더의 안테나 폭이 120㎝라면, 사용하는 빔폭은 약 2도 정도이다. 만약, 안테나 폭이 120cm일 때 S 밴드를 사용하면 빔폭은 약 6도 정도로 넓어진다. 따라서 X 밴드 항해용 레이더가 S 밴드 항해용 레이더보다 방위분해능이 좋다.

4. 거리분해능

일반적으로 항해용 레이더의 펄스폭은 0.1～1㎲의 범위로 보통 0.25㎲가 많으며, 펄스반복주파수(PRF)는 500～3,000Hz로 보통 1,000Hz이다. 펄스폭이 짧을수록 레이더 영상은 선명하지만, 반면에 전파를 방사하는 출력이 작아져 탐지능력이 저하된다. 따라서 사용하는 거리범위에 따라 펄스폭이나 펄스반복주파수가 고려되어야 한다.

만약, 동일 방향의 두 표적이 근접하여 있을 경우에 펄스폭이 길면 영상은 두개로 분리되지 않는다. 같은 방위의 두 표적의 간격이 펄스폭의 반 이하일 때는 분리되지 않으므로 레이더 영상에 한 개의 점으로 나타나게 된다. 따라서 거리분해능은 펄스폭의 반의 거리임을 알 수 있다.

예를 들면, <그림 6-12>에 나타나는 바와 같이 펄스폭이 1㎲이면 펄스의 처음부터 끝까지의 길이가 300m가 되어 150m 안쪽에 있는 표적은 구분하지 못하게 된다. 즉, 펄스폭이 짧을수록 거리분해능은 좋아지고 영상은 선명하지만 원거리 탐지에는 제약이 오게 된다.

최근 레이더에는 사용하는 거리범위에 따라 펄스폭과 반복주파수를 변경하여 성능을 향상시키고 있다.

또한 표시기의 영상 휘점에 의해서도 거리분해능이 좌우될 수 있다. 일반적으로 휘점의 직경은 표시기 반경의 약 1/100 정도로 거리범위에 따라 휘점의 크기가 상당히 크게 나타날 수 있다. 예를 들면, 거리범위가 6마일이라면 휘점의 크기는 약 100m에 해당되며, 거리범위가 24마일이라면 휘점은 400m에 해당되어 거리범위가 클수록 같은 휘점에 대한 실제의 크기는 커진다. 따라서 큰 거리범위를 사용할 때에는 거리분해능은 펄스폭으로서는 정해지지 않고 휘점의 크기에 영향을 받는다.

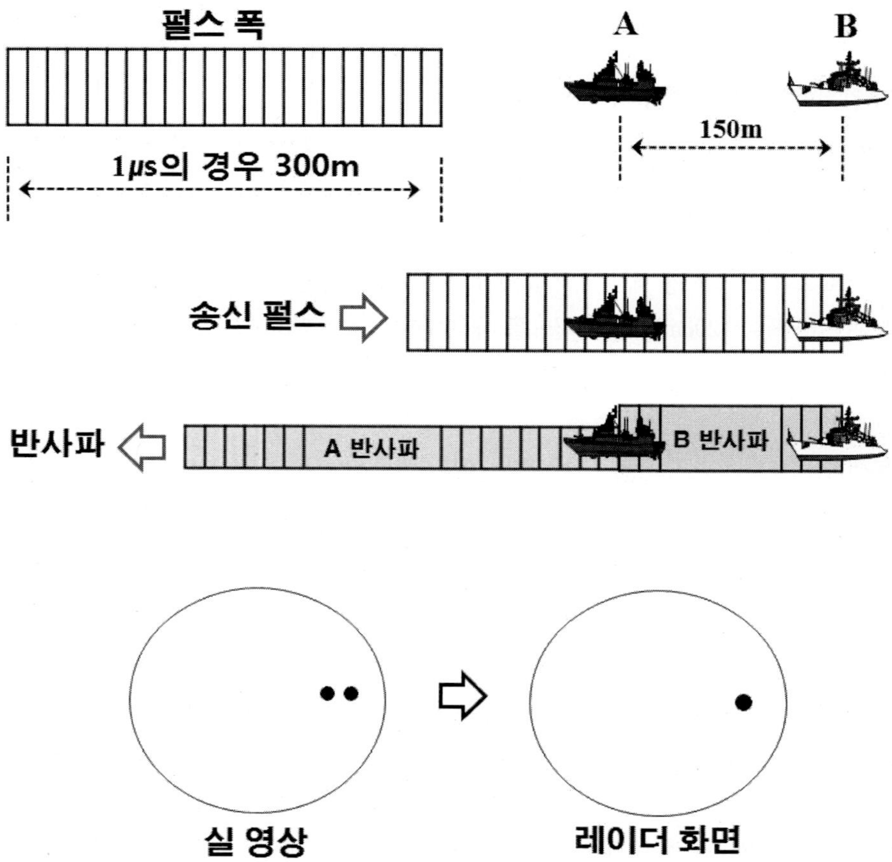

〈그림 6-12〉 거리분해능

5. 반사파 및 거짓상

① 반사파

레이더의 성능에 의한 탐지능력은 표적의 종류에 의한 반사특성 즉, 레이더반사단면적(RCS; Radar Cross Section)에 좌우되며, 레이더반사단면적은 표적의 재질과 반사각이 매우 중요하다. 예를 들면, 금속으로 만들어진 선박은 목재로 만들어진 선박보다 반사성능이 매우 좋아 원거리에서 탐지되며, 소형 어선들은 레이더 탐지가 잘 안되어 항해안전에 각별히 유의해야 한다. 또한 송신 펄스가 표적의 반사면에 어떻게 부딪쳤는지 직각인지? 아니면 입사각인지? 가 매우 중요하며, <그림 6-13>에서 보듯 표적의 반사형태에 따라 반사 특성이 다르게 나타난다.

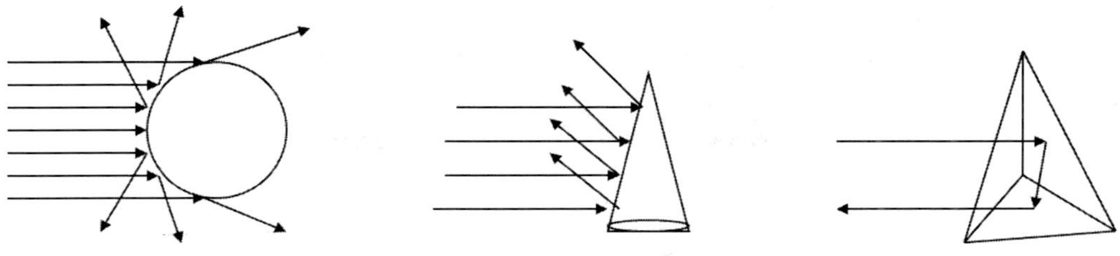

(a) 구 형태 (b) 원뿔 형태 (c) 직각 형태

〈그림 6-13〉 표적의 반사 형태

그림의 (b)와 같이 다른 방향으로 난반사 시키면 신호강도가 낮아 잘 탐지되지 않으며, (c)는 금속판이 서로 직각으로 조합되어 어느 방향에서 전파가 오더라도 반사파는 반드시 원래의 방향으로 돌아가게 한 것으로 코너 리플렉터(Corner Reflector) 또는 레이더 반사기라고 한다. 레이더 반사기는 항해안전을 위한 해상부표 등에 부착되어 있으며, 최근에는 소형 어선들(총톤수 20톤 미만의 강제 및 알루미늄합금제 선박, 총톤수 30톤 미만의 합성수지제 선박 및 목제 선박)이 용이하게 탐지되도록 탑재를 의무화하고 있다. 형태는 <그림 6-14>와 같다.

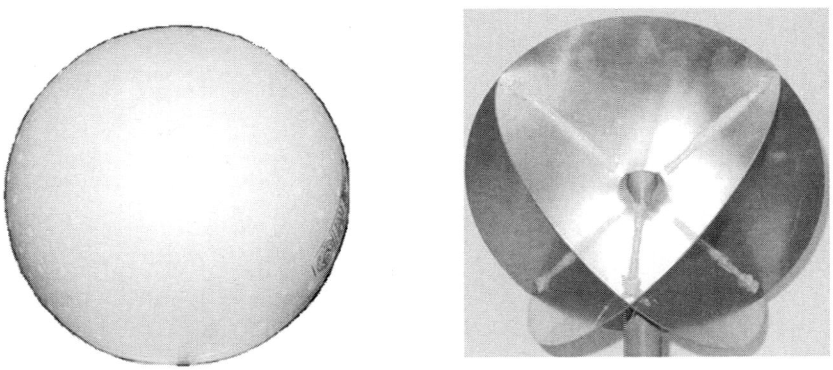

(a) 외부 형태 (b) 내부 형태

〈그림 6-14〉 레이더 반사기 형태

② 레이더 그늘(Shadow Effect)

언덕 뒤에 평지가 있으면 전파는 언덕에 차단되어 뒤의 평지에는 부딪치지 않는다. 그래서 언덕의 영상만이 나타나고 평지의 영상은 나타나지 않는다. 즉 영상에 그늘이 생긴다하여 레이더 그늘이라고 하며, 선박이 항해 중 대형 상선 뒤에 있는 소형 어선이 탐지되지 않아 안전에 유의해야 하는 것도 바로 이 현상 때문이다.

③ 탐지 방해현상

㉮ 해면반사

선박 근처의 해면반사를 억제하기 위해서 STC(Sensitivity Time Control) 조절 레버를 이용한다. 큰 파도가 있을 경우는 선박에서 가까운 곳이 아니더라도 해면반사가 일어나는 수가 있다. 일반적으로 해면반사는 선박의 풍상측에 생기므로, 반드시 선박을 중심으로 한 원형으로는 되지 않는다.

해면반사 억제가 지나치게 강하면 작은 표적의 반사도 동시에 보이지 않게 될 우려가 있다.

㉯ 눈, 비 등의 반사

비나 눈의 반사에 의한 반사파를 제거하기 위해서 FTC(Fast Time Constant) 조절 레버를 이용한다. 이러한 반사는 낮은 구름에 의해서도 가끔 나타난다.

약간의 비나 안개는 거의 방해가 되지 않으며, 눈도 특별한 대설이 아닌 이상 그렇게 방해 되지는 않는다. 안개가 심하게 발생될 경우는 원거리의 물표의 탐지거리가 약 20% 짧아진다. 또한 심한 비나 스콜은 20마일 전후의 원거리에서도 나타나지만 영상의 윤곽이 희미한 모양을 하고 있어서 일반적으로 반사파와는 구별하기 쉽다.

폭우가 내릴 경우는 비에 복사에너지가 흡수되어 선박 등의 탐지가 곤란한 경우가 있다. 특히, 작은 어선, 부표 등은 비 때문에 영상이 나타나지 않는 경우가 있다. 이러한 경우에는 FTC 조절 레버를 이용하여 방해를 제거함과 동시에 수신감도를 강하게 할 필요가 있다.

㉰ 선박 레이더 간섭

선박들이 동일한 항해용 레이더를 사용하고 있어서 타 선박의 레이더 신호가 본선의 레이더에 수신되어 나타나는 현상으로 표시기 화면에 눈발과 같은 영상이 나타난다. 이러한 현상을 EMI(Electro Magnetic Interference) 현상이라고 한다.

㉱ 레이더 맹목구간

레이더 안테나보다 마스트나 연돌이 뒤쪽에 있기 때문에 이것들에 의해 신호가 차단되어 탐지되지 않는 사각구역이 생기며 이러한 구간을 맹목구간이라고 한다. 만약, 맹목구간에서 선박이 탐지될 경우 실제 표적인지 확인하기 위해 선박의 침로를 변침하여 맹목구간에서 벗어나보면 쉽게 확인할 수 있다.

④ 거짓상(False Echo)

레이더 표시기에 나타난 영상의 위치에 실제 표적이 없는 경우가 있는데 이를 거짓상이라고 하며 다음과 같다.

㉮ 간접반사

보통은 물표에서 직접 반사한 반사파가 진영상으로서 스크린 상에 나타나는 것이지만 때로는 선체의 구조물에 한 번 더 반사되어 온 반사파가 스크린에 나타나는 수가 있다. 즉, 하나의 물표의 영상이 다른 방향에 두 개가 나타나는 것이다. 이 거짓상이 나타나는 곳은 <그림 6-15>에서 보는 바와 같이 연돌이나 마스트에 의한 맹목구간에서 나타나는 현상이다.

〈그림 6-15〉 마스트나 연돌에 반사된 거짓상

㉯ 격면 반사

내수를 항해할 경우 교각이나 높은 빌딩 등에 의해 반사파가 생겨 거짓상이 나타나는 것이다. 실제 위치에 다르게 나타나 혼란에 빠지게 하는 수도 있다.

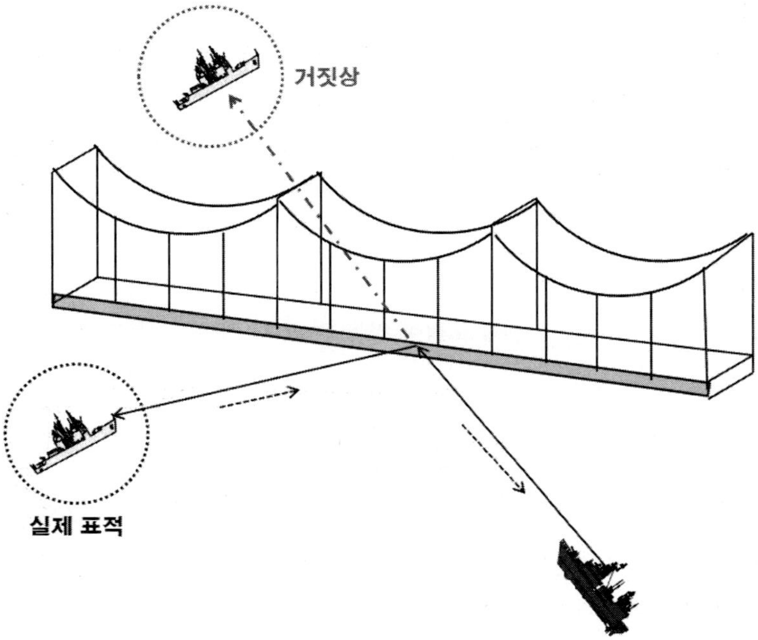

〈그림 6–16〉 교각에 의해 반사된 거짓상

㉰ 빔의 측엽(side lobe)에 의한 반사파

가까운 거리에 큰 물표가 있을 때는 안테나 빔의 측엽에 의해서 거짓상이 생길 수 있다. <그림 6-10>의 주엽(main lobe)에 의해서 표적이 탐지되지만, 좌・우측의 측엽에 의해 다른 방향의 표적이 탐지되면 거짓상이 되어 나타난다.

㉱ 제2소인에 돌아온 반사파

전파의 펄스반복주파수(PRF)를 가령 1,000Hz라 하면 펄스반복시간은 1,000μs이다. 이 시간동안에 전파는 300km 진행하므로 반사파는 거리의 절반인 150km 를 왕복하게 된다. 따라서 그 이상의 거리의 물표는 탐지할 수 없게 된다.

만약 170km에 있는 표적의 반사파가 돌아왔다고 하면, 그 펄스가 송신될 때에 시작된 소인은 이미 끝나고 다음 2차 펄스가 송신되고 수신이 되기 때문에 170km 표적의 반사파는 20km에 나타나게 된다. 이것은 실제 표적이 아니라 거짓상으로 나타난 것이다.

제5절 레이더 항법

1. 개요

선박이 눈, 비, 안개 등의 제한시계 항해에 있어서 레이더의 중요성은 이루 말할 수 없으며, 항해의 안전과 항해시간 단축에 큰 역할을 수행하였다. 그러나 레이더의 기능에는 근본적 한계가 있으므로, 관계된 성능을 잘 이해하고 사용하는 것이 무엇보다 중요하다.

레이더를 항해에 이용할 경우, 크게 나누어서 두 가지의 분야가 있다. 하나는 선박의 위치 결정이고, 다른 하나는 충돌예방이다. 또한 선박의 위치 결정은 간접이용법과 직접이용법으로 구분할 수 있다.

레이더를 이용하여 표적의 방위나 거리를 측정하여 선박의 위치를 구할 수 있는데 이를 간접이용법이라고 한다. 직접이용법은 항해 중 레이더 표시기를 직접 보면서 선박들의 위치 관계를 확인하고 선박을 조함하는 것이다. 간접이용법은 군함의 전투정보실 등에서 이루어지고, 직접이용법은 함교의 당직사관이 활용한다.

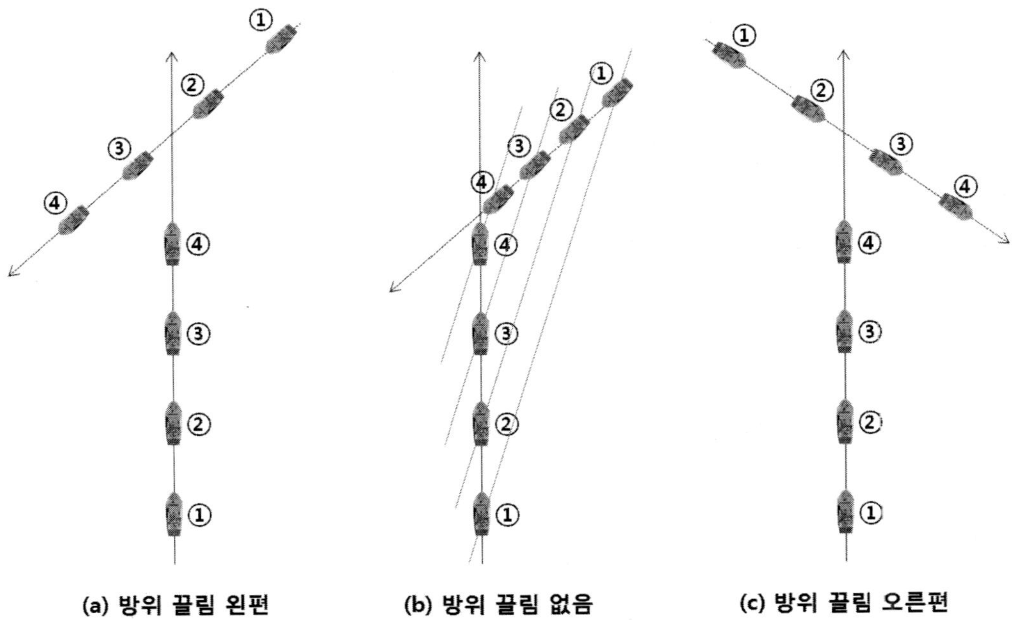

〈그림 6-17〉 접촉물의 방위 끌림 정보

레이더의 충돌예방법은 레이더의 방위, 거리 정보를 이용하여, 피험선[19]을 설정하거나 레이더 플로팅을 하여 침로, 속력, 최근접거리(CPA; Closest Point of Approach), 최근접시간(TCPA; Time to Closest Point of Approach) 등을 확인하여 항해안전을 도모하는 것이다. 특히, <그림 6-17>과 같이 접촉물의 방위끌림 정보를 이용하면 조기에 충돌을 예방할 수 있다.

레이더의 표시기에 나타난 영상은 실제의 해도를 보는 것과는 달리 X-Ray 사진을 보는 것 같아서 영상을 판독하는 기술이 필요하다. 영상을 옳게 판독하려면 레이더의 특성과 각종 물표의 반사성능을 충분히 습득하고 레이더의 최대탐지거리, 최소탐지거리, 방위분해능, 거리분해능 등에 대해서 잘 이해하는 것이 무엇보다 중요하여 전문적인 교육훈련이 필요하다.

또한 영상 판독에 방해가 되는 방해현상과 거짓상 등에 대한 지식도 필요하다.

2. 거리정보와 오차

자유공간 속에서 전파의 속도가 빛의 속도로 일정함으로 펄스 신호가 표적에 부딪치고 돌아오는 시간을 측정함으로써 거리를 결정한다.

예를 들면, 송신한 펄스 신호가 100μs 후 반사파가 수신되었다면, 표적의 거리는 전파의 속도 × 100μs / 2 = 15km, 약 8마일이다.

거리측정의 오차는 펄스폭과 휘점의 크기에 의해서 결정된다. 특히, 정확한 거리를 측정하려면 가변거리눈금을 되도록 어둡게 하며 영상에 내접하도록 하여 측정하고, 너무 포개지지 않도록 해야 한다. 또한 가변거리 눈금의 정밀도는 고정거리 눈금의 그것보다도 낮으므로 때때로 양자를 비교하여 볼 필요가 있다. 일반적으로 거리측정 오차는 중앙오차(50% 오차)의 경우 측정거리의 1%, 최대오차(95% 오차)의 경우 측정거리의 3% 정도이다. 예를 들어, 표적의 거리가 10마일이면 거리측정의 중앙오차는 0.1마일, 최대오차는 0.3마일이 되는 것이다.

항해 당직자로서 주의해야 할 것은 레이더에 의해 거리를 측정할 경우, 사전에 반드시 목측에 의해 장비의 오차를 예측해 볼 필요가 있다. 그리고 끊임없이 목측 훈련을 실시하여 레이더 측정거리에 큰 오차가 생기지 않도록 주의해야 한다.

3. 방위정보와 오차

표적의 방위정보는 360도 회전하고 있는 안테나가 나타내는 방향에 의해 결정된다. 이것은 안

19 피험선은 선박이 항해 시 미리 해도를 보고 충분히 연구하여 뚜렷한 물표의 방위, 거리, 수평협각 등을 이용하여 위치를 측정하지 않고 항로에서 위험물을 피해갈 수 있도록 설정한 위험 예방선이다.

테나와 표시기 장치의 동기화 문제가 크게 좌우되며, 레이더에서 보내는 신호의 지향특성인 빔폭에 영향을 받는다. 따라서 좁은 빔폭을 이용하여 에너지를 방사하면 상대적 신호강도가 커지며 정확도도 향상된다.

레이더의 성능에 한계가 있어 방위측정에 오차가 생기는 것은 종합하면 다음과 같다.

첫째, 안테나의 수평빔폭 때문에 영상의 확대현상이 생겨 방위측정 오차가 생긴다. <그림 6-18>은 수평빔폭에 의한 영상의 방위오차이다. 따라서 섬의 양끝의 방위를 측정하였을 때에는 1/2빔폭 만큼 수정해야 한다. 예를 들어, 안테나 크기 120cm인 X 밴드 항해용 레이더를 사용시 빔폭은 약 2도이므로 1도의 수정이 필요하다. 만약 수정을 하지 않고 교차방위법을 사용했을 경우 선박의 위치는 오차가 생겨 위험을 초래할 수 있다.

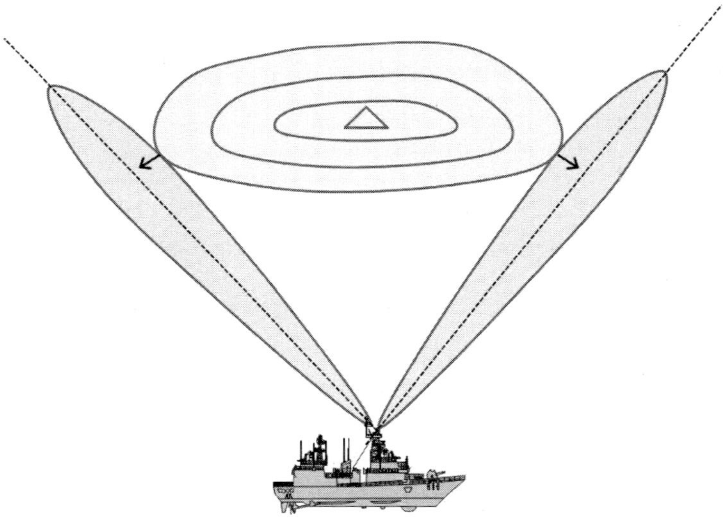

〈그림 6-18〉 수평빔폭에 의한 영상의 방위오차

둘째, PPI 영상의 중심과 방위눈금의 중심, 즉 방위선과 회전중심이 일치하지 않기 때문에 방위오차가 생길 수 있다.

셋째, 표시기의 편향코일은 안테나와 동기되어 회전하는 것이지만 마찰 때문에 어느 정도는 늦을 수가 있다. 그 때문에 안테나 방향과 표시기 소인선의 방향이 일치하지 않으므로 일정한 양의 방위오차가 생긴다.

이상과 같이 레이더의 방위오차에는 여러 가지의 원인이 있다.

일반적인 X 밴드 항해용 레이더의 방위측정 오차는 중앙오차(50% 오차) 1도, 최대오차(95% 오차) 3도 정도 발생될 수 있다.

4. 영상의 판독

레이더의 표시기의 통상적인 형태는 표적의 위치 표시기 즉, PPI(Plan Position Indicator) 방식으로 극좌표로써 목표물의 위치를 방위와 거리에 대해 표시한다. 이것은 전기적 출력을 거리 및 방위의 눈으로 볼 수 있는 표시로 전환시켜 준다.

레이더의 안테나가 수직축을 중심으로 하여 일정한 속도로 회전함으로써 수평면상에서 탐색을 할 수가 있다. 안테나의 매회전마다 매우 많은 수의 펄스가 방사된다. 이들 각각의 펄스가 방사될 때마다 광점이 표시기의 중심에서부터 출발하여 반경선을 따라 표시기의 끝단까지 움직인다. 표시기의 끝단에 도달하면 광점은 순식간에 표시기의 중심으로 되돌아와 다음 펄스가 방사되면 동일하게 반복된다. 안테나가 회전함에 따라 광점이 지시기의 중심 주위를 회전하여 광점이 나타나는 방사선의 각도가 안테나 빔의 방위를 나타내고, 지시기 중앙으로부터의 길이가 거리를 나타낸다.

접촉물에 부딪쳐 돌아오는 반향신호가 수신되면 광점의 강도가 현저하게 커지며 더욱 밝은 광점이 남아 있다. 또한 안테나가 360° 회전에서 나타나는 물표를 그대로 나타내고 안테나가 물표의 위치로부터 지나쳐 버린 다음에도 물표의 영상이 보이도록 필요한 지속성을 가진 형광막을 갖고 있도록 한다.

표시기의 PPI 영상 방위표시는 크게 진방위표시방식과 상대방위표시방식으로 할 수도 있다. 그 어느 것이 좋은가는 그 때의 상황에 따라 다르지만 보통은 화면을 진북기준으로 하는 진방위표시방식을 사용하는 것이 좋다. 그 이유는 해도와 같이 진북을 위로 하여 화면이 나타나므로 해도와 대조하기 용이하고 대각도로 변침 하더라도 선수 지시선이 이동할 뿐 영상 화면은 그대로 움직이지 않기 때문이다. 반대로 선수기준으로 상대방위표시방식의 경우에는 변침할 때마다 화면이 회전하여 중요한 시기에 방해가 될 수 있지만, 직접항법의 경우는 선교에서 접촉물에 대한 대응이 레이더와 시각으로 식별이 용이하여 편리할 수 도 있다.

레이더의 거리범위는 지형이나 선박의 교통량에 의해 좌우된다. 넓은 해역에서는 고속 항해시는 12마일 이상의 거리범위를 사용하여 타선을 조기에 경계하는 것이 중요하다. 예를 들어, 두 선박이 속력 10노트로 서로 마주치는 항해를 할 경우, 10마일의 거리에서 발견했다고 하면, 30분 후에 두선박이 마주치게 된다.

또한 연안에서는 보통 6～12마일의 거리범위를 이용한다. 이 범위라면 영상은 선명하게 나타나고 또 타선 등의 경계도 용이하게 할 수 있기 때문이다. 단, 이 경우에는 주기적으로 거리범위를 3마일 정도의 바꾸어 선박 부근의 소형선을 놓치는 일이 없도록 주의해야 한다. 그리고 수로가 좁은 협수로에서는 지형에 따라 6마일 이하의 작은 거리범위로 항해하는 것이 용이하다.

5. 레이더 플로팅

레이더는 선박의 위치 결정 뿐만 아니라 제한시계에 있어서 충돌방지에 매우 유용하다. 그러나 레이더에 타선이 근거리에 접근한 경우에는 벌써 도움이 되지 않는다. 그것은 레이더로는 타선의 침로, 속력 및 변속, 변침을 바로 알 수 없기 때문이다.

따라서 레이더에 의해서 충돌을 방지하려면 빨리 타선의 침로와 속력을 측정하여 피항 조치를 취해야 하며, 그러기 위하여서는 먼저 영상을 판독하고 상황을 해독하여 타선의 침로와 속력, 최근접거리(CPA), 최근접시간(TCPA) 등을 계산하여야 한다.

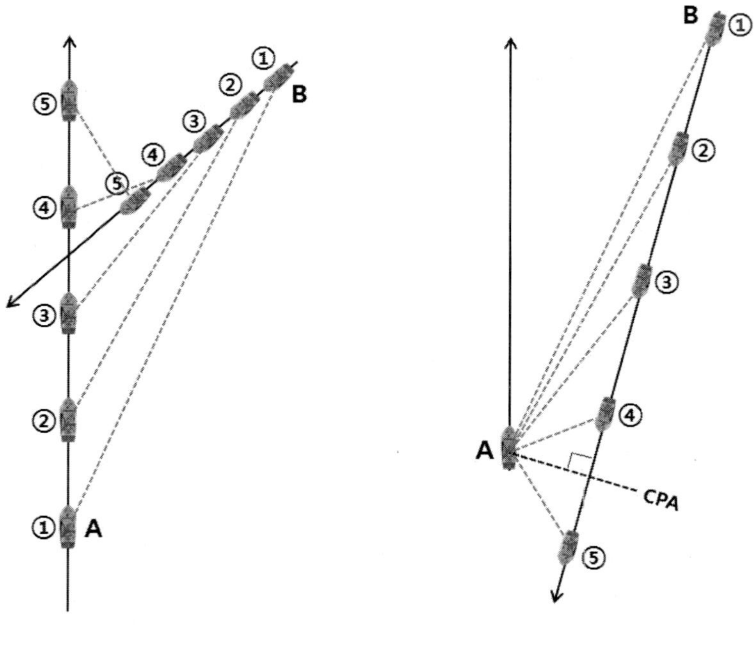

(a) 실제 운동 (b) 상대 운동

〈그림 6-19〉 선박의 상대운동

두선박이 충돌을 피하기 위해 가장 중요한 것은 상대운동을 이해해야한다. <그림 6-19>에 보듯이 선박 A와 선박 B가 서로 마주칠 때, 두 선박의 실제 운동은 (a)처럼 나타나고 상대운동은 (b)처럼 나타나며, 이것은 레이더 표시기 영상으로 나타난다. 또한 선박 A와 B가 만나는 최근접거리(CPA)와 최근접시간(TCPA)를 계산하면 쉽게 피항 조치를 강구할 수 있다.

레이더로는 직접 타선의 침로, 속력 등을 바로 알 수 없다. 그러나 현대 기술의 발달과 더불어 레이더 표시기에 나타나는 타선박들의 움직임에 관한 데이터를 자동적으로 분석하여 일정 형태의 유용한 정보를 제공해 주는 장치가 1960년대부터 개발되어 사용되고 있다. 이것을 자동충돌예방보조장치 또는 자동레이더플로팅장치(ARPA; Automatic Radar Plotting Aids)라고 한다.

6. 자동충돌예방보조장치(ARPA)

자동충돌예방보조장치(ARPA)는 국제해사기구 IMO에서 1984년 9월 1일부로 모든 선박에 강제 탑재토록 규정화 하여 본선과 주위 선박의 움직임을 분석하여 VECTOR 정보를 제공하는 항해 장비로써 선박의 충돌방지를 위해 운용되고 있다. 주요 기능은 물표를 탐지하고 포착하여 자동 추적이 가능하며, 예상 최근접거리 및 시간을 계산하여 충돌위험 자동경고 기능이 있어야 한다. 국제적으로 SOLAS 협약 제5장 제19규칙에서 레이더 관련 장비 탑재요건을 다음과 같이 규정화하고 있다.

〈 모든 여객선 및 300톤 이상 선박이 탑재할 레이더 장비 〉

■ 9 GHz Radar : 300톤 이상의 선박

■ 3 GHz Radar : 3000톤 이상의 선박

■ 전자플로팅설비(EPA; Electronic Plotting Aids)
- 소형선박의 레이더에 부가하여 수동직접플로팅(Manual Direct Plotting)을 위한 장비, 레이더 화면상의 물표를 처음 수동으로 플로팅한 후에 일정시간이 경과한 후 다시 플로팅을 하면 물표의 벡터 표시가 화면상에 나타남
- 최소 10개 이상의 물표를 플로팅할 수 있어야 함
- 300톤 이상 선박에 요구 됨

■ 자동추적장치(ATA; Automatic Tracking Aids)
- ARPA와 역할이 동일하나 좀 단순화 한 장비
- 최소 10개 이상의 물표를 자동플로팅할 수 있어야 함
- 500톤 이상 선박에 요구 됨

■ 자동충돌예방보조장치(ARPA; Automatic Radar Plotting Aids)
- 최소 20개 이상의 물표를 자동플로팅할 수 있어야 함
- 10,000톤 이상 선박에 요구 됨

위의 탑재요건을 선박 톤수별 정리하면 <표6-3>과 같다.

〈표 6-3〉 선박 톤수별 레이더 관련 장비 탑재요건

선 박 톤 수	9GHz Radar	3GHz Radar*	EPA	ATA	ARPA
300톤 이상 500톤 미만	1		1		
500톤 이상 3,000톤 미만	1			1	
3,000톤 이상 10,000톤 미만	1	1		2	
10,000톤 이상	1	1		1**	1

* 9GHz Radar 1대 추가로 대체 가능
** ARPA 1대 추가로 대체 가능

제6절 레이더와 국제해상충돌예방규칙

1. 개 요

국제해상충돌예방규칙은 세계적으로 통일을 기하고 있는 해상교통 규칙이다. 1972년 IMO (International Maritime Organization) 총회에서 채택되어 1977년부터 시행하고 있는 국제해상충돌예방규칙은 총 41개 조문으로 구성되어 있으며, 항해 중 레이더의 효과를 인식하여 레이더를 장비한 선박의 의무와 항법을 규정안에 명시하였다. 레이더가 중요하게 명시된 조문을 자세하게 설명하고자 한다.

2. 견 시 (Look-out)

Rule 5
Every vessel shall at times maintain a proper look-out by sight and hearing as well as by all available means appropriate in the prevailing circumstances and conditions so as to make a full appraisal of the situation and of the risk of collision.

제5조
모든 선박은 시각 및 청각은 물론 그 당시의 사정과 상태에 적절한 모든 유효한 수단을 동원하여 처하여 있는 상황 및 충돌의 위험을 충분히 평가할 수 있도록 항상 적절한 견시를 유지하여야 한다.

제5조 조문은 시계의 정도에 불문하여 모든 시계에 적용되며, 비록 레이더에 관하여 구체적으로 명시되어 있지는 않지만 모든 유효한 수단에는 레이더는 반드시 포함된다. 따라서 선박이 항해 중 상호시계 상태에 있다고 하여 레이더를 작동하여 견시 임무와 충돌예방의 상황판단 의무가 면제되지 않는다.

3. 안전속력 (Safe Speed)

Rule 6

Every vessel shall at all times proceed at a safe speed so that she can take proper and effective action to avoid collision and be stopped within a distance appropriate to the prevailing circumstances and conditions.

In determining a safe speed the following factors shall be among those taken into account:

(a) By all vessels ~

(b) Additionally, by vessels with operational radar:

(i) the characteristics, efficiency and limitations of the radar equipment;

(ii) any constraints imposed by the radar range scale in use;

(iii) the effect on radar detection of the sea state, weather and other sources of interference;

(iv) the possibility that small vessels, ice and other floating objects may not be detected by radar at an adequate range;

(v) the number, location and movement of vessels detected by radar;

(vi) the more exact assessment of the visibility that may be possible when radar is used to determine the range of vessels or other objects in the vicinity.

제6조

모든 선박은 충돌을 피하기 위하여 적절하고 유효한 동작을 취할 수 있고 그 당시의 사정과 상태에 알맞은 거리에서 정선할 수 있도록 항상 안전한 속력으로 항행하여야 한다.

안전한 속력을 결정함에 있어서 다음의 요소를 고려하여야 한다.

(a) 모든 선박 : ~ 생략 ~

(b) 레이더를 사용하는 선박 :

(i) 레이더 장비의 특성, 능력 및 한계 ;

(ii) 활용되는 레이더 거리 눈금에서 오는 제약 ;

(iii) 해면상태, 기상 및 기타의 장애요인이 레이더 탐색에 미치는 영향 ;

(iv) 소형선, 유빙, 기타의 부유물은 적당한 거리내에서 레이더에 의하여 탐지되지 아니할 수도 있다는 사실 ;

(v) 레이더에 의해서 탐지된 선박의 척수, 위치 및 이동상태 ;

(vi) 부근의 선박이나 기타의 목표물의 거리를 측정하기 위해서 레이더를 사용할 때 할 수 있는 보다 정확한 시정의 추정.

제6조 조문은 다소 애매한 듯이 보이지만, 적절한 속력을 결정하는 여건이 상당히 주관적인 판단에 의존하고 있다. 따라서 이 주관적인 판단에 조금이라도 객관성을 부여하기 위한 조문이다.

(i)에 있어서는 같은 레이더라도 레이더의 상태와 주위 상황에 따라 적절한 속력이 달라질 수 있음을 강조하고 있으며, 사정이 나쁜 상황에서는 레이더를 보유하지 않은 선박보다 레이더를 보유한 선박의 안전속력이 느려야 하고, 충분히 고려한 연후이면 레이더를 보유하지 않은 선박에 비하여 레이더를 보유한 선박의 안전속력이 약간 빠를 수 있다.

(ii)의 경우는 거리눈금을 크게 하면 넓은 영역을 탐색할 수 있는 반면에 가까운 곳에 있는 작은 물표는 탐색하기 어렵고, 거리눈금을 작게 하면 가까운 곳을 잘 볼 수는 있으나 넓은 영역은 탐지하기 어렵다. 따라서 속력이 있을 때는 거리눈금을 작게 하여 가까운 곳을 주의하여 보며, 주기적으로 거리눈금을 크게 하여 멀리 있는 것도 탐색하여야 한다.

(iii) 황천으로 파도가 심할 경우는 해면반사가 심하게 나타나 근거리 물표 탐지가 용이하지 않아 높은 속력을 내서는 안 되며, 이상현상이 발생하여 레이더 탐지가 곤란할 경우에도 속력을 높여서는 안 된다.

(iv) 소형이나 부유물 등은 레이더에 탐지가 잘 안될 수 있으므로 많은 지역에서는 속력을 높여서는 안 된다.

(v) 레이더 화면에 선박이 전혀 나타나지 않은 경우는 레이더를 보유하지 않은 선박에 비하여 안전속력이 약간 빠를 수 있으나, 일반적으로 1척 또는 수척의 선박이 레이더에 탐지 될 경우는 레이더를 보유하지 않은 선박보다 안전한 속력을 낮게 하여야 한다.

(vi)의 경우는 레이더에 의하여 시계를 보다 정확하게 추정할 수 있으므로 시계를 과대 추정함으로부터 오는 충돌의 책임이 레이더를 보유하지 않은 선박에 비하여 한층 무거워진다고 할 수 있다.

4. 충돌의 위험성 (Risk of Collision)

Rule 7

(a) ~

(b) Proper use shall be made of radar equipment if fitted and operational, including long-range scanning to obtain early warning of risk of collision and radar plotting or equivalent systematic observation of detected objects.

(c) Assumptions shall not be made on the basis of scanty information, especially scanty radar information.

(d) ~

제7조

(a) ~ 생략 ~

(b) 레이더를 보유하고 작동가능하며, 충돌의 위험에 대한 조기경보를 얻기 위한 장거리주사, 레이더 플로팅, 동등한 체계적 관측을 포함하여 레이더 장비를 올바르게 사용하여야 한다.

(c) 불충분한 정보, 특히 레이더에 의한 불충분한 정보에 근거를 두고 억측을 하여서는 안 된다.

(d) ~ 생략 ~

제7조에는 충돌의 위험여부를 판단함에 있어서,

(b) 레이더를 보유한 선박은 당시의 사정과 상태에 비추어 필요한 장소에서는 반드시 이것을 적시에 작동하여 충돌기회유무와 충돌유무를 판단하는 수단으로 이용할 의무가 있다. 충돌 재판의 판례에 의하면, ① 장비의 효율적인 작동상태의 유지문제, ② 적소 적시에서의 사용문제, ③ 장비를 사용하는 자의 숙달 및 획득한 정보의 처리문제 등이 책임문제가 되었다.

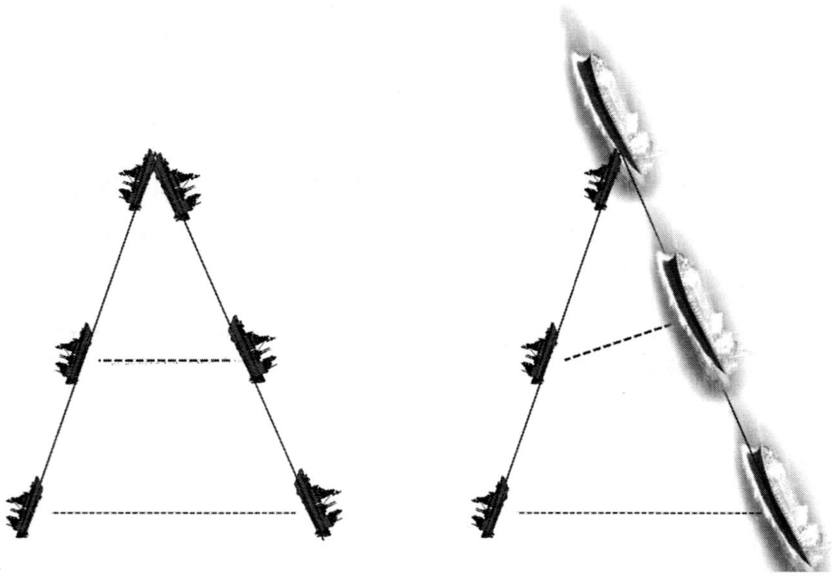

(a) 방위변화가 없을 때 (b) 방위변화가 있어서 작을 때

〈그림 6-20〉 레이더에 의한 선박의 방위변화

(c) 레이더를 플로팅[20]하여 보다 체계적인 관측이 필요하다. 잘못 판단한 억측으로 인하여 충돌의 위험에 놓일 수 있기 때문이다. 특히, 레이더 상에서 선박의 방위변화가 없을 시, 방위변화가 있더라도 거리에 따라 변화의 폭이 어떻지 확인하지 않으면 <그림 6-20>처럼 거대상선이나 예인선열에 의해 충돌위험에 놓일 수 있다.

5. 충돌을 피하기 위한 동작 (Action to avoid collision)

Rule 8

(a) ~

(b) Any alteration of course and/or speed to avoid collision shall, if the circumstances of the case admit, be large enough to be readily apparent to another vessel observing visually or by radar; a succession of small alterations of course and/or speed should be avoided.

제8조

(a) ~ 생략 ~

(b) 충돌을 피하기 위한 침로와 속력의 동시 변경, 침로 또는 속력만의 변경은 사정이 허락하는 한 육안이나 또는 레이더에 의한 관측하는 타선이 명백하도록 충분히 크게 하여야 한다; 연속적인 작은 침로와 속력의 변경, 침로 또는 속력만의 변경은 피해야 한다.

제8조 조문은 선박의 피항동작에 대하여 상대 선박이 의도를 파악할 수 있도록 충분한 동작을 취하여 상대방이 육안이나 레이더로 알아볼 수 있도록 해야 한다는 것이다.

육안으로 관측하는 경우에는 상대선의 변침 또는 변속이 비교적 쉽게 나타나지만, 레이더의 경우는 적어도 몇분동안 플로팅을 한 후에야 상대 선박의 행동을 알 수 있으며, 그것도 소각도의 변침이나 소범위의 변속은 쉽게 분별하기 어렵다. 따라서 변침 또는 변속은 상대 선박이 쉽게 관찰되도록 하여야 하고, 가능하면 변속 보다는 변침이 유리하다.

6. 제한된 시계에서의 선박의 항법 (Look-out)

Rule 19

(a) ~ (c) ~

20 레이더 플로팅 : 레이더에 탐지된 타선의 영상을 기동판 위에 일정시간 간격으로 기점하여 상대방위 및 상대속력, 진침로 및 진속력을 찾아내고 최단접근점(CPA; Closest Point of Approach) 방위와 기간을 알아내는 작도 일체를 말한다.

(d) A vessel which detects by radar alone the presence of another vessel shall determine if a close–quarters situation is developing and/or risk of collision exists. If so, she shall take avoiding action in ample time, provided that when such action consists of an alteration of course, so far as possible the following shall be avoided:
  (i) an alteration of course to port for a vessel forward of the beam, other than for a vessel being overtaken;
  (ii) an alteration of course towards a vessel abeam or abaft the beam.

제19조

(a) ~ (c) 생략

(d) 레이더만으로 다른 선박이 존재함을 탐지한 선박은 근접상태의 형성과 충돌의 위험 또는 충돌의 위험이 있는가의 여부를 결정하여야 한다. 그러한 위험이 있으면 충분한 시간을 두고 회피동작을 취하여야 한다. 다만, 그러한 동작이 변침만으로 이루어질 경우에는 가능한 한 다음과 같은 동작은 피해야 한다.
  (i) 추월당하고 있는 선박 외에는 자선의 정횡보다 전방에 있는 선박을 피하기 위하여 좌현 측으로 변침;
  (ii) 정횡에 있는 선박 또는 정횡보다 후방에 있는 선박 쪽으로 변침.

제19조 조문은 레이더로 타선이 있는가를 알았을 때는, 재빨리 플로팅 하여 접근하는 상태인가, 충돌의 위험이 있는 상태인가를 판단하여 피항동작을 빨리 결정하는 것이 좋다.

타선과 근접상태가 되었다고 판단되면, 레이더에 따른 판단으로 동작을 해서는 안 된다. 근거리에서는 예측하기 어렵기 때문이다. 따라서 본선의 크기, 타선의 크기, 기상, 수역의 크기, 접촉물의 많고 적음 등을 고려하여야 하며, 레이더 정보는 상황의 급박성을 알려주는 경고에 불과하여 레이더를 갖지 않은 선박과 마찬가지로 자선의 침로를 유지할 수 있는 최소의 속력으로 감속 또는 정지하여 충돌의 위험을 면하고 다시 항행하는 것이 좋다.

이것만은 알아둡시다! 항해레이더 성능

1 **최대탐지거리**

– 레이더가 최대로 탐지할 수 있는 거리이며, 펄스반복주파수(PRF)에 의해 결정되나 지구가 둥글기 때문에 탐지되는 레이더 수평선거리는 주파수에 따라 다르지만 한계가 있음

– 영향 요소

· 펄스반복율이 낮을수록 증가	· 주파수가 낮을수록 증가
· 수평빔폭이 좁을수록 증가	· 안테나 회전율이 낮을수록 증가
· 안테나의 높이가 높을수록 증가	· 안테나 개구면적이 크면 빔폭이 좁아져 증가
· 펄스폭이 길수록 증가	· 파장이 길수록 증가
· 첨두전력이 클수록 증가	· 물체의 반사특성이 좋을수록 증가
· 기상상태가 좋을수록 증가	

2 **최소탐지거리**

– 근거리에 있는 물표를 탐지하지 못하는 것으로 펄스폭(1/2)에 의해 결정, 레이더 높이에 따른 수직빔폭에도 영향

– 영향 요소

· 펄스폭의 1/2 거리 내 탐지 불가	· 수직빔폭이 클수록 감소
· 안테나 높이가 낮을수록 감소	· 휘점의 크기가 작을수록 감소
· 송수절환장치 TR관의 회복능력이 길어지면 증가	

3 **방위분해능**

같은 거리에 있는 두 물체를 분리해 탐지할 수 있는 능력으로 수평빔폭에 의해 좌우, 파장이 줄어들거나 안테나 폭이 커지면 좋아짐

4 **거리분해능**

같은 방향 근거리에 있는 두 물체를 분리해 탐지할 수 있는 능력으로 물표가 펄스폭의 1/2 이상 떨어져 있어야 분리되며, 레이더 수신기 감도와 영상휘점의 크기에 영향을 받음

* 펄스폭을 짧게 하면 거리분해능은 증가하지만 최대탐지거리는 감소

5 **항해레이더 오차**

– 거리 : 탐지거리의 1～3%

– 방위 : 1～3도

| 참고문헌 |

[1] M. I. Skolnik, 『Introduction to RADAR Systems』, McGraw-Hill, 2001.

[2] D. R. Frieden, 『Principles of Naval Weapons Systems』, Naval Institute, 1985.

[3] D. F. Burch, 『Radar for mariners』, McGraw-Hill, 2005.

[4] 정세모, 『전파항법 및 전파수로 측량』, 이노칼라, 2001.

[5] 이은방 외 3명, 『전파전자항해학』, 상학당, 2014

[6] 이일근 외 6명, 『레이더 공학과 전자전 응용』, 대영사, 2006.

[7] 정재순, 『레이더 이론 및 원리』, 광명출판사, 2001.

[8] 국방기술품질원, 『2010 국방과학기술조사서 제3권 감시 · 정찰』, 2010.

[9] 김우숙, 『세상을 바꾼 항해술의 발달』, 지성사, 2008

[10] United States Coast Guard, 『Navigation Rules & Regulations Handbook』, 2015.

[11] 윤점동, 『국제해상충돌예방규칙 및 관계된 국내법규해설』, 세종출판사, 2015.

7장
지상파 항법시스템

제7장
지상파 항법시스템

제1절 개 요

20세기에 들어오면서 전파를 이용한 과학기술이 급속도로 발달하여 먼 바다에서 배의 위치를 알 수 있는 방법이 제안되고 실현되었다. 전파의 특징인 직진성, 등속성, 반사성을 이용하여 선박이나 항공기의 지표가 되고 있는 것을 통틀어 무선표지 또는 전파표지[21]라고 한다. 이것은 전파를 이용하므로 천후에 관계없이 항상 이용이 가능하고, 넓은 지역에 걸쳐서 이용할 수 있는 이점이 있다.

전파표지 중 가장 먼저 개발된 것은 무선방위측정기로 중파무선표지국에서 전파를 송신하면 전파되어 오는 방위를 측정하여 방위 또는 위치를 측정하는 것이다. 초기에는 기상에 관계없이 사용할 수 있다는 장점으로 각광을 받았으나 이후 쌍곡선 항법기기가 개발되어 사용빈도가 낮아지고 탑재규정이 삭제되었다.

쌍곡선 항법은 특정 송신 주기를 갖는 한 쌍의 송신국 전파의 도착시간차를 구하면 수신자는 하나의 위치선(쌍곡선)상에 있음을 알게 되고, 다른 한 쌍의 송신국에 의한 위치선을 얻을 수 있으면, 그 두 위치선의 교점으로 위치가 구해진다. 이와 같이 위치를 구할 때 사용하는 위치선이 쌍곡선인 점에서 쌍곡선 항법이라 한다.

쌍곡선 항법도 초기에는 획기적인 항법체계였으나 정확도 측면에서 95% 확률 분포로 460m 정도의 오차범위를 가지고 있다. 이 후에 위치정확도가 뛰어난 위성항법시스템이 개발되면서 다소 쇠퇴하였으나 위성항법시스템의 취약점을 극복할 수 있는 대안으로서 발전된 시스템인 eLoran의 등장을 예고하고 있다.

---

21 해상에서 선박 항해의 지표를 항로표지라 하며, 일반적으로 항로표지는 광파표지, 형상표지, 음파표지, 전파표지로 구분된다. 즉, 전파표지는 항로표지의 하나이다. (항로표지법 시행규칙 3조 「항로표지의 종류」)

해설 **대한민국 전파표지의 종류**

구 분		설 명
위성항법 보정시스템 (DGPS)		Differential Global Positioning System의 약자로서 위성항법장치(GPS)의 측위오차를 정밀하게 보정하여 중파(285~325㎑)로 전송해 주는 시설로서, 위치정도는 약 5m이내이고, 유효거리는 약 100해리이다.
레이더비콘 (Radar Beacon)		레이콘이라고도 하며, 무지향성 전파를 24시간 발사하여 선박에서 사용 중인 레이더 화면상에 모르스 휘선을 나타내어 배의 위치를 알 수 있도록 하는 장치이다. 농무시나 기상 악화 시 선박 안전운항에 기여한다.
로 란 (LORAN)		LORAN(Long Range Navigation)이란 쌍곡선 항법시스템을 말하며, 대한민국에는 포항과 광주에 송신국이 있다.

* 출처 : 포항지방해양수산청 자료

eLoran은 장비 업그레이드와 데이터 채널 할당, 디지털신호처리 등을 통하여 쌍곡선 항법체계인 로란-C 보다 우수한 정확도와 무결성, 지속성을 가지도록 향상된 시스템이다.

전파표지 중 인공위성을 이용한 위성항법시스템과 위성항법보정시스템은 제8장과 제9장에서 다룰 예정이며, 본 장에서는 지상에서 전파를 이용하는 시스템인 중파무선표지, 쌍곡선 항법시스템, eLoran에 대하여 설명하고자 한다.

제2절 중파무선표지

1. 개 요

중파무선표지는 해상용 중파인 285~325kHz의 주파수를 이용한 무선표지(Radio Beacon)로 항행 중인 선박이나 항공기 등에 전파를 발사하여, 그 전파 발사 지점에 대한 방향 또는 방위를 결정할 수 있게 하는 시스템이다.

중파무선표지의 개념은 <그림 7-1> 과 같다.

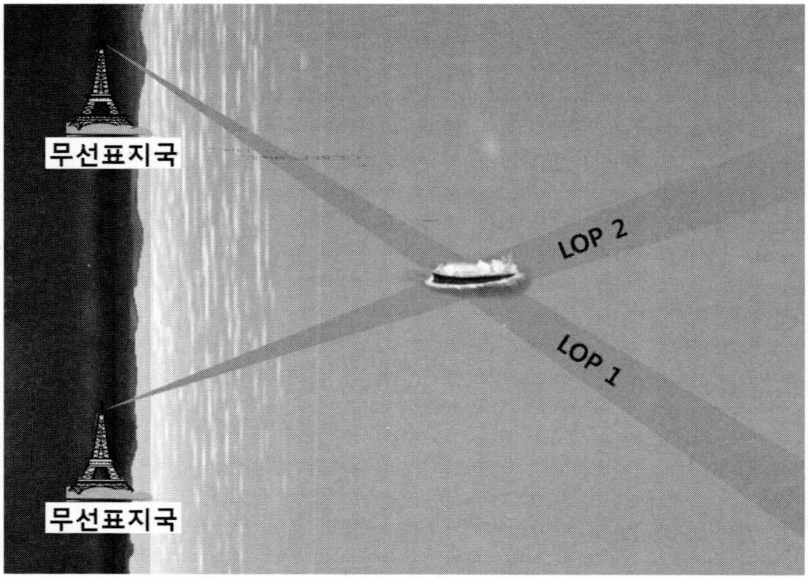

〈그림 7-1〉 중파무선표지 개념

육상에 설치된 무선표지국과 관측자가 방위를 측정하는 무선방위측정기(RDF; Radio Beacon Finder)로 구성되며, 지문항해의 교차방위법과 같이 물표의 방위를 교차시켜 해도 상에서 선박의 위치를 구하는 것과 같다.

무선방위측정기는 1907년에 이태리의 베리니(E. Bellini)와 토시(A. Tosi)가 직교 루우프 안테나와 고니오미이터(goniometer)를 사용하는 베리니토시 안테나를 발명한 이래로 실용성이 높아졌고, 그 후 진공관의 발명에 의한 감도의 상승, 브라운관 지시방식의 고안에 의한 측정의 간소화 등에 힘입어, 제1차 세계대전경부터 실용화되었다.[22] 제1차 세계대전 이후에는 일반항해 분야에 확대 사용되었다. 무선방위측정기 관련 규정은 1948년 해상인명안전조약(SOLAS)에서 1,600총톤이상의 모든 선박은 국제항해에 종사할 경우 무선방위 측정기를 탑재하여야 한다고 규정화 되었으며, 이에 따라 국내에서도 의무화되었다.

중파무선표지는 제2차 세계대전 이전에는 활발하게 사용되었으나 이후 쌍곡선 항법시스템이 확대 운용되고 위성항법시스템이 개발됨에 따라 이용자가 점점 감소해 갔다. 따라서 한국에서도 2000년 이후 무선표지국이 DGPS 기준국으로 전환되고, 2005년 이후 송신이 전면 중지되었다.

따라서 본 절에서는 항해자 입장에서 개념 수준에서 간단하게 소개하고자 한다.

---

22 해양수산부, 『전파표지–시스템과 그 이용–』, p. 3-1, 2001.

2. 중파무선표지국

중파무선표지국은 이용자가 무선방위측정기로 방위를 측정하게 하기 위하여 전파를 발사하는 시설이다. 사용주파수는 285~325kHz이고 약 1,000Hz의 가청수파수로 변조되어 있다. 이 전파에는 모르스부호로 된 고유의 표지부호가 있어서, 이 표지부호에 의하여 국을 식별하고, 장음부호를 발사하는 동안에 무선방위측정기로 방위를 측정한다.

이 주파수대에서 운영되는 해상무선표지의 업무구역한계의 전계강도는 국제전기통신조약의 부속서인 무선통신규칙(1959년)에 다음과 같이 규정되어 있다.

북위 40°이상 무선표지 -- 75μV/m

북위 40° ~ 남위 40° 무선표지 -- 100μV/m

남위 40°이하 무선표지 -- 75μV/m

한국의 주요 항구 입구에 설치 운용 중이던 중파무선표지국은 2000년 이후 해상용 RBN/DGPS 사이트로 전환 운용 중이다.

3. 무선방위측정기

무선방위측정기는 루프 안테나로 무선표지국의 전파를 수신하고, 루프를 360도 회전시켜서 얻는 8자형 특성 곡선에서 수신출력이 최소가 되는 방향을 찾아서 무선표지국의 방위를 찾아내는 방식이다.

루프 안테나는 <그림 7-2>처럼 도체 선을 원형 또는 사각형의 모양으로 1회 또는 수회 감은 것이며, <그림 7-3>처럼 안테나의 루프면에 대하여 전파의 도래방위 Θ로 수신될 때에 안테나에 유기되는 기전력 V는 식(7-1)로 표시된다.

$$V = 2\pi NA\frac{E}{\lambda}\cos\theta \tag{7-1}$$

단, N : 루프 안테나의 권선 수

A : 루프 면적 (m²)

E : 전파의 도래방위 전계강도 (V/m)

λ : 전파의 파장 (m)

유도되는 기전력 V는 Θ가 90°, 270°일 때 0이 되며, 이때 전파가 도래하는 방향이 루프면에 수직인 경우이다. Θ를 0°에서 360°까지 변화시켜 유도되는 기전력을 나타내면 <그림 7-3>에 보이는 바와 같이 8자 형태로 지향특성이 나타난다. 따라서 Θ가 90°, 270°일 때 수신 전파가 최소 감도가 되며, 이점에서 방향 각도의 미소한 변화에도 유도되는 기전력 변화가 심하게 나타나기 때문에 방위측정에 이용할 수 있다.

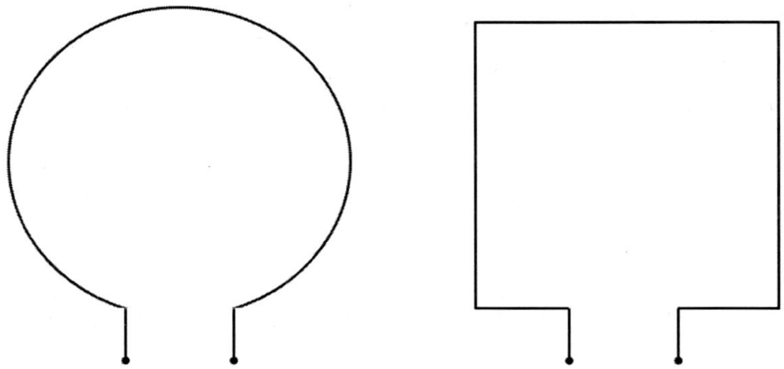

(a) 원형 루프안테나 (b) 직각 루프안테나

〈그림 7-2〉 루프 안테나

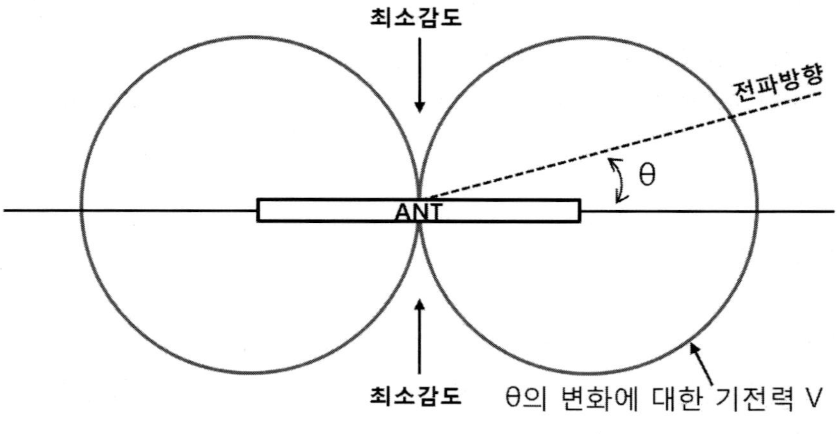

〈그림 7-3〉 루프 안테나의 지향 특성

4. 시스템 오차

무선방위측정기로 전파의 도래방향을 측정하는 경우 개인오차, 근접물체에 의한 오차, 전파 특성에 의한 오차 등으로 나눌 수 있으며 다음과 같다.

① 개인오차

선박에서 전파 도래 방위를 측정하는 운용자의 숙련도에 의하여 결정되는 오차로써 안정적인 전파를 수신하여 측정하는 경우 ±0.5° 이내로 오차를 줄일 수 있다.

② 근접물체에 의한 오차

선박에 설치된 루프 안테나 주위에는 마스트, 연돌과 같은 외부 구조물들이 있다. 이들은 금속 재질로써 전파를 반사시키는 성질을 가지고 있다. 따라서 직접 수신되는 신호와 반사되는 신호가 만나 수신되므로 실제방위와 다른 방위를 측정할 가능성이 있다. 이 오차는 선박의 구조상 제거할 수 없고, 주파수가 높아지면 증가하는 경향이 있으나 루프 안테나로부터 도래 방향별로 측정해두면 오차를 수정하여 정확한 방위를 구할 수 있다.

③ 전파의 특성에 의한 오차

전파가 전파되는 상황에서 나타나는 특성으로 해안선에서 굴절되는 오차인 해안선 오차와 공간파에 의한 편파 오차가 있다.

해안선 오차는 해안선 굴절이라고도 하며, 스넬의 법칙과 같이 이동하는 매질의 변화(육상→해상)에 따라 나타나는 굴절현상이다. 육상의 무선표지국에서 보내는 전파 신호는 육상과 해상을 통해서 선박에 전달되기 때문이다. 편파오차는 야간에 전리층이 두터워질 때 많이 발생되어 야간오차라고도 한다. 일반적으로 지표파에 의해 전파가 수신되어야 하나 공간파에 의해 영향을 받아 방위 변동이 생기는 것을 말한다.

④ 전파 도래 방위를 해도에 표현 시 나타나는 오차

전파는 대권을 통해 전달되기 때문에 측정된 도래 방위를 직접 해도에 작도하게 되면 대권과 항정선의 차이에 의해 오차가 발생한다. 거리가 근거리라면 오차가 적지만 원거리는 오차가 커지게 된다. 따라서 대권방위를 점장방위로 개정하여 작도하여야 오차를 줄일 수 있다.

제3절 쌍곡선 항법시스템

1. 개 요

쌍곡선 항법시스템은 로란-A, 로란-C, 데카, 오메가 등이 있으며 사용하는 전파의 주파수대나 거리차를 구하는 방식의 차이, 정확도나 유효거리의 차이가 있다.

쌍곡선 항법시스템의 주요 특성을 비교하면 <표 7-1>과 같다.

〈표 7-1〉 쌍곡선 항법시스템의 주요 특성

구 분	전파형태	사용 주파수	송신출력	유효거리	정확도
로란-A	펄스파	1950, 1850, 1900 kHz	130 kW	주간 1300 km 야간 2600 km	1~10 km
로란-C	펄스파	100 kHz	1500~1800 kW	2,000 km	150~520 m
데카	지속파(CW)	70~90 kHz 110~130 kHz	2 kW	주간 700 km 야간 400 km	50~750 m
오메가	지속파(CW)	10~14 kHz	10 kW	12,000 km	2~4 km

로란-A는 제2차 세계대전 중에 미국 해군에 의해 개발되었으며 로란(LORAN)이란 말은 Long Range Navigation 즉, 장거리전파항법의 머리글이다. 제2차 세계대전 및 그 이후에 미 국방성은 군사적인 목적으로 로란-A국을 미국 태평양연안 및 대서양연안은 물론이고, 주로 북반구의 각지역에 속속 건설하였다. 세계 각국도 차례로 운용을 개시하여 1971년에는 전세계에 로란-A국이 83개국에 달하였다. 그러나 로란-C의 발달로 폐지되었다.

데카는 정식명칭이 데카항법시스템(Decca Navigation System)이며, 영국 Decca사가 개발한 장파(70~130kHz)를 이용한 쌍곡선항법방식이다. 이 방식은 제 2차 세계대전 중에 프랑스의 노르망디상륙작전에서 선박의 유도에 획기적 성과를 올려서, 전파항법으로서의 우수성이 인정되었으며, 전쟁 후 항해안전을 위하여 세계 각 국에서 설치하기에 이르렀다. 데카는 중거리 전파항법방식으로 중요시되었고, 특히 유럽에서는 상선, 어선은 물론이고, 항공기, 측량 등에도 이용되어 왔지만, 그 후 로란-C와 GPS에 영향을 받아 점차 감소하다 1990년대 폐지되었다.

오메가는 정식명칭이 오메가 항법시스템(Omega Navigation System)이며, 전세계적인 쌍곡선항법시스템이다. 10~14kHz의 초저주파를 사용하여, 그 전파상의 위상안정도가 좋은 점과 감쇄가 적은 특징을 이용하여 불과 8국으로 전파의 위상비교를 통해 전세계적인 위치 서비스가 가능한 시스템이다. 오메가는 범세계적인 항법 장치로 운영되었지만 GPS의 보급과 더불어 오메가 이용자가 감소하게 되어, 1997년 모든 오메가국의 운영이 종료되었다.

2. 로란-C

로란-C는 1958년부터 운영되어 온 전파항법의 일종이며, 하나의 주국과 2국 이상의 종국이 서로 동기된 신호를 100kHz의 주파수로 송신하며, 수신된 신호의 시간차를 마이크로초(μs)의 소수점이하까지 정확히 측정하여 위치를 측정하는 시스템으로 제2차 세계대전 중에 개발되어 수차례의 개량을 거쳐 오늘에 이르고 있다.

쌍곡선항법은 2개소의 송신국으로부터의 신호의 도착시간차를 유효범위 내의 임의의 지점에서 관측하면 관측점에서 각 송신국까지의 거리차를 측정한 것이 된다는 원리를 이용한 항법방식이다. 로란-C의 위치측정 원리는 <그림 7-4>와 같다.

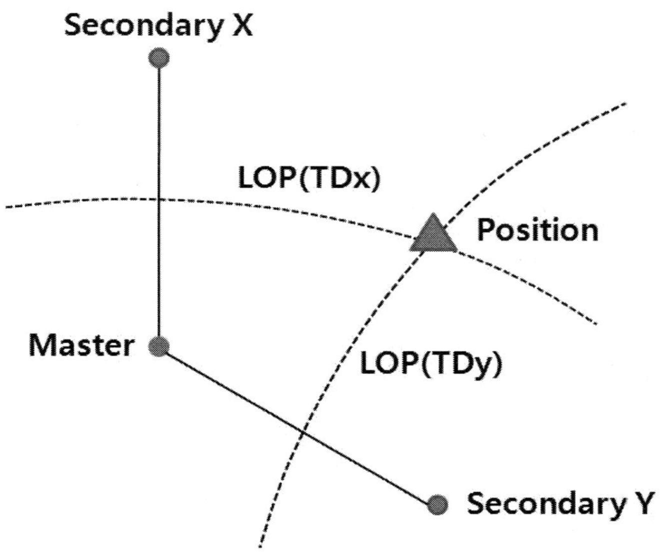

〈그림 7-4〉 로란-C의 위치측정 원리

한 쌍의 두 국에 대하여 전파의 도착시간차, 관측거리차를 갖는 점의 궤적은 쌍곡선 형태의 위치선이 되고, 2개 이상의 위치선의 교점은 관측자의 위치가 된다. 쌍곡선 전파항법의 정밀도는 2개 신호의 도달 시간차(TD : Time Difference)를 측정하는 관측자의 능력과 전파 상태를 알고 이 시간차를 위치선으로 환산하는 능력에 좌우된다.

로란-C는 펄스화 및 부호화된 신호를 사용하여 공간파 간섭의 영향을 최소화하였으며, 펄스의 형태는 <그림 7-5>와 같다.

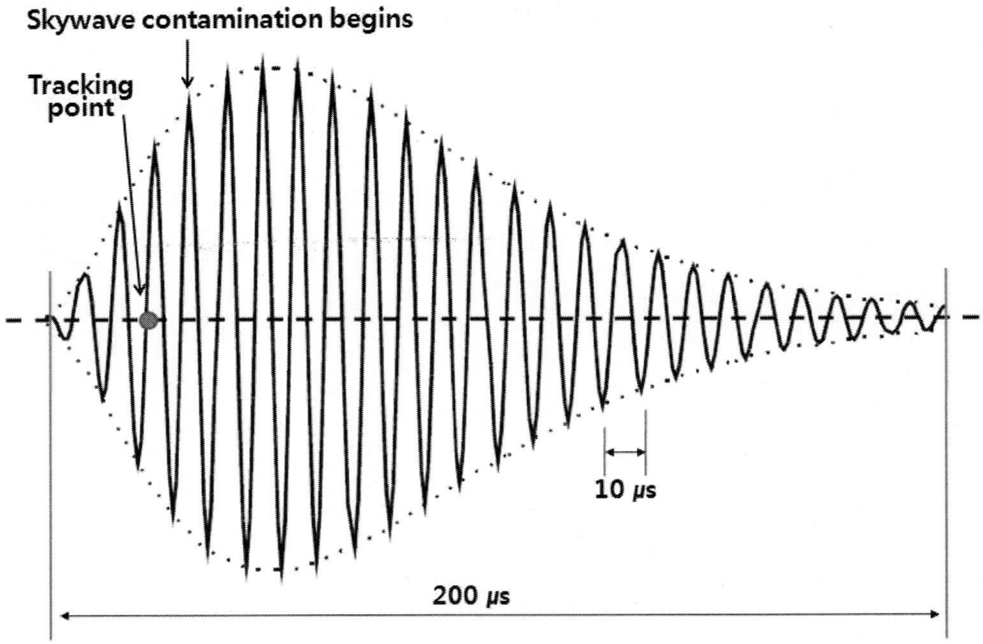

〈그림 7–5〉 로란–C 펄스 형태

펄스 형상은 수신기가 100kHz 반송파의 특정 사이클을 식별할 수 있게 해줌으로서 고정밀도의 위상측정이 가능토록 하고 있다.

뒤늦게 도착하는 공간파가 시간차 측정에 영향을 미치는 것을 방지하기 위하여 100kHz의 반송파의 위상은 하나의 그룹 내의 각 펄스마다 소정의 포맷에 따라 다른 코드를 사용하고 있다.

그리고 로란-C 체인의 송신국은 <그림 7-6>과 같은 펄스군을 소정의 군 반복주기(GRI : Group Repetition Interval)로 반복 송신한다. 각 체인은 보통 최소의 GRI를 선택하지만, 이 GRI는 각 국의 송신시간(주국은 10ms, 종국은 8ms)에 각 펄스군 사이의 시간을 합한 시간을 충분히 가질 수 있도록 길게 하여, 유효범위내의 어디에서나 2개 이상 송신국의 신호와 시간적으로 겹쳐지지 않게 하였다.

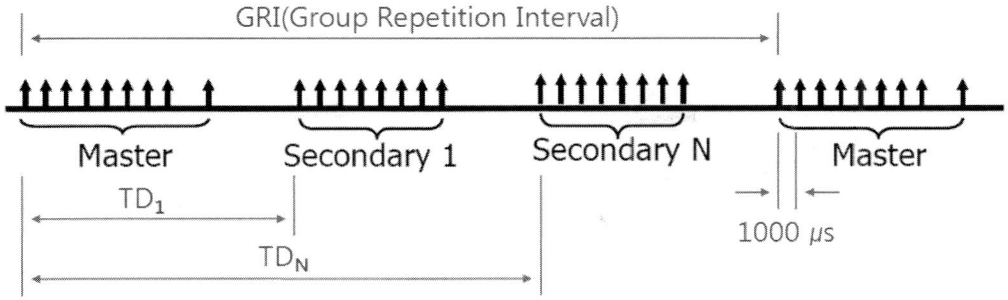

〈그림 7-6〉 로란-C 신호 펄스군(GRI)

각 송신국은 GRI 마다 하나의 펄스군을 송신한다. 주국의 펄스군은 1000μs의 간격을 둔 8개의 펄스와 8번 펄스 뒤에 2000μs의 간격을 둔 9번째 펄스로 구성되어 주국임을 식별토록 하였다. 전세계적으로 로란-C 체인은 <그림 7-7>과 같이 27개 체인, 68개 송신국으로 구성되고 체인별 GRI를 달리하여 운용되었으며, 동아시아 체인은 <그림 7-8>과 같다.

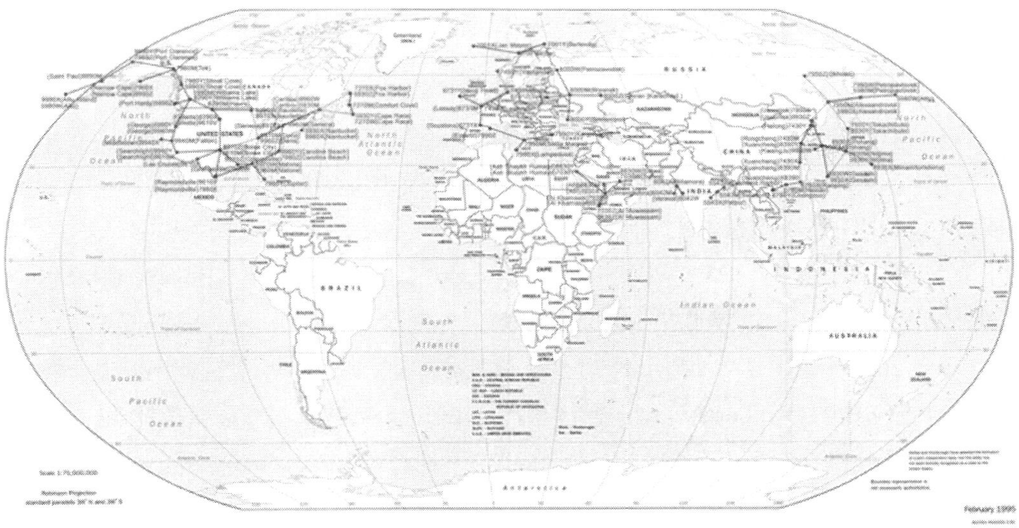

〈그림 7-7〉 전세계 로란-C 체인 현황 [출처: 국립해양측위정보원]

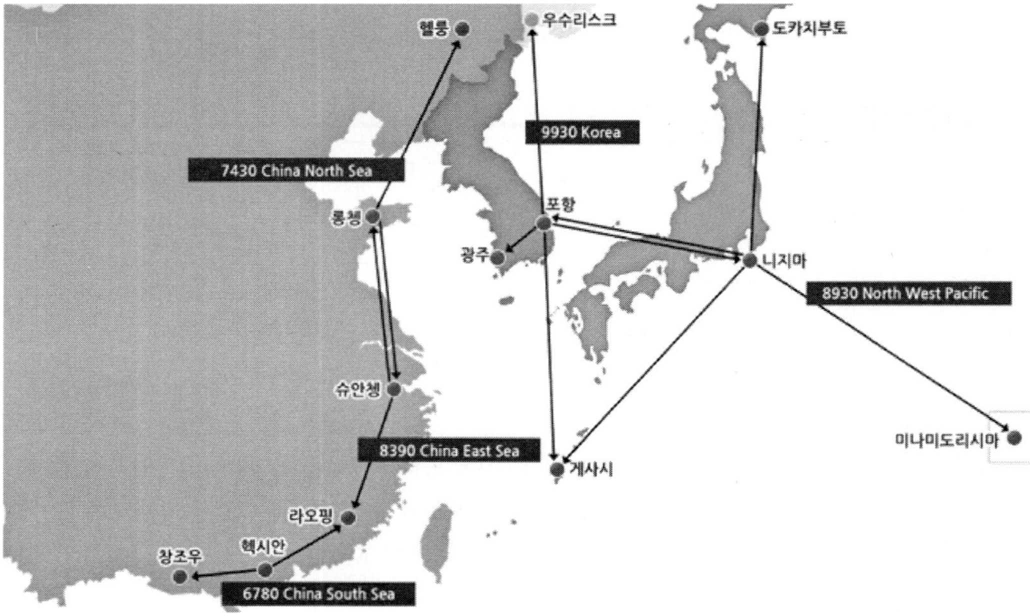

〈그림 7-8〉 동아시아 로란-C 체인 [출처: 국립해양측위정보원]

로란-C 시스템은 1,200마일(2,200km)의 이용범위와 대양과 연안에서 위치정확도가 2drms (distance root mean square) 95% 확률분포로 460m의 오차를 가지고 있으며, 지속성과 신뢰도 측면에서 99.7%로 매우 높은 정보를 제공하고 2차원 위치 서비스를 실시한다.

로란-C 시스템은 위성항법시스템인 GPS의 등장이후 위치정확도가 낮다는 이유로 사용빈도가 축소되었으나 2001년 911 테러이후 "Volpe Report"를 통해 GNSS의 취약성이 대두되고 대체항법시스템의 필요성이 부각되어 발전된 항법시스템인 eLoran의 등장을 요구하게 되었다.

미국은 2008년 FRP에서 로란-C의 발전된 항법시스템인 eLoran의 발전방향을 언급하였으나 2010년 FRP에서는 eLoran의 언급을 삭제하고, 2010년 로란-C 시스템을 중단하였다. 또한 많은 나라들이 로란-C를 중단하거나 GNSS 대체항법시스템으로 eLoran을 발전시키고자 하고 있다.

3. 코리아 체인

로란 코리아 체인은 1997년 미공군과 미연안경비대가 합동으로 구축하였으며 송신국은 한국의 포항과 광주, 일본의 홋카이도와 게사시에 설치하여 서비스를 시작하였다. 이후 1995년 한국, 일본, 러시아가 결합 체인을 결성하고 코리아 체인(GRI 9930)으로 운영을 개시하였다. 세부 추진 연혁은 <표 7-2>와 같다.

〈표 7-2〉 코리아 체인 추진 연혁

연 도	내 용
1979년	미공군과 연안경비대 합동으로 로란-C 체인 설치 – 송신국 : 포항/광주(한국), 홋카이도/게사시(일본) – 통제국과 감시국 : 요코다(일본)
1988년	미 철수에 따라 해운항만청 인수 결정
1989년	한 · 미 공동 운영(동아시아 체인, GRI 5970)
1993년	한 · 일 공동 운영
1995년	코리아 체인 운영 개시(GRI 9930) – 한국, 일본, 러시아 결합 체인
2014년	일본 니지마 송신국 운영 중지
2015년	일본 게사시 송신국 운영 중지

로란 코리아 체인은 주통제국이 대전에 있으며, 구성된 송신국과 통제국, 감시국 현황은 <표 7-3>과 같다. 서비스 범위는 <그림 7-9>와 같이 한국의 동 · 서 · 남해안 일대를 포함하며, 약 400m 이내의 위치 서비스를 제공한다. 또한 로란 코리아 체인은 해양수산부가 추진하고 있는 eLoran으로 발전 예정이다.

〈표 7-3〉 코리아 체인 송신국, 통제국, 감시국 현황

구 분	송 신 국					통제국	감시국
	주 국	종 국					
국 명	포 항	광 주	게사시	니지마	우수리스크	포 항	울산/평택
출력(kW)	150	50	1500	1600	700	–	–
운영국	한 국	한 국	일 본	일 본	러시아	한 국	한 국
비 고	–	–	중 지 ('15년)	중 지 ('14년)	–	–	–

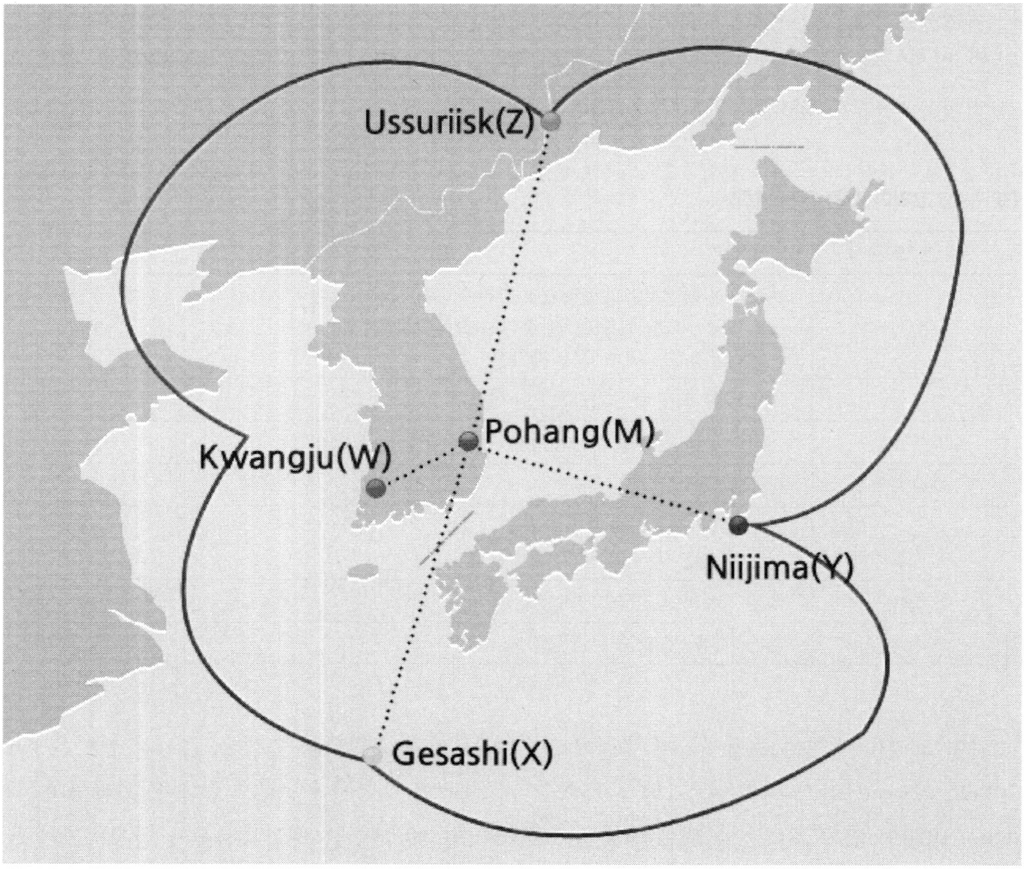

〈그림 7-9〉 로란 코리아 체인 서비스 범위 [출처: 국립해양측위정보원]

제4절 eLoran

eLoran은 로란-C의 주파수를 이용하여 21세기 기술을 접목시킨 차세대 항법시스템으로 로란-C 보다 더욱 정확성, 가용성, 무결성, 연속성을 향상시켜 해상 항만접근(HEA) 및 항공에서 비 정밀접근(NPA) 요건을 충족함은 물론, 전파 간섭에 의해 GNSS 중단 시 독자적인 PNT (Positioning, Navigation and Timing) 서비스가 가능하다. 따라서 eLoran은 EMI (Electro Magnetic Interference)와 Jamming에 매우 강하며, GNSS 위성항법 서비스가 불가한 옥내 지역에서도 서비스가 다능하다는 장점이 있다. <표 7-4>에는 eLoran의 요구 성능을 나타내었다.

〈표 7-4〉 eLoran 시스템의 요구 성능

정확도(2drms) (Accuracy)	가용성 (Availability)	무결성 (Integrity)	연속성 (Continuity)
8~20m	0.999-0.9999	0.999999 (1×10-7)	0.999-0.9999 over 150sec

eLoran 시스템의 요구 성능을 위해 로란-C 시스템에서 3가지를 변경하여야한다.

첫 번째가 측위 원리의 변화이다. 쌍곡선 항법체계로 기존 기지국 신호의 도착시간차를 측정하던 것에서 도착시간을 측정하는 시스템으로 변경하는 것으로 <그림 7-10>과 같다.

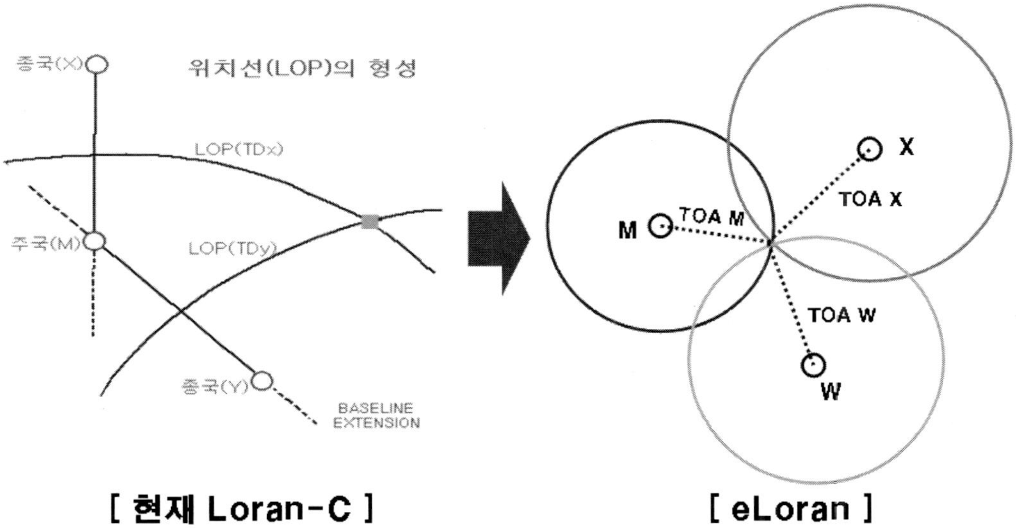

〈그림 7-10〉 eLoran 시스템 측위 원리 변화

두 번째가 통제방식의 변화이다. 이는 기존의 구역감시 통제방식에서 시각동기화를 통한 송신국 타이밍 통제를 하는 것이다. 이때, 시각동기화는 원자시계를 이용하여 10ns 이상의 시각정보를 유지하여야 정확한 위치서비스가 가능하다.

세 번째는 신호체계의 변화이다. 이는 신호에 데이터 채널을 추가하여 송신국 정보, 절대시간, 나쁜 무선전파환경 경고, 차분보정 데이터 등을 포함하여 서비스함으로써 사용자에게 필요 정보를 제공하는 것이다.

eLoran 신호는 지구표면을 통과하여 전파되기 때문에 지상파와 공간파의 영향을 받을 뿐만 아니라 지구상의 도전율의 영향으로 전파지연이 발생하여 매우 복잡한 환경이 초래된다. 위치 측정 방해요소를 구체적으로 살펴보면, 송신국에서 발생하는 시각동기 오차, 내부지연 오차 등이 있고, 전파가 전파되는 상황에서 발생되는 지상파 전파지연오차, 재방사나 외부 간섭에 의한 오차 등이 있으며, 수신기에서 발생되는 지연오차 등이 있다.

따라서 eLoran 신호의 측정시간을 보정하려면 <그림 7-11>의 요소가 보정되어야 한다.

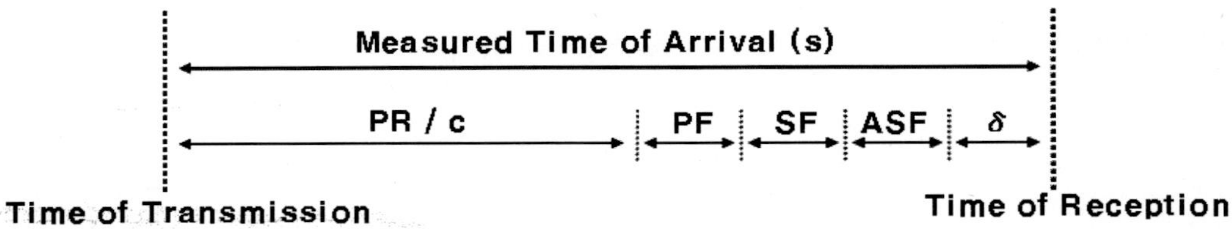

〈그림 7-11〉 eLoran 신호의 측정시간 보정요소

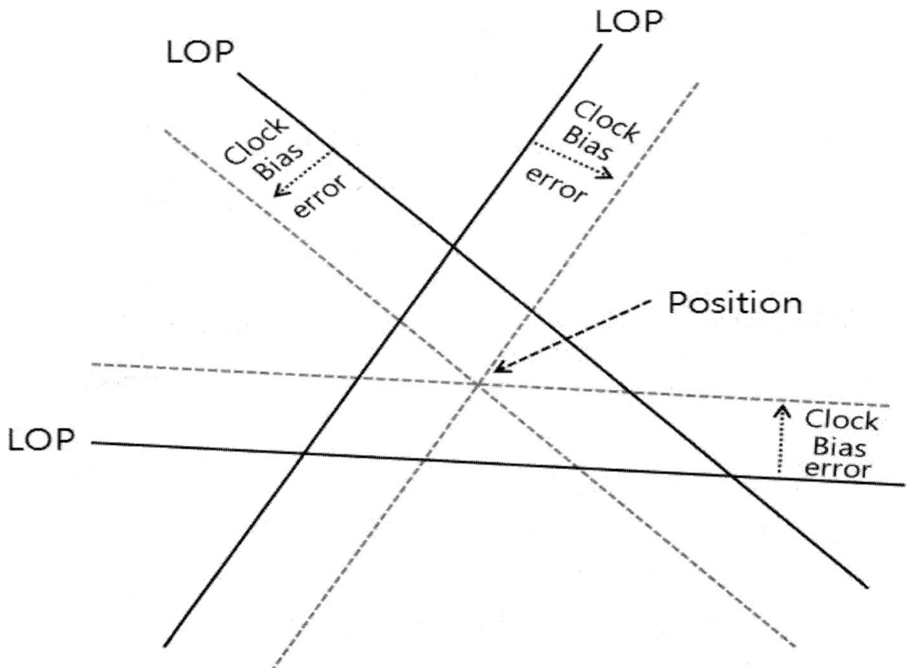

〈그림 7-12〉 위치 측정 시 시각오차를 포함한 오차 삼각형

여기에서 PF(Primary Phase Factor)는 대기 중에서의 전파 전송에 의한 지연 보정치이고, SF(Secondary Phase Factor)는 수면 위의 전파 전송에 의한 지연 보정치이며, ASF(Additional Secondary Phase Factor)는 육지의 지형 특성에 따른 진파지연 보정치로써 매우 크고 매질의 특성에 영향을 많이 받기 때문에 모델링을 통해서 보정이 이루어져야 한다.

그리고 위치 측정 시 시각 오차를 포함한 개념은 <그림 7-12>와 같으며, 기본 3개의 TOA를 측정하여 위치를 계산하며 오차 삼각형을 포함하고 있다.

eLoran 서비스는 많은 사용자에게 항공, 해상, 육상의 넓은 범위에서 유용하게 쓰일 것이다. 항공분야에서 수직(고도) 정보는 지원할 수 없지만, 수평 정보는 충분히 가능하여 이・착륙 및 항해를 지원가능하며, 해상에서는 항해 및 항만접근 등 가능하고, 육상에서 위치정보 및 긴급 구난서비스, 그 외에 시각정보 서비스 등이 가능하다.

eLoran 이란 무엇인가?

1 **개념 :** eLoran은 enhanced Loran으로 기존의 로란–C 시스템을 이용하여 21세기 기술을 접목시킨 차세대 항법시스템이며, 위치의 정확성, 가용성, 무결성, 연속성을 더욱 향상시킴

2 **필요성 :** 해상 항만접근(HEA) 및 항공에서 비 정밀접근(NPA) 요건을 충족함은 물론, 의도적 전파 간섭(Jamming 및 Spoofing) 및 비의도적 전파 간섭에 의해 GNSS 중단 시 독자적인 PNT (Positioning, Navigation and Timing) 서비스 가능

3 **로란 대비 측위 기법 변화**

- 측위기법 변화 : DTOA(쌍곡선의 원리; 도착시간 차) → TOA(도착시간)
- 통제방식 변화 : 구역감시 통제 → 송신국 타이밍 통제
- 신호체계 개선 : 데이터 채널을 추가하여 송신국 정보, 절대시간, 차분보정 데이터 등 제공

| 참고문헌 |

[1] M. I. Skolnik, 『Introduction to RADAR Systems』, McGraw-Hill, 2001.

[2] D. R. Frieden, 『Principles of Naval Weapons Systems』, Naval Institute, 1985.

[3] D. F. Burch, 『Radar for mariners』, McGraw-Hill, 2005.

[4] 정세모, 『전파항법 및 전파수로 측량』, 이노칼라, 2001.
[5] 이은방 외 3명, 『전파전자항해학』, 상학당, 2014
[6] Internation Loran Association, Enhanced Loran(eLoran) Definition Document, 2007.
[7] 해양수산부, 『전파표지(시스템과 그 응용)』, 해양수산부, 2001.
[8] DOD, DOHS and DOT, 『2014 FEDERAL RADIONAVIGATION PLAN』, 2014.
[9] 최창묵, "미래 항법 기술동향 및 발전방향 연구", 해양연구논총, 제45집, pp. 333-357, 2014. 6.
[10] 국립해양측위정보원 웹사이트, http://www.nmpnt.go.kr
[11] 포항지방해양수산청 웹사이트, http://www.pohang.mof.go.kr

8장
위성항법 시스템

제8장
위성항법시스템

제1절 인공위성이란?

1. 개 요

일반적으로 위성이란 큰 질량을 가진 물체 주변을 도는 작은 질량의 물체를 말하며, 달도 지구의 자연적인 위성이다. 그러나 과학기술의 발달로 인하여 인간이 어떠한 특수한 목적을 가지고 지구 주위를 돌도록 물체를 만들었는데 이것을 인공위성(Satellite)이라고 한다.

인공위성이 우주에서 지면에 낙하되지 않고 지속적으로 지구주위를 회전할 수 있는 이유는 우주에는 공기가 없어 저항이 없기 때문이다. 우리의 지구는 대기층으로 둘러싸여 있으며, 대기 밀도는 지구로부터 멀어질수록 감소하여 약 160km 이상의 상공에 올라가면, 공기가 거의 존재하지 않고 대기가 사라진다. 따라서 대기권 밖의 일정한 고도에서 수평으로 물체를 던지면 그 물체는 포물선을 그리면서 지상에 떨어지지만, 던지는 물체의 속도가 증가하면 떨어지지 않고 지구를 회전하는 운동을 계속하게 되는 것이다. 이때 작용하는 것이 만유인력과 원심력이다.

<그림 8-1>은 지구와 인공위성이 회전할 때 작용하는 힘이다.

지구의 중량을 M, 지구반경을 R이라고 하고, 인공위성의 중량을 m, 고도를 h, 속도를 v, 만유인력 상수를 G하고 할 때, 지구와 인공위성 사이의 원심력과 만유인력은 식 (8-1), (8-2)와 같다.

$$\text{원심력} = \frac{mv^2}{R+h} \tag{8-1}$$

$$\text{만유인력} = G\frac{mM}{(R+h)^2} \tag{8-2}$$

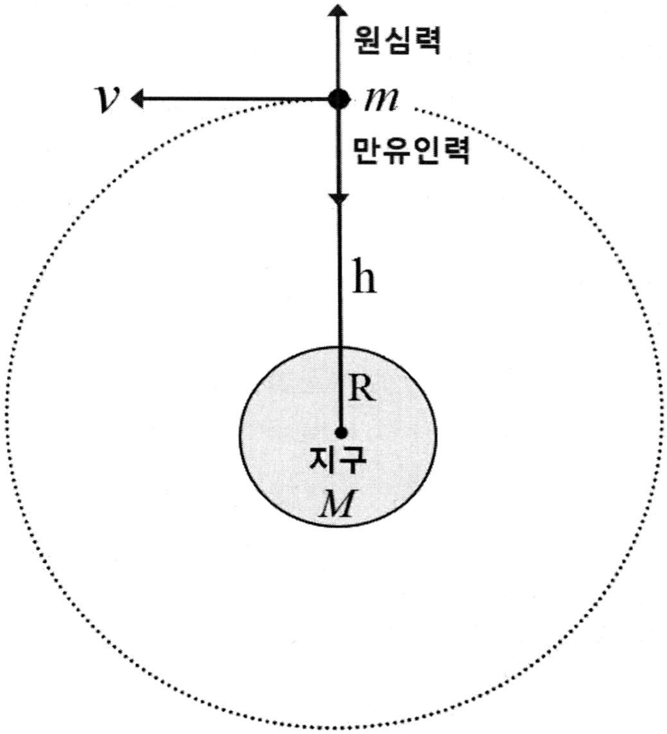

〈그림 8-1〉 지구와 인공위성이 회전할 때 작용하는 힘

식 (8-1), (8-2)가 같아지는 인공위성의 속도 v는 식 (8-4)와 같다.

$$\frac{mv^2}{R+h} = G\frac{mM}{(R+h)^2} \tag{8-3}$$

$$v = \sqrt{\frac{GM}{R+h}} \tag{8-4}$$

즉, 식 (8-4)에서 보이는 봐와 같이 인공위성이 도는 궤도가 높아질수록 지구의 인력이 약해지므로, 도는 속도는 느려지게 되고, 궤도가 낮아질수록 도는 속도는 빨라지게 된다.

일반적으로 인공위성이 로켓에 실려 발사된 후 대기권 밖의 궤도까지 올라가 계속 공전하기 위해서는 수평방향으로 약 7.9km/s 이상의 속도가 필요하다. 또한 인공위성이 지구가 당기는 인력을 벗어나기 위한 속도를 '탈출속도'라 하며 11.3km/s 이상 되어야 가능하다.

세계 최초의 인공위성은 1957년 10월 4일 구 소련이 발사한 스푸트니크(Sputnik) 1호이다. 러시아어로 '동반자'라는 뜻이며, 인공위성의 직경은 57cm, 무게 83.6kg의 금속구로 적도와의 경사각 65.2도, 주기가 96.2분이었다. 금속구에 4개의 안테나가 달린 모양이었으며, 내부에는 측정기와 2대의 송신기 등을 장착하였다.[23]

대한민국 최초의 인공위성은 우리별 1호이며, 1992년 8월 11일 발사되었다. 무게 48.6kg의 소형위성으로 지구 경사각 66도, 고도 1,300km 한반도 상공에서 지구표면 촬영 및 탐사 목적이었다. 지금까지 우주에 올라가 있는 인공위성은 수천기가 있으며 임무와 목적이 다양하다. <그림 8-2>는 지금까지 올라가 있는 인공위성을 유럽우주국(ESA; European Space Agency)에서 표현한 그림이다.

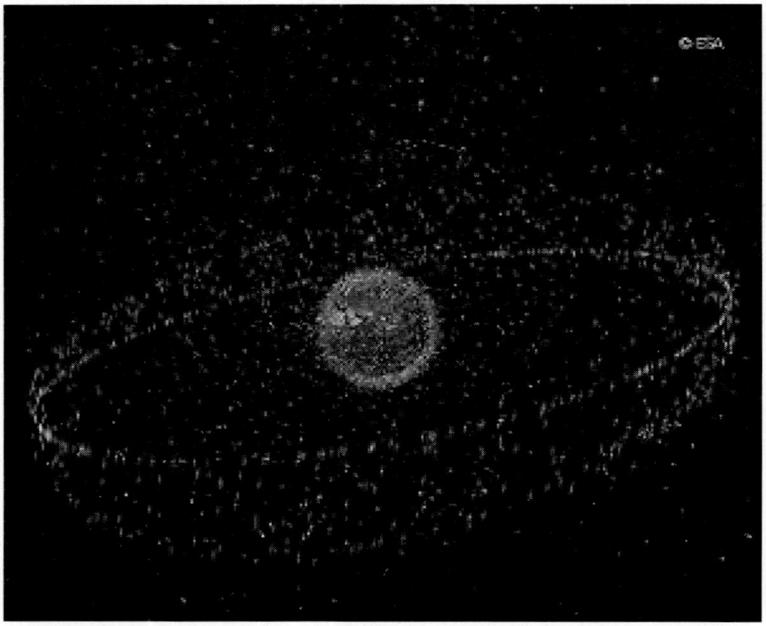

〈그림 8-2〉 지금까지 우주에 올라간 인공위성 수 [출처: ESA]

23 『두산백과사전』, 인터넷.

2. 인공위성의 분류

우주에 올라가 있는 인공위성은 스푸트니크 1호 이후 수천기가 있으며, 그 임무 및 역할도 매우 다양하다. 인공위성을 분류할 때 일반적으로 임무(Mission)와 궤도(Orbit)에 따라 구분할 수 있다. 먼저, 임무에 따라 구분하면, 과학위성, 통신위성, 기상위성, 항법위성, 군사위성 등으로 분류할 수 있다.

〈그림 8-3〉 지구관측 위성의 SAR

최초의 인공위성 스푸트니크 1호나 미국의 익스플로러 1호도 지구 주변을 연구하는 과학위성이었다. 초기 과학위성은 지구관측에 초점에 맞추어 있었으나 점진적으로 태양활동, 우주관측/탐사 등으로 확대되었다. 우리나라가 쏘아올린 최초 아리랑 위성도 지구를 관측하기 위한 과학위성으로 고해상도 카메라와 레이더, 적외선 카메라와 같은 장비를 이용하여 지상을 촬영하였다. <그림 8-3>은 지구관측 위성에서 SAR 기술로 지구를 관측하는 그림이다.

통신위성은 지상 통신국에서 보내는 신호를 받아 이를 다른 통신국에 전달하는 중계역할 위성이다. 따라서 통신위성은 자국에서 좋은 서비스하기 위해 지구의 자전 속도와 같은 속도로 적도 상공에서 공전하는 정지궤도위성이다. 최초의 통신위성은 미국의 에코위성으로 1960년 8월 12일 발사되었다. <그림 8-4>는 최초의 통신위성 에코의 모습이다.

〈그림 8-4〉 최초의 통신위성 Echo 1 [출처: NASA]

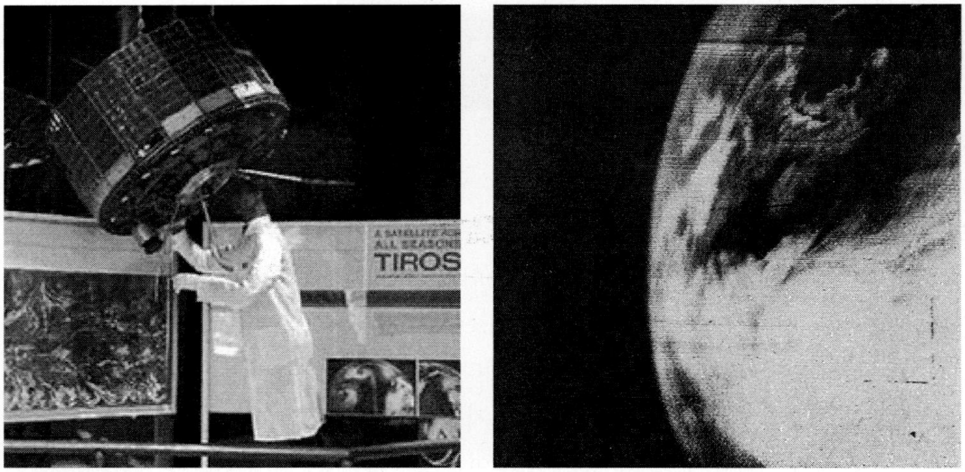

(a) TIROS

(b) TRIOS에서 찍은 최초 사진

〈그림 8-5〉 최초의 기상위성 TIROS

기상위성은 대기에서 일어나는 기상현상을 측정하는 위성이다. 고도가 높을수록 더 넓은 지역을 관측할 수 있기 때문에 대부분 정지궤도위성이며, 극궤도 기상위성도 있다. 최초의 기상위성은 미국에서 개발한 타이로스(TIROS) 위성이며, 1960년 4월 1일 발사되었다. 초기에는 정상작동하였으나 카메라 축이 지구자기장의 영향으로 흔들려 사용이 제한되어 그해 11월 2호가 발사되었다. <그림 8-5>는 카이로스 위성과 위성에서 찍은 사진이다.

기상위성에는 날씨정보를 획득하기 위해 수증기량이나 기압 측정, 태양광선의 반사량과 같은 정보들을 측정할 수 있는 탑재체가 실리며, 위성정보는 주변의 나라에게도 도움이 되는 경우가 많아 국가들끼리 위성정보를 주고받기도 한다. <그림 8-6>은 기상위성에서 찍은 한반도 기상사진이다.

〈그림 8-6〉 기상위성에서 찍은 한반도 기상 [출처: 두산백과]

항법위성은 위성에서 신호를 보내주고 사용자가 신호를 수신하여 정확한 3차원 위치를 계산하는 시스템 위성이다. 가장 널리 알려진 항법위성이 GPS 위성이며, 그 외에도 세계적으로 러시아의 GLONASS 위성, EU의 GALILEO 위성, 중국의 COMPASS 위성 등이 있다. <그림 8-7>은 GPS 항법위성의 초기 모델이다.

〈그림 8-7〉 미국의 GPS 항법위성 초기 모델

다음으로 인공위성을 궤도에 따라 분류하면, 저궤도 위성, 중궤도 위성, 정지궤도 위성, 장타원궤도 위성으로 구분할 수 있다. <그림 8-8>에 인공위성의 궤도를 나타내었다.

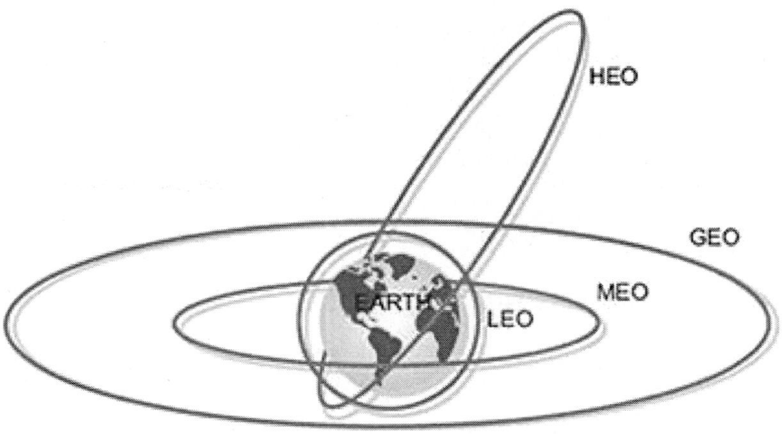

〈그림 8-8〉 인공위성 궤도 [출처: http://www.quarkology.com]

저궤도(LEO; Low Earth Orbit) 위성은 지구 상공 200~2,000km까지의 궤도를 도는 인공위성을 말하며, 기상위성이나 정찰위성 등에 많이 사용된다. 일반적으로 약 1,000km 상공에서 많이 운용되며, 1시간 45분 주기로 공전한다.

중궤도(MEO; Middle Earth Orbit) 위성은 지구 상공 2,000~20,000km까지의 궤도를 도는 인공위성을 말하며, 군사위성, 통신위성, 항법위성 등 다양하게 사용된다. 만약, 10,000km 상공에서 있다면 공전 주기는 6시간 정도이다. 최근 들어 위성조난시스템은 저궤도에서 중궤도로 변경하여 이용하고 있다.

정지궤도(GEO; Geostationary Orbit) 위성은 지구의 자전 주기와 동일한 공전주기를 가지고 지구 주위를 도는 위성으로 약 36,000km 상공에서 지구 주의를 돌게 된다. 이때, 지구의 자전 주기와 정지궤도 위성의 공전주기가 같기 때문에 항상 같은 지역의 위에 정지한 것처럼 보이기 때문에 정지궤도 위성이라고 한다. 정지궤도 위성은 통신위성, 기상위성 등으로 사용된다.

장타원궤도(HEO; Highly Elliptical Orbit) 위성은 타원궤도로 이동하며 지구와 가까운 지역(근지점)을 지날 때보다 반대편인 지역(원지점)을 지날 때 비행하는 시간이 상대적으로 긴 특성을 가진다. 즉, 근지점 근처에서는 아주 빠른 속도로 움직이고 원지점 근처에서는 아주 느리게 움직이게 된다. 이 궤도의 위성은 정지궤도 위성과 통신을 할 수 없는 고위도 지방에서 통신이나 방송용으로 사용하고 있다.

3. 대한민국의 인공위성

대한민국 최초의 인공위성은 우리별 1호(KITSAT-1)로 KAIST 인공위성연구소가 1992년 8월 11일 아리안 발사체에 의해 남미 프랑스령 기아나-쿠루 우주센터에서 발사되었다. 이를 계기로 우리나라는 세계 22번째 인공위성 보유국가가 되었다. 우리별 1호 개발은 위성분야 기술인력 양성 및 우주 기초기술 확보 차원에서 KAIST가 영국 Surrey 대학의 기술을 전수받아 성공적으로 제작, 발사한 42kg급 소형 인공위성이다.

<그림 8-9>는 우리별 1호 위성과 위성에서 촬영한 최초의 한반도 사진이다.

우리별 1호의 성공적인 발사 이후, 1992년 10월에 우리별 2호의 개발이 시작되어 1993년 9월 26일 발사되었다. 이후 무궁화 위성, 아리랑 위성이 지속적으로 발사되었다. 2017년 현재, 우리나라의 인공위성은 총 18기가 올라가 있으며, <표 8-1>과 같다.

1995년 8월 5일 발사된 무궁화 위성 1호는 대한민국에 위성통신 서비스가 가능하도록 하였으며, 1999년 12월 21일 발사된 다목적 실용위성 아리랑 1호는 한반도관측, 해양관측, 과학실험 등을 위한 위성의 국산화와 운용 및 이용기술 기반확보를 목표로 추진되었다.

2003년 9월 27일 발사된 과학기술위성 1호는 천문우주관측과 우주환경관측을 목적으로 개발되어 원자외선 영역에서의 천체관측을 위한 원자외선분광기와, 극지방의 오로라 현상 관측과 우주환경 관측을 위한 우주물리 탑재체, 정밀지향 임무를 수행하기 위한 별감지기 등이 탑재되었다.

2006년 7월 28일 성공적으로 발사된 아리랑 2호는 한반도 정밀관측을 위한 고해상도 카메라가 장착되었으며, 흑백 1m, 컬러 4m의 해상도와 관측폭 15km의 성능을 갖는다.

2006년 8월 22일 발사된 무궁화 5호 통신위성은 최초의 민·군 복합위성으로 서비스 지역은 한반도 뿐 아니라 일본, 중국, 대만, 필리핀 등을 포함하여, 기존 한반도 중심의 서비스 영역 한계를 벗어났다는 큰 의미를 지니며, 요즘 한창 활성화되고 있는 한류 콘텐츠를 인근 국가에 직접 송출하고, 해당 국가에서 활동하는 국내기업들에게 전용회선, 인터넷 서비스를 제공하는데도 활용되고 있다. 또한 광대역화가 필요한 해상통신 및 군 통신 등 군사용 목적에도 일부 사용되고 있다.

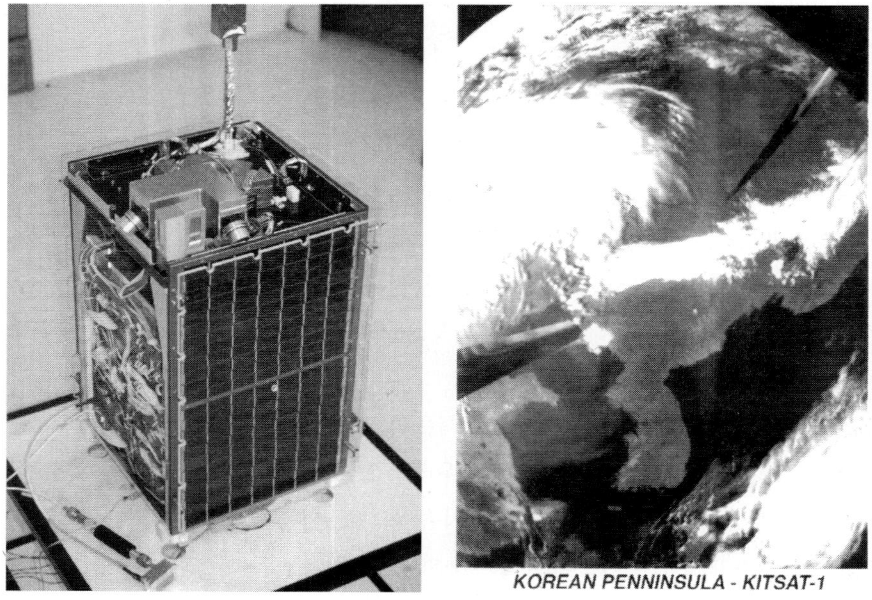

KOREAN PENNINSULA - KITSAT-1

(a) 위성　　　　(b) 촬영한 한반도 사진

〈그림 8-9〉 우리별 1호 위성 및 한반도 촬영 사진 [출처: 한국과학기술원]

〈표 8-1〉 대한민국의 인공위성 현황

위성명	발사일(UTC)	궤 도	임 무	비 고
우리별 1호 (KITSAT-1)	1992. 8.11.	저궤도	위성제작기술습득	임무 종료
우리별 2호 (KITSAT-2)	1993. 9.26.	저궤도	소형위성기술습득	임무 종료
무궁화 1호 (KOREASAT-1)	1995. 8. 5.	정지궤도	통신, 방송	임무 종료
무궁화 2호 (KOREASAT-2)	1996. 1.14.	정지궤도	통신, 방송	임무 종료
우리별 3호 (KITSAT-3)	1999. 5.26.	저궤도	지상 및 과학 관측	임무 종료
무궁화 3호 (KOREASAT-3)	1999. 9. 4.	정지궤도	통신, 방송	운용 중(ABS-7)
아리랑 1호 (KOMPSAT-1)	1999.12.21.	태양동기궤도	지상, 해양, 과학 관측	임무 종료
과학기술위성 1호 (STSAT-1)	2003. 9.27.	태양동기궤도	우주환경 측정	임무 종료
한별(MBSat)	2004. 3.13.	정지 궤도	모바일 방송	한국 SK텔링크와 일본 MBCO 공동 운용
아리랑 2호 (KOMPSAT-2)	2006. 7.28.	태양동기궤도	지상 관측	임무 종료
무궁화 5호 (KOREASAT-5)	2006. 8.22.	정지궤도	통신, 방송	운용 중
천리안 (COMS-1)	2010. 6.27.	정지궤도	통신, 해양, 기상	운용 중
올레 1호 (KOREASAT-6)	2010.12.28.	정지궤도	통신, 방송	운용 중
아리랑 3호 (KOMPSAT-3)	2012. 5.18.	태양동기궤도	지상 관측	운용 중
나로과학위성 (STSAT-2C)	2013. 1.30.	태양동기궤도	저궤도 인공위성 궤도진입기술 습득	임무 종료
아리랑 5호 (KOMPSAT-5)	2013. 8.22.	태양동기궤도	지상 관측	운용 중
과학기술위성 3호 (STSAT-3)	2013.11.21.	태양동기궤도	우주/지구 과학관측	운용 중
아리랑 3A호 (KOMPSAT-3A)	2015. 3.26.	태양동기궤도	지상 관측	운용 중

또한 2009년 6월 30일 전남 고흥에 나로 우주센터가 준공되어 대한민국은 세계 13번째 우주센터를 보유한 국가가 되었다. <그림 8-10>은 나로 우주센터에서 나로호 발사장면이다.

〈그림 8-10〉 전남 고흥의 나로 우주센터에서 발사장면 [출처: 두산백과]

해설 **최초의 인공위성**

① 구. 소련의 스푸트니크(Sputnik; 동반자) 1호 / 1957년 10월 4일 발사

② 주요 제원

구 분	내 용
직 경	58 cm
중 량	83.6 kg
궤 도	원지점 950 km, 근지점 230 km
경사각	65도
주 기	96.2분

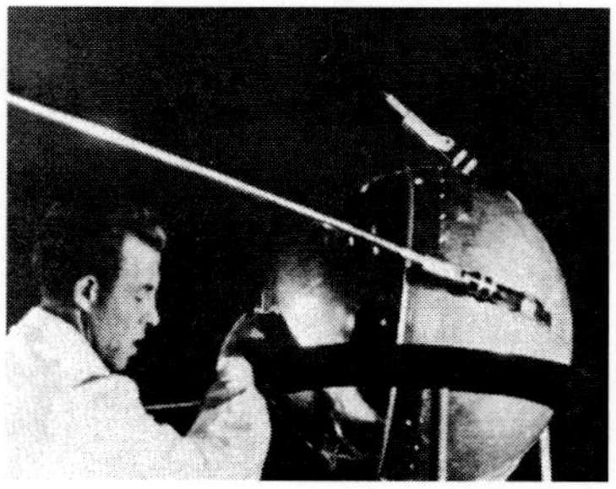

* 출처 : NASA

해설 **대한민국 최초의 인공위성**

① 우리별 1호 / 1992년 8월 11일 발사

② 주요 제원

구 분	내 용
기 관	한국과학기술원(KAIST)
발사체	아리안 4호
발사장소	기아나-쿠루 우주센터
크 기	35.2 * 35.6 * 67cm
중 량	48.6kg
고 도	1,300km / 태양동기궤도
경사각	66도
임 무	지구표면촬영, 통신/우주실험

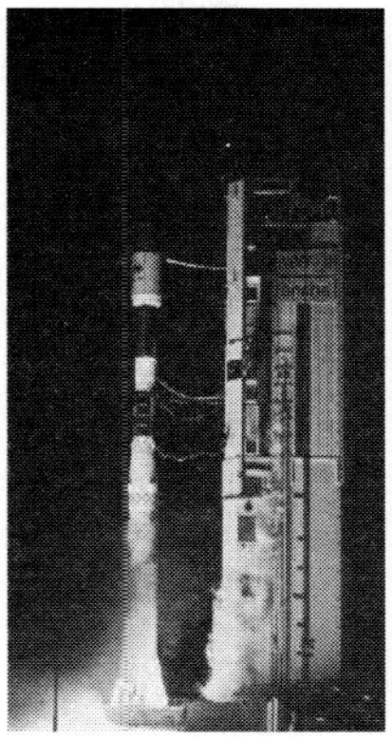

* 출처 : 이너넷 & 한국과학기술원

제2절 GNSS

1. 개 요

1957년 구 소련의 스푸토닉 1호 인공위성 발사 성공에서 시작된 우주개발기술은 그 응용분야의 하나로 인공위성을 이용하여 위치를 구하는 항법기술의 촉진을 가져왔고, 이 항법을 위성항법(Satellite Navigation)이라 부르고 있으며 이것은 전파항법의 범주라 할 수 있다.

위성항법시스템은 전세계적인 규모의 측위 시스템이라 GNSS(Global Navigation Satellite System)라 불리고, 세계적으로 미국의 GPS, 러시아의 GLONASS가 운용되고 있으며, EU의 Galileo, 중국의 COMPASS 등이 2020년까지 구축 중에 있다. 또한 지역항법 개념으로 인도의 IRNSS는 2016년까지 구축 완료하였으며, 일본의 QZSS는 2023년까지 구축 예정이다.

GNSS는 IMO(International Maritime Organization) 등의 국제기구가 공식으로 채택한 용어로서 "인공위성을 이용한 항법 방식을 일반적으로 부르는 용어"이다. 현재 완료, 진행 중인 GNSS 시스템의 특성을 비교하면 <표 8-2>와 같고, 각 시스템의 사용 주파수는 <그림 8-11>과 같다.

〈표 8-2〉 GNSS 시스템 특성 비교

구 분	GPS	GLONASS	GALILEO (추진 중)	COMPASS (추진 중)
위성수	24	24	30	35
궤도수	6	3	3	3
궤도 고도	20,200km	19,100km	23,200km	21,500km
궤도 경사각	55도	64.8도	56도	55도
주파수	L1, L2, L5(추진 중)	L1, L2, L3, L5(추진 중)	E1, E5, E6	E1, E2, E5b, E6
변조방식	CDMA	FDMA & CDMA(추진 중)	CDMA	CDMA

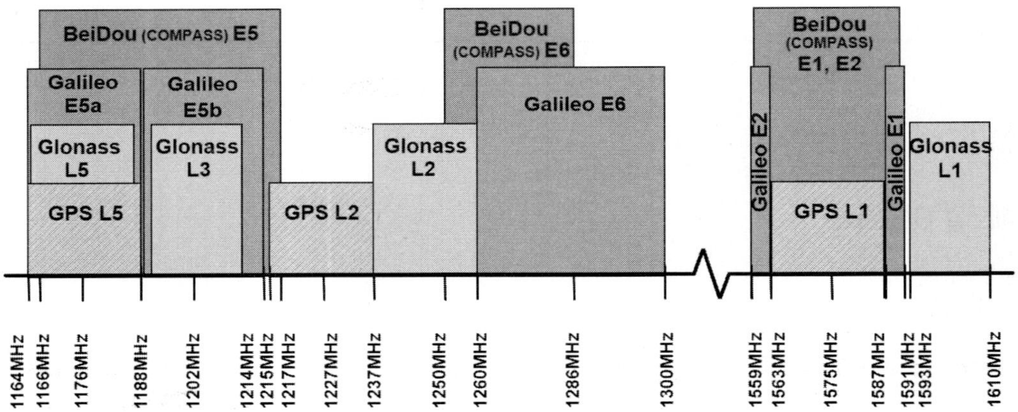

〈그림 8-11〉 GNSS 시스템 사용 주파수

2. GNSS 역사

최초의 인공위성 구. 소련의 스푸트니크 1호가 1957년 10월 발사되어 위성 궤도에 올라가 신호를 보내고 있을 때, 미국의 존슨 홉킨스 대학의 물리학 연구소에서 도플러 천이현상을 이용하여 위성궤도를 추적하는데 성공하였다. 만약, 위성이 자신의 위치를 알면서 신호를 보내면 지구상의 수신자가 위치를 측정할 수 있겠구나하는 아이디어에서 시작하여 지금의 위성항법시스템이 개발되었다.

위성항법시스템의 선구자적인 시스템은 바로 트렌짓(Transit) 시스템으로 미해군의 NNSS (Navy Navigation Satellite System)이다. 이 시스템은 잠수함에서 발사되는 폴라리스 탄도미사일 추적을 목적으로 연구가 수행되었다.

트렌짓 시스템은 1967년 사용화 되었으며, 고도 1,075km 상공의 극궤도 위성 6개로 구성되어 위성 주기는 107분이다. 위성에서는 150 MHz와 400 MHz의 비콘 신호를 보냈으며, 하루에 4~5회 위치 측정이 가능하였다. 또한 위치 정확도는 정지한 상태에서 약 25m, 이동 시는 이동속도에 따라 수백 미터까지 오차가 발생하여 정확도 및 지속성 측면에서 문제가 발생되었다.

트렌짓 시스템을 보완할 목적으로 미해군에서는 TIMATION(Time Navigation) 프로젝트를 추진하였다. 이 시기에 미 공군에서도 고속 이동체에 적합한 위성항법시스템 개발을 목적으로 621B 프로젝트를 추진하였다.

미국방성은 1973년 우주작전을 총괄하던 미공군성 산하에 합동계획본부(JPO; Joint Program Office)를 설립하여 TIMATION과 621B를 접목한 위성항법시스템을 개발하였다. 이것이 NAVSTAR GPS이다. 1993년 IOC(Initial Operational Capability)를 선언하고, 1995년 FOC(Full Operational Capability)를 선언하였다.

러시아는 1968년부터 위성항법에 대한 연구가 수행되었으며, 1976년 GLONASS 개발이 공식 승인되었다. 1982년부터 1984년까지 위성 궤도 실험을 완료하고, 1995년까지 24개 위성을 구축하였으나 구. 소련 붕괴 후 재정적인 문제로 일시 중단되었다가 2007년부터 2011년까지 재구축하여 현재 GLONASS 시스템은 정상 작동 중에 있다.

유럽연합은 1999년 GALILEO 시스템 구축을 추진한 이래, 2005년부터 2008년까지 2기의 위성으로 테스트 단계를 거치고 2013년부터 정상적으로 위성을 발사하여 2020년까지 구축 중에 있다. 또한 중국은 2000년 10월 최초의 실험용 항법위성을 발사한 이래로 2003년까지 실험단계를 거쳐 2012년까지 14기의 위성으로 아시아 태평양지역에서 서비스하고 있으며, 2020년까지 세계적인 항법시스템으로 구축 중에 있다.

이외에도 지역항법시스템으로 인도의 IRNSS가 2016년 구축되었으며, 일본의 QZSS가 2023년까지 구축 중에 있다.

3. 측위원리

위치 측정의 기본원리는 위치선(LOP; Line Of Position)를 계산하여 위치를 구하는 것이다. 즉, 측위 원리는 기하학적 삼각법에 의한 위치 결정으로 위치를 정확히 아는 위성에서 출발한 위성신호를 수신하여 전파의 도달 시간을 측정하고, 이것이 위치선이 되어 사용자의 위치를 계산하는 것으로 <그림 8-12>와 같이 최소 4개의 위성으로부터 신호를 받을 때 위치 및 시간을 정확하게 얻을 수 있다.

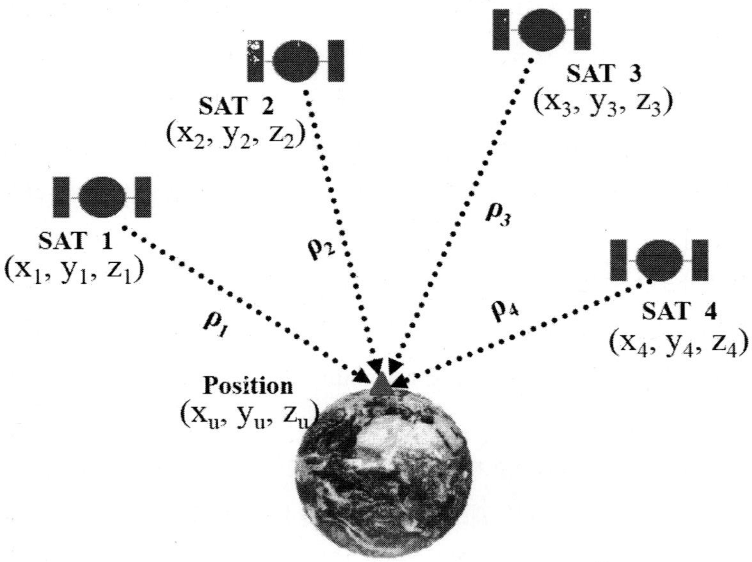

〈그림 8-12〉 위성항법 위치결정 원리

3차원에서 단독 측위를 위해 이용자 위치를 x_u, y_u, z_u라 하고 수신기에서 궤도 데이터로 계산한 i번째 위성의 위치를 x_i, y_i, z_i라 하면, 위성과 이용자 간의 의사거리[24] ρ_i는 식 (8-5)와 같고 추정근사위치에 의한 의사거리 $\hat{\rho_i}$는 식 (8-6)과 같다. 이들로부터 항법방정식을 풀어 위치를 구하게 된다.

$$\rho_i = \sqrt{(x_i - x_u)^2 + (y_i - y_u)^2 + (z_i - z_u)^2} + c\,t \qquad (8\text{-}5)$$

$$\hat{\rho_i} = \sqrt{(x_i - \hat{x_u})^2 + (y_i - \hat{y_u})^2 + (z_i - \hat{z_u})^2} + c\,t \qquad (8\text{-}6)$$

24 의사거리는 수신기 시계오차를 포함한 수신기와 위성 간 전파로 측정된 거리를 말하며, 영어로 pseudorange, pseudo+range의 합성어이다.

여기서,

x_i, y_i, z_i : i 번 항법위성의 ECEF 좌표

x_u, y_u, z_u : 이용자 수신기의 ECEF 좌표

$\widehat{x_u}, \widehat{y_u}, \widehat{z_u}$: 이용자 수신기의 추정근사위치

$\Delta x, \Delta y, \Delta z$: 위치 보정치

$x_u = \widehat{x_u} + \Delta x$

$y_u = \widehat{y_u} + \Delta y$

$z_u = \widehat{z_u} + \Delta z$

c : 전파 속도

t : 수신기 시계오차

식 (8-5)는 이용자의 수신기 실제위치에 대한 의사거리 식이고 식 (8-6)은 이용자 수신기 위치에 대한 추정근사위치에 대한 의사거리 식이다. 3차원의 수신기 위치를 얻기 위해서는 의사거리 식으로 부터 만들어지는 비선형 연립방정식을 풀어야 하며, 이를 위해서는 초기치를 추정 근사위치로 한 공학적 접근 방법이 필요하다.

x_u, y_u, z_u와 위치 보정치 $\Delta x, \Delta y, \Delta z$ 만큼의 차이가 나는 추정근사위치를 $\widehat{x_u}, \widehat{y_u}, \widehat{z_u}$라 할 때, 위치 보정치에 상응하는 선형화 된 의사거리의 차를 아래 식으로부터 얻을 수 있다.

$$\widehat{\rho_i} - \rho_i = \frac{x_i - \widehat{x_u}}{\widehat{r_i}} \Delta x + \frac{y_i - \widehat{y_u}}{\widehat{r_i}} \Delta y + \frac{z_i - \widehat{z_u}}{\widehat{r_i}} \Delta z - c\Delta t \tag{8-7}$$

$\widehat{r_i}$ 는 위성과 추정근사위치와의 공간상의 거리를 나타낸다.

상기 선형방정식에서 GPS 위성 4개가 위치결정에 사용 된다고 가정 할 때, 미지수는 위치 보정치 $(\Delta x, \Delta y, \Delta z)$와 수신기 시계오차 Δt이다. 상기 식(8-7)은 위성 k개에 대한 각각의 의사거리 차로부터 만들어지는 연립방정식을 상태방정식으로 표현하면 아래와 같이 간소화할 수 있다.

$$\delta R = (\delta\rho_1 \; \delta\rho_2 \; \delta_3 \; .... \; \delta_k)^T \tag{8-8}$$

$$\delta X = (\triangle X \triangle Y \triangle Z - c\triangle T)^T \tag{8-9}$$

$$\delta R = G\,\delta X \tag{8-10}$$

$$\delta X = G^{-1}\delta R \tag{8-11}$$

여기서,

δR : 의사거리 오차

δX : 위치 보정치

G : 위성배열 기하학적 행렬

실제로 행렬 G는 위성의 방위(θ)와 고각(ϕ)으로 구성되어 식 (8-12)와 같다.

$$G = \begin{pmatrix} \cos\phi_1 \sin\theta_1 & \cos\phi_1 \cos\theta_1 & \sin\phi_1 & 1 \\ \cos\phi_2 \sin\theta_2 & \cos\phi_2 \cos\theta_2 & \sin\phi_2 & 1 \\ \cos\phi_3 \sin\theta_3 & \cos\phi_3 \cos\theta_3 & \sin\phi_3 & 1 \\ \vdots & \vdots & \vdots & \vdots \\ \cos\phi_n \sin\theta_n & \cos\phi_n \cos\theta_n & \sin\phi_n & 1 \end{pmatrix} \tag{8-12}$$

위의 의사거리 방정식에 대한 상태방정식으로부터 위치오차는 최소자승법이나 칼만 필터 기법 등을 이용하여 계산이 가능하며, 위치오차 공분산은 식 (8-13)과 같이 기댓값 연산자 E 와 함께 표시할 수 있다.

$$cov(\delta X) = G^{-1} \cdot E[\delta R \cdot \delta R^T] \cdot G^{-T} \tag{8-13}$$

여기서 위성 각각이 상호 독립적이고 의사거리 오차가 평균이 0이고 분산이 일정한 가우시안 확률변수라고 할 때, 위의 위치 공분산은 식 (8-14)와 같이 간단하게 표시할 수 있다.

$$cov(\delta X) = ranging\ varince \cdot [G^T G]^{-1} \tag{8-14}$$

식 (8-13)에서 위치오차 분산의 크기는 거리오차 분산과 위성배열의 기하학적 행렬 G로부터 얻어지는 위성배열 상태인 DOP(Dilution Of Position) 함수에서 구해진다. 즉, 위치오차는 전파 지연, 다중경로 오차 등 의사거리에 영향을 주는 요차요소와 위성 배열 상태에 영향을 받게 된다.

결과적으로 4개의 위성으로부터 각각 의사거리가 구해지면 4개의 식이 얻어져 미지수를 구할 수 있다. 그러나 움직이지 않는 정적인 관계에서 위치측정에는 계산하는 시점의 숫자가 보상되어 3개 이하의 위성에서도 정확한 위치측정이 가능하다.

4. 오차요소

위성항법시스템의 위치오차는 전파를 이용한 위치선(LOP)을 계산하는데 나타나는 오차로 크게 위성부문, 신호전파 부문, 이용자 부문에서의 오차로 나누어 볼 수 있다. 먼저, 위성 부문의 오차는 위성시계 오차(신호 안정도, 지연 등)와 위성궤도 오차(궤도데이터의 예측과 모델, 기타요소 등)가 있고 신호전파 부문에서는 전파가 통과하는 매질의 특성인 전리층 전파지연, 대류권 전파지연이 있으며, 이용자 부문에서는 수신기 잡음, 다중경로에 의한 멀티패스 효과 등이 있다. 위성항법시스템의 세부 오차요소를 정리하면 <표 8-3>과 같이 나타낼 수 있으며, 대략적인 수치는 GPS 기준으로 작성하였다.

〈표 8-3〉 오차 요소

부 문	오차 요소	UERE(σ) / GPS 경우
위 성	위성시계 오차 위성궤도 오차	3m 4m
신호전파	전리층 전파지연 대류권 전파지연	4~5m 1~2m
이용자	수신기잡음 멀티패스 기타	1.5m 2.5m 0.5m
UERE(rss)		8.0m

위성시계 오차는 위성에 탑재된 원자시계로부터 발생하는 오차로 주통제국에 의해 어느 정도 예측이 가능하다. 위성궤도 오차는 관제소에서 취득한 데이터를 바탕으로 예측하여 그 파라미터를 위성이 코드정보와 함께 방송하고 있으나 예측된 궤도와 실궤도 사이에는 차이가 생겨 오차

가 발생한다. 전리층과 대류권 지연오차는 전파 신호가 대기를 통과하여 올 때 매질 변화에 따른 지연 오차로 전리층에서 더 크게 발생된다. 전리층에서의 전파지연은 전리층의 전자 활동이 활발한 경우에는 커지고, 활동이 미약한 자정무렵에 작아지며, 그 차가 일별, 계절별로 상당한 격차를 보인다. 주통제소에서 상기 지연량들을 예측하여 코드정보와 함께 항법메시지로 방송하여 신호 수신시 보정하여 위치오차를 줄이고 있다. 또한 위와 같은 오차에 추가하여 위성의 배치상황에 따라 기하학적인 요인과 어우러져 최종 위치 오차를 나타내게 된다.

위치 측정 시 이용되는 위성들의 배치상황에 따라 오차가 증가하게 되는데 이는 지문항해에서 교차방위법으로 위치 산출시 사이각이 어느 정도인 물표가 선정되었느냐에 따라 오차 삼각형이 크고 작아지는 것과 동일한 형태로 위치 오차가 증가하여 부정확하게 된다.

따라서 위성이 3차원 공간에 어떻게 적절히 배치되어 있는지가 위치 오차에 영향을 주게 되며, 이를 DOP(Dilution Of Position)라고 한다. DOP는 수신기에서 위성까지의 단위벡터로 표현된 체적의 크기와 반비례하게 되며, 방위각과 고도각의 행렬 조합에 의해 계산되어진다. DOP는 GDOP(Geometric DOP), PDOP(Position DOP), TDOP(Time DOP)로 구분하여 나타낼 수 있다. <그림 8-13>과 같이 작은 DOP 값은 위성의 좋은 기하학적 배치를 의미하며, 큰 DOP 값은 위성의 나쁜 기하학적 배치를 의미한다.

최종 위치 측정오차는 의사거리오차에 PDOP의 곱으로 계산되며, 예를 들어, PDOP가 2인 경우 위치오차는 대략 16m(σ) 정도이다.

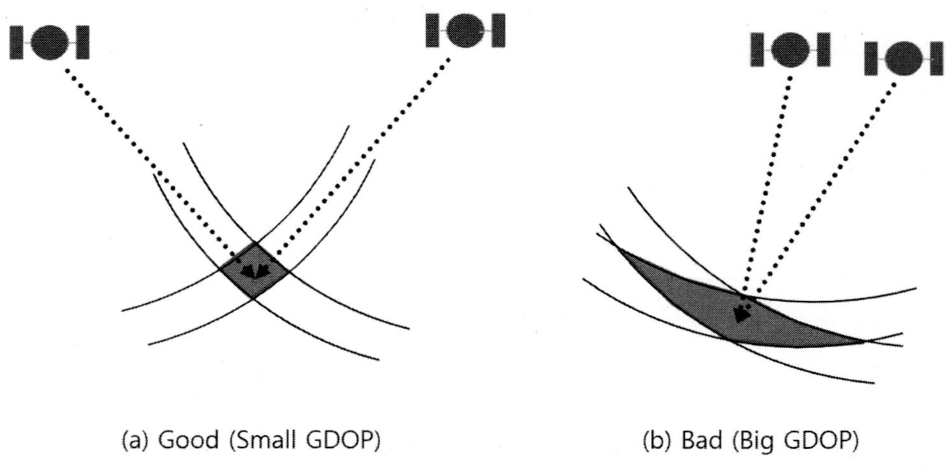

〈그림 8-13〉 기하학적 위성배열에 따른 DOP 값

5. 활용 분야

GNSS의 활용 분야는 초기 육상, 해상, 항공의 항법에서 위치를 측정하던 전통적 범위에서 점차 일상적인 생활 속으로 확대되었다. 선박이나, 자동차, 항공기 등 각종 교통수단의 정확한 운행을 위한 위치 측정은 물론, 물류, 농업, 자원관리, 측량, 지도제작, 시각동기 등에도 응용되며, 재해・재난 발생 시 조난자의 정확한 위치를 파악할 수 있게 함으로서 수색, 구조 활동 등에도 결정적인 역할을 수행하고 있다.

주요 활동 분야를 정리하면 <표 8-4>와 같다.

〈표 8-4〉 GNSS 주요 활용분야

구 분	활 용 분 야
해 상	해상항법, 항로안내, 정밀접안, 항만물류 및 컨테이너 관리, 어장 및 수역관리
육 상	차량항법(ITS), 육상물류, 철도 운행관리 및 선로 유지 보수, 차량추적 및 배차계획 등 교통 관리
항 공	항공항법, 항공관제, 항로관리, 정밀 이・착륙 지원, 위성 관리, 우주선 위치 측정
정보통신	위치기반서비스(LBS), 이동통신 기지국 시각동기, 위치추적, 미아・노약자 방지, 긴급구조
측 량	GIS(측량/측지), 환경 및 시설물 관리
과 학	지진관측, 자원탐사 위치확인, 지각변위 관찰, 산불진압
농 업	정밀경작(파종, 이앙, 추수, 농약, 비료살포 등), 무인경작
국 방	지휘통제체계(C4I), 정밀타격, 군사훈련, 표적 위치 제공, 기뢰 부설 및 소해, 특수전
레 저	등산, 캠핑, 낚시, 요트, 골프, 개인 운동관리

이것만은 알아둡시다! 위치측정 시 몇 개 위성이 필요한가요?

☞ **정답 : 4개**

위성으로부터의 의사거리는 다음 식에 의해 구해진다.

$$\rho_i = \sqrt{(x_i - x_u)^2 + (y_i - y_u)^2 + (z_i - z_u)^2} + c\,\Delta\,t$$

위 식에서 모르는 미지수는 수신기 위치좌표$(x_u,\, y_u,\, z_u)$와 시계오차$(\Delta\, t)$ 이기 때문에 연립방정식을 풀려면 4개의 식이 필요하여 위성 4개로부터 의사거리를 구해야 된다. 그러나 움직이지 않는 정적인 관계에서 위치측정 시는 계산하는 시점의 숫자가 보상되어 3개 이하의 위성에서도 정확한 위치측정이 가능하다.

이것만은 알아둡시다! 위성항법 위치 오차요소

위성항법시스템의 위치오차는 전파를 이용한 위치선(LOP)을 계산하는데 나타나는 오차로 위성부문, 신호전파 부문, 이용자 부문 오차로 구분하며,

① 위성부문의 오차는 위성시계 오차(신호 안정도, 지연 등)와 위성궤도오차(궤도데이터의 예측과 모델, 기타요소 등)가 있고

② 신호전파 부문에서는 전파가 통과하는 매질의 특성인 전리층 전파지연, 대류권 전파지연이 있으며,

③ 이용자 부문에서는 수신기 잡음, 다중경로에 의한 멀티패스 효과 등이 있다.

또한 위와 같은 오차에 추가하여 위성의 배치상황에 따라 기하학적인 요인과 어우러져 최종 위치 오차를 나타내게 된다.

제3절 미국의 GPS

1. 개 요

미국의 위성항법시스템은 미해군의 NNSS(Navy Navigation Satellite System)에서 시작하여 Timation 프로젝트와 공군의 621B 프로젝트를 통합하여 미국방성에서 1970년대 초부터 개발한 NAVSTAR GPS 시스템이 있다. 이 시스템은 1993년 IOC(Initial Operational Capability)를 선언하고, 1995년 FOC(Full Operational Capability) 선언 이후, 1998년부터 현대화 정책을 추진하며 현재에 이르고 있다.

GPS 시스템은 원래 군용 항법시스템이지만, 민간용으로는 제한된 범위에서 사용 가능하게 한 위성항법 시스템으로 위성에서 수신기까지의 전파도달 시간을 측정하여 정확한 3차원 위치, 속도 및 시각 측정이 가능하며 무한의 이용자가 전 세계에서 24시간 이용 가능하다.

2. 시스템 구성

GPS 시스템은 우주부문, 제어부문 및 이용자부문으로 구성된다.

우주부문은 21개의 항법위성과 3개의 예비위성을 포함해 24개의 위성군으로 구성되어있으며, 24기의 위성이 각 4기씩 6개의 궤도를 따라 적도면과 55도 각도로 11시간 58분 주기로 약 20,200km 상공에서 돌고 있다.

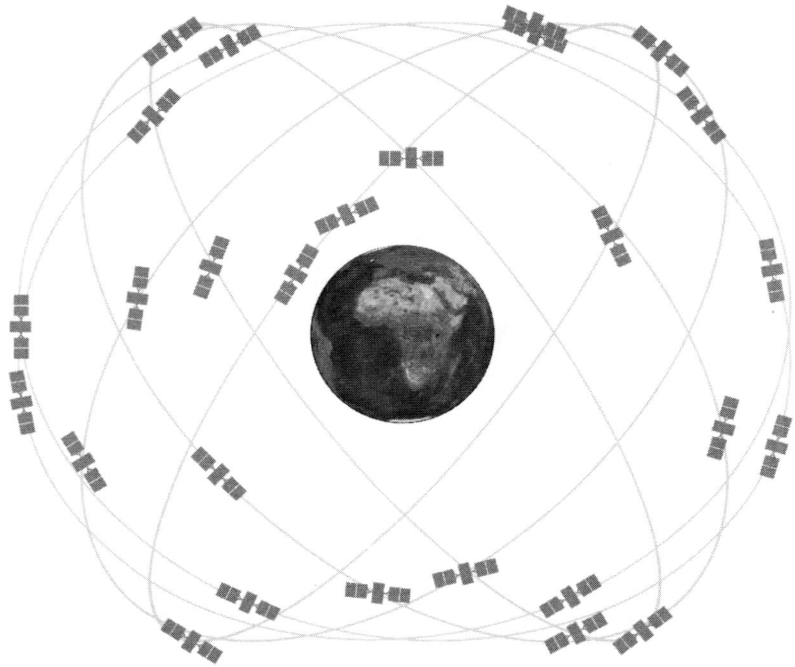

〈그림 8-14〉 GPS 위성 궤도 [출처 : http://www.gps.gov]

<그림 8-14>는 GPS 위성의 궤도를 보여주고 있다. 현재는 위성의 수명을 고려하여 추가 발사되는 위성을 고려할 시 약 30개 정도의 위성이 궤도에 올라가 있다. 지금까지 발사된 GPS 위성을 정리하면 <표 8-5>와 같다.

〈표 8-5〉 GPS 위성 현황

구 분	Block Ⅰ	Block Ⅱ/ⅡA	Block ⅡR/R-M	Block ⅡF	Block Ⅲ
무게(kg)	845	1,660 1,816	2,030	1,630	–
발사기간	1978~1985	1989~1990 1990~1997	1997~2004 2005~2009	2010~2016	2017~
수명	5년	7.5년	10년	12년	15년
탑재시계	Cs(1), Rb(2)	Cs(2), Rb(2)	Cs(1), Rb(2)	Rb (2)	–
작동상태	은퇴	은퇴	19기 작동 중	12기 작동 중	–

GPS 최초의 위성 Block Ⅰ은 1978년부터 1985년에 걸쳐 총 11기 위성이 발사되었다. 위성 중량은 845kg, 궤도경사각은 63도였으며, 위성 수명이 5년으로 현재는 모두 은퇴하였다.

Block Ⅱ 위성은 1989년부터 1990년까지 총 9기의 위성이 발사되었다. 위성의 궤도 경사각이 63도에서 55도로 바뀌어 배치되어 현재에 이르고 있으며, 민간용 사용이 제한적으로 허용되었다. 위성 중량은 1,660kg, 위성 수명은 7.5년으로 현재는 모두 은퇴하였다.

Block ⅡA 위성은 Block Ⅱ 위성 대비 보다 발전된 버전으로 쌍방향 통신기능, 레이저 거리 측정 등이 추가되었다. 위성은 1990년부터 1997년까지 총 19기가 발사되었다. 위성 중량은 1,816kg, 위성 수명은 7.5년으로 현재는 모두 은퇴하였다.

Block ⅡR 위성은 1997년부터 2004년까지 총 13기가 발사되었으며 통신기능과 위성 간 상호 추적기능이 개량되었다. 위성 중량은 2,030kg, 위성 수명은 10년이며, 12기가 작동 중이다.

Block ⅡR-M 위성은 2005년부터 2009년까지 총 8기가 발사되었다. 위성에는 현대화 정책의 일환으로 L2CM(Civil-Moderate) 코드와 L2CL(Civil-Long) 코드가 추가되었다. 위성 중량은 2,030kg, 위성 수명은 10년으로 Block ⅡR 위성과 동일하며 일부가 작동 중이다.

Block ⅡF 위성은 2010년부터 2016년까지 총 12기가 발사되었으며, 새로운 민간 신호인 L5(1176.45 MHz) 신호가 추가되었으며, 위성 중량은 1,630kg, 위성 수명은 12년으로 현재 주축이 되는 위성이다.

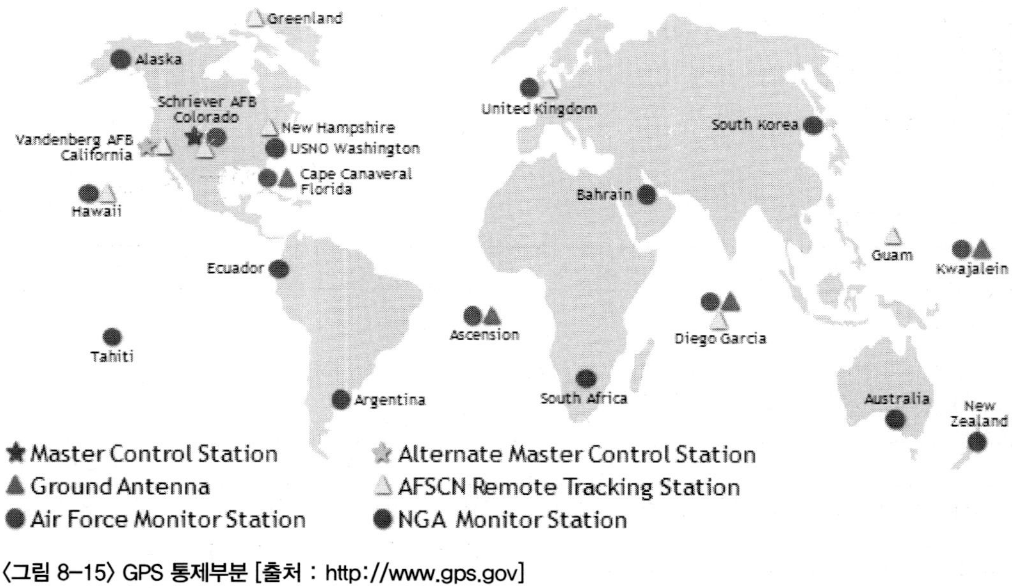

〈그림 8-15〉 GPS 통제부분 [출처 : http://www.gps.gov]

Block Ⅲ 위성은 차세대 위성으로써 미 공군과 록히드마틴사가 계약하여 개발 중이다. 미국의 GPS 현대화 정책은 Block Ⅲ 위성이 완료가 되면 완벽하게 시행될 것이다.

통제부문은 주제어국, 모니터국, 지상 안테나 등으로 <그림 8-15>와 같이 구성되어 있다. 주 제어국은 제어부문에서 유일한 유인 시설로서 미국 콜로라도 주 콜로라도스프링스의 팔곤 공군 기지에 있으며, 궤도수정, 예비위성 작동 등 모든 위성을 통제한다. 관제소는 콜로라도스프링스, 하와이, 남태평양상의 쿼잘린섬, 인도양상의 디에고 가르시아, 대서양상의 어센션 섬의 각 공군기지에 있는 5국으로 구성되어, 각 위성과 시계를 추적하며, 대류권의 전파지연 보정을 위한 기상 데이터를 포함하여 각각의 데이터를 주 제어국으로 전송한다.

이용자부문은 이용자의 수신기로서 공중, 해상, 육상의 모든 수신기를 말하며 P 코드를 사용하는 군용과 C/A 코드를 사용하는 민간용으로 크게 나누어진다.

3. 신호 및 서비스

위성에서 보내주는 신호는 크게 반송파, 항법메시지, PRN 코드신호로 나눌 수 있으며, 신호 전송 시는 <그림 8-16>과 같이 표현된다.

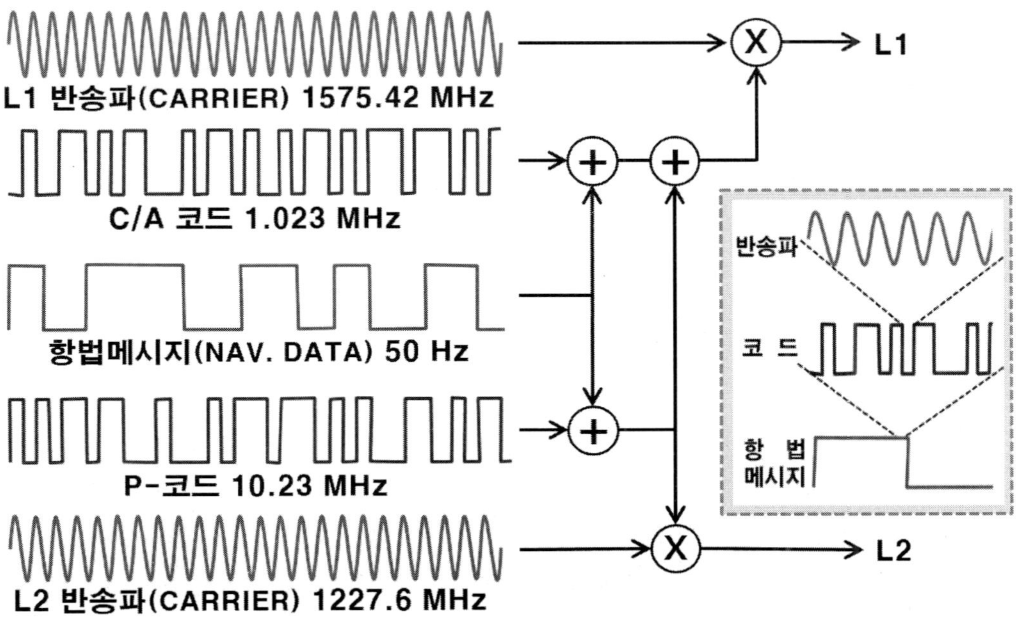

〈그림 8-16〉 GPS 신호

반송파는 원자발진기(세슘, 루비듐 각2대)의 기본주파수 10.23MHz의 154배 및 120배인 2개의 반송파 L1(1575.42MHz)과 L2(1227.6MHz)로 나누어지며, 항법 메시지와 PRN 코드 신호를 운반해 주는 역할을 한다. 이 두개의 주파수는 C/A코드와 P코드라고 불리는 2개의 의사잡음 불규칙코드, PRN 코드로 위상변조 되는데, 이것이 주파수확산변조이다.

항법메시지는 코드 신호와 함께 50bps의 속도로 실려 가며, 여기에는 위성의 위치 정보, 시각 정보, 전리층 보정데이터 등이 들어 있어 해독하여 정확한 위치측정에 이용한다.

<그림 8-17>은 항법메시지 형식을 보여준다. 총 메시지는 25페이지로 12.5분 주기로 반복된다. 각각의 프레임은 5개의 서브프레임으로 세분화되며 30초의 주기로 반복되고, 각각의 서브프레임은 20비트를 가지는 10개의 문자로 구성되어 6초 동안 송신된다. 또한 각 문자는 0.6초 동안 송신된다.

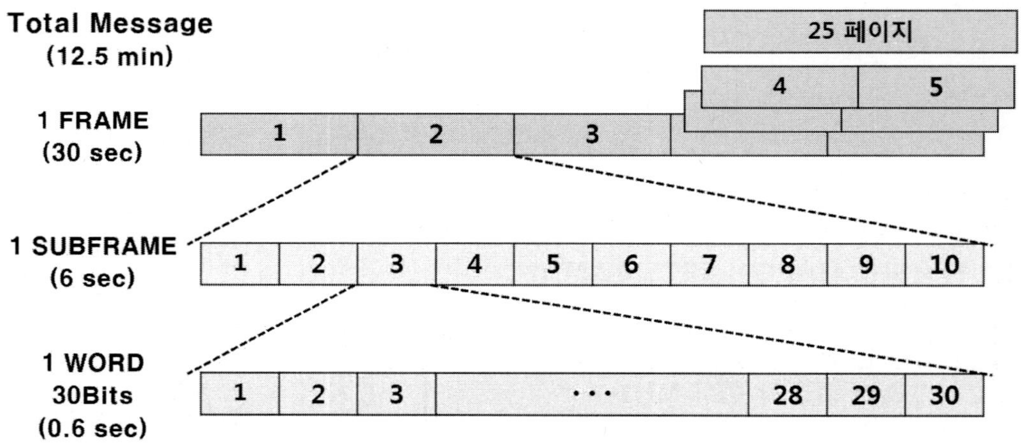

〈그림 8–17〉 항법메시지 형식

각 서브프레임은 동기화 패턴과 몇 개의 진단 메시지가 포함된 22비트의 TLM(Telemetry Word)으로 시작된다. 서브프레임의 두 번째 단어는 22비트의 HOW(Head-Over Word)이며 서브프레임 식별과 몇 개의 플래그(Flag), 그리고 다음 서브프레임 시작 시점까지의 TOW(Time Of Week)가 포함되어 있다. TOW는 현 GPS 주(week)가 시작된 이후의 경과시간을 1.5초의 배수 간격이다.

첫 번째 서브프레임은 GPS 주(week) 번호, 거리 예측정확도, 위성 상태, 예측 신호 지연, 위성 시각 보정량 모델이 포함되어 있다. 두 번째와 세 번째 서브프레임에는 위성의 방송 궤도력이 포함되어 전송된다. 네 번째와 다섯 번째의 서브프레임은 모든 메시지에서 서로 다른 내용을 가지고 25 반복 비율을 가진다. 따라서 전체 항법메시지 정보는 25페이지에 담겨있으며 총 12.5분이 소요된다.

PRN 코드는 C/A 코드와 P 코드로 나누어 진다. C/A 코드는 주파수 1.023 MHz를 가지며, 코드 길이는 1,023비트이다. 따라서 2개의 비트 사이의 시간간격은 약 1 ㎲보다 작으며, 이를 근사적으로 환산하면 두 비트간의 거리는 약 300m 정도 이다. P 코드는 주파수 10.23 MHz를 가지며, 코드는 약 $2.3547 \cdot 10^{14}$ 비트 수를 가지며, 길이는 시간으로 환산하면 약 266.4일에 해당되고 매주 반복되어 각 비트간 거리는 약 30m 정도이다.

C/A 코드는 민간용으로 사용되고 있으며, 정확도는 2drms 15m 내외이고, P 코드는 AS(Anti-Spoofing)정책에 따라 비밀코드인 Y코드로 암호화 변환되어 사용되며, 정확도는 2drms 10m 내외이다.

GPS 서비스는 표준위치서비스(SPS; Standard Positioning service)와 고정밀위치서비스(PPS; Precise Positioning Service)로 나누어진다. 표준위치서비스는 위치와 시각전송의 서비스로서 민간용으로 L1 반송파 주파수의 C/A코드만 사용된다. 이에 반해, 고정밀위치서비스는 군용으로 사용되는 위치, 속도, 시각전송 서비스로 L1, L2의 반송파 주파수에 P(Y)코드가 암호화되어 사용된다. 고정밀위치서비스는 군용에서도 허가받은 자만이 사용 가능하다.

4. 오차요소

GPS 위치오차는 전파를 이용한 위치선(LOP)을 계산하는데 나타나는 오차로 크게 3가지의 GPS 구성요소인 위성부문, 제어 부문, 이용자 부문에서의 오차로 나누어 볼 수 있다. 먼저, 우주 부문의 오차는 신호의 안정도, 지연, 섭동이 있으며 제어 부문의 오차는 궤도데이터의 예측과 모델, 기타요소 등이며, 이용자 부문의 오차는 전파가 통과하는 매질의 특성인 전리층 전파지연, 대류권 전파지연, 수신기 잡음, 다중경로에 의한 멀티패스 효과 등이 있다. 세부 오차 값을 대략적으로 정리하면 <표 8-6>과 같이 나타낼 수 있다.

미국의 국방성은 초기에 <표 8-6>과 같은 정밀도는 미국의 안전보장상 문제가 있으므로 2개의 대책, 즉 선택적 이용성(SA; Selective Availability)과 대모략성(AS; Anti-Spoofing)을 시스템에 부가하였다.

〈표 8-6〉 GPS 오차 원인 및 서비스별 UERE [출처: Understanding GPS, E. D. Kaplan]

부 문	오차의 원인	UERE(σ)		
		P 코드	C/A 코드	
			with SA	without SA
위 성	위성시계 안정도	3.0m	3.0m	3.0m
	위성의 가속도(섭동)	1.0m	1.0m	1.0m
	선택적 이용성(SA)	–	32.3m	–
	기타	0.5m	0.5m	0.5m
제 어	궤도데이터의 예측 오차	4.2m	4.2m	4.2m
	기타	0.9m	0.9m	0.9m
이용자	전리층 전파지연	2.3m	5.0m	5.0m
	대류권 전파지연	1.5m	1.5m	1.5m
	수신기잡음과 분해능	1.5m	1.5m	1.5m
	멀티패스	1.2m	2.5m	2.5m
	기타	0.5m	0.5m	0.5m
UERE(rss)		6.6m	33.3m	8.0m

SA는 미국방성에서 자국의 안전을 보장하기 위해 허가되지 않은 일반 사용자에게는 정확도를 고의적으로 떨어트리도록 하였으며, 그 방법은 위성의 시계와 궤도정보에 오차를 추가하는 과정을 통해 C/A 코드에 대해 2drms 95% 확률분포로 100m 정도의 오차를 주었다. 그러나 EU의 GALILEO 시스템 구축과 맞물려 2000. 5. 1 전격 해제되어 현재에 이르고 있다. AS는 허가되지 않은 일반 사용자들이 군사용 P코드에 접근하지 못하도록 암호화 한 것으로 그 방법은 P코드에 암호화된 W코드를 합쳐서 만들었으며 이것을 Y코드라 부른다.

5. 현대화 정책

1995년 GPS의 FOC 선언 이후 위성과 수신기 개발의 과학기술 발달과 더불어 시스템의 문제점 보완과 더 좋은 시스템 구축을 위해 현대화 정책을 1999년 1월 발표하여 추진하고 있다.

핵심내용은 민간사용 코드인 C/A 코드에 인위적으로 사용해온 SA 정책 해제와 기존 신호체계 보강이다. <그림 8-18>은 현대화 신호체계 내용이다. 현재의 코드신호 이외에 민간용 L2CM(Civil-Moderate)과 L2CL(Civil-Long) 코드, 군사용 M 코드를 추가하고 새로운 주파수 L5(1176.45MHz)가 추가될 예정이다.

미국의 GPS 현대화 정책은 2000. 5. 1 민간용 C/A 코드에 삽입되었던 고의잡음 SA 해제를 시작으로, 2005년 이후 발사된 Block ⅡR-M 위성부터 새로운 신호체계인 L2CM(Civil-Moderate)

코드와 L2CL(Civil-Long) 코드 신호를 추가하였으며, 2010년부터 발사된 Block ⅡF 위성부터는 L5(1176.45MHz)의 민간신호가 추가되어 향후 정확도를 향상시킬 계획이다. 특히, 민간용 사용 주파수를 단일 주파수에서 2개 주파수로 확대하여 전리층 영향 보정 및 반송파 위상의 모호정수를 해석할 수 있을 것이다. 또한 차세대 위성인 Block Ⅲ 위성은 신호세기가 3배 이상 증가하여 항법전에 강할 뿐만 아니라 정확도, 가용성, 무결성 측면에서 향상시킬 계획이며, 현재 미 공군과 록히드마틴사가 계약하여 위성을 개발 중이다.

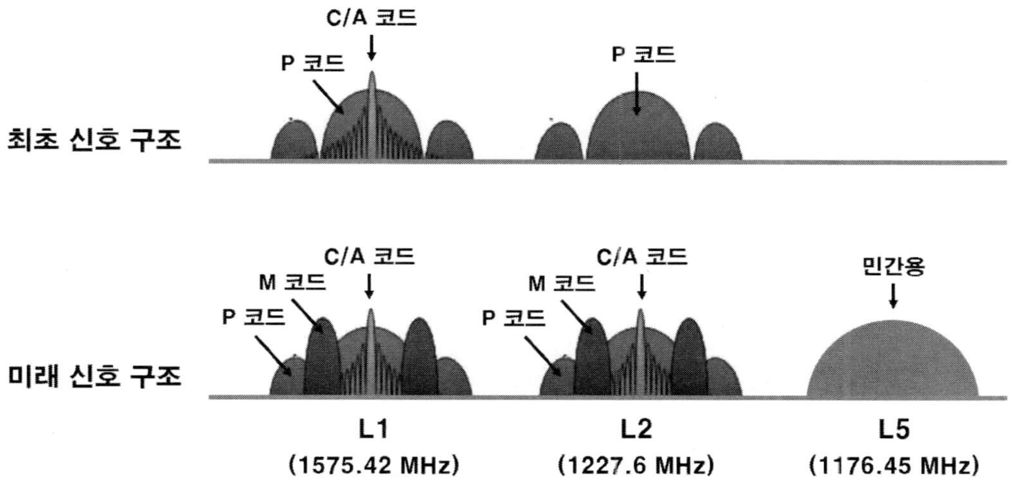

〈그림 8-18〉 현대화 신호체계

이것만은 알아둡시다! SA & AS

1. SA : **선택적 이용성**(SA; Selective Availability)
   미국방성에서 자국의 안전을 보장하기 위해 허가되지 않은 일반 사용자에게 고의적으로 정확도를 떨어트리도록 하였는데 이를 SA라하며, 그 방법은 위성의 시계와 궤도정보에 오차를 추가하여 C/A 코드를 이용하는 일반 사용자들이 100m(2drms 95% 확률분포) 정도의 오차를 갖도록 하였음
   2000년 5월 1일 전격 해제 됨

2. AS : **대모략성**(AS; Anti-Spoofing)
   허가되지 않은 일반 사용자들이 군사용 P코드에 접근하지 못하도록 하기 위해 암호화한 것으로 그 방법은 P코드에 암호화된 W코드를 합쳐서 만들었으며 이것을 Y코드라 부름

제4절 러시아의 GLONASS

1. 개 요

GLONASS(GLObal NAvigation Satellite System)는 러시아에서 운용하는 위성항법시스템이다. 구 소련이 최초의 인공위성 스푸트니크 1호를 1957년 10월 쏘아올린 이래로 우주산업에 박차를 가하여 "Tsikada" 위성항법시스템을 개발하였다. 이 시스템은 미국의 트랜짓 시스템과 유사하며, 1976년 발사되어 궤도 1,000km의 저궤도 상공에서 150 MHz와 400 MHz 주파수 신호를 송신하였다. "Tsikada" 시스템은 고정된 위치와 저속에서만 정확한 위치 측정이 가능한 단점을 갖고 있었다.

1960년대 후반부터 정밀 위치 정보의 필요성이 대두되어 개발계획에 착수하였으며, 1976년 GLONASS 개발을 위한 계획이 공식적으로 승인되었다.

구 소련은 승인된 GLONASS 계획에 따라 1982년부터 1995년까지 실험위성을 포함하여 수십기의 위성을 발사하여 GLONASS 시스템을 구축하였다. 그러나 구 소련의 붕괴로 인하여 시스템을 러시아가 승계하였지만 재정적 문제로 인하여 시스템 개발이 일시 중단되어 2001년에는 6개 위성만이 운용되었고 나머지는 방치되었다.

러시아는 2001년 8월 GLONASS를 2011년까지 완성하겠다는 계획을 발표하였고 2007년 러시아의 푸틴 대통령은 GLONASS를 민간에 무료로 어떠한 제한 없이 사용할 수 있도록 하는 문서에 공식 서명하였다. 러시아는 계획에 따라 2011년 말까지 24기 위성을 모두 구축함으로써 새로운 위성항법 시대를 열었을 뿐만 아니라 2012년부터 2020년까지 현대화 정책을 수립하고 추진 중이다.

2. 시스템 구성

GLONASS 시스템은 <그림 8-19>와 같이 기본적인 GNSS 시스템 구성요소인 위성부문, 지상국부문, 사용자부문으로 구성된다.

위성부분은 1995년까지 3개의 예비위성 포함 총 24개 위성으로 구성되어 3개의 궤도에 8기의 위성으로 구성되며, 각 위성들은 64.8도의 궤도 경사각으로 11시간 15분을 주기로 19,100km 상공에서 작동한다. 위성의 세부사항은 <표 8-7>과 같으며, 위성 궤도는 <그림 8-20>에 나타내었다.

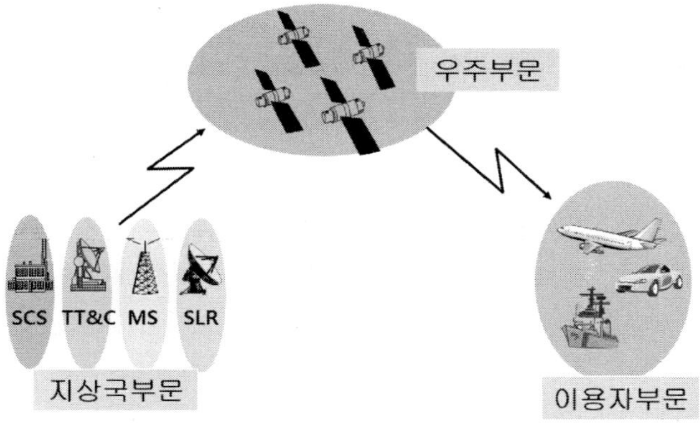

〈그림 8-19〉 GLONASS 시스템 구성요소

〈표 8-7〉 GLONASS 위성 특성

Contents	Figures
Sat. Numbers	24(21+3spares)
Orbital Altitude	19,100km
Orbital Plane	3
Orbital Inclination	64.8°
Orbital Period	11h 58m
Operation Lifetime	10 year(GLONASS-K)

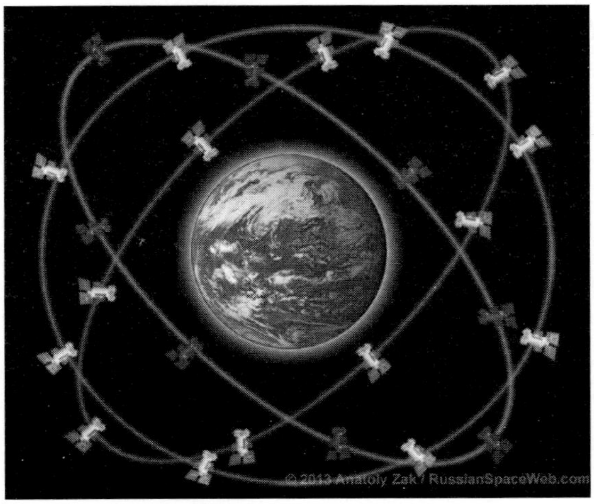

〈그림 8-20〉 GLONASS 궤도 정보 [출처 : http://www.russianspaceweb.com]

지상국부분은 주통제국 및 관제소로 구성되며 <그림 8-21>과 같이 러시아 각지에 구축되었으며 이들은 이페머리스, 시각정보 및 기타 데이터를 위성에 올려 보내고 위성을 추적하고 제어하는 역할을 수행한다.

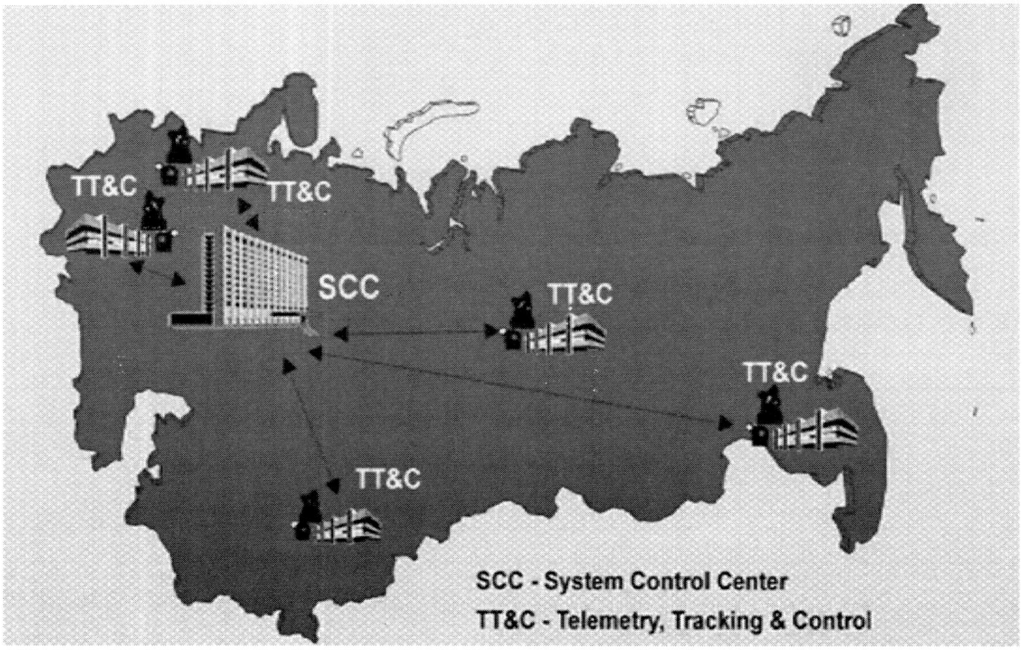

〈그림 8-21〉 GLONASS 통제국 [출처 : http://www.russianspaceweb.com]

3. 신호 및 서비스

GLONASS 위성들은 2개의 L 밴드(L1 & L2)를 이용하여 항법 신호를 보내며 <그림 8-22>와 같이 향후 L3 신호와 L5 신호가 추가될 예정이다.

GLONASS는 GPS와 매우 비슷한 시스템으로써 위성으로부터 송신되는 PN코드(의사잡음코드)와 수신기에서 발생하는 같은 코드의 상관을 취하여 의사거리를 측정한다. 4개의 위성으로부터 의사거리를 측정하여 3차원 위치를 구하는 것으로 그 원리는 GPS와 같다.

GLONASS는 GPS CDMA 방식과는 달리 동일한 코드신호를 이용하면서 사용 주파수를 위성별 달리 사용하는 FDMA(Frequency Division Multiple Access) 방식을 사용하고 있다. FDMA 방식은 여러 주파수를 사용하며, 채널 간섭에 영향을 줄 수 있어서 단점을 많이 가지고 있지만

적이나 특정 단체의 의도적인 협대역 간섭을 받을 경우 GPS는 전 채널에 영향을 줄 수 있지만 GLONASS는 특정 주파수에만 영향을 주어 더 강건한 상태를 유지할 수도 있다.

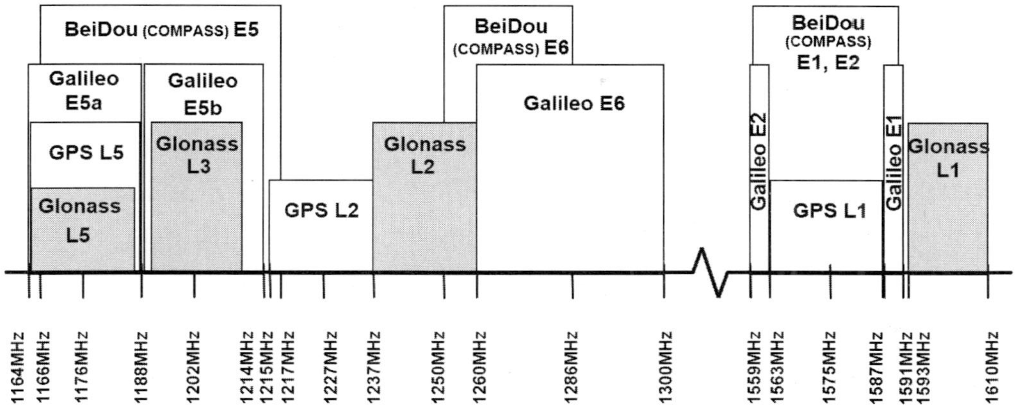

〈그림 8-22〉 GLONASS 시스템 사용 주파수

GLONASS 위성들은 L1, L2 두 개의 반송파 주파수를 다음과 같은 식에 의해 위성별 할당하게 된다.

$$F = (178.0 + \frac{K}{16})Z \qquad [MHz] \tag{8-15}$$

여기서, K는 -7 ~ 6 사이의 정수치이며, Z는 L1이 9, L2는 7이다. 적도를 중심으로 북반구 12개 위성과 남반구 12개 위성들은 대칭모드로 동일한 주파수를 사용하고 있다.

인접 주파수 사이의 간격은 L1이 0.5625 MHz, L2는 0.4375 MHz 이다. 원래 K는 0 ~ 24까지 할당 받도록 되어 있었으나 간섭문제로 1998년 이전에는 0 ~ 12, 1998~2005은 -7 ~ 12, 2005년 이후는 -7 ~ 6를 이용하고 있다.

GLONASS는 GPS와 같이 표준정밀도채널(CSA:Channel of Standard Accuracy)과 고정밀도채널(CHA: Channel of High Accuracy)의 두 가지 레벨의 서비스가 있으며 고정밀도 서비스는 군사용으로 사용한다.

4. 현대화 정책

GLONASS는 1996년 전면 운용이 선언 되었음에도 불구하고, 2001년까지만 해도 세계 위성항법 사용자는 물론 자국 내의 사용자에게까지도 외면 당해왔다. 이는 구소련의 붕괴이후 러시아의 재정문제로 GLONASS가 완전한 임무수행에 필요한 24개 위성보다도 훨씬 못 미치는 6개만의 위성으로 작동되었기 때문이다. 이러한 GLONASS 시스템은 러시아 정부의 강력한 위성항법 현대화 정책으로 다시 주목을 받고 있다.

2001년 8월, 6기 위성만으로 운용 중인 GLONASS 시스템을 2011년까지 24기 위성을 구축하여 완벽한 서비스를 제공하겠다는 계획을 발표하였다.

또한 2007년 러시아의 푸틴 대통령은 GLONASS를 민간에 무료로 어떠한 제한 없이 사용할 수 있도록 하는 문서에 공식 서명하였다. 러시아는 2011년 말까지 24기 위성을 모두 구축함으로써 새로운 위성항법 시대를 맞이하였다.

<표 8-8>은 2012년 초 러시아가 구축한 GLONASS 위성 현황이다.

〈표 8-8〉 GLONASS 위성 현황(2012년 이후)

Contents	Figures	Notes
Total Satellites	31	
Operational	24	GLONASS-M
In Commissioning	1	GLONASS-M
In Flight Test	1	GLONASS-K
In Maintenance	2	GLONASS-M
Spare	3	GLONASS-M

또한 2012년부터 러시아는 계획에 따라 2020년까지 현대화 정책을 수립하고 추진 중이다. <그림 8-23>은 당시 승인자료와 주요 내용이다.

신호체계는 현재의 L1, L2 밴드에 L3 밴드가 추가되며 FDMA 방식에 추가하여 CDMA 방식이 도입될 예정이다. GLONASS-K1 위성부터 L3밴드 CDMA 방식을 시작으로 GLONASS-K2 위성에서는 L1, L2, L3 모두 CDMA 서비스를 시작할 예정이다. 종합하면 신호는 <표 8-9>와 같으며 2020년경에는 모두 완료될 것으로 판단된다. 또한 차세대 위성 GLONASS-KM 부터는 L5 신호도 추가 예정이다.

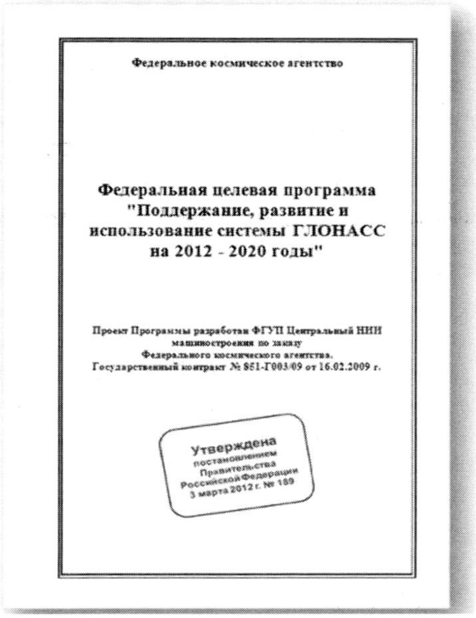
Федеральное космическое агентство

Федеральная целевая программа
"Поддержание, развитие и
использование системы ГЛОНАСС
на 2012 - 2020 годы"

Проект Программы разработан ФГУП Центральный НИИ
машиностроения по заказу
Федерального космического агентства.
Государственный контракт № 851-Г003/09 от 16.02.2009 г.

Утверждена
постановлением
Правительства
Российской Федерации
3 марта 2012 г. № 189

[주요 내용]

1. 항법시스템 성능향상을 위한 정부 노력
2. 기존의 주파수 대역 유지
3. FDMA 신호 지속 송출
4. CDMA 신호 추가
5. 차세대 위성(GLONASS-KM) 개발
6. 국제적 GNSS와 상호 공조 등

〈그림 8-23〉 GLONASS 현대화 계획

〈표 8-9〉 GLONASS 신호체계

Sats	FDMA		CDMA		
	L1	L2	L1	L2	L3
GLONASS-M	L1OF L1SF	L2OF L2SF	–	–	L3OC (2014+)
GLONASS-K1	L1OF L1SF	L2OF L2SF	–	L2SC (2017+)	L3OC
GLONASS-K2	L1OF L1SF	L2OF L2SF	L1OC L1SC	L2OC L2SC	L3OC

지상국은 정밀도 향상을 위하여 위성항법보정시스템 및 해외 모니터링 시스템을 구축하기 시작하였다. 현재 러시아에 14개의 지상 기지국을 구축함은 물론, 남극 및 브라질 등에도 기지국을 구축하였다. 추가적으로 러시아에 8개 기지국 및 쿠바, 베트남, 오스트렐리아 등 여러 개의 해외 기지국을 구축하여 36개의 나라에 50개 이상의 새로운 기지국을 구축할 계획이다.

5. GPS와 GLONASS 통합 시스템 운용

GPS와 GLONASS를 통합하여 사용할 시는 단독 시스템보다 비의도적 간섭(건물, 산 등 장애물에 의한 간섭) 또는 의도적 간섭(재밍, 스푸핑)에 강할 뿐만 아니라 DOP(Dilution of Precision) 측면에서 향상되어 정확도가 단독 시스템 대비 증가한다.

저자가 통합 수신기를 이용하여 데이터를 수신하여 분석한 결과, <그림 8-24>에 수신되고 있는 GPS와 GLONASS 위성들을 나타내었으며, 수신되는 위성들의 고도각, 도플러, C/No 비 등 상태를 <그림 8-25>에 나타내었다. C/No(db-Hz) 비가 40이상으로 매우 안정적이었으며 의사거리 편차도 매우 작아 GLONASS 위성이 GPS 위성과 대등하였다. 또한 1시간 동안 수신된 데이터의 정밀도를 표준편차로 분석한 결과 <그림 8-26>과 같이 위도, 경도, 고도가 1.3-3.4m 내외로 매우 우수하였다.

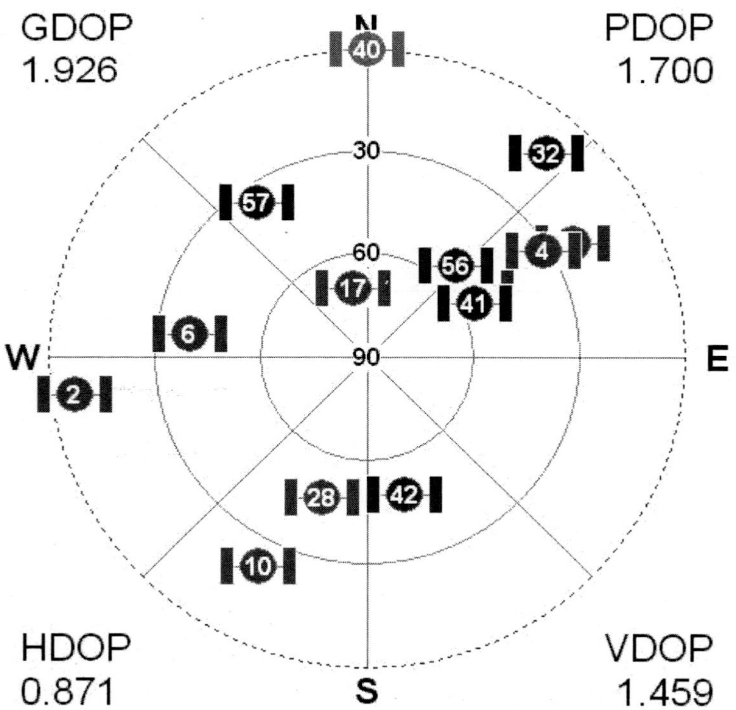

〈그림 8-24〉 수신되는 GPS와 GLONASS 위성

Channel	0	2	4	6	8	10	12	14
PRN number	1	17	10	28	12	42	56	40
Chan State	Lock	Lock	Lock	Lock	Search	Lock	Lock	Lock
Doppler	-2618	1251	3906	-2074	1476	3356	-54	-3749
C/No(db-Hz)	44.84	49.60	44.08	49.09	0.00	47.31	49.67	43.37
Residual	1.31	-0.23	-1.10	1.85	0.00	3.19	-3.95	-1.96
LockTime	293	282	103	293	0	293	293	293
Reject Code	Good	Good	Good	Good		Good	Good	Good
System-Corr	GPS-N	GPS-N	GPS-N	GPS-N	GPS-N	GLO-N	GLO-N	GLO-N
Freq - Code	L1-C/A	L1-C/A	L1-C/A	L1-C/A	L1-C/A	1 L1-C/A	3 L1-C/A	5 L1-C/A

Channel	1	3	5	7	9	11	13	15
PRN number	20	4	32	2	6	57		41
Chan State	Lock	Lock	Lock	Lock	Lock	Lock	Idle	Lock
Doppler	-1495	-2575	-3421	2397	1857	2301		-600
C/No(db-Hz)	49.34	48.31	39.66	43.39	47.93	40.68		49.15
Residual	-2.33	-0.16	1.38	-2.64	1.15	5.81		-3.57
LockTime	293	292	216	194	192	292		293
Reject Code	Good	Good	Good	Good	Good	Good		Good
System-Corr	GPS-N	GPS-N	GPS-N	GPS-N	GPS-N	GLO-N	GLO-N	GLO-N
Freq - Code	L1-C/A	L1-C/A	L1-C/A	L1-C/A	L1-C/A	2 L1-C/A	0 L1-C/A	6 L1-C/A

GPS Sat. Channel **GLONASS Sat. Channel**

〈그림 8-25〉 수신되는 GPS와 GLONASS 위성 상태

LAT: N 35.12802298 1.538m Std Dev
LON: E 128.66606561 1.286m Std Dev
HGT: 37.019m (MSL) 3.337m Std Dev

Thu, Oct 02 2014 [02:51:40 PM] (UTC)

Type: Single Point # of Sats: 14
Idle: 44% Ref ID: 0

〈그림 8-26〉 수신데이터의 위도, 경도, 고도 정밀도(표준편차)

GPS와 GLONASS 위성의 수신 데이터를 이용하여 기하학적인 위성의 배치인 DOP를 비교하여 GDOP, PDOP, TDOP를 각각 <그림 8-27> ~ <그림 8-29>에 나타내었다. GDOP는 단독 GPS 시스템보다 통합 시스템이 약 0.3 ~ 0.8 향상된 것을 볼 수 있었으며, PDOP는 약 0.2 ~ 0.6 향상, TDOP는 약 0.1 ~ 0.3 향상된 것을 볼 수 있었다.

이것은 향후 여러 단독 위성항법시스템 구성이 완료되어 향후 100기 이상의 항법 위성이 존재할 경우에는 언제 어디서나 빌딩과 같은 구조물에 의해 가시가 확보되지 않을 지라도 측정 가능한 일정 수 이상의 항법위성으로부터 좋은 DOP를 확보할 수 있음을 보여준다.

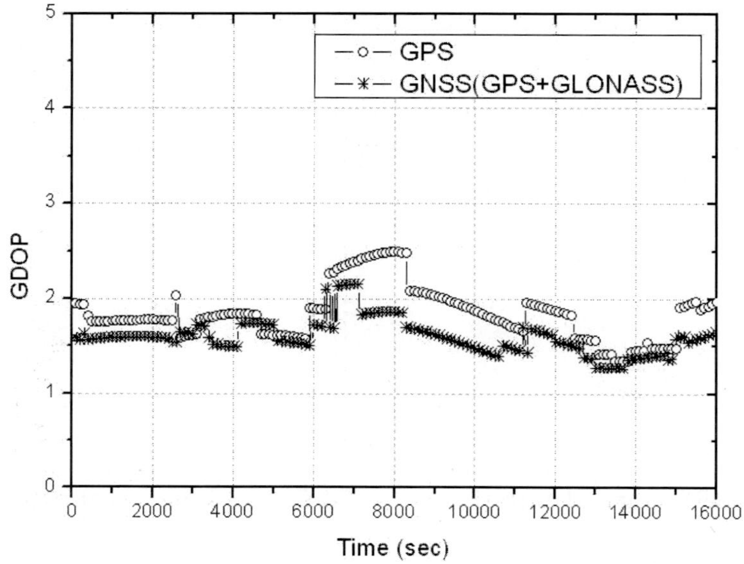

〈그림 8-27〉 통합시스템 GDOP 비교 분석(4시간 30분)

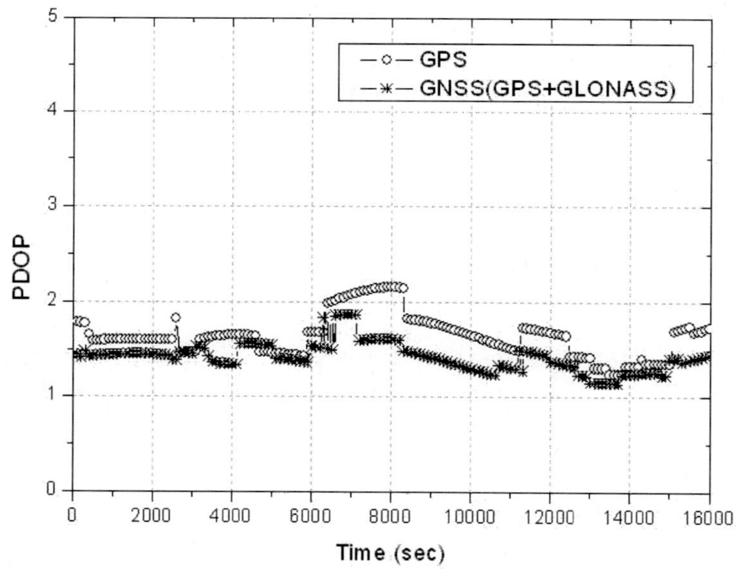

〈그림 8-28〉 통합시스템 PDOP 비교 분석(4시간 30분)

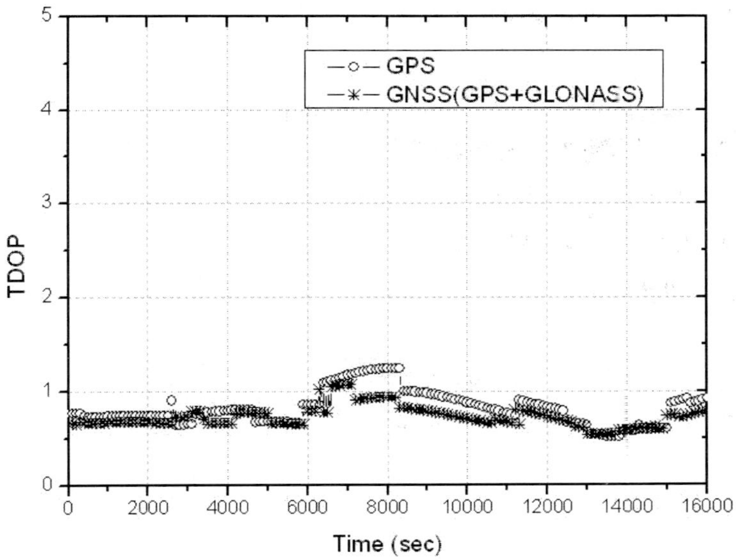

〈그림 8-29〉 통합시스템 TDOP 비교 분석(4시간 30분)

해설 **CDMA와 FDMA**

기지국과 이동국간에 많은 접속을 위해 무선 다중접속 방식을 사용한다. 다중접속 방식에는 주파수분할 다중접속(FDMA: Frequency Division Multiple Access), 코드분할 다중접속(CDMA: Code Division Multiple Access), 시간분할 다중접속(TDMA: Time Division Multiple Access) 등이 있다.

주파수분할 다중접속(FDMA) 방식은 아날로그 방식으로 주어진 대역폭을 일정한 대역폭으로 여러 채널로 나누어 각 대역폭 당 하나의 이동국을 할당하여 동시에 여러 이동국이 접속할 수 있는 방법이다. 이 방식은 전파 상호간의 간섭 방지를 위한 노력이 필요하다. 코드분할 다중접속(CDMA) 방식은 코드를 이용하여 다중의 이동국이 접속할 수 있도록 하는 기술이다. 동일한 주파수 대역에서 다중의 이동국이 동시에 접속할 수 있도록 코드화한 신호를 대역확산하여 전송하고 이동국은 확산된 신호를 수신하고 복조하여 서비스를 이용한다. CDMA는 FDMA 대비 접속 수용용량 측면에서 10 이상의 증대를 가져온다.

제5절 유럽의 GALILEO

1. 개 요

GALILEO 시스템은 GPS 및 GLONASS와는 대조적으로 민간차원에서 유럽연합에서 추진 중인 위성항법시스템이다. 현재 유럽에서 개발 중인 정지궤도 위성에 의한 GPS 보강 시스템인 EGNOS(European Geostationary Navigation Overlay System)를 이어받은 것으로 EU(European Union:유럽연합) 및 ESA(European Space Agency : 유럽우주기관)가 계획을 추진하고 있는 차세대 위성항법시스템이다.

전세계적 위성항법시스템은 미국의 GPS, 러시아의 GLONASS, 중국의 COMPASS 시스템이 있으나 이들은 군사적 목적으로 만들어졌다면 유럽의 GALILEO 시스템은 이들과 달리 민간사용을 목적으로 만들어 진다.

GALILEO 시스템은 1999년 영국, 프랑스, 독일, 3개국이 프로젝트를 추진한 이래, 현재는 모든 EU와 일부국가(대한민국, 인도 등)가 참여하여 2005년부터 본격적으로 추진되었다. 2017년 1월 현재, IOV(In-Orbit Validation) 위성을 포함하여 18기가 궤도에 올라가 있으며, 4기는 테스트 중, 14기는 정상 작동 중에 있다. 향후 2020년까지 총 30기의 위성을 구축할 예정이다.

GALILEO가 완전한 서비스 체계를 갖추었을 때 민간분야에서는 현재의 GPS 및 GLONASS 보다 더 정밀도가 높은 품질 좋은 위치 정보를 제공받을 수 있을 것이다.

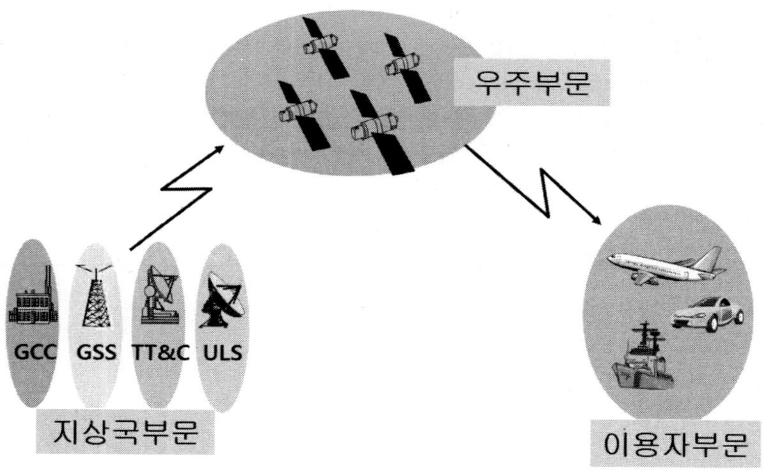

〈그림 8-30〉 GALILEO 시스템 구성요소

2. 시스템 구성

GALILEO 시스템은 <그림 8-30>과 같이 기본적인 GNSS 시스템 구성요소인 위성부문, 지상국부문, 사용자부문으로 구성된다.

GALILEO 위성은 30기의 위성이 10기씩 3개의 궤도에서 적도면과 56도 각도로 약 14시간 5분을 주기로 23,200km 상공에서 작동할 예정이다. 위성의 궤도정보는 <그림 8-31>과 같으며 30개의 중궤도(MEO) 위성의 특성은 <표 8-10>과 같다.

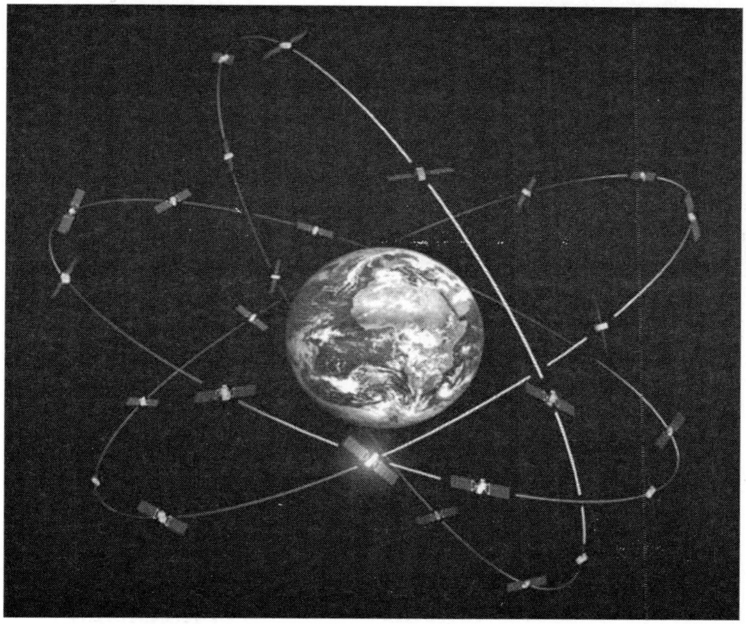

〈그림 8-31〉 GALILEO 위성의 궤도정보 [출처 : http://www.ec.europa.eu/galileo]

〈표 8-10〉 GALILEO 위성 특성

Contents	Figures
Sat. Numbers	30(24+6spares) * 18 sat 완료(2016.12.)
Orbital Altitude	23,222km
Orbital Plane	3
Orbital Inclination	56°
Operation Lifetime	〉12 years

지상국부문은 2개의 주제어국(GCC; Galileo Control Center), 5개의 관제국(TT&C Station; Telemetry, Tracking and Commanding Station), 10개의 Up-link국, 40개의 감시국(GSS; Galileo Sensor Station)으로 구성되며, <그림 8-32>와 같이 모든 국들은 통신 네트워크로 연결되어 있다.

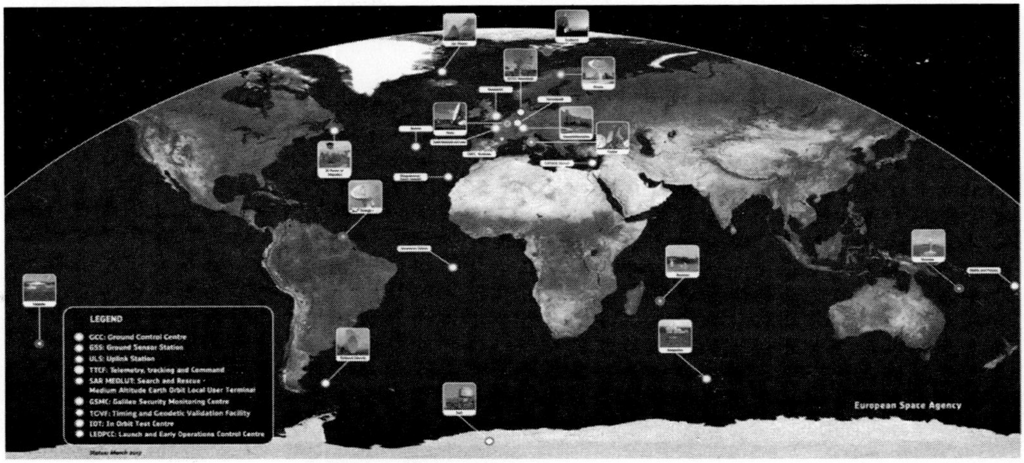

〈그림 8-32〉 지상 기지국 현황 [출처: European Space Agency]

3. 서비스

사용 주파수는 <그림 8-33>과 같이 E1, E5, E6가 할당되었으며 GPS 위성과 완전한 호환성을 갖도록 추진하고 있다.

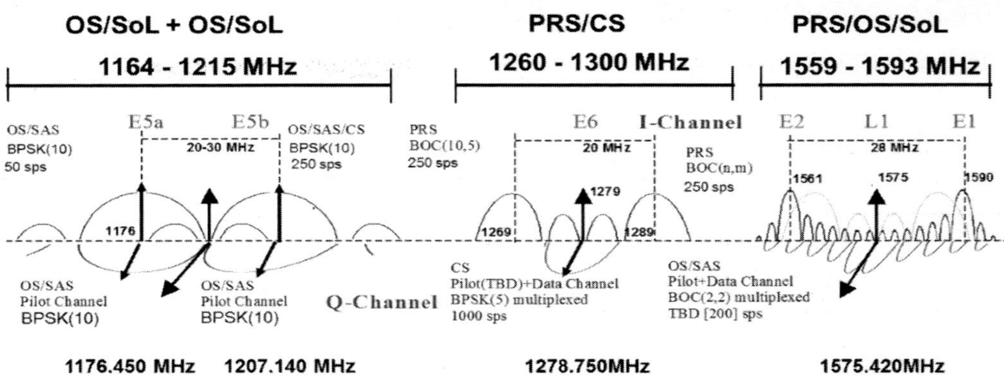

〈그림 8-33〉 GALILEO 주파수 신호 [출처: European Space Agency]

GALILEO 서비스는 일반 사용자를 대상으로 한 무료 개방 서비스(OS; Open Service)와 특정 사용자를 대상으로 한 상업 서비스, 공공관리 서비스 등 5가지 구분할 수 있으며, 다음과 같다.

① 개방 서비스(OS; Open Service) : 일반인에게 무료로 제공하는 서비스로 2개의 주파수를 이용할 시 정확도는 수평으로 4m 이내, 수직으로 8m 이내의 위치정보를 받을 수 있으며, 1개의 주파수를 이용할 시 정확도는 수평으로 15m, 수직으로 35m 이내로 제공된다.

② 상업 서비스(CS; Commercial Service) : 암호화된 신호로 유료로 제공되며 정확도는 1m 수준이고 보정시스템 사용 시는 더 정확한 위치정보를 제공받을 수 있다.

③ 공공관리 서비스(PRS; Public Regulated Service) : 국가 안보와 치안을 담당하는 군과 경찰 등에 제공되는 서비스로 신호는 암호화되며 고정밀 신뢰성 있는 정보가 제공된다.

④ 생명안전 서비스(SOL; Safety Of Life Service) : 안전과 관련된 위급상황 시 수초 안에 알려주는 서비스로 이용 가용성과 무결성이 제공된다.

⑤ 탐색 및 구조 서비스(Search and Rescue Support Service) : GMDSS 일환으로 MEOSAR인 긴급 조난신호 중계서비스이다.

4. 추진현황

GALILEO 시스템의 개발 계획을 보면, 2000년 말까지 시스템 구성이 완료되고, 2008년 완전 운용을 목표로 추진하였으나 세계경기 둔화 등 여러 이유로 지연되었다.

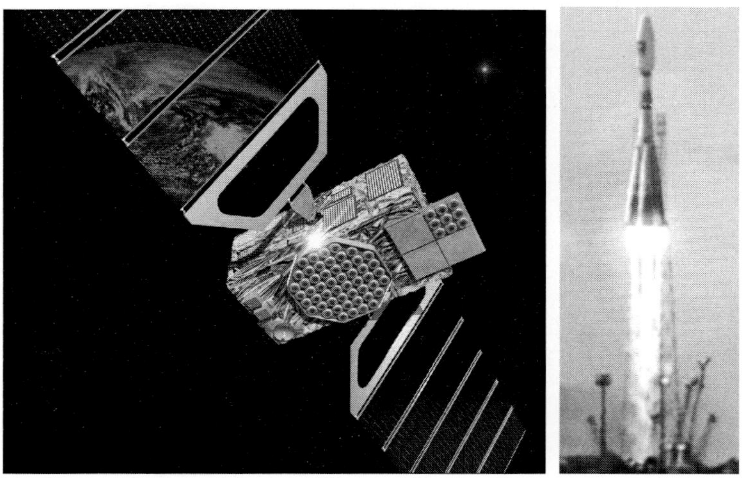

〈그림 8-34〉 위성 및 발사 사진 [출처: http://www.ec.europa.eu/galileo]

1999년 GALILEO 시스템 구축을 선언한 이래로 2005년부터 2008년까지 2기의 위성을 이용해 Testbed 단계를 거쳐 2011년부터 2012년까지 4기의 위성을 발사하여 궤도 및 위치측정 검증을 시작하였으며, 2013년부터 순차적으로 위성을 발사하고 있다. <그림 8-34>는 GALILEO 위성 및 발사 사진이다.

2017년 1월 현재, IOV 위성을 포함한 18기 위성이 올라가 14기 위성이 정상 작동 중에 있다. 위성에 대한 세부 사항은 <표 8-11>과 같다. 향후 2020년까지 총 30기의 위성(24 + 예비 6)을 구축할 예정이다.

GALILEO 시스템 정확도는 2dRMS 10m 이내를 목표로 추진 중이다.

〈표 8-11〉 궤도에 올라간 위성 현황

Satellites	Mission Name	Launch Dates	Satellite Names
Sat. 1	IOV-1	2011.10.21	GSAT-101
Sat. 2			GSAT-102
Sat. 3	IOV-2	2012.10.12.	GSAT-103
Sat. 4			GSAT-104
Sat. 5	Galileo 5	2014.08.22	GSAT-201
Sat. 6	Galileo 6		GSAT-202
Sat. 7	Galileo 7	2015.03.27.	GSAT-203
Sat. 8	Galileo 8		GSAT-204
Sat. 9	Galileo 9	2015.09.11.	GSAT-205
Sat. 10	Galileo 10		GSAT-206
Sat. 11	Galileo 11	2015.12.17	GSAT-208
Sat. 12	Galileo 12		GSAT-209
Sat. 13	Galileo 13	2016.05.24.	GSAT-210
Sat. 14	Galileo 14		GSAT-211
Sat. 15	Galileo 15	2016.11.17.	GSAT-207
Sat. 16	Galileo 16		GSAT-212
Sat. 17	Galileo 17		GSAT-213
Sat. 18	Galileo 18		GSAT-214

제6절 중국의 COMPASS

1. 개 요

COMPASS 시스템은 중국의 위성항법시스템으로 지역항법시스템 개념의 Beidou-1을 세계적인 항법시스템으로 발전시킨 Beidou-2를 일컫는 말이다.

Beidou 용어는 고대인들이 방향을 찾기 위해 북두칠성(Big Dipper)을 이용했다는 것에 유래되었으며 COMPASS는 과거 중국에서 최초로 개발한 나침반에서 미래에는 COMPASS 시스템이 인류에 공헌하라는 큰 의미를 담고 있다.

BeiDou 시스템 구축 추진은 미국과 러시아에 이어 2000년 초 유럽연합과 유럽우주국이 공동으로 위성항법 정보 독립을 위해 글로벌위성항법시스템 Galileo 프로젝트 추진을 의식한 중국의 우주 인프라 구축을 위한 국가정책이 원동력이 되었다.

중국이 독자적인 위성항법시스템 구축을 위해 2000년 10월 31일 첫 번째 항법위성 BeiDou-1A를 발사 한 이후 2007년 2월까지 4개의 BeiDou-1 항법위성을 발사하며 본격적인 위성항법 개발 및 운용 서비스를 준비하였다. 이어서 2007년 4월 첫번째 BeiDou-2 항법위성 Compass-M1을 궤도에 올린 후 2012년 12월을 기하여 전격적으로 전 세계에 중국의 독자적인 위성항법 개발 선언과 함께 부분적 항법서비스를 시작하였다.

COMPASS 위성항법시스템의 사용현황을 보면, 2012년 지역적 서비스 개시 이후 중국은 물론 아시아 지역을 중심으로 주변국들의 사용이 증가하고 있다. 중국 내에서는 이미 위치기반시스템로 이용하는 스마트폰이 출시되었고 교통관제, 기상 및 재난예측 등 다양한 분야에서 활용되고 있다.

또한, 중국의 공식적인 위성항법 첫 사용국인 태국에서는 범 정부차원의 지원 아래 자국의 교통정보시스템 등에 사용하고 있다. 이 외에 파키스탄을 비롯한 아시아지역에서도 사용이 늘어나고 있다. 2020년 세계적인 항법시스템으로 발전하게 되면 더욱 급속히 팽창할 것으로 전망된다.

최근 2014년 11월 27일 영국 런던에서 개최된 94차 국제해사기구(IMO; International Maritime Organization) 안전위원회에서 중국의 BeiDou 위성항법시스템을 글로벌전파항법시스템의 일원으로 승인하는 역사적 사건이 있었다. 이는 중국이 2년 전 자국의 위성항법시스템 서비스를 선언한 후 미국의 GPS, 러시아의 GLONASS에 이어 세계에서 세 번째로 위성항법시스템에 대해 국제기구로부터 합법적인 지위를 얻었음을 의미한다.

또한, 2000년 초 계획에 착수하여 단기간에 빠른 속도로 발전해 온 중국의 위성항법에 대해 개발초기 우려의 시각으로 지켜보던 미국 정부와의 협력강화, 위성항법시스템의 해외진출 시작 등에서 볼 수 있듯이 향후 GNSS 시장에 큰 변화를 줄 것으로 기대된다.

2. 시스템 구성

COMPASS 시스템은 <그림 8-35>에서 보이듯이 기본적인 GNSS 시스템 구성요소인 위성부문, 지상국부문, 사용자부문으로 구성된다.

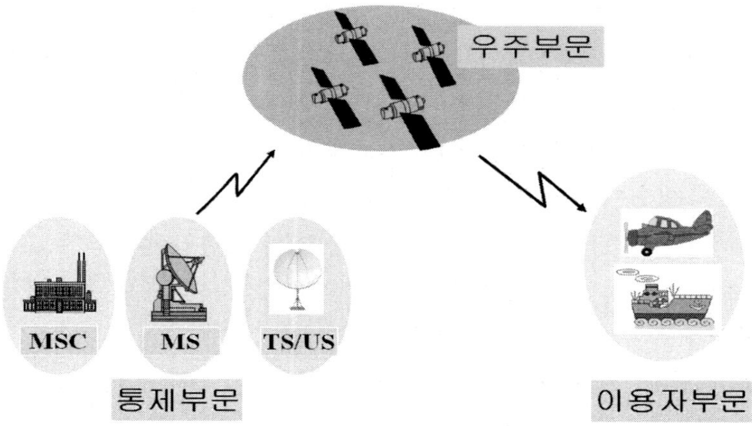

〈그림 8-35〉 COMPASS 시스템 구성 요소

위성부문은 5기의 정지궤도 위성과 30기의 중궤도 위성(27 MEO, 3 IGSO)으로 구성되며, 중궤도 위성은 적도면과 55도 기울어져 3개의 궤도에 약 21,500km 상공에서 작동할 예정이다. <그림 8-36>은 COMPASS 위성의 궤도 정보이다.

지상국부문은 주제어국(MCS; Master Control Station), 시간동기/업로딩국(TS/US; Time Synchronization / Upload Station), 감시국(MS; Monitor Station)로 구성된다.

주제어국(MCS)의 주 업무는 각 감시국을 통해 관측된 데이터를 모으고 처리 분석하여 위성항법 메시지를 만들어 업로드 하는 것이다. 시각동기 및 업로딩국의 주업무는 주제어국(MCS)과 공동 작업아래 항법메시지를 업로드하고 주제어국(MCS)과 데이터를 교환하여 시간을 동기화시키고 측정한다. 마지막으로 감시국(MS)의 주 업무는 항법위성을 계속해서 추적, 감시하는 것이며 항법신호를 받아 관측된 데이터를 주제어국(MCS)에 제공하는 것이다.

〈그림 8-36〉 COMPASS 위성의 궤도 정보 [출처 : http://www.beidou.gov.cn]

3. 신호 및 서비스

COMPASS 시스템의 사용 주파수는 4개의 대역에 분포하고 있다. E1, E2, E5, E6이며 <그림 8-37>과 같다.

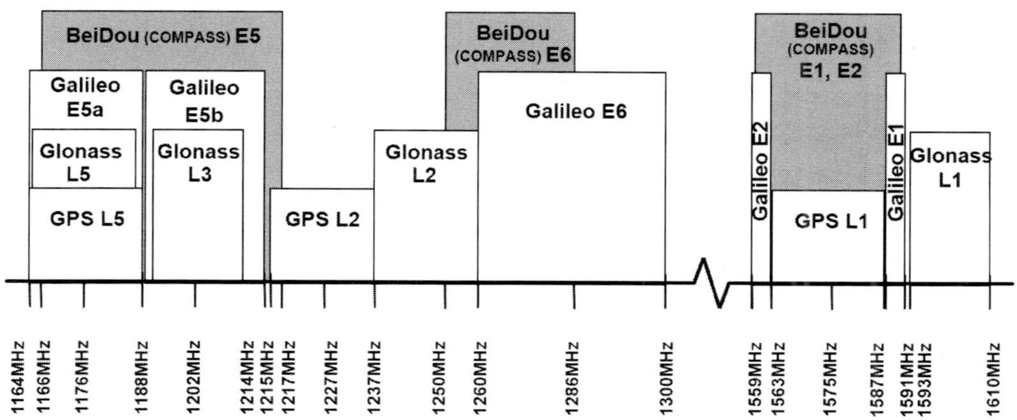

〈그림 8-37〉 COMPASS 시스템 사용 주파수

4개의 주파수 대역 중 2개 E1, E2가 Galileo 주파수 대역과 겹치고, GPS나 GLONASS 주파수에도 간섭을 야기 시킬 가능성이 있어 기존 국가들과 기술적으로나 외교적으로 문제점이 나타날 소지도 있다.

ITU 정책은 특정 주파수에 대하여 전파발사를 시작하는 첫 번째 국가가 주파수 사용우선권을 갖는다. 따라서 여타의 사용자가 그 주파수를 사용하려면 사전에 허가를 받아야 하거나 반드시 상호 간섭을 해결 할 수 있음을 입증해야 한다. 따라서 중국은 유럽에서 개발하고 있는 위성항법 시스템과의 마찰을 피하고 주파수 사용 권한을 확보하기 위하여 실험용 항법위성 2기를 이용하여 광범위한 연구를 진행하여 유럽의 Galileo 위성보다 앞서 개시하였기 때문에 중국에게 우선권이 있다고 할 수 있다.

COMPASS 시스템 서비스는 개방서비스와 자격서비스로 구분이 된다. 개방서비스는 민간용 무료서비스이며 자격서비스는 정부 및 군사용 서비스이다. 서비스 범위는 <그림 8-38>과 같이 중국 및 아시아 태평양지역이며, 중국내에서는 10m 수준, 그 외에서는 20m 수준으로 서비스가 가능하다. 또한 50ns의 시각정보와 0.2m/s 이내의 속도정보 제공이 가능하다.

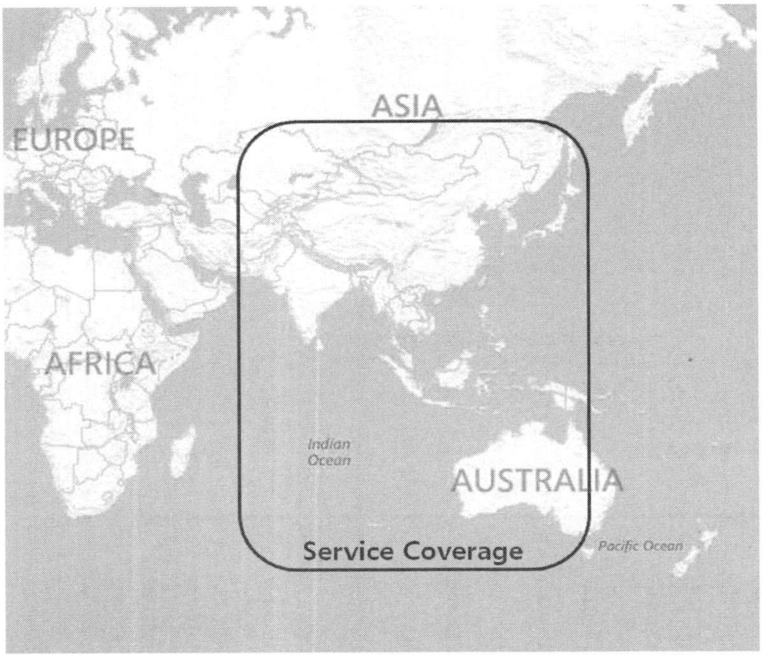

〈그림 8-38〉 COMPASS 시스템의 현재 서비스 범위(지역적 서비스 수준 시)

4. 추진형황

중국은 2000년 10월 최초의 Beidou-1 실험위성을 발사한 이래로 2003년까지 개념 및 실험 단계를 거쳐 2012년까지 14기 위성(5 GEO, 5 IGEO, 4 MEO)을 구축하였다. <그림 8-39>는 COMPASS 위성 형상과 발사 사진이다.

〈그림 8–39〉 COMPASS 위성 형상 및 발사 사진

중국이 단계별 추진한 내용은 다음과 같다.

- 1단계(BeiDou- Ⅰ : 2000년~2003년) : 초창기 중국의 위성항법시스템 개발은 3개의 정지위성으로 시작되었다. 2000년 첫 2기의 BeiDou 항법실험 위성이 발사되었으며, 2003년 세 번째 실험 위성이 발사 되었다.
- 2단계(BeiDou-Ⅱ: ~2012년) : 중국과 주변국을 포함한 지역에 대한 위성항법정보 서비스를 목표로 2004년부터 항법위성을 궤도에 올리기 시작하여 2012년까지 정지궤도위성 5기와 IGSO 위성 5기, 중궤도 위성 4기를 포함한 14기의 항법위성을 궤도상에 성공적으로 배치하여 아시아-태평양 지역에 대하여 2012년 12월부터 공식적인 서비스를 제공하기 시작했다.
- 3단계(BeiDou-Ⅲ: ~ 2020년 : BeiDou-2의 확장으로서 전 세계를 서비스영역으로 한 중국의 독자적 세계적 위성항법시스템 계획의 완성단계이다. 독자적 위성항법시스템 완성 해인 2020년까지 약 35기 이상의 항법위성이 궤도상에 배치될 계획이다.

5. COMPASS 시스템 실측 데이터 분석 결과

저자가 직접 COMPASS 시스템 데이터를 수신하여 분석한 결과, 수신된 위성들의 C/N 비(Carrier-to-Noise Ratio)가 대부분 40dB-Hz 이하로 확인됨으로써 신호사용의 지속성에는 한계가 있음을 알 수 있었다. 한편, 가용 항법위성 중 50%에 가까운 위성이 남서방향에 치우쳐 있는 반면, 고각은 거의 45도를 기준하여 거의 대등하게 분포하고 있음을 알 수 있었다. 이는 서비스 운용 초기단계의 한계로써 시스템 완성 시기인 2020년까지는 개선 될 것으로 전망된다. <그림 8-40>에 실험 및 실측에 사용된 항법위성의 궤도상 위치 및 C/N 크기를 나타내었다. 실측 데이터를 분석한 결과 <그림 8-41>에 위도, 경도, 고도 데이터를 도시하였다. <그림 8-42>처럼 항법정밀도는 5m 수준으로 매우 양호하게 나타났다. 그럼에도 불구하고 아직 세계적인 서비스에는 못 미치고, 일부 구역만을 집중 서비스 구역으로 제한한 점, 항법위성의 신호강도 문제점 등이 아직은 애로사항이지만 <그림 8-43>에서 보이는 바와 같이 신호사용이 가능한 기간 동안의 실시간 측정위치분포가 정규분포에 근사한 것으로 나타나 향후 항법위성의 증가와 함께 더욱 안정적인 항법정보를 제공하게 될 것으로 기대된다.

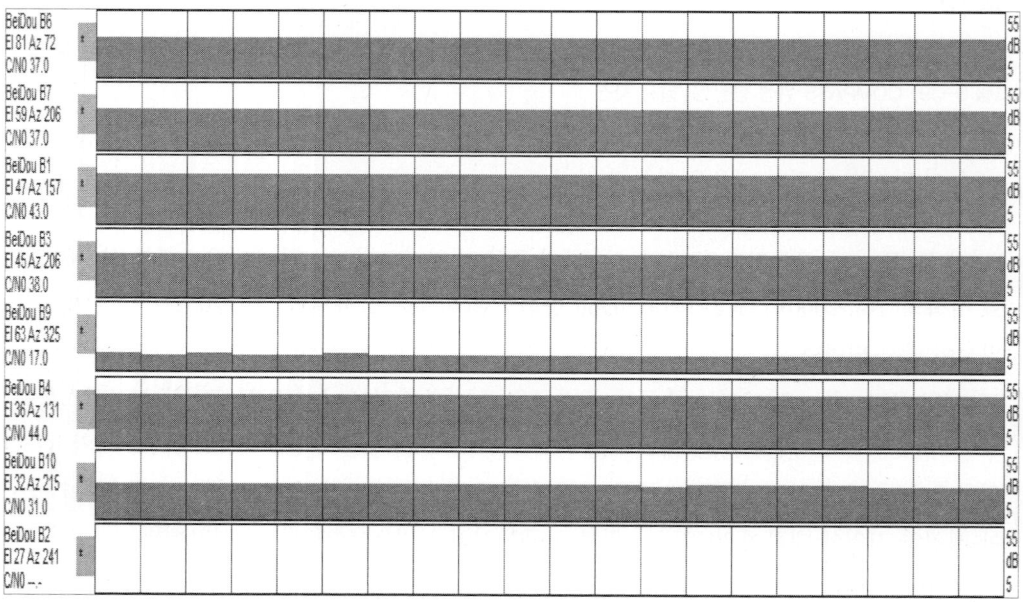

〈그림 8-40〉 실험 및 실측에 사용된 위성과 C/N비 값

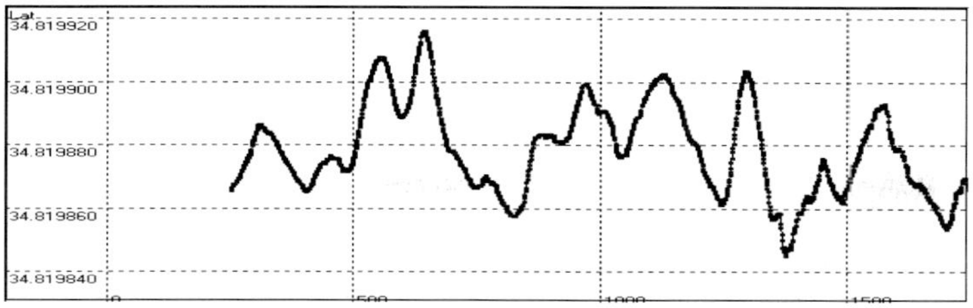

(a) 위도

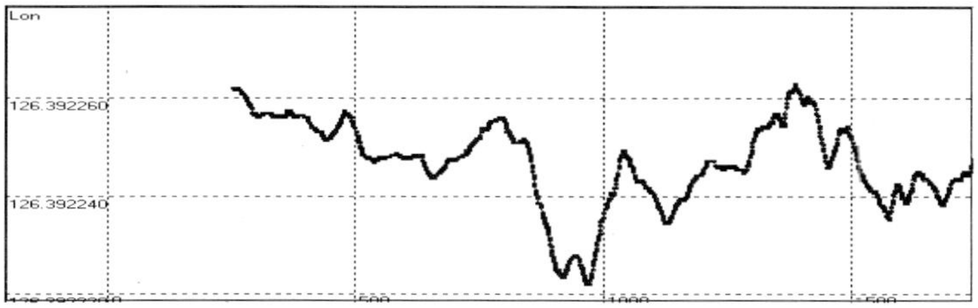

(b) 경도

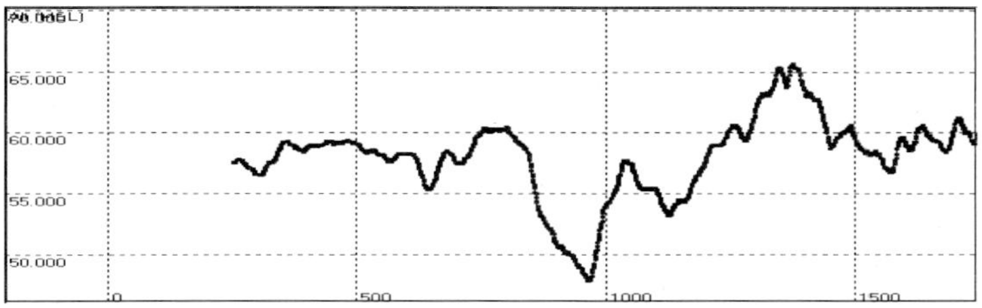

(c) 고도

〈그림 8-41〉 실측 데이터의 위도, 경도, 고도 값

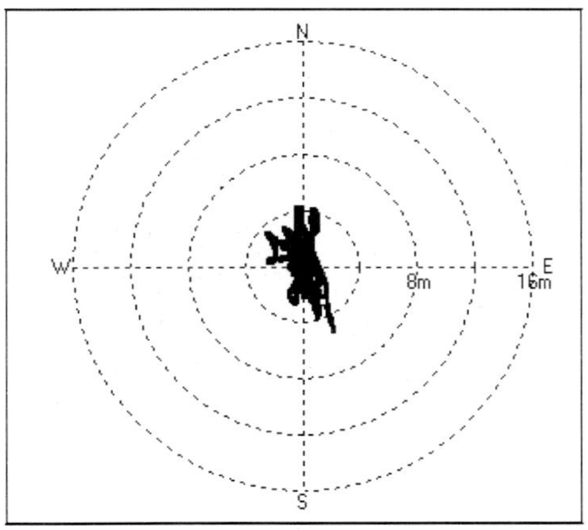

〈그림 8-42〉 측정된 위치 정밀도

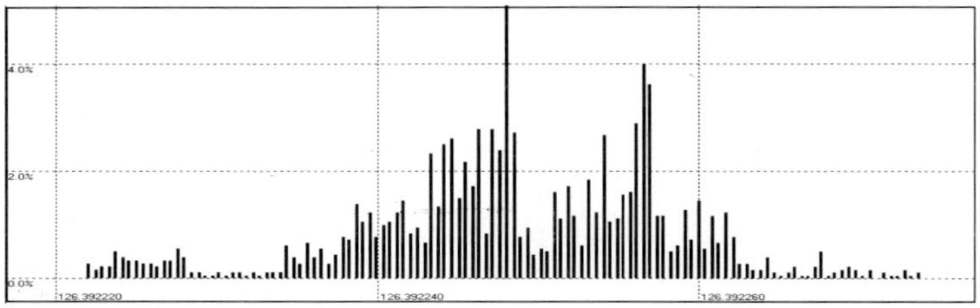

(a) 위도

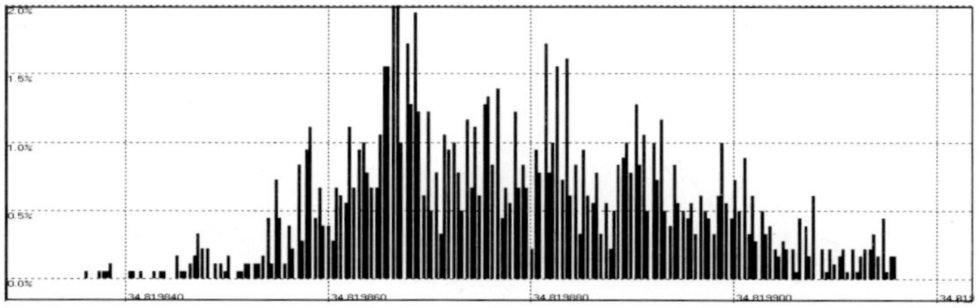

(b) 경도

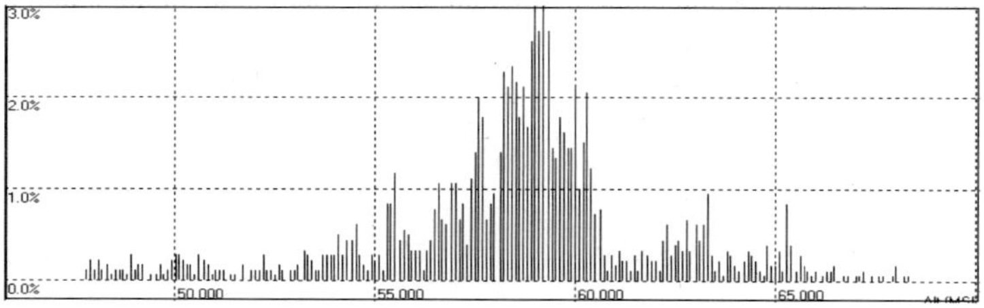

(c) 고도

〈그림 8-43〉 측정 위치 분포도

해설 나침반(COMPASS)

나침반은 영어로 COMPASS라고하며 자침으로 방위를 알 수 있도록 만든 기구를 말한다. 최초의 나침반은 1세기경 중국에서 처음 사용되었다고 전해지며, 11세기 이후 항해에 사용되기 시작하였다. 과거 북극성을 기준으로 방향의 감각을 갖고 항해하던 시절에 비해 밤과 낮 동안 제한시계에서도 언제든지 어디서든지 방향을 알고 항해를 할 수 있다는 것은 대단한 혁신이었다. 지금은 나침반이 자기나침반, 전륜나침반, GPS 나침반 등으로 구분된다. 중국이 자국의 위성항법시스템을 COMPASS라고 명명한 것은 최초의 나침반이 중국에서 사용되었다는 의미와 미래에 대한 큰 뜻을 품고 있는 것으로 보인다.

〈한나라의 남쪽을 가리키는 국자〉
[출처: 위키 백과]

제7절 일본의 QZSS

1. 개 요

일본의 QZSS(Quazi-Zenith Satellite System) 시스템은 독립적인 전세계적 위성항법시스템 GNSS와 근본적으로 다른 점이 독자적으로 위치결정을 할 수 없다는 점이다. 미래에 일본의 정지궤도 위성 등과 연계하면 지역항법시스템으로 독자적인 항법시스템으로 운용할 수 있을 것으로 예상은 되지만, 현재로서는 독자적으로 3차원 위치정보를 얻을 수 없어서 GPS와 상호보완적인 위성항법시스템이다.

QZSS는 일본의 국가우주발전프로그램의 일환으로 추진되는 지역위성항법시스템으로써 일본정부에 의해 2002년 시작되었다. 초기의 계획은 Mitsubishi Electric Corp., Hitachi Ltd. 및 GNSS Technologies Inc. 등이 포함된 ASBC(the Advanced Space Business Corporation)에 의해 추진되었으나, 2007년에 창설된 새로운 조직인 JAXA(Japan Aerospace Exploration Agency)로 그 업무가 이관되어 추진되고 있다.

QZSS 시스템의 핵심 이점은 첫째로 GPS와의 연계한 사용위성의 가용성, 호환성 및 상호운용성을 향상 시켜 도심지나 산악지역 등에서 GPS를 비롯한 독자적인 GNSS 시스템을 보완하고, 둘째로 항법위성의 보정 데이터를 QZSS 위성을 통해 사용자에게 전송함으로써 DGNSS 기능을 수행토록 하는 것이다.

그럼에도 불구하고 현재까지 계획되거나 보고된 QZSS의 위성궤도와 운용위성 수 등을 고려할 때 독자적인 QZSS 위성만으로는 3차원 위치측정이 어렵다. 따라서 QZSS 항법위성의 신호인 L1, L2 등의 신호체계가 기존의 GPS 신호와 호환되도록 설계되었기 때문에 QZSS 위성을 이용한 위치결정은 위치결정 지점에서 수신이 가능한 GPS 위성과 더불어 3차원 위치결정이 가능하다.

<그림 8-44>와 같이 도심지 또는 장애물이 있는 곳에서는 그 위치의 상공에서 여러 개의 GNSS 위성에서 정상적으로 위성신호가 발사된다 하더라도 수신기 위치 주변의 장애물로 인하여 실제 추적 가능하고 위치결정에 사용할 수 있는 가용위성은 현저히 줄어든다. 특히 가용 GPS 위성이 3개 이하인 경우 3차원 위치 측정은 불가능하다. 이 경우 높은 고각에서 신호서비스가 가능한 QZSS 위성이 1개 존재한다고 할 때 GPS와 QZSS 위성조합으로 최소한 4개의 위성관측이 가능하여 3차원 위치결정이 가능하다.

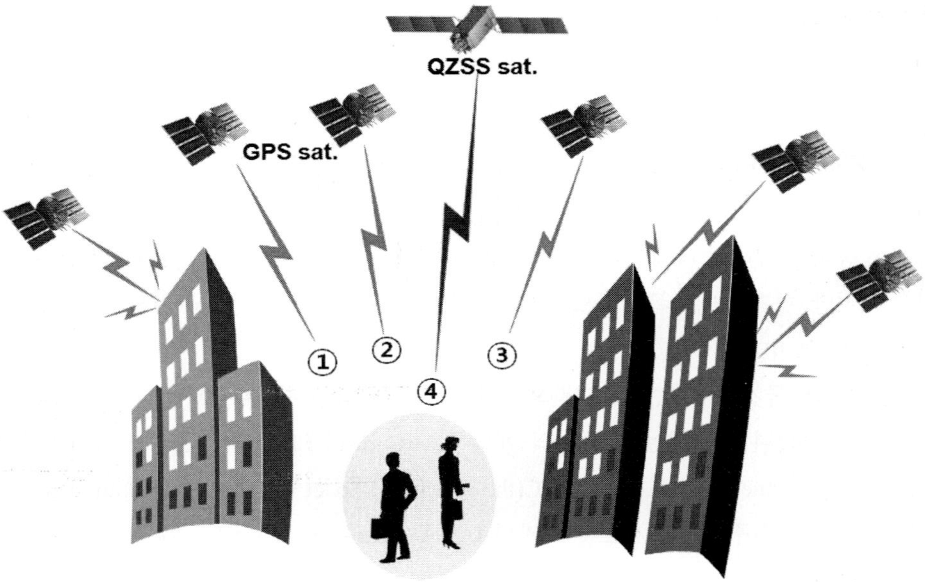

〈그림 8-44〉 GPS와 QZSS의 통합된 위치 모델

QZSS처럼 서로 다른 GNSS를 통합 사용하기 위해서는 우선적으로 상호운용성 및 호환성이 전제되어야 한다. 특히 항법위성에서 발사하는 신호구조, 주파수, 코드확산방식 및 항법데이터(메시지) 포맷은 물론 좌표체계 등 다양한 분야에서 기술적 연구가 필요하다.

QZSS와 GPS의 경우도 2002년 GPS 와 QZSS간 신호의 상호운용 및 호환에 대한 기술실무위원회 발족 이래 2006년 1월 미국-일본간 상호협정에 따라 GPS위성과 QZSS위성의 완전한 상호 운용 및 호환이 가능하도록 시스템이 설계되었다.

QZSS-Galileo(일본의 JAXA-EU간 지속적인 협의)의 경우도 L5-E5a, LEX-E6, L1C-E1의 스펙트럼이 같거나 거의 같아서 RF신호 호환가능성이 매우 높다. 또 중국의 COMPASS와의 호환성은 물론 인도의 IRNSS(Indian Regional Navigation Satellite System), 러시아의 GLONASS와의 호환성 가능성도 충분히 예견된다.

QZSS는 일본 위성항법 측지계인 JGS(Japan satellite navigation Geodetic System)을 채택하고 있으며, 이는 GPS의 WGS-84와는 약 0.02m 정도의 차이가 있다. 또 QZSS 신호 사용을 위해 수신기를 제작하거나 응용을 위한 시스템구성, 신호구조 및 사양, 서비스 성능 특성 등이 포함된 인터페이스 자료는 누구에게나 무료로 JAXA의 웹사이트를 통해 얻을 수 있도록 공개하고 있다.

2. 시스템 구성

QZSS는 <그림 8-45>와 같이 위성부문, 지상국부문, 사용자부문으로 구성된다.

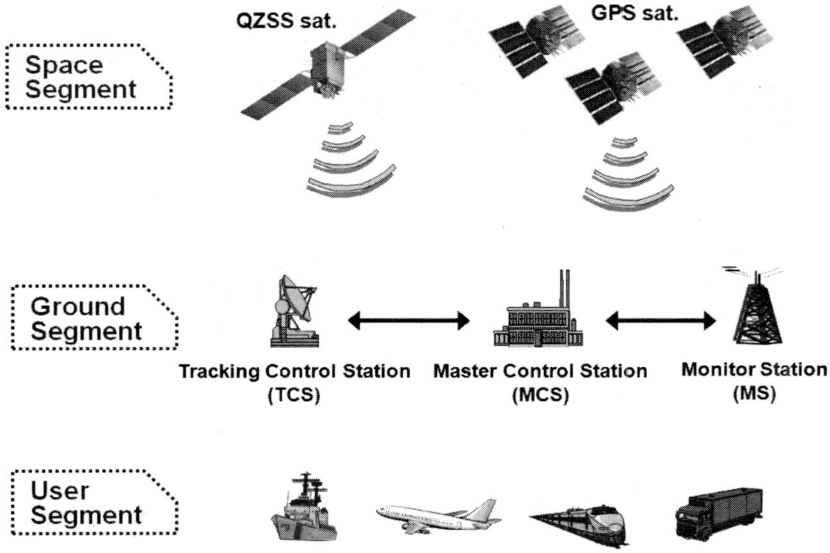

〈그림 8-45〉 QZSS 구성요소

QZSS의 우주부문을 구성하고 있는 준천정위성(QZS; Quasi-Zenith Satellite)은 준천정궤도(QZO; Quasi-Zenith Orbit)와 정지궤도(GEO; Geostationary Orbit)에 배치된 위성 모두를 포함하고 있다. 기본적으로 QZSS 위성은 3개의 준천정위성과 1개의 정지궤도 위성 총 4개의 위성으로 구성될 예정이며, 이후 3개의 정지궤도 위성이 추가되어 총 7개의 위성으로 운용 예정이다.

준천정궤도의 3개 위성은 <그림 8-46> (a)와 같이 일정주기를 갖는 초고도의 타원궤도로써 장반경 42,164 km, 궤도경사각 39~47도, 이심율 0.06~0.09이며 최소한 3개의 위성 중 1개는 일본 열도 부근 천정에서 항상 서비스를 할 수 있도록 배치되어 있다.

QZSS는 원지점에서는 위성의 궤도속도가 느려지게 되며, 일본 열도 상공에서의 위성 체공시간이 길어서 동경 인근 및 일본의 주요 도심에서 한 개의 위성이 고각 70도에서 약 8시간, 50도에서 12시간, 20도에서 16시간 준천정위성을 관측할 수 있도록 설계되어 있다. 따라서 <그림 8-46> (b)에서 보는 바와 같이 3개의 위성이 정상적으로 운용될 경우 최소 한 개의 위성이 고각 70도 이상에서 24시간 관측 가능하게 되어 하루 24시간 관측이 가능함을 의미한다.

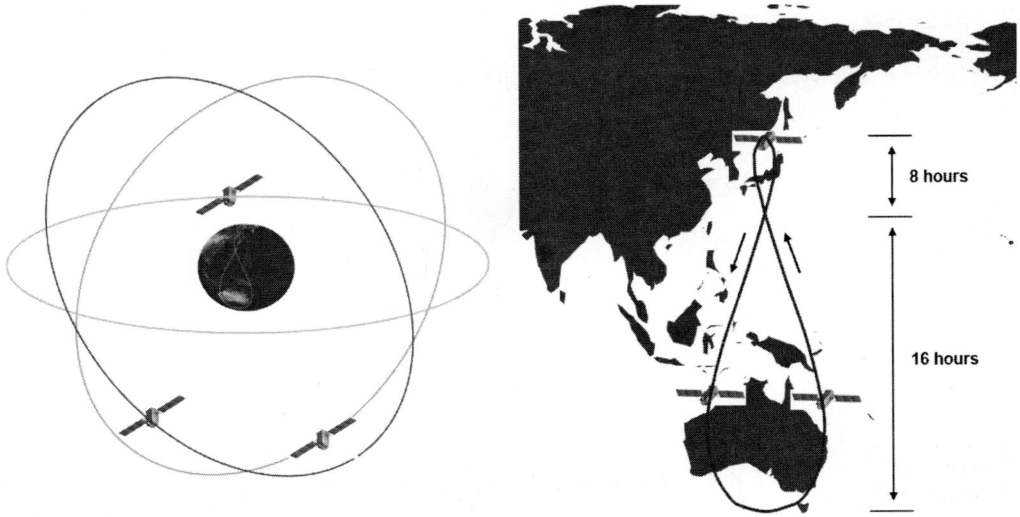

(a) 궤 도 (b) 지상 트랙

〈그림 8-46〉 QZSS 시스템의 궤도와 지상 트랙

지상국부문은 주제어국(MCS; master control station), 추적제어국(TCS; tracking control station), 감시국(MS; Monitor Station) 및 레이저거리 측정국(SLR site; Satellite Laser Ranging site)으로 구성되었다.

감시국망은 동아시아와 동아시아권 해양을 영역권으로 하고 있으며, 일본 내의 감시국은 Okinawa, Sarobetsu, Koganei, Ogasawara, 해외 감시국은 Bangalore (India), Guam (USA), Canberra (Australia), Bangkok (Thailand) and Hawaii (USA) 등에 두고 있다. 또 주제어국에서는 오키나와에 있는 추적제어국을 통해 항법메시지를 QZSS 위성으로 송신한다.

3. 신호 및 서비스

QZSS 시스템의 신호는 <표 8-12>와 같이 L1-C/A, L1C, L2C, L5, L1-SAIF, LEX로 구분할 수 있는데 대부분 기존의 GPS 신호와의 상호 운용성을 목적으로 하고 있다. 반면에 L1-SAIF의 경우는 단일 GPS 측위 시스템에 대한 보강체계인 GPS-SBAS와의 상호 운용성을 고려하고, LEX의 경우는 3cm 수준의 초정밀 서비스제공을 목적으로 하고 있으며, 향후 Galileo E6 신호와의 상호 운용성 및 호환성을 고려하고 있다.

위의 신호들 중 L1-C/A, L2C, L5 and L1C는 무료제공을, L1-SAIF(sub meter class) and LEX(centimeter class)의 경우는 사용자의 부담을 기본으로 할 예정이다. 또 수신기의 최소 수신 강도는 L1C의 경우 -158.25~-163.0dBw, L1-C/A의 경우 - 158.5dBw 수준이다.

〈표 8-12〉 QZSS 신호 특성

Signal	Frequency	Spreading Freq.
L1-C/A	1575.42 MHz	0.1 × f_0
L1C		
L1-SAIF		
L2C	1227.60 MHz	0.1 × f_0
L5	1176.45 MHz	1 × f_0
LEX	1278.75 MHz	0.5 × f_0

QZSS의 서비스 운용특성 중 독립적인 전세계 위성항법시스템 GNSS와 근본적으로 다른 점 중 하나는 독자적으로 위치결정을 할 수 없다는 점이다. QZSS 위성을 이용하면 GDOP (Geometric Dilution Of Precision)가 향상되어 항법해의 정확도 및 가시성을 향상시킬 수는 있으나, 신호서비스 범위가 아시아 태평양지역으로 서비스가 제한되고, 미래에는 정지궤도 위성 등과 연계하여 독자적인 지역항법시스템으로 발전시킬 예정이다.

4. 추진 현황

QZSS는 일본의 국가우주발전프로그램의 일환으로 추진되는 지역위성항법시스템으로써 일본정부에 의해 2002년 시작되어 2006년에는 미-일간 신호에 대한 상호 운용성과 호환성에 대한 협정을 체결하고 추진하고 있다.

QZSS 시스템은 2010년 9월 최초의 QZSS 위성 Michibiki 1호가 발사되어 2011년부터 정상적으로 운용되고 있고, 2023년까지 최 7개의 위성이 운용될 것으로 알려져 있다. <그림 8-47>은 미래의 QZSS 시스템 구성이다.

QZSS 시스템 서비스 범위는 일본을 중심으로 아시아-태평양 지역까지 이른다. 따라서 기존의 GPS 사용자는 GPS와 QZSS 위성 상호간에 상호운용성과 호환성이 가능하여 GPS와 QZSS 통합위성항법 사용이 가능할 것이다.

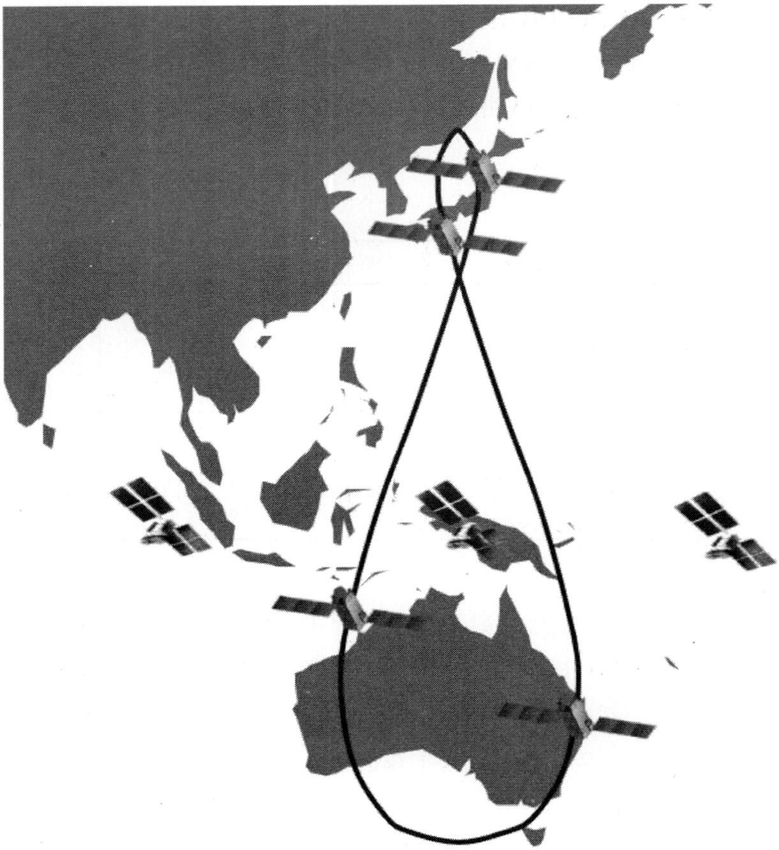

〈그림 8-47〉 미래의 QZSS 시스템 구성

제8절 인도의 IRNSS

1. 개 요

IRNSS(The Indian Regional Navigation Satellite System) 시스템은 인도의 지역항법시스템으로 NAVIC(NAVigaion with Indian Constellation)이라고도 불린다.

IRNSS 시스템 개발 배경은 1999년 전쟁에서 시작되었다. 1999년 인도와 파키스탄 간 카르길 전쟁(Kargil War; 1999년 인도와 파키스탄 간에 발생한 인도령 카슈미르지역 카르길에서의 전쟁)이 발생하였다. 이 전쟁은 파키스탄이 핵개발 완료 후 국지전을 통해 국제사회의 관심을 끌어 모아 자국의 이익을 취하려고 인도에 대한 선제공격으로 시작되었다. 전쟁은 핵전쟁으로의 확전에 대한 우려와는 달리 2개월 만에 인도의 승리로 끝났다. 당시 미국에 의해 전쟁지역에 GPS가 차단되었다. 이 때 외국 정부가 통제하는 위성항법시스템에 대한 접근은 적대적인 상황에서는 보장되지 못한다는 것을 깨닫고 독자적인 위성항법시스템을 개발하고자 하였다. 인도 정부는 2006년 5월에 위성항법개발 프로젝트를 승인했다. 2013년부터 2016년까지 7개의 위성(3 GEO 위성, 4 GSO 위성)을 발사하여 인도전역 1,500km에 대한 20m 이내의 정확한 위치정보 및 시각정보를 제공하고 있다.

IRNSS는 인도의 SBAS(Space Based Augmentation System)인 위성항법보강시스템 GAGAN (GPS Aided GEO Augmented Satellite Navigation)과 병행하여 개발되어 더욱 정밀 서비스를 제공할 것이다. GAGAN에 대해서는 제9장 위성항법보정시스템에서 구체적으로 설명하고자 한다.

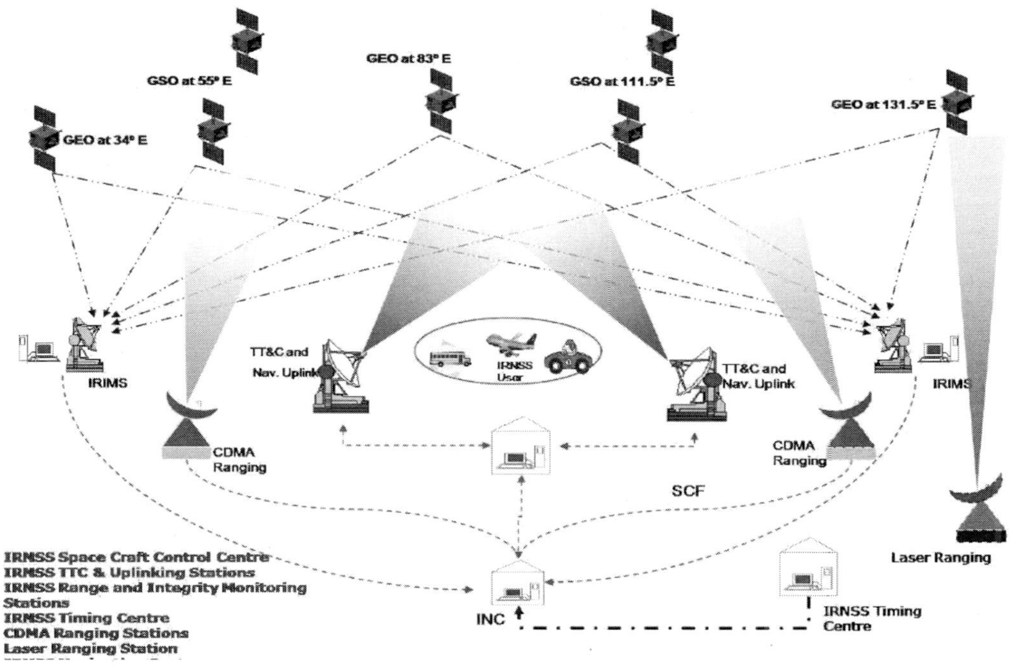

〈그림 8-48〉 시스템 구성 [출처: Indian Space Research Organization HQ]

2. 시스템 구성

시스템은 우주부분과 지상국부분, 사용자부분으로 나누어지며 <그림 8-48>과 같다.

우주부분은 7개의 위성으로 구성되며, 3개 위성은 32.5°E, 83°E, 131.5°E의 정지궤도(GEO)에 올라가 있고, 4개의 위성은 두 개의 지구동기궤도(GSO)에 있다. GSO 위성은 적도 상공의 55°E와 111.75°E에서 교차하며, <그림 8-49>처럼 "8"의 형태로 움직이는 것처럼 보인다.

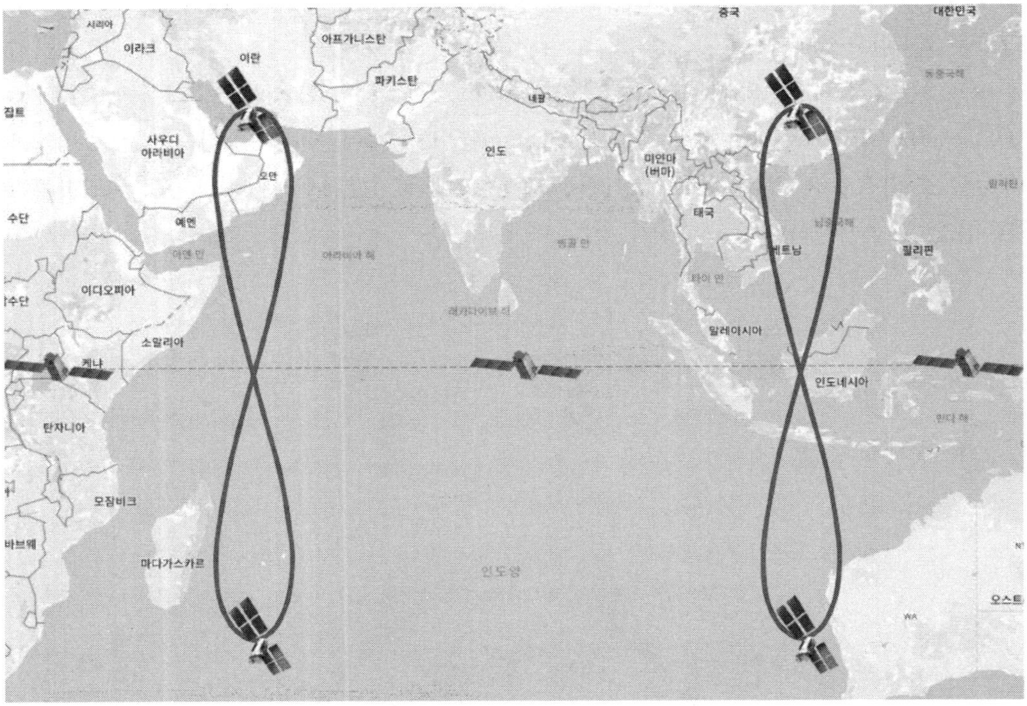

〈그림 8-49〉 위성 궤도

위성은 루비듐 원자시계, 시계 관리 및 제어 유닛, 주파수 생성 유닛, 변조 유닛, 고출력 증폭기 유닛, 전력 결합 유닛, 안테나로 이루어지며, 질량은 1,425kg이고 태양 전지판이 1,600W의 출력을 생성하고 있다.

위성은 IRNSS-1A는 2013년 7월 1일에 발사되었고, IRNSS-1B는 2014년 4월 4일에 발사되어 적도 상공의 55°E 지구동기궤도(GSO)에 올라갔다. IRNSS-1C는 2014년 10월 16일에 83°E의 정지궤도(GEO)에 올라갔다. IRNSS-1D는 2015년 3월 28일, IRNSS-1E는 2016년 1월 20일 적

도 상공의 111.75°E 지구동기궤도(GSO)에 올라갔다. IRNSS-1F는 2016년 3월 10일 32.5°E의 정지궤도(GEO)에 올라갔으며, IRNSS-1G는 2016년 4월 28일에 129.5°E의 정지궤도(GEO)에 올라가 총 7개의 위성 구축이 완료되었다. 구축된 위성 현황은 <표 8-13>과 같다.

〈표 8-13〉 IRNSS 위성 구축 현황

위성명	위 치	궤도 경사각	발사일자	비 고
IRNSS-1A	55°E	29°	2013.07.01.	GSO
IRNSS-1B	55°E	29°	2014.04.04.	GSO
IRNSS-1C	83°E	–	2014.10.15.	GEO
IRNSS-1D	111.75°E	29°	2015.03.27.	GSO
IRNSS-1E	111.75°E	29°	2016.01.20.	GSO
IRNSS-1F	32.5°E	–	2016.03.10.	GEO
IRNSS-1G	129.5°E	–	2016.04.28.	GEO

지상국부분은 위성을 제어하기 위한 시설로써 위성제어센터(IRSCC; IRNSS Spacecraft Control Center), 항법제어센터(INC; IRNSS Navigation Control Conter), 관제국(IRIMS; IRNSS Range and Integrity Monitoring Station), 레이저 거리국(LRS; Laser Ranging Station), 타이밍 센터(IRTC; IRNSS Timing Center), TTC & 업링크국(IRTTC; IRNSS TTC & Uplink Station), 데이터 통신 네트워크(IRDCN; IRNSS Data Communication Network)로 구성된다.

위성제어센터(IRSCC)와 항법제어센터(INC)는 핵심 지상국부분으로 위성을 제어하고 전리층 및 시각오차를 예측하는 임무를 수행한다. 또한 17개의 관제국(IRIMS)은 인도 전역에서 위성 궤도와 전리층을 모델링한다.

3. 신호 및 서비스

IRNSS 위성 신호는 CDMA방식으로 <그림 8-50>과 같이 L5(1,176.45 MHz)와 S-대역(2,492.028 MHz)의 두 주파수 신호를 사용하며, 위성으로의 업 링크는 C-대역(6,700 - 6,725 MHz)을 사용한다.

IRNSS 서비스는 표준위치서비스(SPS; Standard Positioning Service)와 정밀서비스(RS; Restricted/Authorized Service)로 구분된다. 표준위치서비스 신호는 1 MHz BPSK 신호로 변조되고 정밀서비스는 BOC(5,2)를 사용한다. 서비스 범위는 <그림 8-51>과 같으며, 인도 대륙에서는 10m 이하, 인도양부분의 1,500km까지는 20m 수준의 위치 정확도를 제공한다.

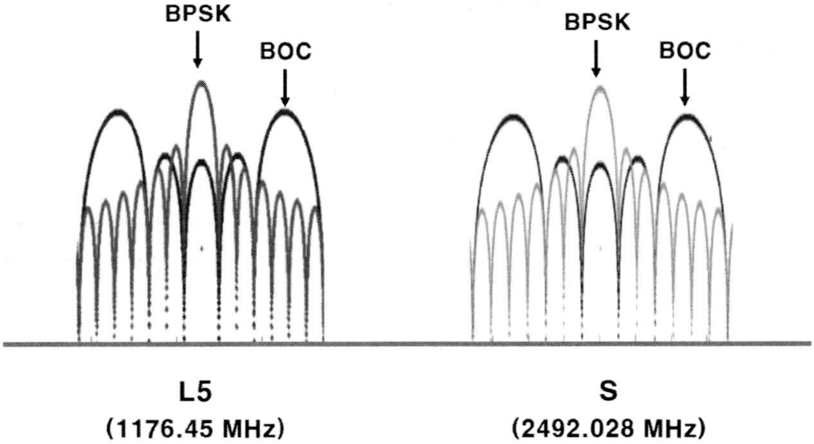

〈그림 8-50〉 IRNSS 위성 신호

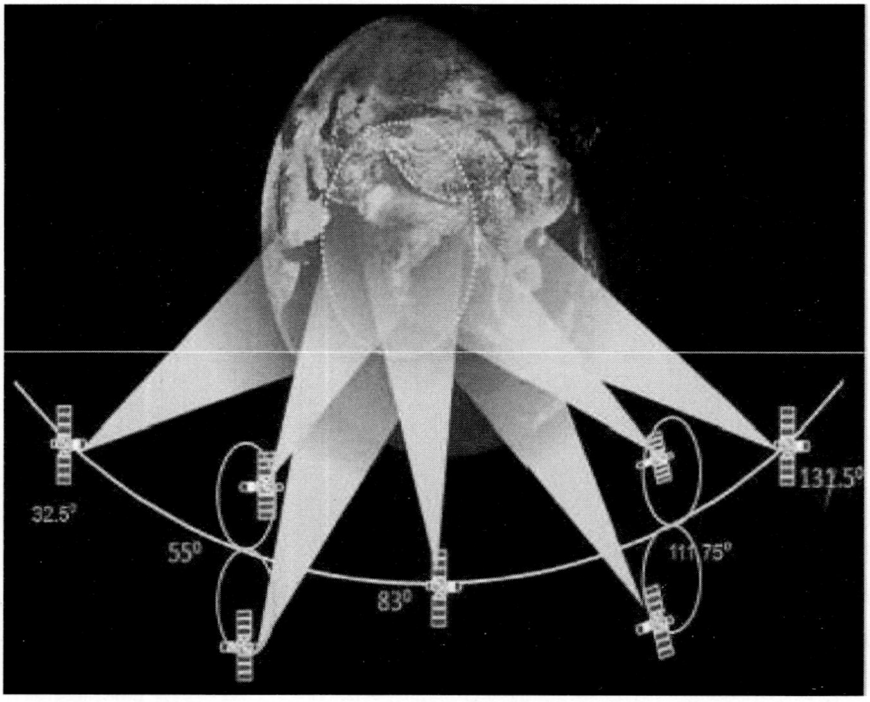

〈그림 8-51〉 IRNSS 서비스 범위 [출처: Indian Space Research Organization HQ]

이것만은 알아둡시다! GNSS란 무엇인가?

1 **개 념**

GNSS는 IMO(International Maritime Organization) 등의 국제기구가 공식으로 채택한 용어로서 "인공위성을 이용한 항법 방식을 일반적으로 부르는 용어"이다.

2 **세계의 GNSS**

- 미국의 GPS
- 러시아의 GLONASS
- 유럽의 GALILEO
- 중국의 COMPASS
- 일본의 QZSS(지역항법 시스템)
- 인도의 IRNSS(지역항법 시스템)

| 참고문헌 |

[1] Ahmed El-Rabbany, 『Introduction to GPS』, 2nd ed., Artech House, 2006.

[2] B. Hofmann-Wellenhof, H. Lichtenegger, and J. Collins, 『GPS Theory and Practice』, Fifth, Springer-Verlag Wien, 2001.

[3] E. D. Kaplan, 『Understanding GPS Principles and Applications』, 2nd-ed., Artech House, 2006.

[4] B. Hofmann-Wellenhof, H. Lichtenegger, and E. Wasle, 『GNSS-Global Navigation Satellite Systems GPS, GLONASS, Galileo, and more』, Springer-Verlag Wien, 2008.

[5] P. D. Groves, 『Principles of GNSS, Inertial, and Multisensor Integrated Navigation Systems』, Artech House, 2008.

[6] 최창묵, 고광섭, "항법전에 대응한 항법시스템 발전방향에 관한 연구, 한국정보통신학회논문지, vol.15, no.9, pp.2045-2049. Sep. 2011.

[7] 최창묵, 고광섭, "항법전에 대응한 항법시스템 발전방향에 관한 연구, 한국정보통신학회논문지, vol.19, no.3, pp.756-763. March 2015.

[8] 고광섭, 최창묵, "중국의 BeiDou 위성항법시스템의 항법신호 분석에 관한 연구, 한국정보통신학회논문지, vol.19, no.8, pp.1951-1958. Aug. 2015.

[9] 고광섭, 최창묵, "GPS와 QZSS 통합위성항법 성능 분석, 한국정보통신학회논문지, vol.20, no.5, pp.1031-1039. May 2016.

[10] 최창묵, "미래 항법 기술동향 및 발전방향 연구, 해양연구논총, 제45집, pp.333-357. 2014년 6월.
[11] 최창묵, "최신 GNSS 구축동향 분석," 한국해양정보통신학회 2013 종합학술대회논문지, 제17권, 제1호, pp. 1027-1030, 2013년 5월.
[12] Russian FSA, Federal program for GLONASS sustainment, development and use for 2012-2020, March 2012.
[13] Denis Lyskov, "GLONASS Policy, Status and Evolution", 8th Meeting of the Inter. committee on GNSS, Nov. 2013.
[14] Russian Aviation News, "Russia to construct 50 GLONASS stations in 36 countries", 29 April 2014.
[15] Russia Coordination Scientific Information Center, GLONASS ICD, 1998.
[16] Russian Institute of Space Device Engineering, GLONASS ICD, Ed. 5.1, 2008.
[17] European GSA, Europe's Satellite Navigation Programmes GALILEO and EGNOS, 2008.
[18] European Commission Press, Testing of Galileo satellite navigation system can begin, 13 Oct. 2012.
[19] China Satellite Navigation Office, Report on the Development of BeiDou(Compass) Navigation Satellite System(V1.0), Aug. 2011.
[20] Satoshi Kogure, "QZSS (Quasi-Zenith Satellite System) Update," ICG Expert Meeting on Global Navigation Satellite, 2008 [Internet]. Available: http://www.unoosa.org/pdf/icg/ 2008/expert/2-4b.pdf.
[21] JAXA, Quasi-Zenith Satellite System Navigation Service IS-QZSS V1.5, Japan Aerospace Exploration Agency, 2014.
[22] JAXA. QZSS Project Team., "Current Status of Quasi-Zenith Satellite System," #4 International Committee on GNSS, Saint-Petersburg, Russian Federation, Sep. 2009. : http://www.unoosa.org/pdf/icg/2009/icg-4/05-1.pdf.
[23] Koji Terada(JAXA), "Current Status of Quasi-Zenith Satellite System(QZSS)," the Munich Navigation Congress, 2011.
[24] GPS Website : htt://www.gps.gov.
[25] GPS Constellation States: http://www .navcen.uscg.gov
[26] GLONASS Website : http://www.glonass-center.ru
[27] GALILEO Website : http://www.ec.europa.eu/galileo
[28] Beidou Navigation Satellite System Website : http://www.beidou.gov.cn
[29] QZSS Website : http://qzss.go.jp/en/.
[30] Coordinates Magazine : http://www.mycoordinates.org
[31] 위키백과 : http://ko.m.wikipedia.org

9장
위성항법보정시스템

제9장
위성항법보정시스템

제1절 DGNSS

1. 개 요

위성항법시스템은 위성에서 송출된 신호를 수신할 수 있는 수신기만 가지고 있으면 언제 어디서나 기상 상태에 불문하여 사용자의 정확한 위치를 결정할 수 있는 시스템으로 광역서비스가 가능하여 전 세계적인 규모의 측위 시스템이라 GNSS (Global Navigation Satellite System)라 불린다. 이 시스템은 세계적으로 미국의 GPS (Global Positioning System), 러시아의 GLONASS (GLObal NAvigation Satellite System), 유럽의 GALILEO, 중국의 COMPASS 등이 구축되었거나 구축 중에 있다.

위성항법시스템의 활용분야는 국방, 교통, 해양, 항공을 비롯하여, 길 찾기, 위치기반서비스 (LBS) 등 일반인들에게 널리 보급되면서 위성항법시스템 없이는 사실상 생활이 불가능할 정도로 우리 생활 깊숙이 자리 잡고 있다.

그러나 위성항법시스템은 위성신호에 포함된 위성시계오차, 위성궤도오차, 전리층 지연, 대류권 지연 등의 오차로 인하여 아직까지 선박의 협수로 항해나 항만내의 운항, 항공기의 이착륙, 도심에서의 차량항법 및 정밀 측위가 필요한 많은 분야에서 요구되는 정확도, 지속성 등을 충족시키기에는 다소 부족하다. 따라서 각국에서는 위성항법보정시스템(DGNSS; Differential GNSS)들을 개발하여 운용하고 있다.

DGNSS 시스템의 핵심은 GNSS 위성신호에 포함된 오차를 계산하여 보정정보로 송신하면 DGNSS 사용자의 수신기에서 제거하여 사용함으로써 위치정확도를 개선함은 물론, 모니터링 및 레인징(Ranging) 서비스로 인하여 무결성과 지속성 향상에 도움을 주며, 운용방법에 따라 위성을 이용하여 보정해주는 위성기반 보정시스템(SBAS; Space Based Augmentation System)과 지상기지국을 이용하여 보정해주는 지상기반 보정시스템(GBAS; Ground Based Augmentation System)으로 구분된다.

위성기반보정시스템(SBAS)은 우주공간의 정지궤도위성을 이용하여 오차 보정치를 송신해 주며, 미국의 WAAS (Wide Area Augmentation System), 유럽의 EGNOS (European Geostationary Navigation Overlay Service), 일본의 MSAS(Multifunctional Sallite Augmentation System), 인도의 GAGAN(GPS Aided GEO Augmented Navigation) 등이 있다. 위성기반 보정시스템은 항공용으로 개발되었으나 수신기만 있으면 육·해·공 어느 곳에서나 사용이 가능하다.

지상기반 보정시스템(GBAS)은 공항이나 항만 또는 특정 지역에 시스템을 구축하여 지상국에서 오차 보정치를 송신해 주며, 위성기반 보정시스템(SBAS) 대비 유효 서비스 범위가 좁다. 대표적인 지상기반 보정시스템은 해상용 DGPS(RBN/DGPS), Eurofix, LAAS(Local Area Augmentation System) 등이 있다.

따라서 본 장에서는 위성항법보정시스템의 개념과 위성기반 보정시스템(SBAS), 지상기반 보정시스템(GBAS)에 대하여 설명하고자 한다.

2. DGNSS 개념

위성항법시스템(GNSS) 중에서 대표적으로 사용되는 민간용 수신기는 GPS의 C/A 코드 수신기이다. GPS는 미국이 개발한 이후 오작동, 결함, 사고 등에 대해서는 어느 누구도 책임질 수 없다는 입장이며, 또한 초기 민간 이용자들에게 선택적 유용성(SA) 정책을 적용하여 100m 내외의 오차를 고의적으로 주었기 때문에 각 국가에서는 GPS의 정상작동 유무를 판별하여 이용자들에게 알리는 무결성(Integrity) 기능을 수행하고, 정확도를 향상시킬 목적으로 시스템을 개발할 수밖에 없었다. 이러한 차원에서 위성항법보정시스템(DGNSS)이 개발되었다.

특히, GPS가 2000년 5월 1일 미국의 SA 정책 해제 이후 정밀도가 10m 수준으로 현저히 향상되어 널리 쓰이고 있지만 아직까지 정밀 측위가 필요한 많은 분야에서 요구되는 정확도를 충족시키기에는 다소 부족하여 위성항법보정시스템(DGNSS)들을 개발하여 운용 중이다. <표 9-1>은 미국의 FRP(Federal Radio navigation Plan)에서 해상, 항공, 육상 항법에서 요구하는 위치 정확도 및 지속성을 나타낸 것이다.

〈표 9-1〉 미국의 FRP가 요구하는 해상, 항공, 육상 항법

구 분		정확도	지속성	무결성 (경보한계)	경보시간
해 상	EHA	8-20m	0.997-0.999	-	-
항 공	NPA	220m	0.99-0.999	$1-2\times10^{-7}$/hr	10s
	CAT Ⅰ	Hor. 16m Ver. 4-6m	0.99-0.999	$1-2\times10^{-7}$	6s
육 상	Navigation	1-20m	> 0.95	2-20m	5s
	Emergency Response	0.1-4m	0.997	0.2-4m	30s

위성항법보정시스템(DGNSS)은 정확한 위치를 알고 있는 지상 기준국에서 GPS 위성으로부터 신호를 수신하여 오차를 분석하고 분석된 결과를 어느 전파매체를 이용하여 방송하느냐에 따라 여러 시스템으로 나누어 진다. 기지국의 특성과 전파매체의 특성에 따라 유효거리와 유효 전송속도가 다르기 때문에 적용 항법에 따라 요구하는 정확도, 처리능력 등 여러 요소가 관여하게 된다. 위성항법보정시스템(DGNSS) 구성요소는 <그림 9-1>과 같이 위성항법(GNSS) 구성요소 위성부문, 지상국부문, 사용자부문에 추가하여 위성항법보정시스템(DGNSS) 기준국이 추가된다.

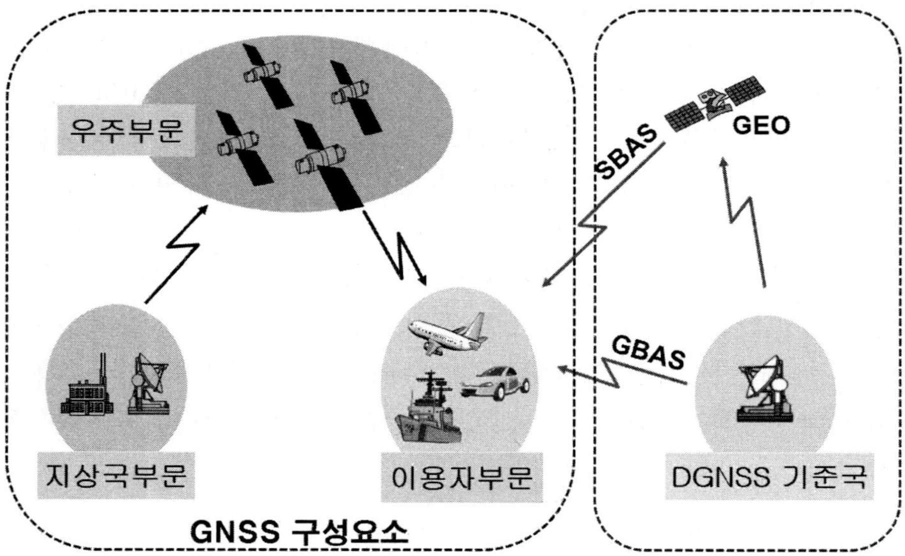

〈그림 9-1〉 위성항법보정시스템(DGNSS) 구성요소

위성항법보정시스템(DGNSS) 기준국은 사전에 정확하게 결정된 위치를 바탕으로 시시각각 변하는 위성별 오차를 계산한다. 위성항법 오차 성분은 기준국에서 멀리 떨어질수록 그 크기가 달라지므로, 코드 신호의 경우 반경 100마일, 반송파는 10마일 내에서 적용 가능하다. 기준국에서 계산된 위성별 의사거리 오차는 다양한 전송매체(위성, 중파, 초단파, 인터넷 등)를 통해 전달되며 일반적으로 우주공간의 정지궤도위성을 이용하여 오차 보정치를 전송하는 위성기반 보정시스템(SBAS)과 지상국에서 오차를 전송하는 지상기반 보정시스템(GBAS)으로 구분이 된다.

3. DGNSS 원리

위치결정은 GNSS 위성 i에 대해 지상 기준국에서 측정하여 송신된 보정치와 사용자 수신기에서 측정한 의사거리로부터 구한 보정 의사거리 ρ^i_{corr}, 관측지점의 개략위치로부터의 의사거리 ρ^i_{app}로부터 아래와 같이 축차근사법(Method of Successive Approximation)에 의하여 구한다. 즉, 사용자 DGNSS 수신기 u의 x, y, z 3차원 공간에서 진 위치를 x_u, y_u, z_u, 개략위치를 $\hat{x}_u, \hat{y}_u, \hat{z}_u$라면 어떤 GNSS 위성 i에 대한 의사거리 방정식은 아래와 같은 함수로 표시된다.

$$\rho^i_{corr} = f(x_u, y_u, z_u) \tag{9-1}$$

$$\rho^i_{app} = f(\hat{x}_u, \hat{y}_u, \hat{z}_u) \tag{9-2}$$

한편, 개략위치의 보정치를 δ_X, 시계지연 Bias를 δ_t라 하면,

$$\delta_X = (\delta_x, \delta_y, \delta_z)^T \tag{9-3}$$

보정 의사거리 방정식은 아래와 같은 함수로 다시 나타낼 수 있다.

$$\begin{aligned} \rho^i_{corr} &= f(x_u, y_u, z_u, t) \\ &= f(\hat{x}_u + \delta_x, \hat{y}_u + \delta_y, \hat{z}_u + \delta_z, \hat{t} + \delta_t) \end{aligned} \tag{9-4}$$

상기 식을 Taylor 급수로 전개하고 선형화한 의사거리 방정식을 이용하여 개략위치 보정치에 의해 야기되는 i 번째 위성의 의사거리 보정치로 나타내면 식 (9-5)와 같다.

$$\Delta\rho_i = (\frac{\partial\rho_{app}^i}{\partial\hat{x}_u})\,\delta_x + (\frac{\partial\rho_{app}^i}{\partial\hat{y}_u})\,\delta_y + (\frac{\partial\rho_{app}^i}{\partial\hat{z}_u})\,\delta_z + \delta_t \tag{9-5}$$

상기 식 (9-5)를 간단히 표시하면 식 (9-6)과 같다.

$$\Delta\rho_i = l_i\,\delta_x + m_i\,\delta_y + n_i\,\delta_z + \delta_t \tag{9-6}$$

여기서 l_i, m_i, n_i는 관측지점으로부터 각 위성 i로 향하는 X, Y, Z 방향성분에 해당된다.

이들 값은 X, Y, Z축을 각각 관측 지점을 원점으로 한 위도, 경도, 고도 방향으로 취함으로써 관측지점으로부터의 위성을 향하는 앙각, 방위각으로부터 식 (9-7)을 구할 수 있다.

$$\begin{vmatrix} COS(E_1) \cdot SIN(A_{z1}) & COS(E_1) \cdot COS(A_{z1}) & SIN(E_1) & 1 \\ COS(E_2) \cdot SIN(A_{z2}) & COS(E_2) \cdot COS(A_{z2}) & SIN(E_2) & 1 \\ COS(E_3) \cdot SIN(A_{z3}) & COS(E_3) \cdot SIN(A_{z3}) & SIN(E_3) & 1 \\ COS(E_4) \cdot SIN(A_{z4}) & COS(E_4) \cdot SIN(A_{z4}) & SIN(E_4) & 1 \end{vmatrix} \tag{9-7}$$

단, $E_i(i=1,2,3,4)$는 위성과의 앙각, A_{zi}는 i 번째 위성과의 방위각을 나타낸다.

식 (9-6)을 행렬로 표시하면 식 (9-8)과 같다.

$$\begin{bmatrix} \Delta\rho_1 \\ \Delta\rho_2 \\ \Delta\rho_3 \\ \Delta\rho_4 \end{bmatrix} = \begin{bmatrix} l_1 & m_1 & n_1 & 1 \\ l_2 & m_2 & n_2 & 1 \\ l_3 & m_3 & n_3 & 1 \\ l_4 & m_4 & n_4 & 1 \end{bmatrix} \begin{bmatrix} \delta_x \\ \delta_y \\ \delta_z \\ \delta_t \end{bmatrix} \tag{9-8}$$

식 (9-8)을 벡터인 상태 방정식으로 나타내면 다음 식 (9-9)가 된다.

$$\Delta\rho = H \cdot \delta X \tag{9-9}$$

DGNSS 수신기는 개략 위치 보정치가 최소가 되도록 의사거리의 값을 수정하여 수신점의 위치를 구하게 된다. 알고리즘 전개과정은<그림 9-2>과 같다.

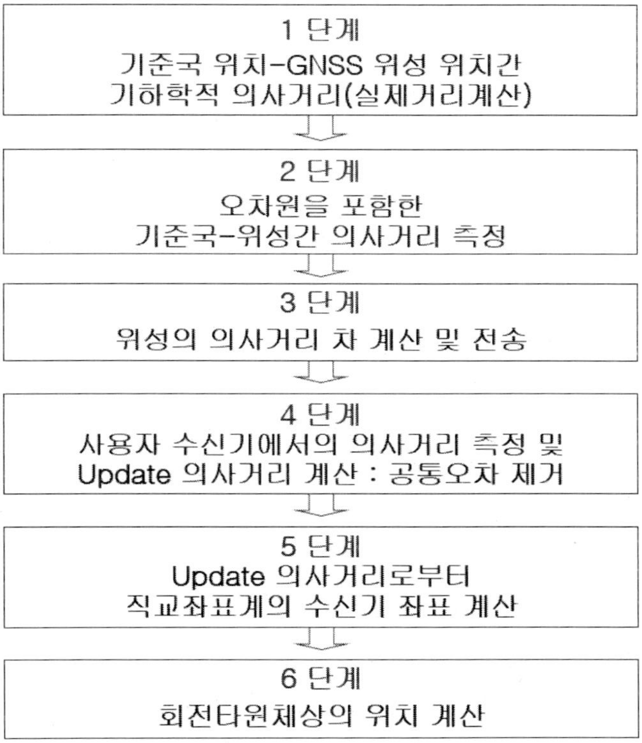

〈그림 9-2〉 DGNSS 위치결정 과정

기준국에서 관측된 동일 위성이 사용자 위치에서 4개 이상 관측되어야만 개선된 3차원 위치결정이 가능하다. 또 GNSS 위성으로부터 기준국과 DGNSS 사용자의 상대위치가 다름으로 정확한 위치결정에는 영향을 줄 수 있다. 이는 상이한 전파 경로에 따른 전리층 지연 및 대류권 지연의 오차가 다르게 나타날 수 있기 때문이다. 한편 기준국에서 사용자에게 오차 보정치 및 필요한 정보를 송신하기 위해서는 시스템 목적에 맞는 통신방식과 주파수를 사용해야 한다. 위성기반 보정시스템(SBAS)의 경우, 위성을 통해 보정정보를 전송하기 때문에 위성항법시스템(GNSS)과 동일한 주파수 대역을 사용한다.

제2절 위성기반 보정시스템(SBAS)

1. 개 요

위성기반 보정시스템(SBAS)은 국제민간항공기구(ICAO; International Civilian Aviation Organization)에서 전 세계를 대상으로 GPS 위성이 제공하는 신호와 항법메시지 정보를 활용해 측정하는 사용자의 위치 및 시각정보에 대해 지상 기준국에서 측정한 오차와 무결성 정보를 정지궤도 위성을 통해 제공함으로써 항공기가 안전하게 활용할 수 있도록 국제표준으로 정한 시스템이다[25]. 위성기반 보정시스템(SBAS)은 1991년 ICAO의 위성기반 차세대 항행시스템 도입 계획 및 권고와 2007년 ICAO 체약국에 대한 성능기반 항행체계인 PBN(Performance Based Navigation) 이행 촉구를 위해 도입이 권고된 시스템으로, 2025년부터는 모든 항공기의 SBAS 사용을 권고한 상태이다[26].

위성기반 보정시스템(SBAS)에서 제공하는 기능은 다음과 같다.

① 정확도 향상 기능 : 지상 기준국에서 모든 위성으로부터 신호를 받아 의사거리 보정치(위성시계 오차, 전리층지연 오차, 대류권지연 오차 등)를 측정하여 정지궤도위성을 통해 전송하면 서비스 지역 내 모든 사용자가 위성신호와 오차 보정치 신호를 수신하여 자신의 위치 정확도를 향상 시킨다.

② 무결성 기능 : 지상 기준국에서 모든 위성의 상태를 감시하여 이상이 있을 경우 사용가능 여부를 경고 방송함으로써 사용자의 안전을 향상시킨다.

③ 레인징(Ranging) 기능 : DGNSS 서비스 위성인 정지궤도위성에서 GPS 위성과 동일한 레인징 신호를 서비스함으로써 별도의 항법신호가 추가되어 가용성(Availability) 및 연속성(Continuty)을 향상시킨다.

위성기반 보정시스템(SBAS)은 우주공간의 정지궤도위성을 이용하여 오차 보정치를 송신해 주며, <그림 9-3>과 같이 세계적으로 미국의 WAAS(Wide Area Augmentation System), 유럽의 EGNOS (European Geostationary Navigation Overlay Service), 일본의 MSAS(Multifunctional Sallite Augmentation System), 인도의 GAGAN(GPS Aided GEO Augmented Navigation) 등이 있다. 위성기반 보정시스템은 항공용으로 개발되었으나 수신기만 있으면 육·해·공 어느 곳에서나 사용이 가능하다.

---

25 ICAO, "ICAO SARPS", vol. 1, 2006.

26 신천식, 김재훈, 안재영, "위성기반 포지셔닝 보정시스템(SBAS) 기술개발 동향", 전자통신동향분석, 제29권, 제3호, 2014년 6월.

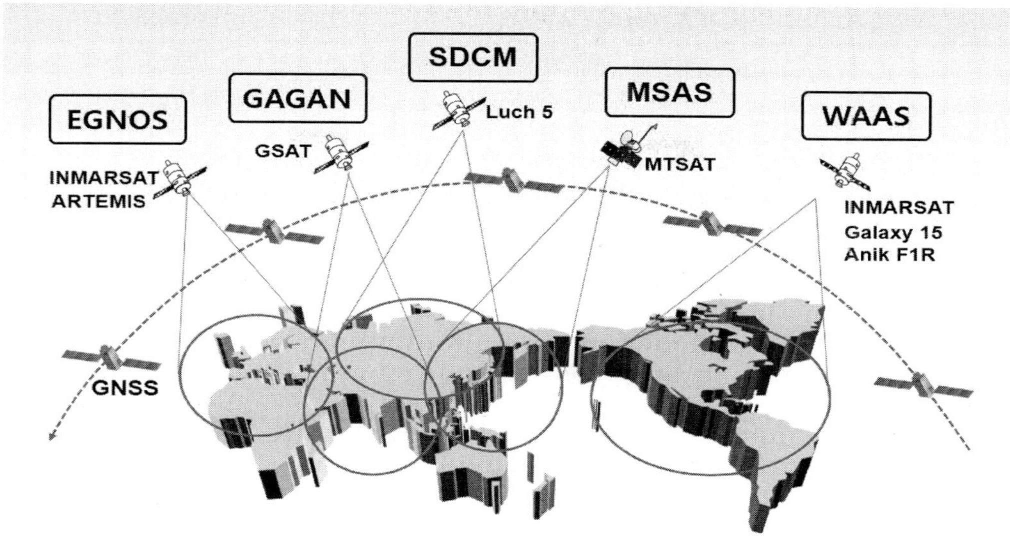

〈그림 9-3〉 전세계 위성기반 보정시스템(SBAS) 현황

<그림 9-4>는 위성기반 보정시스템(SBAS)의 위치결정 절차를 도시한 그림이다.

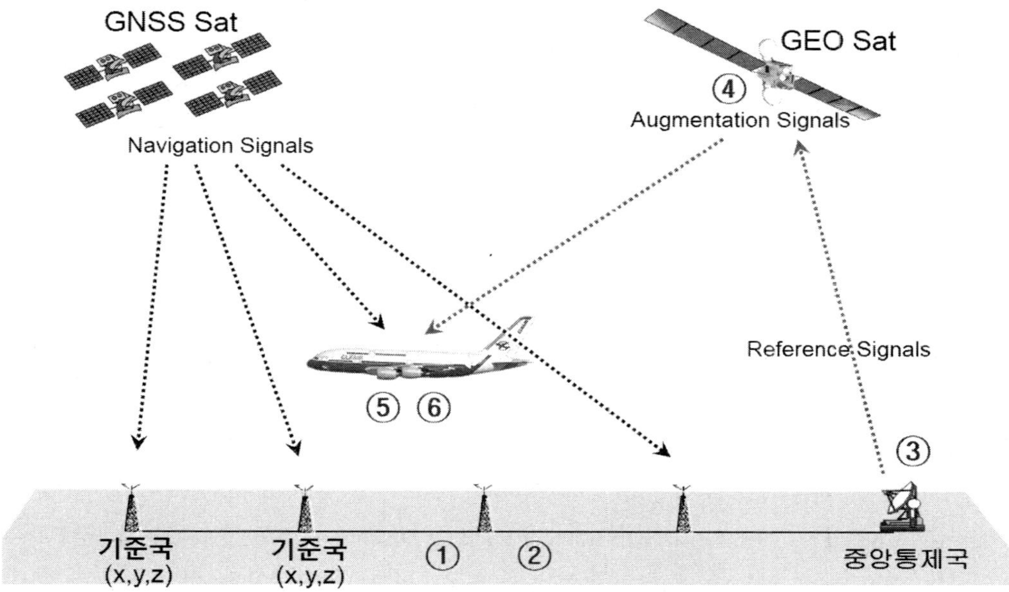

〈그림 9-4〉 위성기반 보정시스템(SBAS)의 위치결정 절차

지상 기준국부터 DGNSS 사용자까지 위치결정 절차는 <그림 9-4>와 같이 아래와 같다.

① 1단계(지상기준국) : 기준점과 관측 가능한 GNSS 위성 사이의 기하학적 거리 계산 및 의사거리 측정
② 2단계(지상기준국) : 관측 가능한 위성에 포한된 의사거리 공통오차 계산, 지상통제국으로 전송
③ 3단계(중앙통제국) : 지상통제국에서 DGNSS 위성(정지궤도위성)으로 DGNSS 의사거리 보정치 전송
④ 4단계(DGNSS 위성) : DGNSS위성에서 사용자에게 DGNSS 의사거리 보정치 전송
⑤ 5단계(사용자 수신기) : 관측 가능한 GNSS 위성의 의사거리 측정 및 DGNSS 위성으로부터 전송된 의사거리 보정치 수신
⑥ 6단계(사용자 수신기) : 의사거리 보정치로 관측된 위성 각각의 의사거리 개선 및 최종 개선위치 계산

위성기반 보정시스템(SBAS)의 보정 정보 표준은 RTCA(Radio Technical Commission for Aeronautics)에 따른다. RTCA는 통신, 항법, 관제 등에 대한 표준을 다루는 민간 비영리 기구로서 미국의 연방자문위원회 역할을 수행한다. RTCA는 전문가로 구성된 특별 위원회를 두며, 위성항법 특별위원회는 SC-109이다. 위성기반 보정시스템(SBAS) 메시지는 마스크 신호, 정지궤도위성 항법 데이터, 위성의 시계 및 궤도 오차, 전리층 지연 보정 신호, 무결성 신호 등을 포함하고 있다. 안전과 관련된 무결성 신호와 경고 신호는 국제민간항공기구(ICAO)의 요구조건인 6초 이내를 만족하도록 하고 있다.

2. 미국의 WAAS

미국 정부산하의 연방항공청(FFA; Federal Aviation Administration)에서는 자국의 위성항법 시스템인 GPS가 항공기 운용에 있어서 활주로까지 안전하게 유도할 수 있는 정밀접근 수준에 미치는 정확도, 무결성, 가용도, 연속성이 충분치 않아 정지궤도위성을 통하여 보정정보를 GPS와 동일한 주파수 정보로 송신하는 WAAS(Wide Area Augmentation System) 개발을 추진하였다. WAAS 개발은 1994년 ILS(Instrument Landing System) 수준의 성능 제공을 위해 착수되었으며, 2003년에 WAAS 초기 운용능력을 제공하였고, 2003~2008년까지 완전한 LPV (Localizer Performance with Vertical guidance) 성능을 제공하였다. 2009~2013년까지는 완전한

LPV-200 성능을 제공하였다. LVP-200은 95% 확률분포로 수평 16m, 수직 4m 이내의 정확도를 보이며, 가용도는 0.99 이상, 경고 메시지는 6.2초 이내 가능하며, 수평 경고 한계는 40m, 수직 경고 한계는 35m로 CAT-Ⅰ과 같은 성능이다. 2014~2044년까지는 이중주파수(L1 & L5) 운용을 계획하고 추진 중이다.

WAAS 구성은 위성부문 정지궤도 위성 3기와 지상국부문의 지상 기준국(WRS; WAAS Reference Station) 38개소, 중앙처리국(WMS; WAAS Master Station) 3개소, 위성통신국(GUS; Ground Uplink Station) 2개소 등으로 이루어져 있으며 <그림 9-5>와 같다. 위성부문인 정지궤도 위성은 <표 9-2>와 같이 Inmarsat-4 F3, Galaxy-15, Anik F1R으로 구성된다.

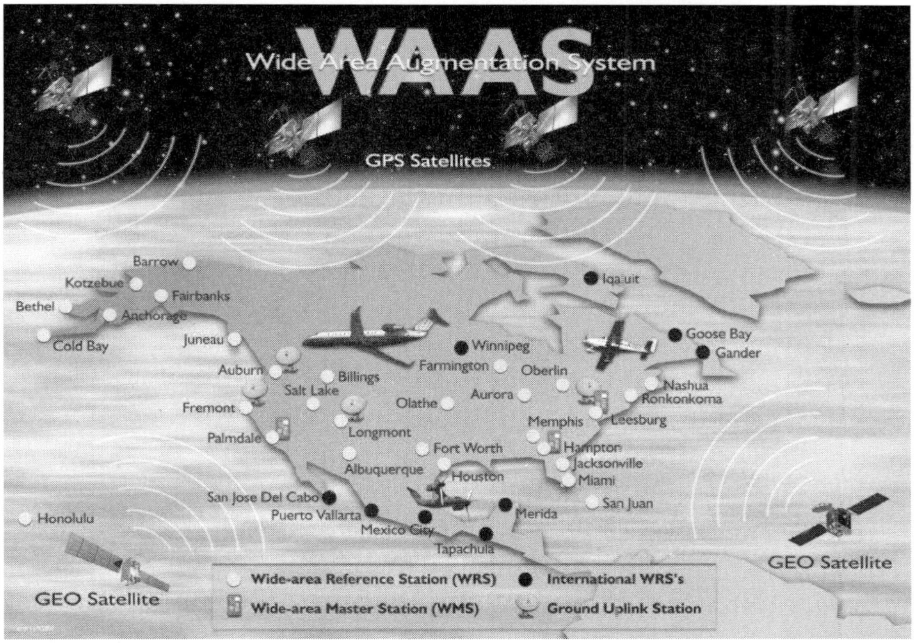

〈그림 9-5〉 WAAS 구성요소 [출처: Federal Aviation Administration]

〈표 9-2〉 WAAS 위성 현황

위 성(회 사)	위치(경도)	작동 시기
Galaxy-15(인텔셋사)	133° W	2006년 11월
Anik F1R(텔레셋사)	107.3° W	2007년 7월
Inmarsat-4 F3(인마셋사)	98° W	2010년 12월

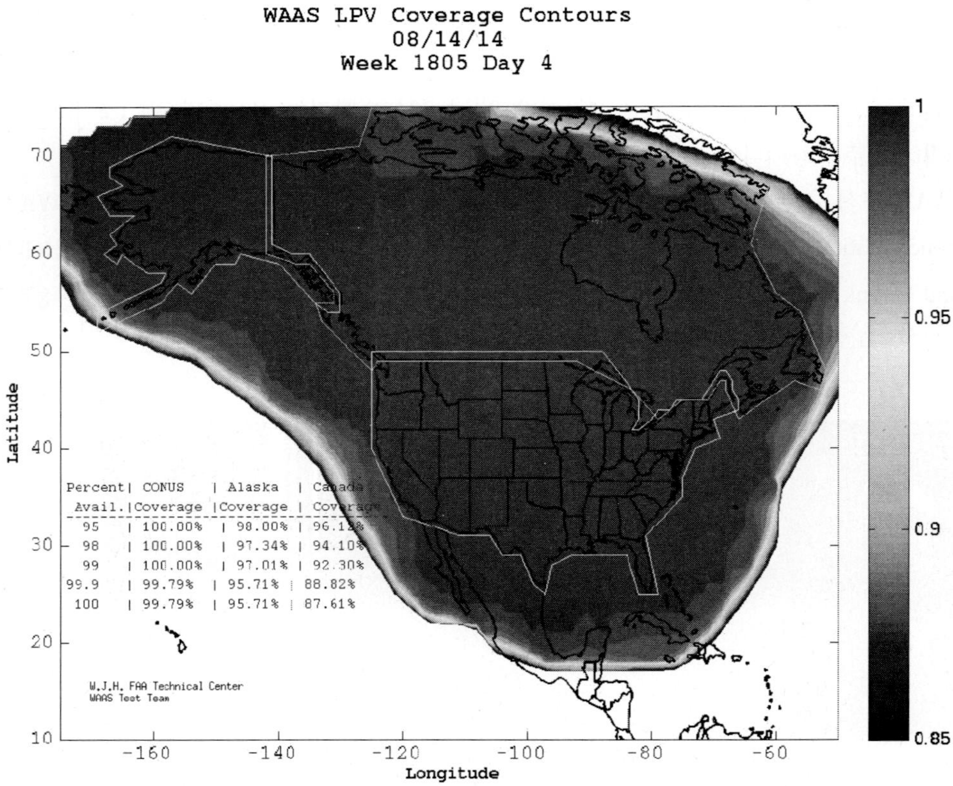

〈그림 9–6〉 WAAS 서비스 범위 [출처: Federal Aviation Administration]

WAAS 시스템 성능은 현재 LVP-200 성능이 가능하며, 서비스 범위는 <그림 9-6>과 같다.

항공 관점에서 보면 WAAS는 대상지역이 넓은 반면 정확도가 다소 떨어지기 때문에 활주로 착륙 시는 지상기반 보정시스템(GBAS) 개념으로 별도의 LAAS 시스템을 도입하고 있다. 따라서 WAAS로는 비정밀 접근 및 CAT-Ⅰ 정밀접근비행을 감당하고, 더 높은 정확도가 요구되는 지역에서는 LAAS로 CAT-Ⅱ 및 CAT-Ⅲ 정밀접근비행을 감당할 계획이다.

3. 유럽의 EGNOS

EGNOS(European Geostationary Navigation Overlay Service)는 유럽의 위성기반 보정시스템(SBAS)으로 미국의 GPS, 러시아의 GLONASS, 유럽의 GALILEO 시스템 모두를 보정하기 위하여 만들어 졌다. 1996년에 유럽항공우주국(ESA: European Space Agency) 시스템 개념 정립

에 착수하였으며, 1999년 시스템 개발단계를 시작하였다. 2005년 7월 EGNOS 초기운영능력(IOC; Initial Operation Capability) 단계를 시작하였으며 2009년 10월 완전운용능력(FOC; Full Operation Capability) 단계를 선언하였다. 이후 2011년부터 유럽 및 북부아프리카 지역 항공용 인명 안전(SOL: Safety Of Life)서비스를 제공하고 있다.

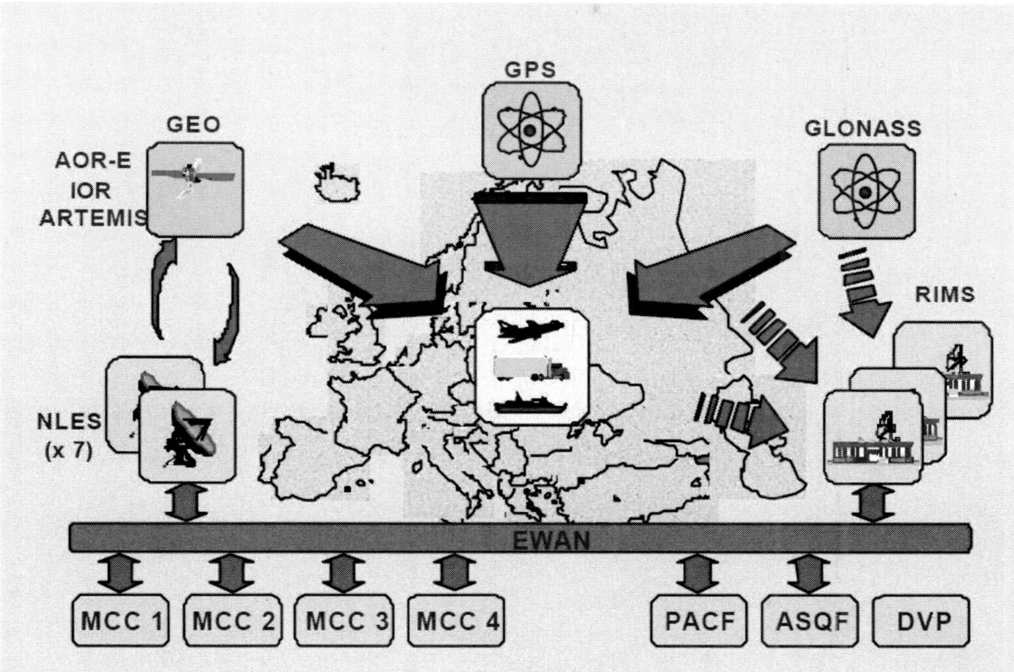

〈그림 9-7〉 EGNOS 시스템 구성요소 [출처: ESA]

EGNOS 시스템은 <그림 9-7>과 같이 구성되어 있으며, 우주부문에 정지궤도위성 3기, 지상국부문에 기준국(RIMS; Ranging Integrity & Monitoring Station) 34개소, 항법지상국(NLES; Navigation Land Earth Station) 6개소, 중앙통제국(MCC; Master Control Center) 4개소 등으로 구성되어 있다.

위성부문 정지궤도위성 3기는 Inmarsat-3F2(경도 15.5°W), Inmarsat-4F2(경도 64.5°E), ARTEMIS(경도 21.5°E) 위성으로 시작하여, 현재는 SES-5(경도 5.0°E), ASTRA-5B(31.5°E) 위성이 대체 위성으로 발사되어 작동 중이다.

지상국부문은 <그림 9-8>과 같이 유럽 전역에 네트워크로 구축되어 있다.

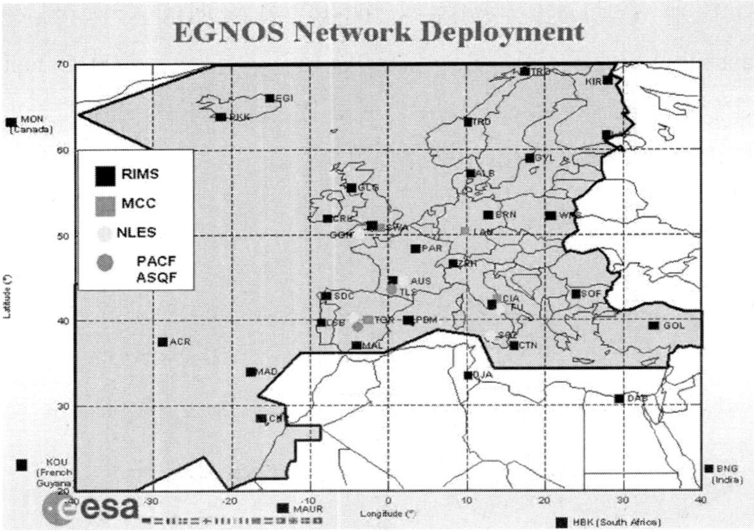

〈그림 9-8〉 EGNOS 지상 네트워크 현황 [출처: ESA]

EGNOS 서비스 수준은 수평 1~2m, 수직 2~4m를 지원하며, 무결성은 6초 이내 제공한다. 정확도 성능 수준은 <그림 9-9>에 잘 나타나 있다. 향후 2020년 이후에는 정확도 1m 이내 제공을 목표로 추진 중에 있다.

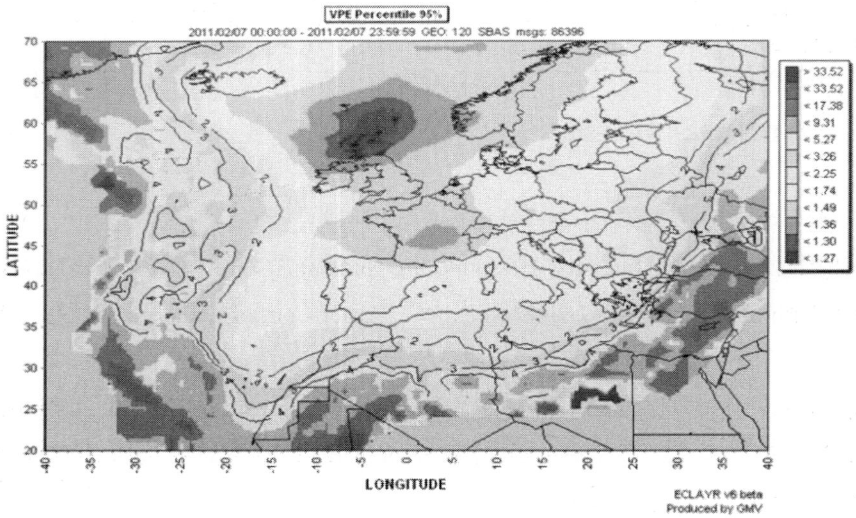

〈그림 9-9〉 EGNOS 정확도 성능 [출처: ESA]

4. 일본의 MSAS

MSAS(MTSAT Satellite-based Augmentation System)는 일본의 다목적 위성 MTSAT(Multi-functional Transport Satellite)를 이용한 위성기반 보정시스템(SBAS)이다.

MSAS는 일본의 우주개발 프로그램 일환으로 1994년 시스템 개발 계획을 수립하였으며, 1996~2000까지 개발단계에 진입하여 1999년 최초 위성을 발사하였으나 실패하였다. 이후 5년이 지연되어 2005년 2월 MTSAT-1R 위성을 경도 140°E에 쏘아 올렸으며, 2006년 2월에는 MTSAT-2 위성을 경도 145°E에 쏘아 올렸다. 테스트 단계를 거쳐 2007년 이후 서비스하고 있으며 범위는 한국을 포함하고 있다.

MSAS 시스템은 위성부문과 지상국부문으로 구성되며, <그림 9-10>과 같다.

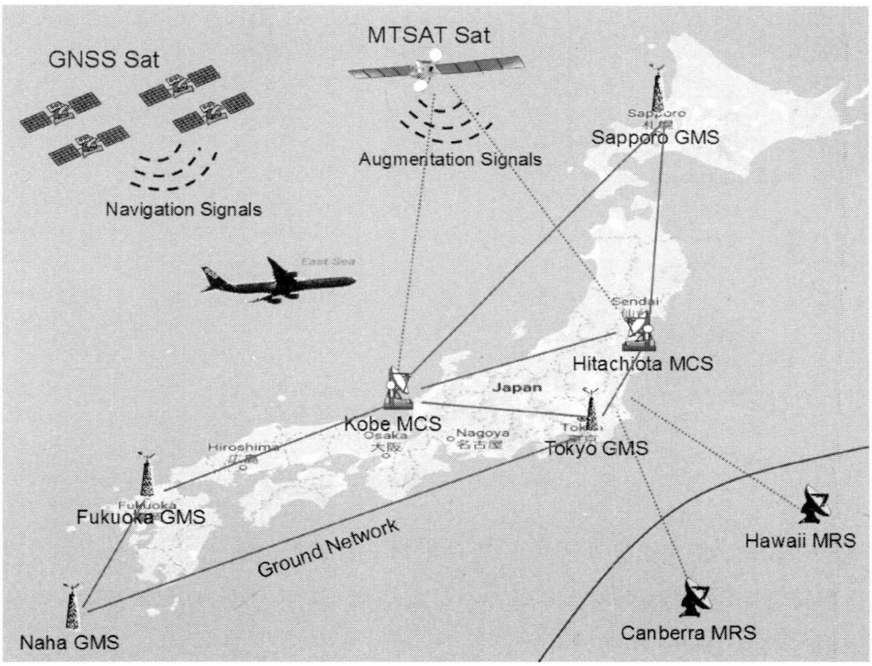

〈그림 9-10〉 MSAS 시스템 구성

위성부문은 MTSAT-1R 및 MTSAT-2 2기의 정지궤도위성으로 구성되며, 지상국부문은 사포로(Sapporo), 도쿄(Tokyo), 나하(Naha), 후쿠오카(Fukuoka) 4곳에 GMS(Ground Monitor Station), 미국의 하와이(Hawaii)와 호주의 캔버라(Canberra) 2곳에 MRS(Monitor and Range

Station), 고베(Kobe)와 히다치오타(Hitachiota) 2곳에 MCS(Master Control Station) 등으로 구성되어 이들을 정지궤도위성과 네트워크로 연결된다.

MSAS는 거리정보와 보정정보를 제공하며, GPS 위성의 상태를 모니터링하는 무결성 기능뿐만 아니라 MSAS 위성에서 GPS L1 신호를 송출함으로써 또 다른 하나의 GPS 위성 역할을 수행하고 있다. MSAS 서비스 범위는 <그림 9-11>과 같으며, 성능은 95% 정확도로 수평 2.2m 이내, 무결성 1×10-7/hr 이내, 가용도 0.999 이상 제공하고 있다.

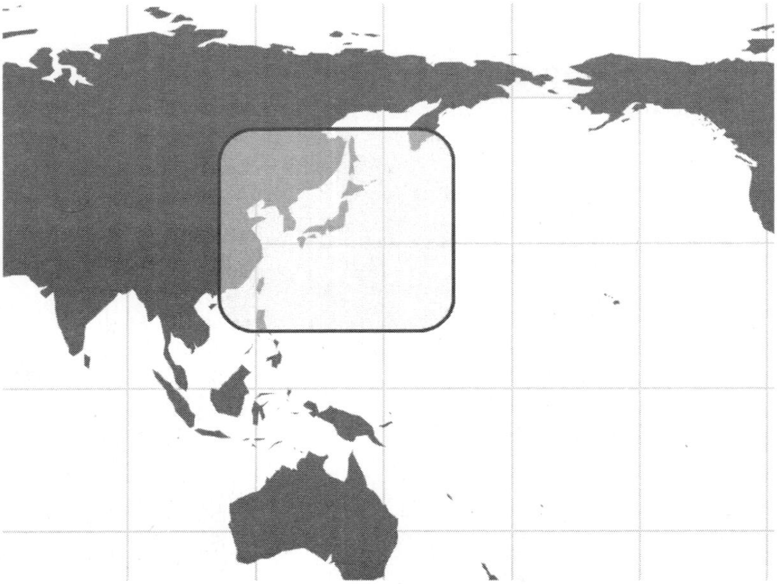

〈그림 9–11〉 MSAS 서비스 범위

<그림 9-11>을 보면 MSAS 시스템의 서비스 범위가 한국을 포함하고 있다. 따라서 저자는 MSAS 시스템을 한국에서 사용가능한지 여부를 분석하기 위해 실험을 하였으며 그 결과는 다음과 같다. 먼저, 일본우주항공국에서 공개하고 있는 전 세계 항법위성 관측 자료를 이용하여 MSAS의 모든 지상 기준국에서 관측되는 GPS 위성정보를 시뮬레이션을 통해 확인하였다. 다음으로 한반도 남해안 관측지점을 선정하여 관측 가능한 GPS 위성 신호정보를 실제 수신기를 이용하여 수집하고, 이를 동일 시간대에 MSAS 지상감시국에서 관측되는 위성정보와 비교하여 사용 가능한 동일 위성 수를 분석하였으며, DOP를 비교하여 기하학적 배치 정도를 확인하였다. 다음으로는 현재 운용되고 있는 MTSAT 위성에 대한 사용자 위치에서의 적정 신호강도에 대한

실측분석과 MSAS의 DGNSS 기능을 평가하기 위한 위치 정밀도를 분석하였다.

MSAS 시스템의 지상감시국 4곳에서 사용 가능한 GPS 위성과 동일 시간에 한반도 중부지방 서울과 남해안 지역에 위치한 목포에서 관측될 수 있는 GPS 위성들에 대한 시뮬레이션 결과를 <그림 9-12>에 나타내었다.

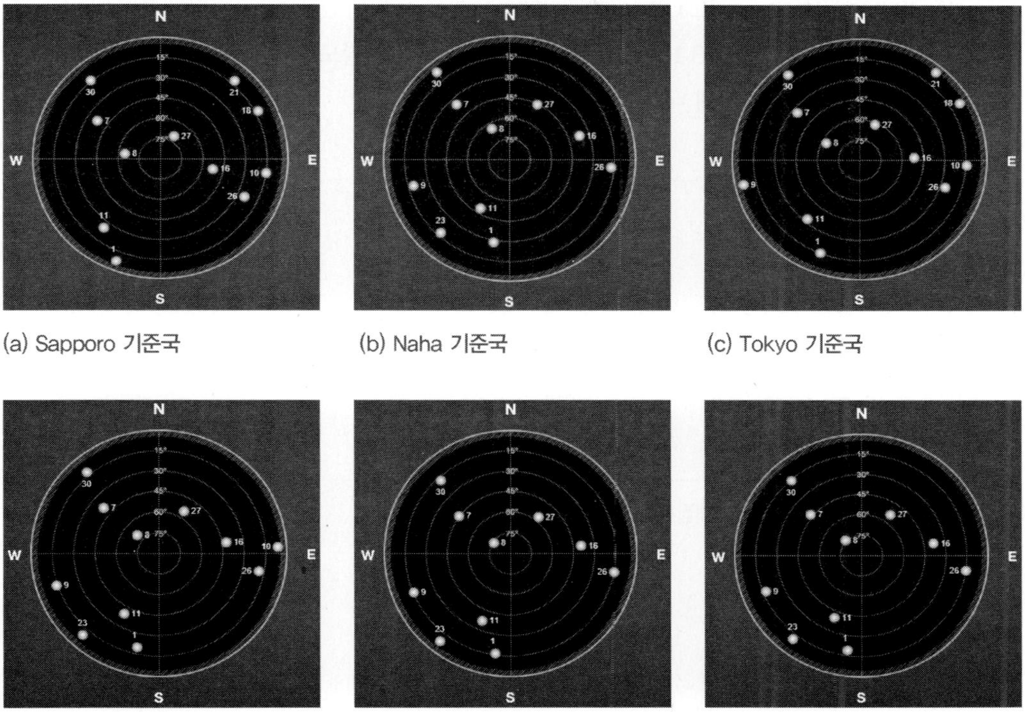

(a) Sapporo 기준국 (b) Naha 기준국 (c) Tokyo 기준국

(d) Fukuoka 기준국 (e) 서울(중부) (f) 목포(서남해)

〈그림 9–12〉 MSAS 지상기준국 4개소와 서울, 목포에서의 GPS 가시 위성

<그림 9-12>에서 보는 바와 같이 2016년 4월 28일 17시 21분 기준, 고각 5도 이상의 경우 위성번호 1, 7, 8, 11, 16 ,26, 27, 30번 등 8개를 6곳에서 동시 관측될 수 있음을 알 수 있다. 또, 6곳 모두 HDOP는 0.71부터 0.83으로 1이하의 결과를 보여, 어느 곳에서나 항법위성의 기하학적 배치가 매우 양호함을 알 수 있었다. 이와 같은 결과는 한반도 중부에서도 동시관측 GPS 위성 수는 3차원 위치결정에 필요한 4개 이상을 충족시키지만, 수신점에서 MSAS 위성에서 송신되는 보정정보 신호의 크기, 사용 항법위성의 GDOP 및 수신점과 MSAS 위성간의 이격거리 등에 따

라 DGNSS 본연의 위치 개선 정확도는 달라질 수 있다. 따라서 실질적으로 한반도 영역에서의 MSAS 항법정보 사용을 평가하기 위해 실측실험을 통한 항법파라미터를 분석하였다.

실측 실험 시 수신 지역과 MSAS 시스템의 지상감시국 도쿄지역에서 동시관측이 가능한 GPS 가시 위성 번호는 16, 8, 9, 21, 26, 23, 27, 31 등 이었으며, 이 중 고각이 양호한 40도 이상의 위성 번호는 8, 16, 26, 27로 4개였다. 또 위치 정확도 척도 중의 하나인 기하학적 요소는 평균값으로 HDOP 0.8, VDOP 1.4, PDOP 1.7로 양호한 상태를 유지하였으며, 반송파대잡음비(C/N)는 <그림 9-13>과 같이 평균 40dB-Hz 이상 이었다. 또한 위치 정밀도는 <그림 9-14>와 같이 2drms 2m 이내로 매우 신뢰성이 높게 나타났다.

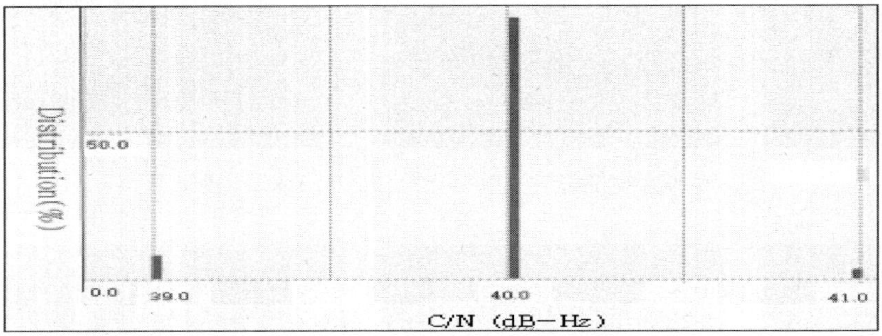

〈그림 9–13〉 MSAS 위성의 반송파대잡음비(C/N) 분포

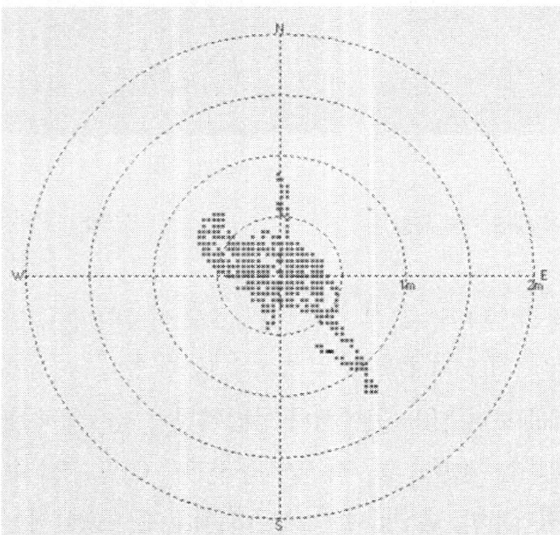

〈그림 9–14〉 위치 정밀도 편차

5. 인도의 GAGAN

GAGAN(GPS Aided GEO Augmented Navigation) 시스템은 인도정부가 구축한 위성기반 보정시스템(SBAS)이다. GAGAN은 인도 항공국(AAI; Airport Authority of India)과 인도항공연구소(ISRO; Indian Space Research Organization)가 공동으로 주관하여 2004년 개발에 착수하였으며, 최초 2008년 서비스를 계획하였으나 지연되었다. 2010년 4월 GSAT-4 위성을 발사하였으나 실패하였다. 이후 2011년 5월 GSAT-8 위성을 발사하여 성공하였으며, 2012년 9월 GSAT-10 위성을 발사하였다. 시스템 테스트 단계를 거쳐 2013년부터 정상적으로 서비스하고 있다. 이후 2015년 11월 GSAT-15가 발사되어 총 3기의 위성이 작동 중이다.

〈표 9-3〉 WAAS 위성 현황

위 성	위치(경도)	작동 시기
GSAT-8	55° E	2011년 5월
GSAT-10	83° E	2012년 9월
GSAT-15	93.5° E	2015년 11월

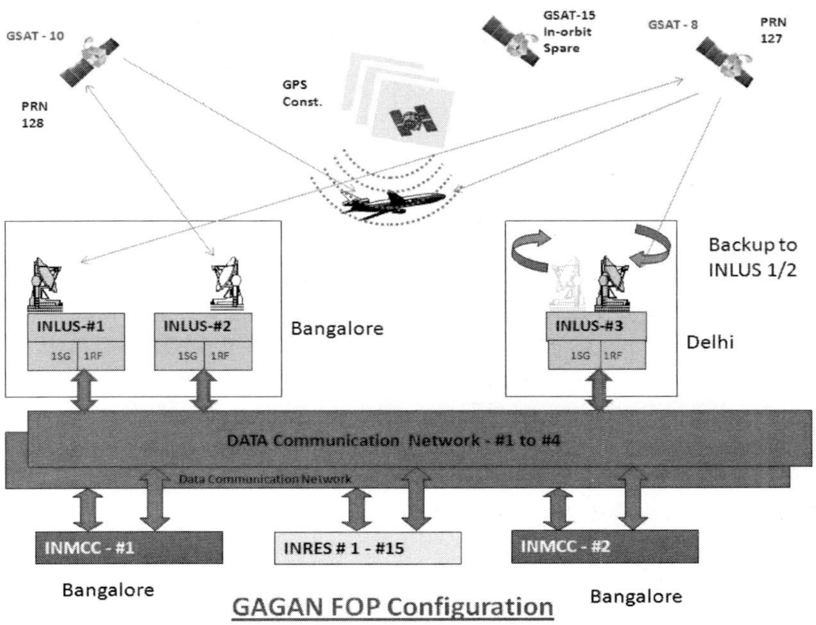

〈그림 9-15〉 GAGAN 구성요소 [출처: Airport Authority of India]

GAGAN 시스템의 위성부문은 <표 9-3>과 같이 2기의 정지궤도 위성과 1기의 예비위성으로 구성된다. 지상국부문은 중앙통제소(INMCC; Indian Master Control Center) 2개소, 위성송신국(INLUS; Indian Land Uplink Station) 3개소, 지상기준국(INRES; Indian Reference Station) 15개소로 구성되며, <그림 9-15>와 같다.

GAGAN 시스템 성능은 95% 확률분포로 정확도 3m 이내, 무결성은 1×10^{-7}/hr 이내, 경고 메시지 6초 이내 가능하며, 항공기의 접근 APV, RNP 0.1/1.5를 만족한다. GAGAN의 항공기 정밀접근 APV 1 서비스 범위는 <그림 9-16>과 같다.

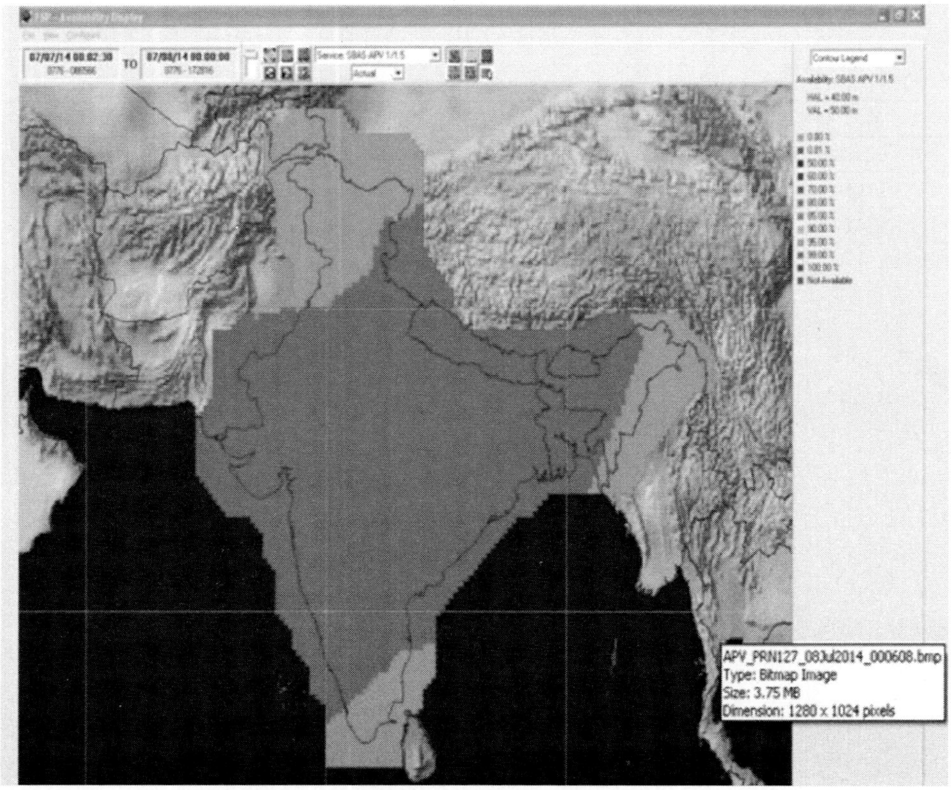

〈그림 9-16〉 GAGAN APV 1 서비스 범위 [출처: Airport Authority of India]

6. 러시아의 SDCM

러시아의 SDCM(The System for Differential Correction and Monitoring)은 미국의 GPS와 러시아의 GLONASS를 보정하는 위성항법보정시스템(SBAS)이다. SDCM은 GLONASS 현대화 정책과 함께 추진되었으며, 2011년 12월 첫 번째 정지궤도 위성 Luch-5A가 발사되어 경도 167°E에 있으며, 2012년 11월 두 번째 정지궤도 위성 Luch-5B가 발사되어 경도 16°W, 2014년 4월 Luch-5V가 발사되어 경도 95°E에서 정상 작동하고 있다.

SDCM은 위성부문인 3개의 정지궤도 위성과 지상국 부문인 중앙처리소(Central Processing Facility) 1개소, 지상기준국(Reference Station) 24개소(국내 19, 국외 5), 통신국(Uplink Station)으로 구성된다. 또한 지상기준국은 향후 53개소로 확대 예정이다.

SDCM의 성능은 수평 1~1.5m, 수직 2~3m를 제공하며 향후 특정지역에 대해서는 cm레벨까지 제공할 계획이다.

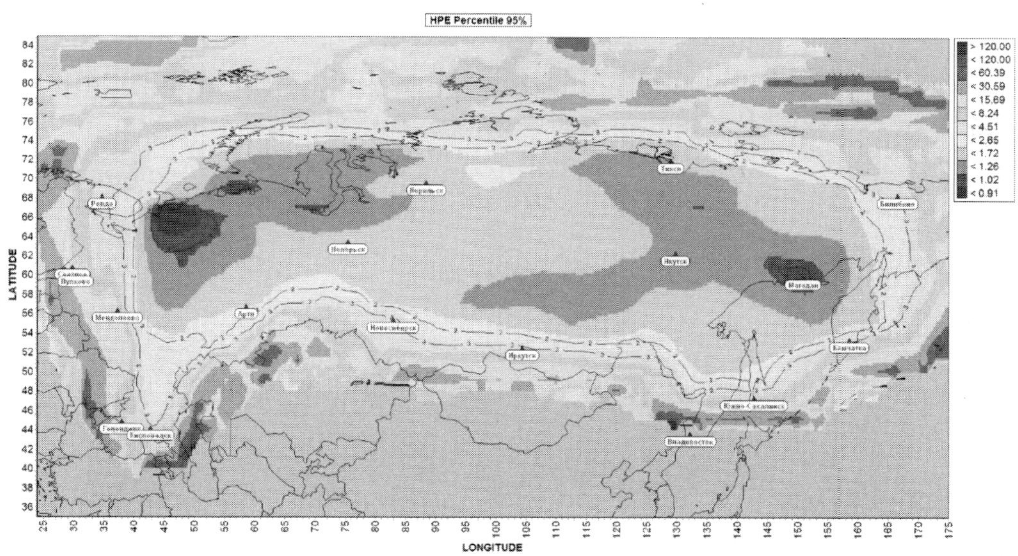

〈그림 9-17〉 SDCM 서비스 범위 [출처: Russian Federal Space Agency]

제3절 지상기반 보정시스템(GBAS)

1. 개 요

GNSS 위성이 제공하는 신호와 항법메시지 정보를 활용해 측정하는 사용자의 위치 정보를 자신의 정확한 위치를 알고 있는 지상 기준국에서 측정한 오차와 무결성 정보를 육상 전송매체를 통해 전달하여 사용자의 정확한 위치 측정 및 무결성, 지속성 향상에 도움을 주도록 하는 시스템을 지상기반 보정시스템(GBAS)이라고 한다.

지상기반 보정시스템(GBAS) 구성요소는 <그림 9-18>과 같이 GNSS 구성요소인 우주부문, 지상국부문, 사용자부문에 추가하여 DGNSS 부문으로 통제국과 기준국이 구성된다.

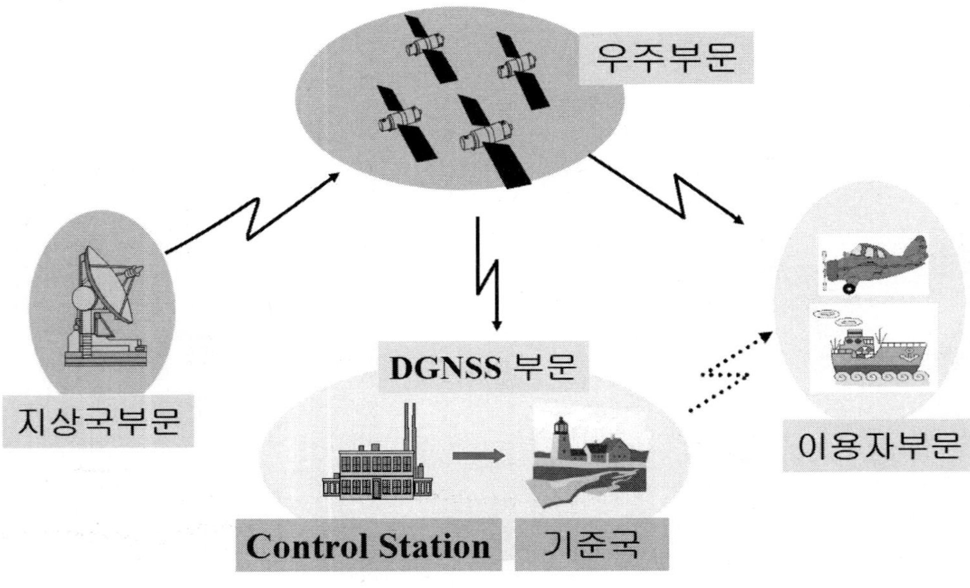

〈그림 9-18〉 지상기반 보정시스템(GBAS) 구성 요소

지상기반 보정시스템(GBAS)은 공항이나 항만 또는 특정 지역에 시스템을 구축하여 지상국에서 오차 보정치를 송신해 주며, 위성기반 보정시스템(SBAS) 대비 유효 서비스 범위가 좁다. 대표적인 지상기반 보정시스템은 해상용 RBN/DGPS, Eurofix, LAAS(Local Area Augmentation System) 등이 있다.

해상용 RBN/DGPS(Radoibeacon/Differential Global Positioning System)는 선박 출입이 잦은 주요 항구 해안가에서 283.5~325kHz의 중파 비콘을 사용하여 방송하며, Eurofix는 로란 주파수인 100kHz를 사용하여 방송하고 LAAS는 공항 같은 특정 지역에 설치하여 운용하며 108~110MHz 주파수를 사용하여 방송한다.

지상기반 보정시스템(GBAS)의 보정 정보 표준은 RTCM(Radio Technical Commission for Maritime Services)에 따른다. RTCM은 해양의 전파통신과 항법관련 제반 기술을 다루는 국제 비영리 기구로써 정부기관 및 협회 등 약 130여개의 기관들이 참여하고 있다. RTCM 표준안은 국제해사기구(IMO; International Maritime Organization), 국제항로표지협회(IALA; International Association of Aides to Navigation and Lighthouse Authorities) 등 국제기구에서 준수하고 있어 강제성을 띄고 있다. RTCM 특별위원회는 SC-104이며, 보정 정보 표준 버전이 발전하여 가고 있다.

지상기반 보정시스템(GBAS)의 서비스 유효범위는 보정 오차가 지상 기준국에서 멀리 떨어질수록 위성-기준국간과 위성-사용자간 대기상태의 변화에 따른 보정 오차 차이, 다른 위성이 선택될 수 있는 가능성 등으로 인하여 일반적으로 100해리로 설정하고 있다. 또한 지상기반 보정신호는 해상과 지상의 서비스 범위 차이가 매우 크다. 예를 들어 300W로 해상에서 100해리를 서비스 할 지라도 지상에서 전파 전파 특성 상 서비스 범위가 50% 이하로 줄어들 수 있다. 이러한 특성을 감안하여 시스템을 구성하여야 한다.

2. RBN/DGPS

RBN/DGPS는 선박 출입이 잦은 주요 항구 근처의 기준국에서 해상용 중파(283.5~325kHz) 비콘을 사용하여 방송하며, 사용자가 GPS 신호 및 DGPS 오차 보정치를 수신하여 정확한 위치를 계산하는 시스템이다. RBN/DGPS는 해상용 DGPS로 MDGPS(Maritime DGPS)라고 불리기도 한다.

DGPS는 본래 미국 민간사용자들의 요구 정확도에 부응하기 위해 GPS 개발 이전부터 미국연안경비대(US Coast Guard)에 의해 연구개발 되었다. 현재는 미국을 비롯하여 유럽, 일본 및 중국 등 30여개 국가에서 DGPS망 구축이 이루어진 상태이며 <그림 9-19>처럼 운용 중에 있다. 또한 일부국가에서는 DGPS를 내륙으로 확장한 NDGPS(Nationwide DGPS)를 국가망으로 구축하였다.

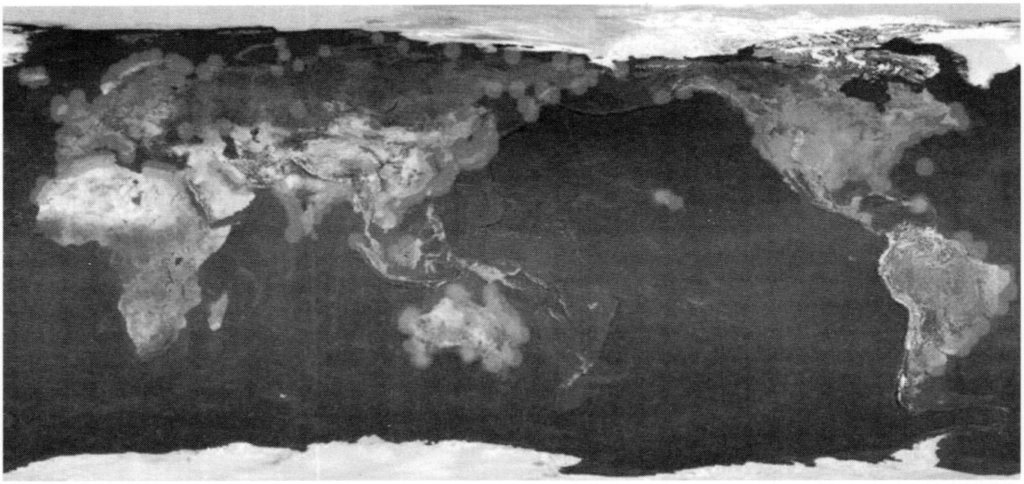

〈그림 9-19〉 세계적인 해상용 DGPS 현황 [출처: US Coast Guard]

DGPS 구성은 GPS의 기본구성에 DGPS 통제국(Control Station)과 기준국(Reference Station/DGPS Site), 감시국(Integrity Monitor Station)이 추가된다.

추가국의 임무는 다음과 같다.

① 통제국(Control Station)

통제국은 DGPS 기준국과 감시국의 운용상태를 실시간 감시하고 제어하며, 실시간 모니터링하여 경고 메시지를 방송하는 역할을 수행한다.

② 기준국(Reference Station/DGPS Site)

기준국은 자신의 정확한 위치를 알고 있기 때문에 GPS 위성으로부터 신호를 수신한 후 의사거리와 실제거리를 비교하여 오차 값을 보정정보로 국제표준규격에 따라 해상용 중파를 이용하여 방송하는 역할을 수행한다.

③ 감시국(Integrity Monitor Station)

감시국은 기준국으로부터 일정거리 떨어져 위치하며 오차 보정정보가 한계치를 벗어나면 경고 메시지를 통제국에 보내주는 역할을 수행한다.

DGPS는 위치를 알고 있는 기준국에서 위성을 통하여 구한 위치와 실제 위치와의 차이를 보정량으로 하는 위치 보정 방식과 수신한 위성에서의 의사거리, 시간정보 및 궤도 데이터에서 거리 오차를 검출하여 이를 보정량으로 하는 의사거리 보정 방식이 있으며, 보정 데이터의 유효성 때문에 대부분의 DGPS는 의사거리보정 방식을 채택하고 있다. 기준국에서는 GPS 위성 데이터 수신장치와 DGPS 보정치 송신장치가 있고, 사용자 수신기에는 GPS 위성수신장치 및 DGPS 보정치 수신장치가 있어 위성데이터에 DGPS 보정치를 가감하여 정확한 위치를 얻도록 한다.

DGPS의 위치 정확도는 GPS 15m 수준(95%)을 1m 수준으로 향상시킨다. 그러나 오차 보정 정보를 전송해 주는 기준국과 사용자간의 기선거리(Baseline Distance)가 동시에 동일위성에서 동일한 데이터를 얻기 위해 매우 중요한 요소가 된다. 거리가 멀어지면 두 수신기가 서로 다른 위성정보를 받거나 두 지점 간에 전리층과 대기권 영향 등의 차이로 보정치의 정확도가 감소하게 되기 때문이다. 따라서 DGPS의 기선거리를 100~150 해리 정도로 설정하는 것이 보통이다. 한국의 DGPS는 100 해리를 설정하고 있다.

DGPS 시스템 설계 시 보정치의 방송내용, 포맷형태, 통신수단 등은 DGPS 시스템의 운용자에 따라 달리 선택될 수도 있으나 전 세계적으로 미 해사무선기술협회의 RTCM SC-104(Radio Technical Commission for Marine Service Special Commission-104) 표준안을 사용하며 MSK(Minimum Shift Keying) 변조 방식으로 해상용 중파를 이용하여 방송한다. RTCM SC-104 표준안은 <표 9-4>와 같다.

또한 DGPS 수신기 설계 시는 ITU-R(International Telecommunication Union-Report) 823에 의하면 대역폭 500Hz의 범위에서 S/N비 7dB 이상으로, 1000비트당 1비트 이내의 오차율로 신호 재생이 가능하여야 하는 것으로 규정하고 있고, COMDINST M 16577.1에 의하면 유효 범위 내에서의 최소 전계강도는 100bps 신호 송출의 경우 75μV/m(37.5dBμV/m) 이상, 200bps 신호 송출의 경우 100μV/m(40dBμV/m) 이상일 것을 요구하고 있다. 그러나 이 기준은 보호비 및 안전성을 고려한 경우이고 일반적으로는 10μV/m(20dBμV/m) 이상이면 가능할 것이다.

〈표 9-4〉 RTCM SC-104 표준안

Message Type No.	Title
1	Differential GPS Corrections
2	Delta Differential GPS Corrections
3	GPS Reference Station Parameters
4	Reference Station Datum
5	GPS Constellation Health
6	GPS Null Frame
7	DGPS Radiobeacon Almanac
8	Pseudolite Almanac
9	GPS Partial Correction Set

10	P–code Differential Corrections
11	C/A–code L1, L2 Delta Corrections
12	Pseudolite Station Parameters
13	Ground Transmitter Parameters
14	GPS Time of Week
15	Ionospheric Delay Message
16	GPS Special Message
17	GPS Ephemerides
18	RTK Uncorrected Carrier Phases
19	RTK Uncorrected Pseudoranges
20	RTK Carrier Phase Corrections
21	RTK/Hi–Acc. Pseudorange Corrections
22	Extended Reference Station Parameters
23	Antenna Type Definition
24	Reference Station: Antenna Reference Point(ARP) Parameter
25–26	Undefined
27	Extended DGPS Radiobeacon Almanac
28–30	Undefined
31	Differential GLONASS Corrections
32	Differential GLONASS Reference Station Parameters
33	GLONASS Constellation Health
34	GLONASS Partial Differential Correction Set(N〉1) GLONASS Null Frame(N≤1)
35	GLONASS Radiobeacon Almanac
36	GLONASS Special Message
37	GNSS System Time Offset
38–58	Undefined
59	Proprietary Message
60–63	Multipurpose Usage

3. 미국의 NDGPS

미국의 해양용 DGPS는 1980년대부터 해상에서 연안항법 및 항구를 출입항하는 선박의 안전을 지원하기 위하여 GPS 무결성 경고와 10m 이내의 위치 정확도 향상을 목표로 개발이 시작되었다. 미연안경비대(US CG)는 DGPS를 1999년 3월까지 완벽하게 구축하여 FOC(Full Operational Capability)를 선언하였다. 이후 미국은 DGPS를 내륙으로 확대하는 NDGPS (Nationwide DGPS) 구축을 추진하였다.

NDGPS 구축계획은 미연안경비대(US CG) 및 미교통부(US DOT), 미항공국(US FAA), 미육군공병부대(USACE; United States Army Corps of Engineers) 등 11개 부처와 주정부가 미연안경비대의 DGPS 기준국 외에 67~100여개 기준국을 추가하여 운용하도록 하는 계획이다. 이 계획은 미연안경비대가 망구축, 운용 및 관리를 책임지며 NGS(National Geodetic Survey), NOAA(National Oceanic and Atmospheric Administration) 등의 상시 관측소와 연계하여 통합 운용함으로써 위치정보관련 자료를 공유하는 목적도 포함하고 있다.

미국 내륙 전체를 서비스할 수 있도록 하는 NDGPS 계획은 지상파를 사용함으로써 정지궤도 위성을 이용한 WAAS 시스템 신호의 직진성으로 인해 발생하는 도심 등에서의 전파차단 문제를 해결할 수 있도록 하였다.

NDGPS 구성요소는 <그림 9-20>과 같으며, 기준국은 의사거리를 계산하여 보정정보를 송신하면 사용자는 송신된 보정정보를 수신하여 오차를 보정, 의사거리를 정확히 측정하여 자신의 정확한 위치를 계산할 수 있다.

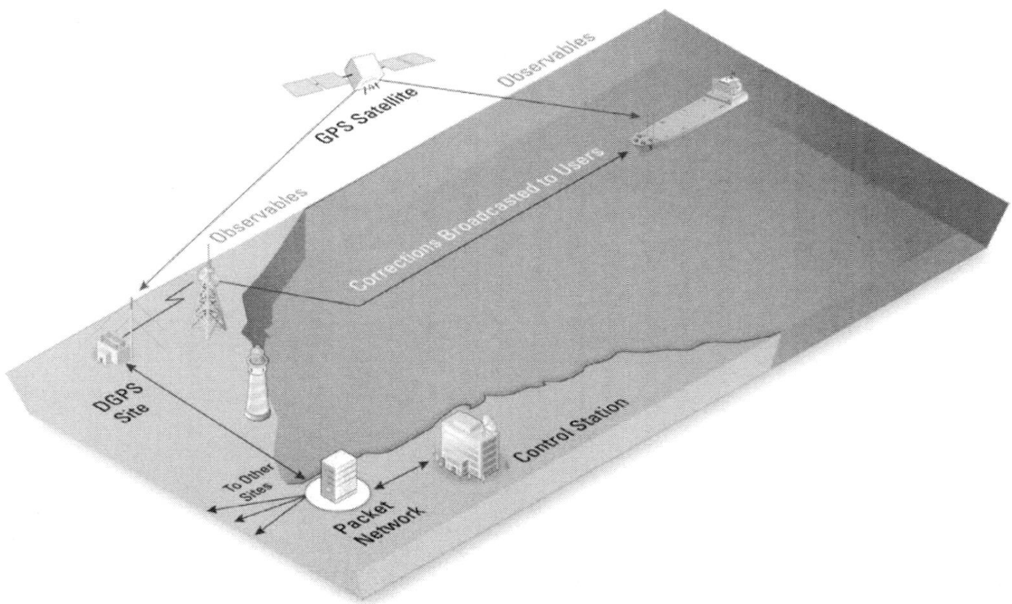

〈그림 9-20〉 NDGPS 구성요소 [출처: 미국 FRP 2014]

미국의 NDGPS는 알렉산드리아(Alexandria, Virginia)에 위치한 미연안경비대(USCG)의 NAVCEN(The Navigation Center)에서 통제 및 관리를 위한 2개의 센터를 운영하고 있다. NAVCEN은 운영목표를 DGPS시스템의 정확성, 안정성, 무결성의 보장에 두고 있다.

NDGPS는 미연안경비대(US CG)의 기준국 49개소와 미교통부(DOT)의 기준국 29개소, 미육군공병부대(USACE)의 기준국 7개소, 총 85개 기준국이 운용 중이며, 서비스는 정확도 10m 이내, 가용도 99.9 % 이상을 지원하고 범위는 <그림 9-21>과 같다.

2016년 1월, 모든 기지국에 대한 조사를 거쳐 총 62개 기준국(US CG 기준국 27, DOT 기준국 29, USACE 기준국 6) 유지를 제안하였다. 또한 미국에서는 NDGPS 구축 이후, 기존의 NDGPS 인프라를 이용하여 HA-NDGPS로 확장을 시도하고 있다. 이는 기존의 NDGPS 망을 가지고 새로운 추가 정보를 송출하여 cm 정확도를 유지할 수 있도록 하는 것이다. HA-NDGPS의 개발 계획은 미국의 교통부(DOT)가 지원하고 있다. HA-NDGPS 계획의 목표는 사용자들에게 기준국 반경 50km내에서 2-5cm 정밀 항법을 제공하고 국가 전역에서는 10-20cm 정확도를 제공하며, 2초 이하의 무결성을 보장하는 것이다.

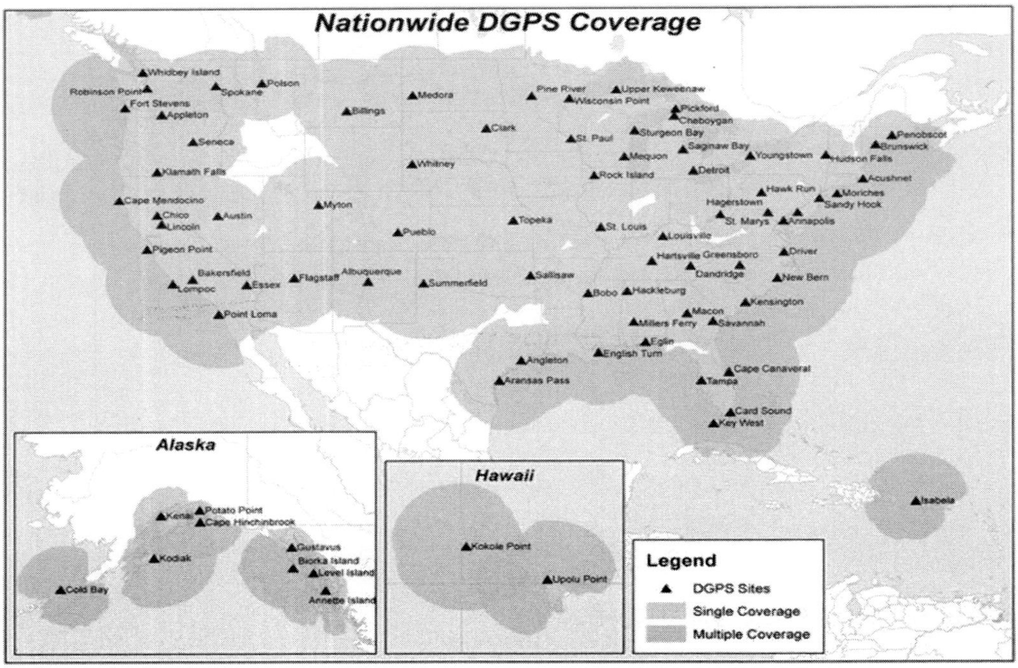

〈그림 9-21〉 미국의 NDGPS 구축현황 및 서비스 범위 [출처: US Coast Guard]

4. EUROFIX

EUROFIX는 DGNSS 오차보정 정보를 로란-C 시스템을 이용하여 송신하는 지상기반 보정시스템(GBAS)이다. 보정정보는 로란-C 신호 펄스열들의 펄스 변조에 의해 전송되며, 무결성 정보도 추가된다. EUROFIX를 이용하여 송신되는 메시지들은 주국과 종국간의 로란-C 동기신호, DGNSS 보정 데이터, 로란-C 부가 요소, 조난 긴급메시지 등이 있다.

로란-C는 1958년부터 운영되어 온 전파항법의 일종이며, 하나의 주국과 2국 이상의 종국이 서로 동기된 신호를 110kHz의 대역으로 송신하며, 수신된 신호의 시간차를 마이크로초(μs)의 소수점이하까지 정확히 측정하여 위치를 측정하는 시스템이다. 이 시스템은 쌍곡선항법으로 2개소의 송신국으로부터의 신호의 도착시간차를 유효범위 내의 임의의 지점에서 관측하면 관측점에서 각 송신국까지의 거리차를 측정한 것이 된다는 원리를 이용한 항법방식이다. 로란-C는 위치 정확도, 무결성 등 시대의 요구사항을 충족시키기 위해 EUROFIX나 eLoran으로 변경 운용되고 있다.

EUROFIX 구성요소는 <그림 9-22>와 같이 기준국(RS; Reference Station), 감시국(IM; Integrity Monitor), 통제국(CS; Control Station)으로 구성된다.

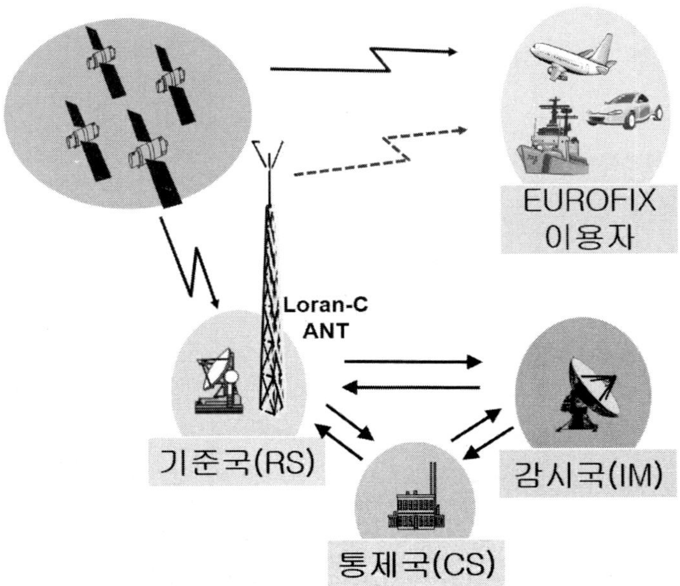

〈그림 9-22〉 EUROFIX 구성요소

EUROFIX가 유럽에 도입된 이후 한국에도 로란-C 기지국을 이용하여 DGNSS 보정정보를 송신하기 위한 연구가 수행되었으나 백두대간의 험악한 산악지역으로 인하여 중단되고, 해상용 DGPS를 이용하여 내륙으로 확대하는 NDGPS를 구축하였다. EUROFIX 성능은 95% 확률분포로 5m 이내의 위치정확도와 99.9996% 이상의 가용도를 지원하고 있다.

5. LAAS

LAAS(Local Area Augmentation System)는 WAAS로 충족될 수 없는 보다 정밀한 항법 및 이착륙 요구조건을 충족시키고자 계획된 시스템으로 공항 주변에 설치하여 정확한 위치정보를 제공한다. WAAS 성능은 항공기의 CAT Ⅰ까지만 지원가능하며 아직까지 CAT Ⅱ, Ⅲ 접근 지원은 불가능하다. 따라서 LAAS는 정밀접근을 지원하기 위하여 도입되었으며, 설치지역 반경 20-30 마일에 서비스를 제공하고자 VHF(108~118MHz) 송신기를 이용하여 오차 보정정보를 방송한다. LAAS와 WAAS 지원 개념은 <그림 9-23>과 같으며, 공항에서 LAAS 개념은 <그림 9-24>와 같다.

LAAS는 자신의 위치를 정확히 알고 있는 지상 기준국에서 오차 보정정보를 정확히 식별하여 VHF 데이터링크를 통해 항공기에 전송하면 정보를 수신한 항공기는 오차를 보정하여 정확한 위치 정보를 얻게 된다. LAAS는 기존의 많은 시설(ILS, DME, VOR 등)들이 공항에서 설치되어 지원하는 것을 한 시스템으로 지원할 수 있어 그 효과가 크다고 할 수 있다.

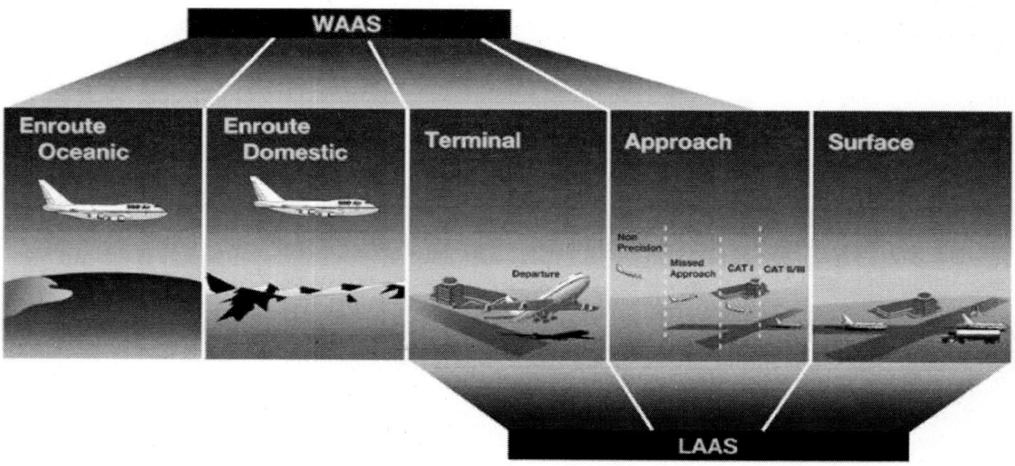

〈그림 9-23〉 LAAS와 WAAS 지원 개념 [출처: 미국 FAA]

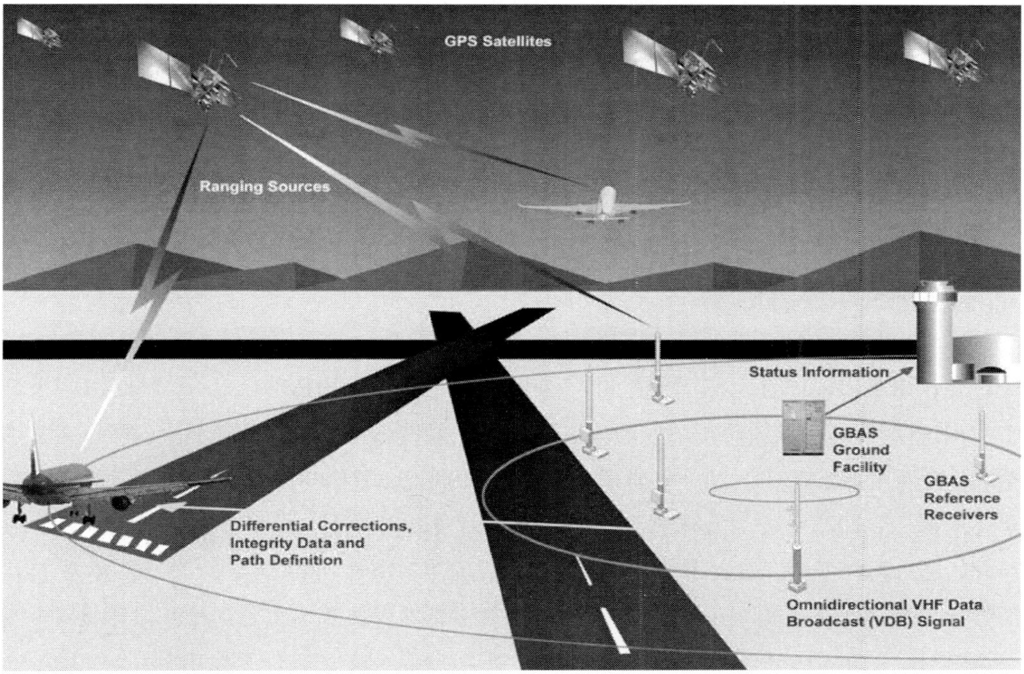

〈그림 9-24〉 LAAS 개념 [출처: 미국 FAA]

〈그림 9-25〉 LAAS 설치 주요 공항

LAAS 서비스 수준은 아직 CAT Ⅰ 수준이며, 향후 최종단계는 항공기의 위치를 1 미터 이내로 정확하게 예측하여 서비스함으로써 CAT Ⅰ, Ⅱ, Ⅲ 정밀 접근에 필요한 높은 정확도, 가용성 및 무결성을 제공하는 것이다. LAAS는 대부분의 미국 공항에 설치되어 있으며, 해외 주요 공항은 <그림 9-25>에 나타내었다.

제4절 한국의 RBN/DGPS

한국의 RBN/DGPS는 해양수산부가 주관하여 국제해사기구(IMO) 및 국제항로표지협회(IALA) 권고에 따라 우리나라 연안해역과 협수로 및 항만 입·출항 선박의 안전운항을 위하여 설치하여 서비스하고 있다. 해양용 DGPS 기준국은 1999년 8월부터 서해안 팔미도, 어청도 기준국을 시작으로 2002년 11월까지 한국의 전 해역에 11개소 기준국을 설치하여 운영하고 있다. 또한, 해양용 DGPS를 내륙으로 확대한 NDGPS 계획을 추진하여 내륙 기준국 6개소를 추가 설치하였다. 내륙 기준국은 대지 도전율이 낮은 산악 및 구릉이 많은 지형으로 구성된 내륙의 서비스 가용도 향상을 위하여 최적지, 무주, 영주, 평창, 충주, 성주, 춘천 6개소에 설치하여 운영하고 있다. 설치된 기준국과 감시국은 <표 9-5>와 같이 구축되었으며, 서비스 범위는 해상 기준국 100해리, 내륙 기준국 80km로 <그림 9-26>과 같다. DGPS의 위치 정확도와 GPS 위치 정확도(SA 포함 및 미포함 시)는 <그림 9-27>에 비교하여 나타내었다.

〈표 9-5〉 한국의 DGPS 기준국과 감시국 설치 현황

구 분	기준국(감시국)	주파수	출 력	운영일
해 상	팔미도(안 흥)	313 ㎑	300 W	1999.08.23.
	어청도(홍 도)	295 ㎑	300 W	1999.08.23.
	마라도(가사도)	290 ㎑	300 W	2000.06.17.
	주문진(속 초)	295 ㎑	300 W	2000.06.17.
	영 도(소리도)	300 ㎑	300 W	2000.06.17.
	거문도(서이말)	287 ㎑	300 W	2000.06.17.
	호미곶(북 변)	310 ㎑	300 W	2000.12.14.
	울릉도(독 도)	319 ㎑	300 W	2001.05.22.
	저 진(속 초)	292 ㎑	300 W	2002.11.08.
	가거도(당사도)	298 ㎑	300 W	2002.11.08.
	소청도(말 도)	323 ㎑	300 W	2002.11.08.

육 상	무 주(대 전)	322 ㎑	500 W	2004.08.05.
	영 주(평 창)	289 ㎑	500 W	2005.04.08.
	평 창(영 주)	303 ㎑	500 W	2006.03.06.
	충 주(평 창)	318 ㎑	500 W	2006.11.06.
	성 주(무 주)	296 ㎑	500 W	2007.03.16.
	춘 천(홍 천)	286 ㎑	500 W	2009.07.22.

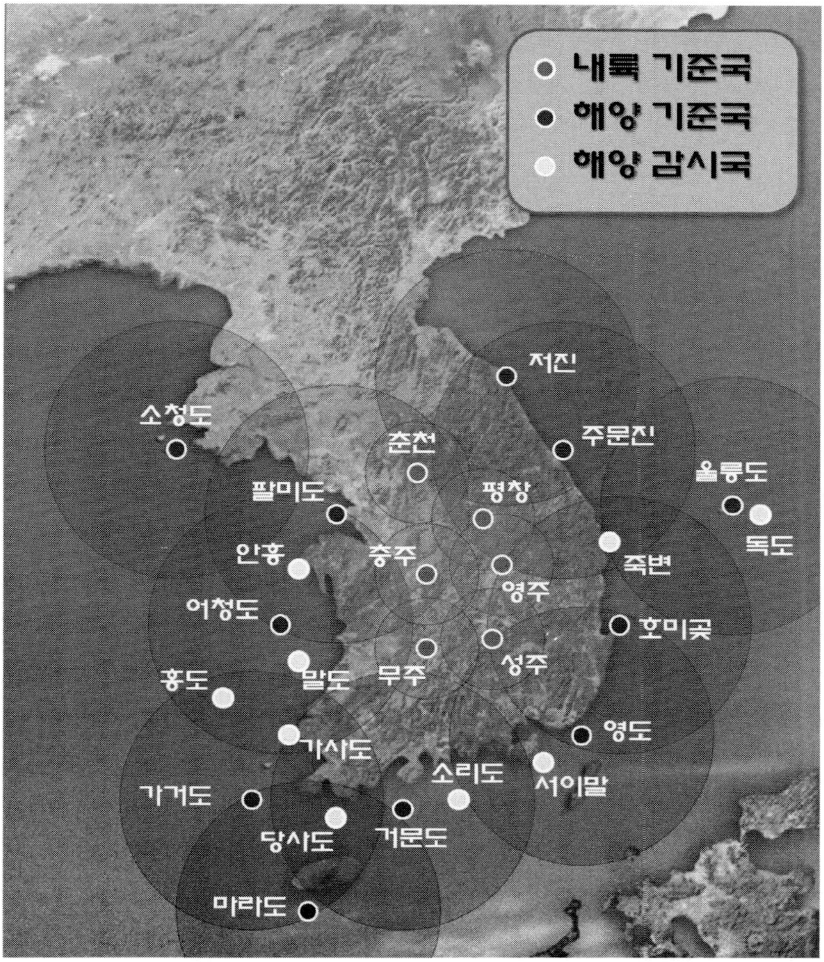

〈그림 9-26〉 기준국과 감시국 설치현황 [출처: 위성항법 중앙사무소]

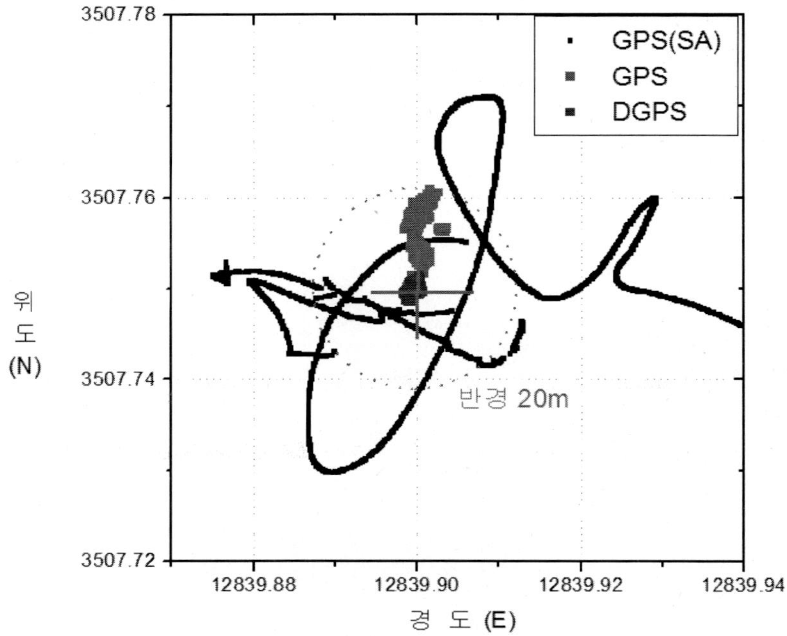

〈그림 9-27〉 DGPS와 GPS 위치 정확도

이것만은 알아둡시다! DGNSS란 무엇인가?

① **개 념**

GNSS 위성신호에 포함된 오차를 측정하여 보정정보로 송신하면 DGNSS 사용자의 수신기에서 제거하여 사용함으로써 위치정확도를 개선함은 물론, 모니터링 및 레인징(Ranging) 서비스로 인하여 무결성과 지속성을 향상시키는 시스템

② **위성기반 보정시스템(SBAS)**

- 우주공간의 정지궤도위성을 이용하여 오차 보정치를 송신해 줌으로써 사용자는 정확한 위치 서비스를 받음
- 미국의 WAAS, 유럽의 EGNOS, 일본의 MSAS, 인도의 GAGAN, 러시아 SDCM 등이 있음.

③ **지상기반 보정시스템(GBAS)**

- 공항이나 항만 또는 특정 지역에 시스템을 구축하여 지상국에서 오차 보정치를 송신해 줌으로써 사용자는 정확한 위치 서비스를 받음
- 해상용 DGPS(RBN/DGPS), Eurofix, LAAS 등이 있음

| 참고문헌 |

[1] US DOT, DOD, DHS, 『2014 Fedral Radionavigation Plan』, National Technical Information Service, 2014.

[2] Deane Bunce, "WAAS Overview", FAA, Oct. 2015.

[3] Deane Dunce, "Wide Area Augmentation System(WAAS) Status and History", *ION GNSS 2014*, Sep. 2014.

[4] ICAO, "ICAO SARPS", vol. 1, 2006.

[5] 신천식, 김재훈, 안재영, "위성기반 포지셔닝 보정시스템(SBAS) 기술개발 동향", *전자통신동향분석*, 제29권, 제3호, 2014년 6월.

[6] Pieter De Smet, "The European GNSS Programmes EGNOS and Galileo", *6th ICG Conference*, Sep. 2011.

[7] ESA, E*GNOS: EUROPEAN GEOSTATIONARY NAVIGATION OVERLAY SERVICE*, ESA Communications Production, 2009.

[8] European Space Agency, *EGNOS: European Geostationary Navigation Overlay Service*, 2009 : http://www.esa.int/EGNOS

[9] European GSA, *Europe's Satellite Navigation Programmes GALILEO and EGNOS*, 2008.

[10] IWG, *Global SBAS Status*, June 2014.

[11] SBAS Interoperability Working Group, *Global SBAS Status*, June 2014.

[12] Motohisa KISHIMOTO, "Status of QZSS and MSAS," *CGISC 46th Meeting, Texas*, USA, Sep. 25-26, 2006.

[13] IWG, *SCDM development program status*, June 2013.

[14] US DOT, "Nationwide Differential Global Positioning System", *Federal Register*, Vol. 80, No. 159, Aug. 2015.

[15] Torrey Jacobsen, "Future of US NDGPS", *CGSIC*, Sep. 2015.

[16] 최창묵, *한국 내륙에서의 해양용 DGPS 유효범위 및 전계강도 분석*, 군사과학대학원 석사학위 논문, 2001.

[17] 김민정, *EUROXFIX 도입을 위한 성능평가에 관한 연구*, 한국해양대학교 박사학위 논문, 2002.

[18] US National Coordination Office Website : http://www.gps.gov/

[19] European GSA Website : http://www.gsa.europa.eu/

[20] India ISRO Satellite Center : http://www. isac.gov.in/Navigation/gagan.jsp.

[21] SDCM Website : http://www.sdcm.ru

[22] 국립해양측위정보원 Website : http://www.ndgps.go.kr

[23] 미 교통부(DOT) Website : http://www.transportation.gov

[24] 미 항공국(FAA) Website : http://www.faa.gov

[25] 미 연안경비대(USCG) Navigation Center Website : http://www.navcen.uscg.gov

[26] Navipeadia : http://www.navipeadia.net

[27] Wikipeadia : http://en.wikipedia.org

10장
위성항법시스템의 취약성 및 대책

제10장
위성항법시스템의 취약성 및 대책

제1절 개 요

미래전은 과학기술의 발달로 네트워크 기반의 정밀타격이 보편화되는 형태로 발전할 것이며, 이러한 형태로 운용되는 항법시스템을 무력화시키기 위해 전자전 형태의 항법전(NAVWAR; NAVigation WARfare)이 대두 될 것으로 판단된다.

항법이란 선박이 위치를 측정하며 목적지로 항해해 가는 방법을 말하며, 육상에서는 도로나 지형지물이 잘 표현되어 있어 손쉽게 목적지를 찾아갈 수 있으나 해상에서는 주위 표지가 없어 목적지를 찾아가기 어렵기 때문에 해상에서 발달되었다. 그러나 요즘은 선박의 범주에서 확대하여 육상의 자동차나 공중의 비행기, 우주의 우주선까지 항법이란 용어를 사용한다. 항법은 육상의 물표를 관측하는 지문항법에서부터 시작하여 천문항법, 전파항법, 위성항법까지 발달하여 왔다.

위성항법시스템은 전 세계적인 측위시스템이라 GNSS(Global Navigation Satellite System)라 불리고, 미국의 GPS(Global Positioning System), 러시아의 GLONASS(GLObal NAvigation Satellite System)가 운용되고 있으며, EU의 GALILEO, 중국의 COMPASS 등이 구축 중에 있어 향후 100기 이상의 항법위성이 널리 상용될 전망이다.

그러나 항법위성에서 보내는 신호는 주파수가 공개되어 있을 뿐만 아니라 중궤도에서 송신하기 때문에 지상에서의 수신 전계강도가 매우 미약하여 외부 간섭에 쉽게 노출될 수 있다. 최근 이동통신과 해상에서의 선박 항해 장애도 특정집단 또는 특정국가의 전파 교란에 의해 통신 네트워크 구축에 필요한 시각 정보와 위치 정보의 일시적 손실로 인해 발생하였다.

따라서 본 장에서는 미래전에 대비하기 위해 항법전과 이에 대한 취약성을 분석하고 대책 방안을 제시하고자 한다.

제2절 항법전

과학기술과 함께 발달한 전파항법은 과거 무기체계 운용개념을 획기적으로 바꾸어 미래전 양상을 바꾸어가고 있다. 최근 새로이 대두되는 항법전은 항법시스템을 무력화시키는 것으로 전자전(EW: Electronic Warfare) 형태라 할 수 있다.

전자전은 크게 전자지원, 전자공격, 전자보호로 구분되며 <그림 10-1>과 같다.

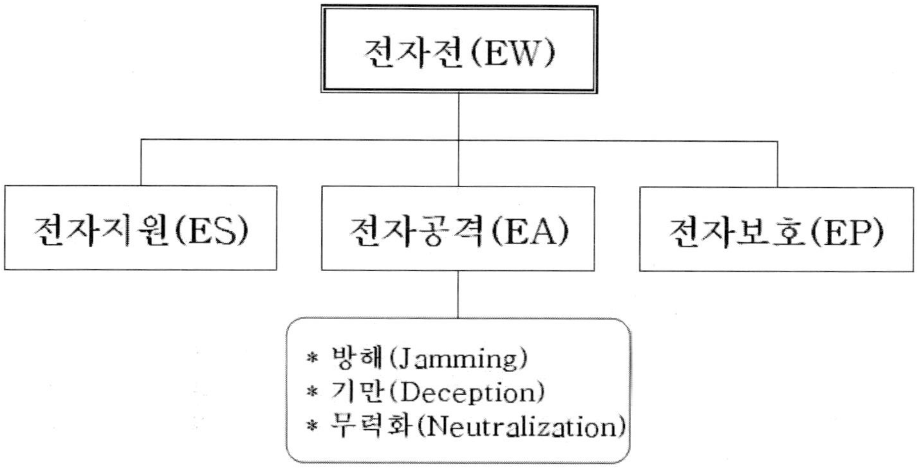

〈그림 10–1〉 전자전의 분류

전자지원(ES; Electronic Support)은 전장에서 즉각적인 적 위협요소의 탐지를 목적으로 의도적 또는 비의도적으로 방사되고 있는 전자파 에너지를 탐색, 감청, 식별하고 방사위치를 탐지하기 위하여 취해지는 제반활동을 말한다.

전자공격(EA; Electronic Attack)은 적의 전투능력을 저하 또는 무력화시키기 위하여 적의 인원, 장비, 시설에 대하여 전자기 에너지와 지향성 에너지를 사용하는 활동이다. 여기에는 방해 및 기만과 같이 전자파를 사용하여 적의 전자파 스펙트럼 사용을 방해 또는 저하시키는 행위와 고출력 전파에너지를 이용하여 적의 전투능력을 무력화시키는 행위를 포함한다.

전자보호(EP; Electronic Protection)는 대전자전이라고 부르기도 하는데 이는 적의 전자지원 및 전자공격에 대항하여 아군을 보호하기 위한 기술이다.

전자전의 세 분야 중에서 가장 중요한 것이 전자공격으로 전자파 에너지를 사용하여 적 인원,

시설, 장비를 공격하거나 전투기능을 무력화시키는 전자전의 한 부분이다. 전자공격 기술에는 방해(Jamming), 기만(Deception), 무력화(Neutralization) 등이 있다. 방해는 적 장비의 신호를 방해하기 위해 전자파 에너지를 방사하는 것을 말하고, 기만은 적을 혼란시키기 위해 오정보 또는 오신호를 흘려보내는 것이다. 또한 무력화는 적 전자 장비를 마비시키거나 영구 파괴하기 위해 전파에너지를 사용하는 것이다.

방해의 목적은 사용 신호보다 큰 신호를 발생시켜 대상 수신기에 보냄으로써 시스템을 마비시키는 것이다. <그림 10-2>는 전파방해 신호 개념을 설명한 것이다.

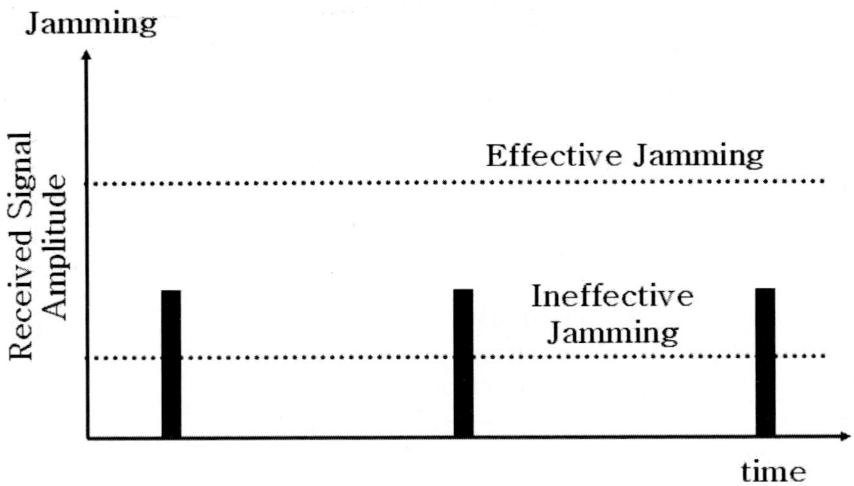

〈그림 10–2〉 전자방해 신호 개념

<그림 10-2>에서 보이듯 Jamming 신호 세기가 시스템 수신 신호 세기보다 클 경우 효과적 Jamming이 가능하며, 신호가 작을 경우 Jamming이 불가능하게 된다. 이 비율을 J-S비(Jamming to Signal ratio)라고 하며 dB 값으로 표현한다.

기만의 목적은 적이 오판을 하게하거나 적에게 혼란을 유도하는 것으로 조작(Manipulation), 모사(Simulation), 모조(Imitation)의 세 가지가 있다. 조작은 아군의 전자 프로파일을 바꿈으로써 아군 활동의 징후가 변경 되는 것처럼 보이는 것을 말하고, 모사는 아군의 잘못된 위치정보나 능력을 조작하여 보여주기 위해 모의 통신 및 전자 장비를 사용하는 것이다. 모조는 적이 오판을 하거나 잘못된 정보를 얻도록 할 목적으로 적 통신 시스템에 침투하는 것을 말한다. 조작과 모사는 적의 전자지원 시스템이 표적이 되며, 모조는 적의 통신 시스템이 표적이 된다.

따라서 일반적으로 이야기하는 위성항법시스템의 Jamming과 Spoofing은 전자전의 전자공격 형태로 위성항법시스템을 사용하지 못하도록 방해하는 것과 허의 정보를 넣어서 보내주는 기만인 것이다.

제3절 취약성

과학기술의 발달과 함께 전파항법이 정밀한 PNT (Position, Navigation and Time) 서비스를 위해 눈부신 발전을 거듭하여 오늘의 위성항법까지 이르고 있지만 이 시스템들이 전파를 이용하기 때문에 앞서 언급한 항법전에서 전자공격의 전파방해와 기만에 취약한 단점을 가지고 있다.

항법위성에서 보내는 신호는 주파수(L 밴드)와 코드(C/A)가 공개되어 있을 뿐만 아니라 약 20,000km 상공에서 송신하기 때문에 -160 dBW 이하로 신호가 매우 미약하다. 따라서 외부 간섭에 쉽게 노출될 수 있어 전자공격에 의해 방해(Jamming) 및 기만(Spoofing)을 손쉽게 받을 수 있는 것이다.

<그림 10-3>은 GPS Jamming 실시 전과 Jamming 시의 GPS 수신기 상태를 보여준다. Jamming 전에는 위성에서 보내주는 신호가 안정적으로 수신되지만 Jamming 후에는 시스템의 전자파감수성(EMS; Electromagnetic Susceptibility)에 따라 다소 차이는 있을 수 있지만 수초 또는 수분 안에 위성의 신호를 소실하여 자신의 위치를 잃어버리게 된다.

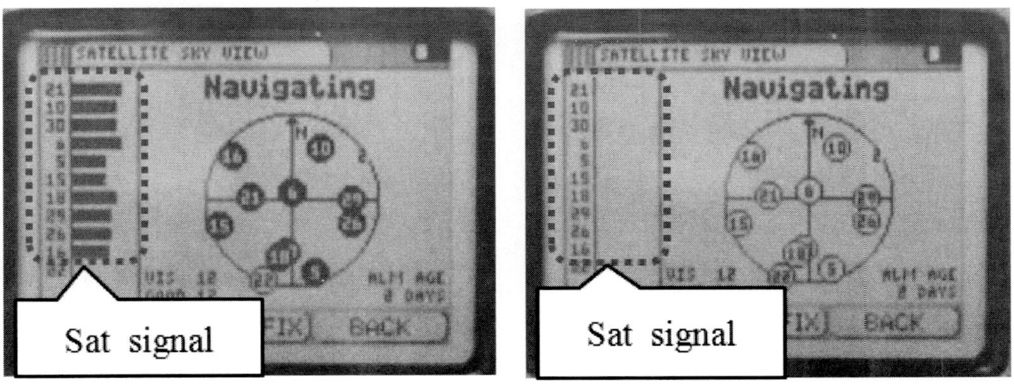

(a) Jamming off (b) Jamming on

〈그림 10-3〉 Jamming 수신기 특성

<그림 10-4>는 Spoofing의 위협을 보여주는 것이다. 적의 항법전 공격에 의해 함정의 위치가 잘못되어 있는 것을 인지하지 못하고 전장에서 적을 미사일로 공격하여 오폭하는 상황으로 아군에게도 매우 큰 위험을 초래할 수 있다.

이러한 문제점에 가장 취약한 것은 위성항법시스템이며 지상항법시스템은 강한 전파신호와 저주파를 이용하는 특성으로 인하여 다소 항법전에 강할 뿐만 아니라 건물 내부에서까지도 위치 측정이 가능한 장점이 있다. 그러나 현재의 지상항법시스템은 위성항법시스템 대비 정확도가 낮으며 서비스 지역이 다소 축소되는 단점이 있다.

위성항법과 지상항법 시스템이 특징과 취약점을 비교하여 분석하면 <표 10-1>과 같이 나타낼 수 있다.

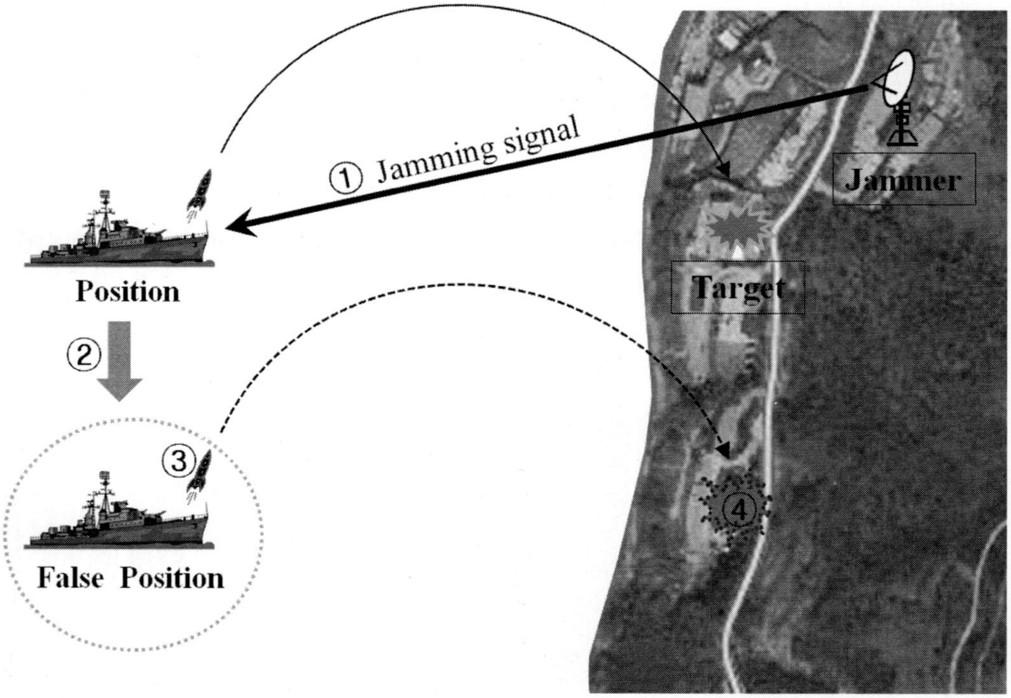

〈그림 10-4〉 Spoofing 위협

〈표 10-1〉 위성항법시스템과 지상항법시스템의 특징 및 취약점

구 분	특징 및 취약점
위성항법	– 미약한 전파신호 사용으로 항법전에 취약 – 고주파 사용으로 가시거리 밖 서비스 제약 – 광역 및 고정밀 서비스
지상항법	– 강력한 전파신호 사용으로 항법전에 우수 – 저주파 사용으로 건물 내에서 서비스 가능 – 서비스 커버리지 및 정확도 제약 * 정확도는 eLoran으로 극복 가능

제4절 GPS 재밍 사례

최근 해상에서의 선박 항해 GPS Jamming과 이동통신 품질 저하 현상이 특정집단 또는 특정 국가의 전파 교란에 의해 발생하였다.

주요 피해 사례를 보면, 해외에서는 1996년 8~9월 LA와 San Diego 부근에서 미해군으로 추정되는 GPS Jamming 실험이 있었으며, 민간항공 조종사가 식별하여 강력 항의한 사례가 있었다. 또한 2003년 미-이라크 전쟁 시에는 이라크가 미군의 토마호크 및 JDAM Jamming 목적으로 러시아제 GPS Jammer를 사용하여 오폭한 사례가 있어서 ㄱ대통령이 러시아에 강력하게 항의하는 신문기사도 나왔다.

국내에서는 2010년 8월 서해 해상 및 수도권 서북부 지역에 GPS Jamming이 최초로 발생하여 간헐적 GPS 수신 장애가 발생하였으며 Jamming 신호의 출처를 북한의 개성으로 식별하였다. 이후 지속적으로 Jamming 신호가 발생되어 항공기 및 선박 GPS 수신 장애, 핸드폰(2G) 품질 저하 등의 문제가 발생되었다.

<그림 10-5>는 해외 및 국내 GPS Jamming 관련 기사내용을 요약한 결과이다. 또한 해외에서 발생된 GPS Jamming 및 훈련 내용을 종합하여 <표 10-2>에 나타내었고, 국내에서 발생된 GPS Jamming을 종합하여 <표 10-3>에 나타내었다.

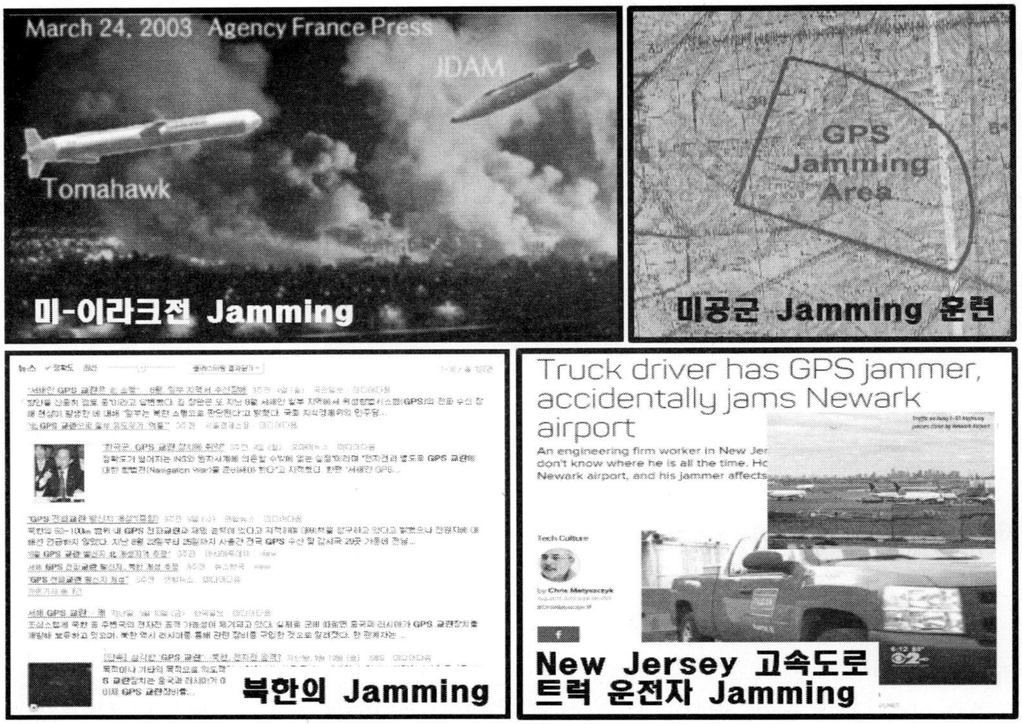

〈그림 10-5〉 해외 및 국내 GPS Jamming 관련 기사 내용

〈표 10-2〉 해외에서 발생된 GPS Jamming 및 훈련

시 기	지 역	비 고
1996.07.	– 미육군 훈련지역 WSMR *미사일 Jamming 실험	– 50~480km 방해가능성 확인
1996.08.~09.	– LA ~ San Diego 부근 *Jamming 실험(미해군 추정)	– 예고 없이 수행 – 민간항공 비행사 식별 강력 항의
1997.12.30. ~1998.1.12.	– Albany NY 부근 *미공군 연구소 실험	– 5Watt/300km Jamming Zone 설정 – 민간 항공기 GPS 완전 소실 – 심각한 위험직면 항의(US CG)
2001	– 아프카니스탄 *선택적 Jamming	– Taliban의 상용 GPS 신호 사용거부
2003.03.10. ~14.	– 알라스카 *미공군 Jamming 훈련	– 훈련 공지

2003.03.	– 이라크(미–이라크 전) *러시아제 Jammer 사용 추정	– Tomahwak 및 JDAM Jamming 목적 – 미대통령 러시아대통령 강력항의
2007.04.	– San Diego *미해군 통신 Jamming 훈련	– 항공기 GPS 중단 – 핸드폰 불능
2009.	– 미국 뉴저지 뉴아크 공항 근처	– 뉴저지 고속도로 트럭 운전자 Jamming (통합료 미지불 목적) 공항 관제시스템 영향 – Jammer 인터넷 쇼핑몰에서 구입 사용

〈표 10–3〉 국내에서 발생된 GPS Jamming

시 기	지 역	비 고
2010. 8.	– 서해 해상, 수도권 서북부	– 최초 GPS Jamming – 간헐적 GPS 수신 장애 – 북한(개성)의 소행으로 추정
2011. 3.	– 수도권 서북부 및 강원도 동북부	– GPS 수신 장애 – 핸드폰(2G) 혼선 – 한미 합동 군사훈련기간
2012. 12	– 수도권 서북부(김포, 파주 등)	– 항공기, 선박 GPS 수신 장애 – 핸드폰(2G) 품질 저하
이후 주기적	– 수도권 일대	– GPS 수신 장애

제5절 대책 방안

과학기술의 발달과 강대국들의 다양한 위성항법시스템 구축으로 시스템이 안정적으로 넓은 주파수 대역이 사용되어 전파방해에 다소 우수하게 대처 가능하여 우연한 잡음이나 단순 방해 전파간섭은 제어가 가능하다. 그러나 의도적인 항법전의 전파방해는 다소 감소시킬 수는 있으나 전파의 특성상 완전히 전파방해를 없애는 것은 불가능한 일이다.

모든 강대국들이 위성항법시스템을 구축하고 있어 미래항법시스템의 발전방향은 정해져 있다고 해도 과언이 아니다. 그러나 위성항법시스템은 취약점을 가지고 있기 때문에 이를 보완하기 위한 방법과 유사시 사용할 수 있는 대체항법시스템 개발을 위해 지상항법시스템도 발전할 것이다. 또한 잠시 서비스 불가 지역에서도 항법이 가능한 보조시스템(관성항법 등)이 발달할 것으로 보인다.

따라서 다음과 같이 대책 방안을 제시하고자 한다.

첫째, 우리나라 국토는 육지만 볼 때 남한 약 10만 km^2, 한반도 전체 약 22만 km^2로 다른 나라들에 비해 작기 때문에 지상항법시스템(eLoran)으로 국가 인프라로 구축하는 것이다. 비록 3차원이 아닌 2차원으로 위치를 구하는 문제점은 있지만 유용성 측면에서 매우 효과적일 것이다. 기존 Loran 시스템의 우리나라 기지국을 이용하고 추가적으로 3~4개 기지국을 설치하여 인프라를 구축할 경우 국가적으로 더욱 효과적일 것이다.

둘째, 세계적인 강대국들이 구축하거나 구축하고 있는 GPS, GLONASS, GALILEO, COMPASS 등 전세계적 위성항법시스템을 효과적으로 사용할 수 있는 통합수신기를 개발하여 사용하는 것이다. 또한 eLoran 시스템까지 통합할 경우 그 효과는 매우 클 것이다. 통합수신기 사용 시 항법전에도 다소 강건해질 뿐만 아니라 도심이나 산 등의 위성 가시영역이 문제가 되는 지역에서도 많은 위성으로부터 신호를 받아 정확한 위치를 구할 수 있을 것이다.

<그림 10-6>에서 보이듯 GPS와 GLONASS 시스템을 통합 수신하여 분석한 결과 DOP (Dilution of precision) 측면에서 GDOP(Geometric DOP)가 0.3 ~ 0.8, TDOP(Time DOP)가 0.1 ~ 0.3 향상됨을 확인하였다. DOP는 위치 측정시 위성의 기하학적 배치를 확인하는 척도이다. DOP 향상 정도는 위성 가시영역에서 향상된 데이터이며 도심이나 산악 등 GPS 위성 가시영역 밖에서는 더욱 효과가 클 것으로 예측된다.

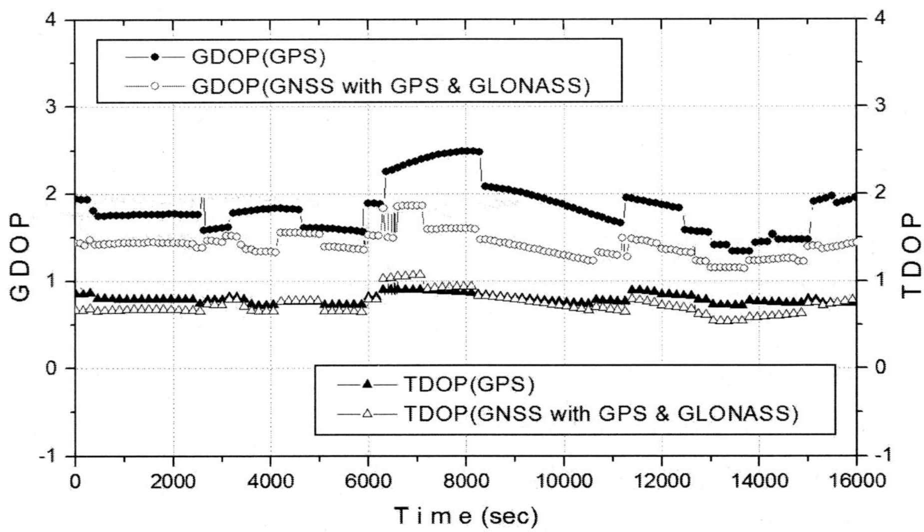

〈그림 10-6〉 GPS와 GNSS의 GDOP 및 TDOP 비교 분석

위성항법시스템의 취약점은 강대국들이 잘 파악하고 있기 때문에 각국들은 자국의 위성항법 시스템에 대해 현대화 정책을 추진하여 Power를 올리고 새로운 암호화 체계를 구현하는 등 시스템 강화를 위해 노력하고 있다. 우리 이용국의 입장에서는 환경변화에 주목하여 잘 활용하는 것이 무엇보다도 중요하다고 본다.

셋째, 통합수신기에 추가하여 Beamforming 기법이나 필터링 기법을 이용한 수신기 신호 제어 기술로 항법전 재밍 신호를 제어하여 수신신호를 보호하는 것이다.

넷째, Jamming 시뿐 만아니라 서비스가 되지 않는 지역에서 일시적으로 사용할 수 있도록 관성항법장치 등의 보조시스템을 발전시키는 것이다. 위성항법이나 지상항법시스템을 개발할 지라도 터널 안에서나 대도시의 건물과 건물 근처에서는 항법시스템 사용이 매우 어렵기 때문에 서비스되지 않는 짧은 시간에도 정확한 위치를 예측하며 사용가능한 보조시스템의 발전이 필요하다.

다섯째, 항법시스템에 대한 통합감시체계를 구축하여 시스템 모니터링에 의해 Jamming에 의한 항법전 수위에 따라 실시간 정상, 경고, 위험 등을 방송해 주어 이용 가능한 타 시스템으로 전환토록 하는 것이다. 통합감시체계는 기존 구축되어 있는 관측소 또는 DGPS 기준국에서 손쉽게 수행 가능할 것으로 보이며, <그림 10-7>처럼 기준선을 설정하여 방송하면 될 것으로 본다.

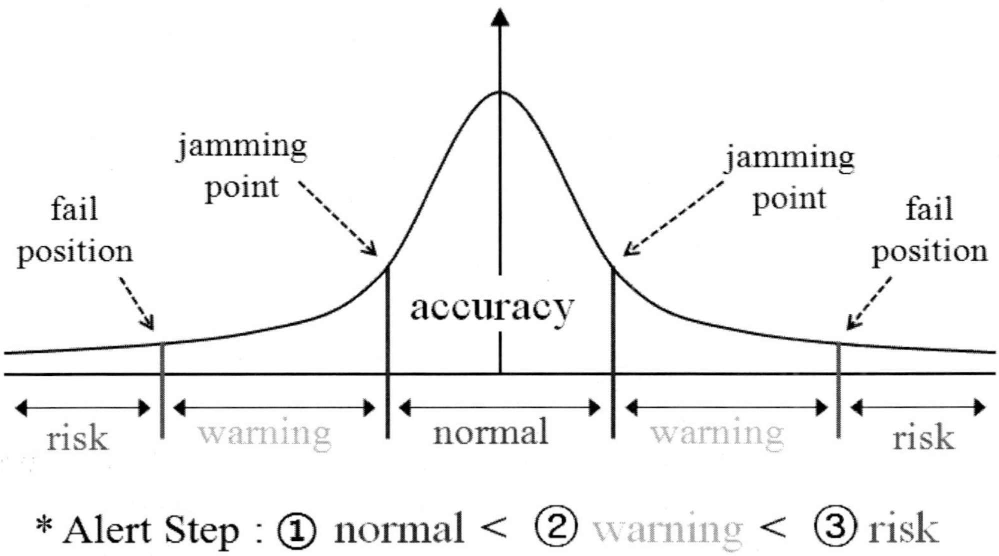

〈그림 10-7〉 항법전 감시체계 경보 단계

해설 **빔포밍(Beamforming) 기법**

빔포밍(Beamforming)이란 스마트 어레이 안테나의 작동 형태로써 안테나의 빔을 특정 방향으로만 국한하여 송 · 수신 되도록 하는 기법이다.
이는 일반적으로 뮤지컬 공연하는 무대 위의 주연 배우가 스포트라이트 받도록 조명을 비추는 것과 같은 효과를 의미한다. 따라서 안테나의 Beamformer가 그림처럼 Jamming 신호가 들어오는 방향으로 신호를 받지 않도록 Null Steering하여 Jamming되지 않도록 하는 것이다.

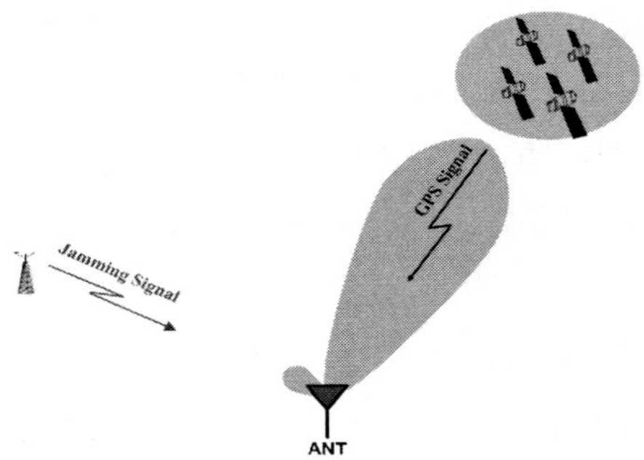

제6절 GPS 유도무기 재밍대응 분석

1. 유도무기

유도무기는 표적 파괴를 위해 탄두를 장착하고 비행궤도를 자율적으로 제어하는 무인 비행체를 말하며 일반적으로 지상, 함정, 공중 및 수중 플랫폼에 탑재하여 대지 · 대함 · 대공 등의 표적을 공격하는 형태로 운용되며, 발사체계를 기준으로 지상 · 해상 · 수중 · 공중발사 유도무기로 구분하기도 한다.

이라크 전쟁 등 현대전쟁에서 확인되었듯이 유도무기는 장사정화 및 정밀유도가 가능한 형태로 발전 중이며 선별된 표적 타격이 가능하도록 고정밀 유도무기가 활발하게 발전되고 있는 추세로 유도미사일과 유도폭탄을 들 수가 있다.

유도미사일은 유도방식에 따라 호밍유도, 지령유도, 항법유도 등 방식에 따라 구분된다. 호밍유도방식은 유도탄이 표적으로부터 방출되는 신호를 탐지하여 표적을 추적하는 방식으로 유도무기가 H/P, E/X 등이 있다. 지령유도방식은 유도탄의 외부에서 모든 정보를 획득한 후 유도신호를 산출하여 유도탄에 지령으로 전달하는 방식으로 유도무기가 Nike, Patriot 등이 있다. 항법유도방식은 유도탄에 컴퓨터가 탑재되어 있어서 탄두에 관한 사전에 입력된 비행정보와 탄두에 탑재된 센서로부터 획득한 정보를 처리하여 탄도를 수정하는 방식으로 Tomahawk, SLAM-ER 등이 있다. 이 때문에 정밀유도가 가능하여 이동표적보다는 고정표적을 공격할 때 주로 사용한다. 항법유도는 지형대조법(Terrain Contour Matching)과 영상대조법(Digital Scene Matching

Area Correlation)이 많이 사용되며, 최근에는 GPS의 정확도를 이용하여 실시간 유도탄의 위치를 파악하고 실제 비행경로와의 차이를 수정해주는 방식도 이용되고 있다.

정밀유도폭탄은 항공기 투하용 폭탄에 유도키트를 장착하여 타격 정밀도를 향상시킨 것으로 유도방식에 따라 GPS/INS, 레이저 유도방식 등으로 구분된다. 또한 일부 유도폭탄은 중간 유도단계에서는 GPS/INS 유도방식, 종말 유도단계에서는 각종 탐색기를 적용하는 복합모드 방식으로도 운용된다. 특히, 정밀직격폭탄(JDAM; Joint Direct Attack Munition)은 후미부에 유도키트를 부착하여 폭탄의 정확한 비행을 보강하고 있으며, 최신 GBU-31/32/38 등은 GPS/INS 유도방식을 이용하고 있다.

<표 10-4>에는 GPS 유도방식을 채택하고 세계적으로 널리 사용되는 유도무기체계를 정리하여 나타내었다. 또한 <그림 10-8>은 GPS 유도방식을 이용하고 있는 최신 SLAM-ER 및 JDAM의 구성도이다. SLAM-ER는 GPS 수신기가 앞쪽부분에, JDAM은 GPS 수신기가 뒤쪽부분에 부착되어 있다.

〈표 10-4〉 GPS 유도방식을 이용하는 유도무기체계

구 분		체 계
공 중	공대지	JASSM-ER
		SLAM-ER
		SCALP EG
		Taurus KEPD 350
	유도폭탄	JDAM
해 상	함대함	Harpoon(Block 2)
		Exocet MM40 Block 3
		Gabriel Mk4 LR
		Otomat Mk2 Block 4
		RBS 15 MK 3
	함대지	Tomahawk
	함대공	SM-3 BL II A
지 상	지대지	ATACM

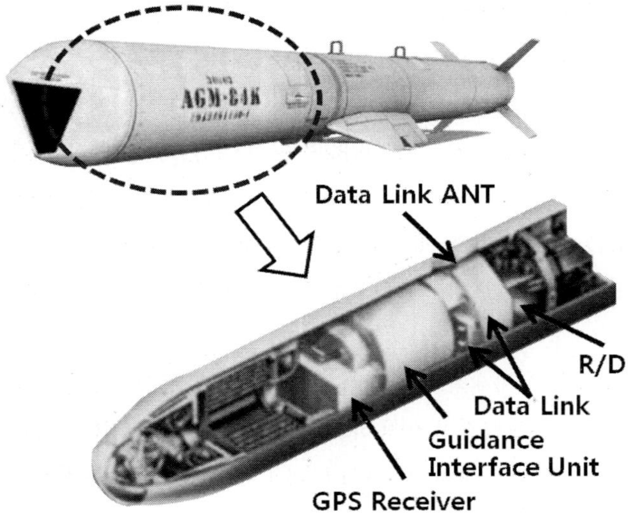

(a) SLAM–ER

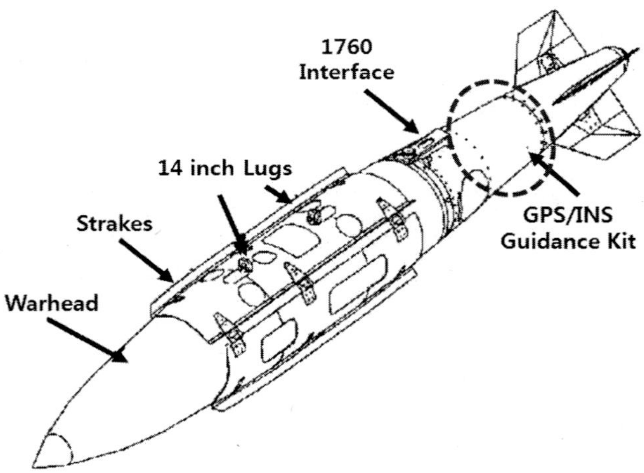

(b) JDAM

〈그림 10–8〉 GPS 유도방식을 이용하는 유도무기 구성도

2. 재밍대응 분석

일반적 재밍에 대한 대응으로 수신기 신호제어 기술을 이용하여 안테나에 들어오는 신호의 방향을 제어함으로써 수신되는 신호를 보호할 수 있다.

따라서 정밀유도무기로 적을 공격할 경우 적진에서 나오는 재밍신호에 의해 유도무기가 영향을 받을 것을 고려하여 재밍신호가 들어오는 적진 방향의 방위각을 제어하는 것이다. 이 때 어느 정도 제어까지 정밀유도무기가 유도방식의 안정성을 찾을 수 있는지를 실제 GPS 데이터를 수신하여 분석하였다. <그림 10-9>는 신호분석을 위해 실험에 사용된 시스템의 개념도이며 실측 실험에는 Novatel GPS 수신기를 사용하였다.

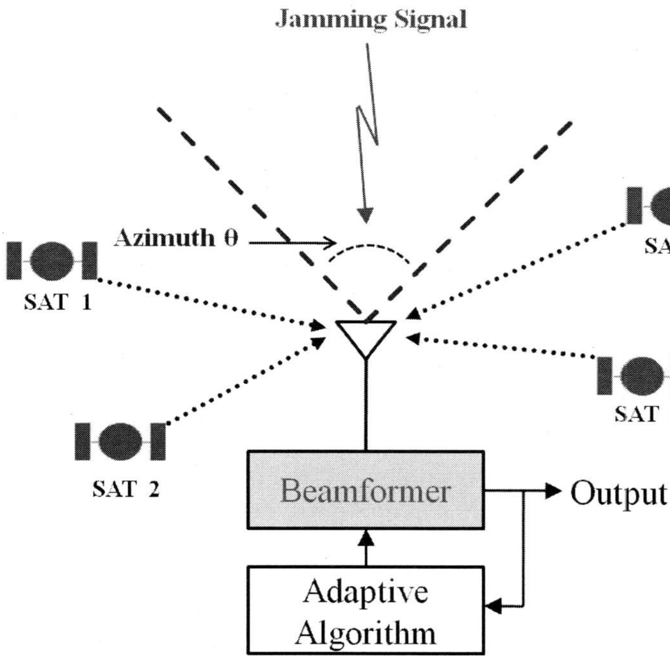

〈그림 10-9〉 GPS 실험 장비 개념

<그림 10-10>은 GPS 위성 주기가 11시간 57분임을 고려하여 12시간 동안 위성의 수신 상태를 확인하여 방위각 제어에 의해 수신되는 위성수를 나타낸 것이다. 수신 시간에 따라 다소 차이가 있으나 4개의 위성으로부터 안정적으로 의사거리를 계산하여 위치를 구하기 위해서는 특정 시각대는 260도 또는 140도까지 제어가 가능하였다. 따라서 140도 이하까지는 지속적인 측위가 가능하다. 그러나 유도무기가 항해 중 외부영향에도 불구하고 위치를 지속적으로 수신하고 일정한 DOP 유지를 위해서는 6개 이상의 위성신호를 수신해야 가능하며 100도까지만 제어가 가능할 것으로 판단된다.

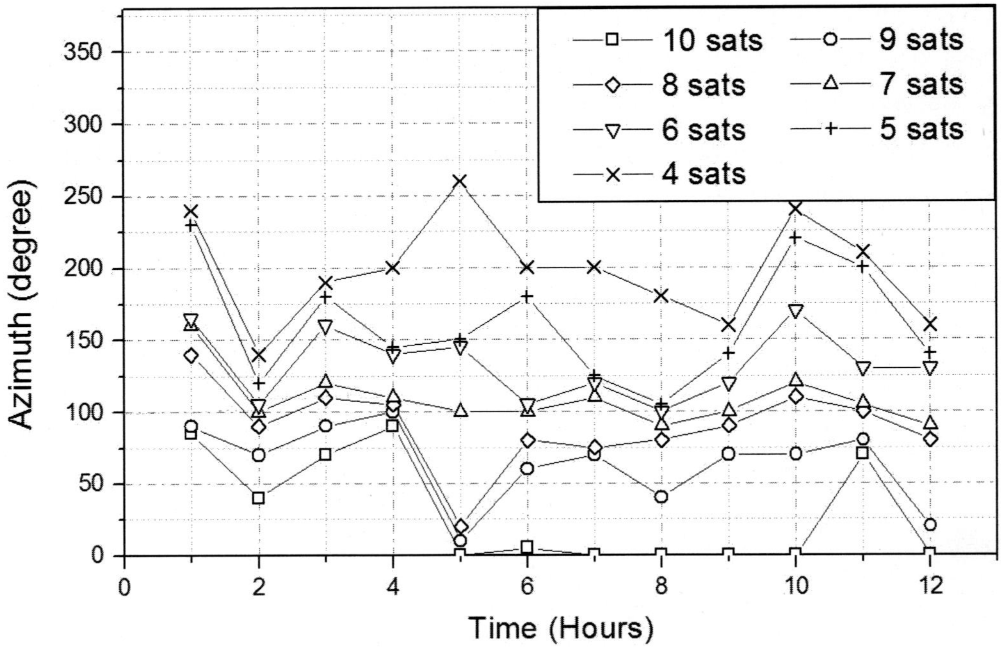

〈그림 10-10〉 방위각 제어에 따른 GPS 수신위성 수

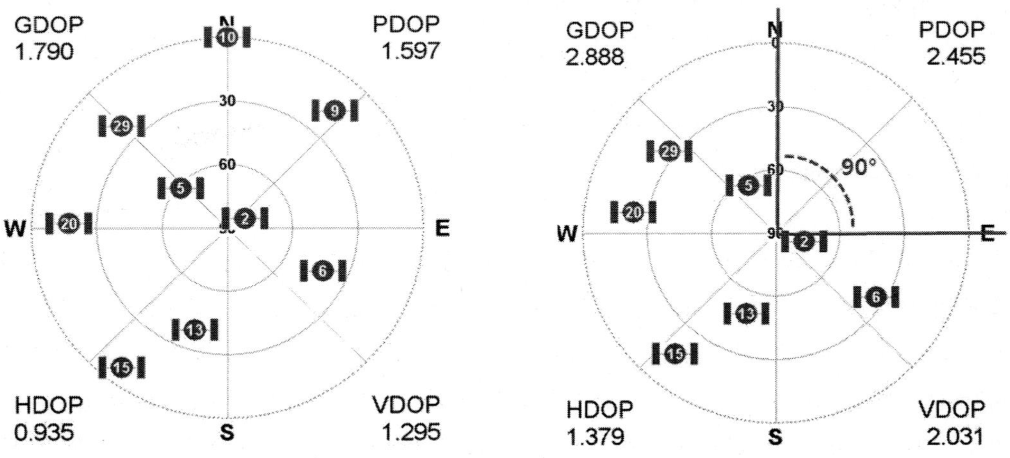

(a) cutoff 0° (b) cutoff 90°

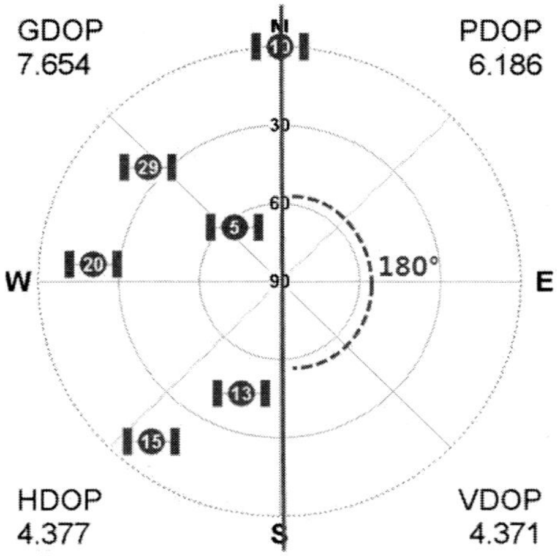

(c) cutoff 180°

〈그림 10-11〉 방위각 제어에 따른 위성 및 DOP 값

<그림 10-11>은 방위각 제어를 0°, 90°, 180° 변경하며 위성상태 및 DOP 값을 측정한 결과이다. <그림 10-11>의 (a), (b)는 PDOP가 1.597, 2.455로 매우 우수하였고 (c)는 6.186으로 신뢰도에서는 다소 떨어지는 수치였지만 위치 수신은 가능하였다. <그림 10-10>에서 보았듯이 안정적으로 위치 수신을 위해서는 100°까지만 제어하는 것이 타당할 것이다. (c)는 180° 까지 제어했을 때 수신이 가능한 시간대에 데이터를 측정한 결과이다.

<그림 10-12>는 안테나 방위각을 0°, 90°, 180° 제어하여 수신한 데이터의 위도 분포이다. 각각 데이터의 표준편차가 1.06m, 1.15m, 1.61m로 분석되었다.

<그림 10-13>은 안테나 방위각을 0°, 90°, 180° 제어하여 수신한 데이터의 경도 분포이다. 각각 데이터의 표준편차가 0.99m, 1.14m, 4.49m로 분석되었다. 180° 제어한 경우 위도 데이터보다는 경도 데이터에서 다소 불안정한 데이터를 수신하였다.

<그림 10-14>는 안테나 방위각을 0°, 90°, 180° 제어하여 수신한 데이터의 고도 분포이다. 각각 데이터의 표준편차가 1.85m, 2.22m, 6.82m로 분석되었다. 180° 제어한 경우 위도 및 경도 데이터보다 더욱 불안정한 데이터가 수신되었다.

<그림 10-15>는 안테나 방위각을 0°, 90°, 180° 제어하여 수신한 데이터의 경위도 위치 좌표 및 데이터 표준편차이다. 각각 데이터의 위치 표준편차가 1.45m, 1.62m, 4.77m로 분석되었다. 180° 제어한 경우 표준편차가 다소 크게 분석되었다.

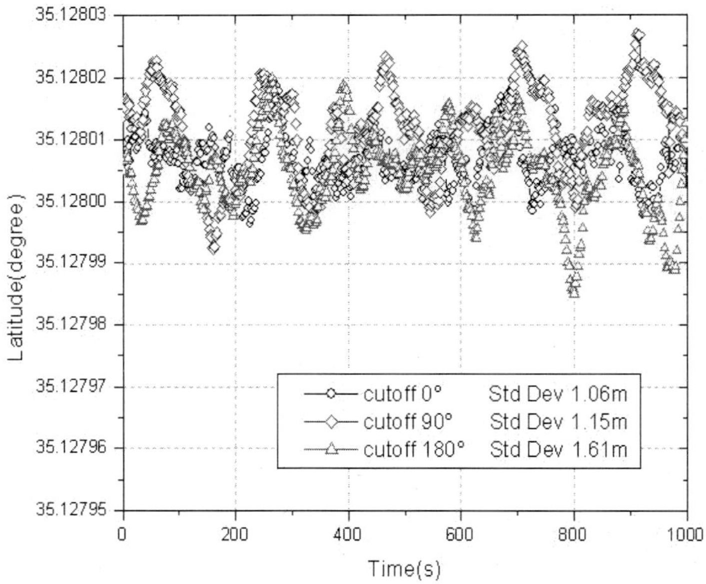

〈그림 10-12〉 방위각 제어에 따른 수신데이터 위도 분포

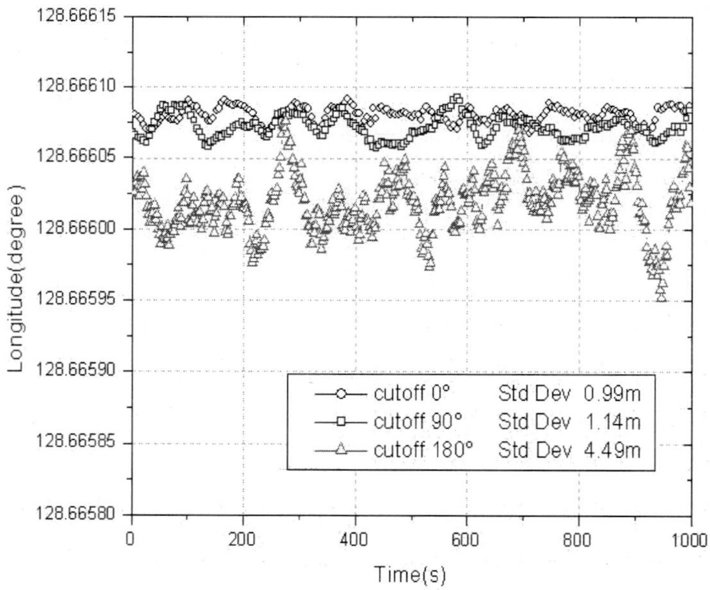

〈그림 10-13〉 방위각 제어에 따른 수신데이터 경도 분포

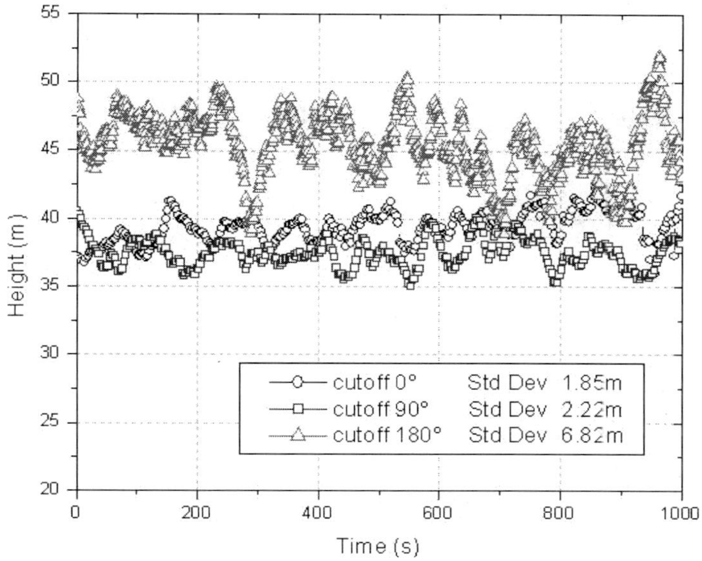

〈그림 10-14〉 방위각 제어에 따른 수신데이터 고도 분포

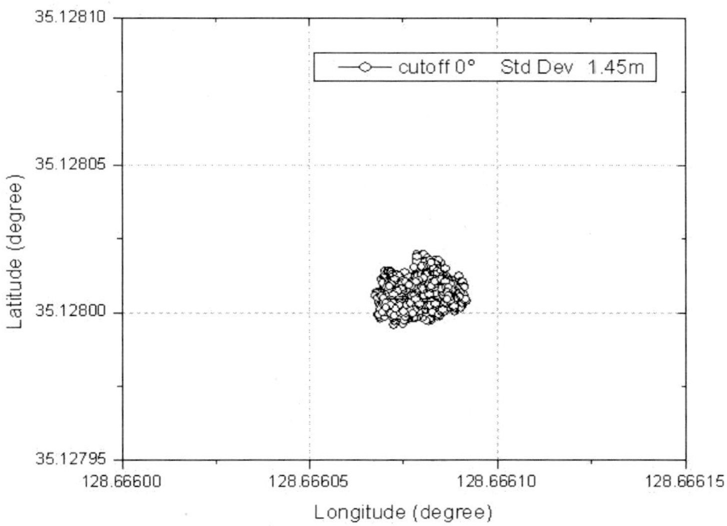

(a) cutoff 0°

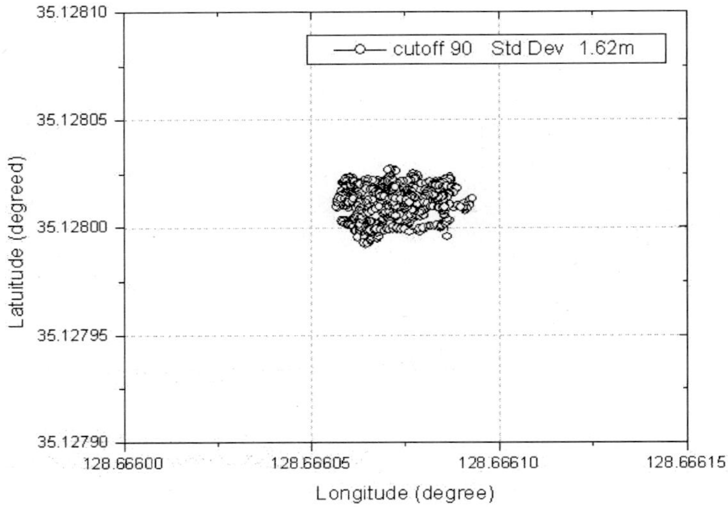

(b) cutoff 90°

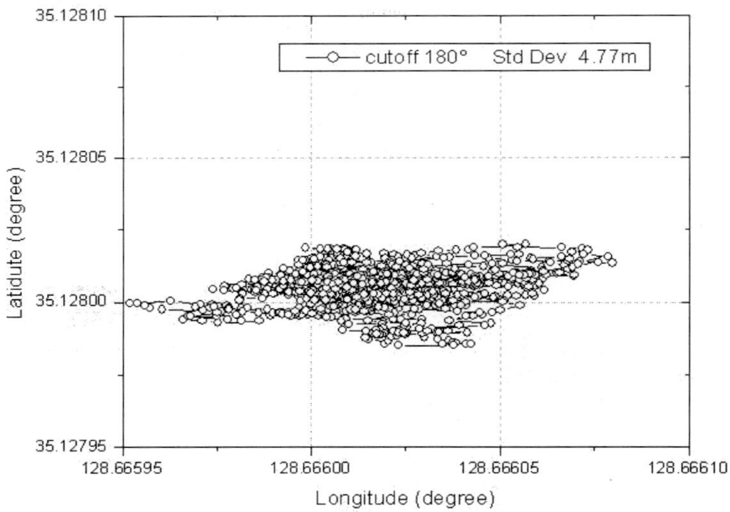

(c) cutoff 180°

〈그림 10-15〉 GPS 수신기 위치 좌표

이것만은 알아둡시다! 위성항법시스템은 왜 취약한가? 대책은 무엇인가?

1 위성항법은 왜 취약한가?

① 항법위성에서 보내주는 주파수(L 밴드)와 코드(C/A) 신호가 공개되어 있음

- 주파수 : L1(1575.42MHz), L2(1227.6MHz)
- 코드 : C/A

② 항법위성에서 보내주는 신호가 미약함

항법위성들이 약 20,000km 상공에서 신호를 송신하기 때문에

−160 dBW 이하로 매우 미약하여 외부 간섭에 쉽게 노출될 수 있음

* 핸드폰 수신신호의 1/100 수준임

※ 위성항법에 대한 의존도 향상은 더욱 위험한 요소임

2 대책은 무엇인가?

① 대체항법시스템 개발 ex) eLoran 등

② 통합수신기 개발

③ 수신기 신호 제어 기술 개발

ex) Beamforming 기법, 필터링 기법 등으로 Jamming 신호 제어

④ 보조시스템 개발

ex) 관성항법장치 등

⑤ 통합감시체계 구축으로 대응태세 유지

ex) 시스템 모니터링에 의해 위험 수위에 따라 조치(정상, 경고, 위험)

| 참고문헌 |

[1] Borje Forssell, Trond Birger Olsen, “Jamming GPS: Susceptibility of some Civil GPS Receiver,” *GPS World*, vol. 14, Issue 1, p. 54, Jan. 2003.

[2] P. D. Groves, 『Principles of GNSS, Inertial and Multisensor Integrated Navigation Systems』, MA: Artech House, pp. 196-211, 2008.

[3] 황춘식 등 8명, 『미래정보전』, 황금알, 2009.

[4] John A. Volpe National Transportation Systems Center, *Vulnerability assessment of the Transportation Infrastructure relying on the Global Positioning System*, Final report, August 2001.

[5] A. H. Phillips, "Geometrical Determination of PDOP," J. of Navigation, vol.31, no. 4, pp. 329-333, Winter 1984-85.

[6] D. M. Akos, “Who’s Afraid of the Spoofer? GPS/GNSS Spoofing Detection Via Automatic Gain Contron (AGC),” *Journal of the Institute of Navigation*, vol. 59, no. 4, pp. 281-290, Winter 2012.

[7] Defence Agency for Technology and Quality, *Defence Science and Technology Survey*, 2013.

[8] FAS, *Joint Direction Attack Munition (JDAM)*. http://fas.org/man/dod-101/sys/smart/jdam.htm.

[9] 고광섭, "GNSS 구축 환경변화와 현대무기체계에의 항법기술 사용전략," 한국해양정보통신학회논문지, vol. 14, no. 1, pp. 267-275, Jan. 2010.

[10] 최창묵, 고광섭, "위성항법 통합시스템을 이용한 DOP 향상에 관한 연구," 한국해양정보통신학회논문지, vol. 15, no. 9, pp. 2045-2049, Sep. 2011.

[11] 최창묵, 고광섭, "항법전에 대응한 항법시스템 발전방향에 관한 연구," *한국정보통신학회논문지*, vol. 19, no. 3, pp. 756~763, Mar. 2015

[12] 최창묵, "GPS 수신 방위각 제어를 통한 GPS 유도무기 재밍대응 분석," *한국정보통신학회논문지*, vol. 20, no. 3, pp. 677~682, Mar. 2016

[13] 송유하, "정밀유도폭탄 기술발전 동향," *국방과학기술정보*, 통권 27호, pp. 135-143, 2011sus 3 · 4월

11장
전파 항해계기

제11장
전파 항해계기

제1절 e-Navigation

1. 국제적 e-Navigation

국제교류가 활발해지면서 선박의 대형화와 고속화 추세가 가속화되고 빈번하게 발생되는 해양사고로 인하여 해상안전 및 해양환경 보호의 중요성이 부각되고 있다. 또한 21세기에 접어들면서 다양한 정보통신기술이 발전하고 이러한 기술들을 활용하여 해양 및 해운 산업에 필요한 다양한 정보를 빠르고 안정적으로 전송해야 하는 필요성이 대두되고 있다. 이로 인하여 국제해사기구(IMO; International Maritime Organization)는 해양에서의 사고에 따른 인명의 손실과 막대한 환경 재난을 야기할 수 있는 해양사고를 방지하기 위하여 매년 각 회원국의 대표들이 모이는 각종 회의를 통해서 해상안전과 선박설비에 관한 모든 국제적 기준을 제정 및 개정하고 그 이행여부를 감독하고 있다.

특히, 해양사고를 줄이고 항행안전 요소를 통제 및 관리하기 위해 기존의 선박 통제 및 관리체계[27]에 정보통신기술(ICT; Information and Communication Technologies)을 융합한 "e-Navigation" 도입을 추진하고 있다.

국제해사기구(IMO)에서는 e-Navigation에 대하여 다음과 같이 정의하고 있다.

> e-Navigation은 해상에서 안전과 보안, 해양환경 보호를 위해 부두에서 부두까지 항해와 관련된 서비스를 향상시키기 위하여 전자적 수단에 의한 선박과 육상에서 해양정보의 조화로운 수집, 통합, 교환, 표현 및 분석이다.

27 자동식별시스템(AIS; Automatic Identification System), 전자해도표시시스템(ECDIS; Electronic Chart Display and Information System), 통합선교시스템(INS; Integrated Navigation Sustem), 해상교통관제서비스(VTS; Vessel Traffic Service), 해상조난안전서비스(GMDSS; Global Maritime Distress and Safety System) 등의 개별 시스템

e–Navigation is the harmonized collection, integration, exchange, presentation and analysis of marine information on board and shore by electronic means to enhance berth to berth navigation and related services for safety and security at sea and protection of the marine environment.

e-Navigation 추진은 2005년 11월 영국의 교통부장관에 의해 도입의 필요성이 제기 된 후, 2006년 5월 국제해사기구(IMO) 해사안전위원회(MSC; Maritime Safety Committee) 81차 회의에서 논의되었다. 2008년 11월 해사안전위원회(MSC) 85차 회의에서 전략 및 이행 계획 개발안이 확정되었다. 또한 2012년 5월 해사안전위원회(MSC) 90차 회의에서는 Architecture가 승인되었으며, 2014년부터 2018년까지 구체화 전략 이행작업이 진행되어 2019~2020년경 초기운영이 가능할 것으로 전망된다.

e-Navigation 추진 초기에는 해양사고 예방차원에서 논의가 시작되었으나 이제는 해상안전뿐 아니라 해운, 항만운영 등 관련분야 전반에 걸쳐 안전 및 업무 프로세스 개선에 초점이 맞추어지고 있다.

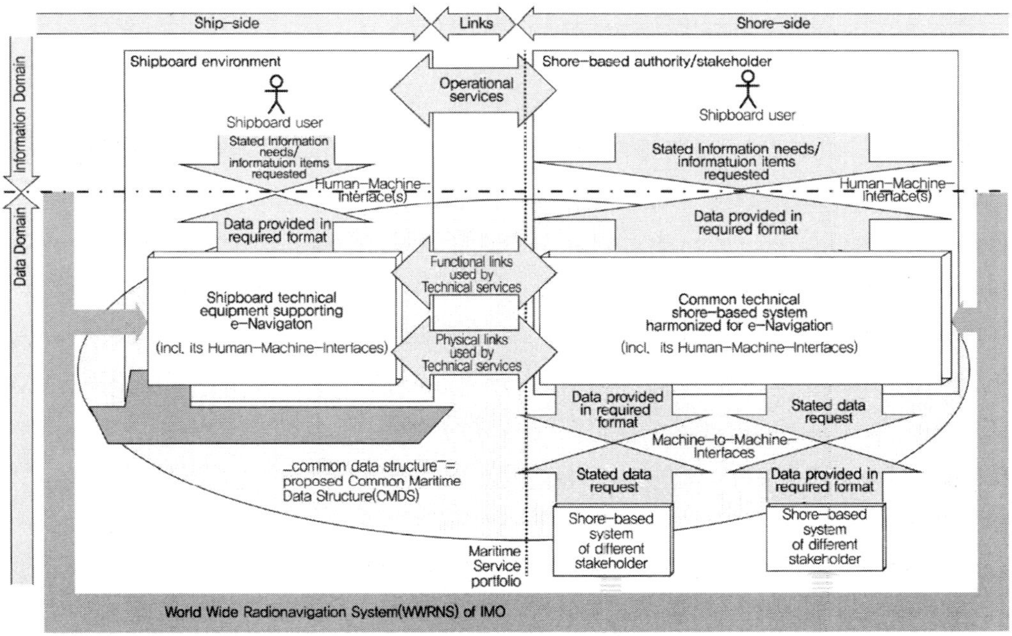

〈그림 11–1〉 e–Navigation 운영 개념 [출처: 국제해사기구(IMO)]

<그림 11-1>은 국제해사기구가 제시한 e-Navigation의 운영개념으로써 선박의 출항부터 입항까지 전 과정의 안전과 보안을 위한 관련 서비스 및 해양환경 보호 증진을 위해 전자적 수단에 의하여 선박과 육상에서 해양정보의 조화로운 수집, 통합, 교환, 표현 및 분석을 융합하여 수행하는 체계이며 국제적, 국가별 실현계획을 수립 중에 있다.

국제해사기구(IMO)에서 e-Navigation 구현을 위해 제공하는 필수 서비스는 <표 11-1>과 같이 16가지가 있다.

〈표 11-1〉 국제해사기구(IMO)의 e-Navigation 필수 서비스

구분	서 비 스	구분	서 비 스
1	VTS 정보 서비스	9	원격 의료지원
2	항해지원 서비스	10	해사보조 서비스
3	통행편성 서비스	11	해도 서비스
4	항만지원 서비스	12	수로서지 서비스
5	해사안전정보 서비스	13	빙하항해 서비스
6	도선 서비스	14	기상정보 서비스
7	예선 서비스	15	실시간 해상환경정보 서비스
8	선박연안보고	16	수색 및 구조 서비스

국제해사기구(IMO) 이외에 국제항로표지협회(IALA; International Association of Lighthouse Authorities)도 중요한 역할을 수행하고 있다. 국제항로표지협회(IALA)는 e-Navigation의 구조를 주로 담당하며, e-Navigation 작업을 지원하고 항로표지 부분에서의 변화를 논의하기 위하여 e-Nav 위원회 6개 WG(Working Group)을 구성하였다. WG1은 e-Navigation 관련 선원 및 육상 근무자를 대변하는 정책 작업반, WG2는 GNSS, 레이더와 같은 센서에 집중하는 PNT(Position, Navigation, Timing) 작업반, WG3은 AIS 기술 관련하여 전문가들로 구성한 AIS 작업반, WG4는 ITU-R 및 IEC와 관련하여 분야 전문가들로 구성한 통신 작업반, WG5는 육상 관점에서 아키텍처를 개발하는 기술구조 작업반, WG6는 국제수로기구 전자해도 표현 수단을 개발하는 정보표현 작업반으로 구성되어 있다.

그 외 국제기구들의 e-Navigation 주요 동향은 <표 11-2>와 같다.

〈표 11-2〉 e-Navigation 관련 국제기구 동향 [출처: KMI 연구보고서]

서 비 스	국제기구 동향
해양무선 데이터 통신	– IMO : 통신 수단 결정 – ITU-R : 주파수 등 세부 내용을 결정 – IALA : 사용자 의견 반영
해상 정보서비스	– IMO : 서비스분야 표준화 – IALA : 관제 및 항로표지 서비스 내용 상세 기술
국제표준 및 인증	– IMO : 총괄 표준 제정 – ITU-R, IEC : 세부 통신 및 장비 표준 제정 – 선급 : 인증 세부 규정 기술
인프라 및 훈련	– IALA : 관제 등 관련 시설 사양 및 교육 내용 기술 – 선급 : 일부 장비 및 시설 인증

2. 한국의 e-Navigation

최근 국내 해양사고의 80% 이상이 선박의 항해자 과실(경계소홀, 졸음 등)에 의해 발생되고 있으며, 매년 해양 사고는 약 1,500여건 이상 지속 발생하고 있다. 특히, 1993년 서해 페리호 침몰사고[28], 1995년 씨프린스호 유류 유출사고[29], 2014년 세월호 침몰사고[30]와 같은 대형 해양사고가 발생하여 국가적으로 막대한 손실이 야기되었다. 또한 해양사고의 대부분을 차지하고 있는 어선이나 소형 선박은 상선대비 해상상황에 취약하고, 선박의 감항성이나 항해자의 교육훈련 수준이 매우 부족할 뿐만 아니라 열악한 항해·통신장비 등을 고려할 때 더욱 시급한 문제이며 이를 보완할 종합적 대책 마련이 필요한 실정이다.

따라서 한국은 국제해사기구(IMO)의 e-Navigation 도입 필요성에 대하여 동의하였으며, 2013년 경제장관회의 보고에서 'e-Navigation 대응전략'을 국가계획으로 확정하고, 2014년 11월 'IMO 차세대 해양안전종합관리체계 기술 개발'에 대한 예비타당성 조사가 통과하여 2016년 한국형 e-Navigation 사업단을 구성하고 국가 연구개발사업('16~'20)을 추진 중에 있다. 이는 국제사회의 e-Navigation 시행에 대비하고 나아가 국제 해사분야에서 선도적 역할을 수행하기 위한 준비이다.

28 1993년 10월 10일 여객선 서해페리호가 전라북도 부안군 위도에서 침몰하여 292명의 사망자를 냈다.

29 1995년 7월 GS 칼텍스(당시 호남정유)의 대형 유조선 씨프린스호가 여수시 남면 소리도 앞 바다에서 좌초되어 5,035톤의 기름이 바다로 유출되면서 204km의 해상과 73km의 해안을 오염시켰다.

30 2014년 4월 15일 여객선 세월호가 인천을 출항하여 제주도로 이동 중 전남 진도군 병풍도 앞 인근 해상에서 침몰해 탑승객 수백명이 사망·실종되었다.

<그림 11-2>는 한국형 e-Navigation의 개념이다.

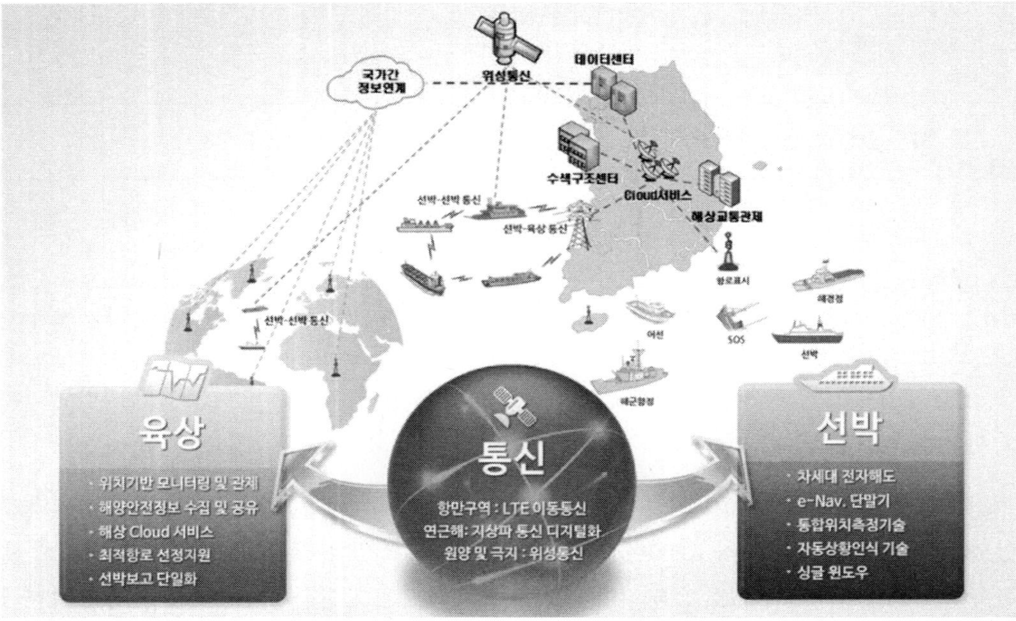

〈그림 11–2〉 한국형 e–Navigation 개념
[출처: IMO 차세대 해양안전종합관리체계 기술개발–해양수산부 · KIMST]

한국형 e-Navigation은 '안전하고 효율적인 바다를 통한 해양강국 실현'이라는 비전을 가지고 인적과실에 의한 해양사고 저감, 선박운항 및 항만운영의 효율성 제고, e-Navigation 관련 세계시장 선점 지원 목표로 4가지 전략을 추진하고 있다.[31]

① 해양안전 및 물류체계 개선, 산업생태계 조성, 맞춤형 전문인력 양성, 법제도 정비 등 추진기반 구현 전략
② 기술선점을 위한 해상교통 종합관리 기술, 국제표준 선도기술, 차세대 해상 무선통신 기술개발을 통한 핵심전략 기술개발 전략
③ e–Navigation 종합운영 시스템, 초고속 디지털 해상 무선통신 인프라 구축을 통한 ICT 인프라 구축 전략
④ 부처 간 협업, 민관협력, 대국민 홍보, 효율적 사업추진체계 및 국제 협력 대응체계 구축을 통한 종합적 거버넌스 구축 전략

31 정중식, "한국형 e–Navigation 목표와 정부계획", TTA Joural, vol.159, p.23, 2015년 5/6월

<그림 11-3>은 한국형 e-Navigation의 미래 모습으로 선박이 출항 전 e-Navigation 센터에서 제공되는 정보를 가지고 최적 항해계획을 수립하고, 항해 중 운항 상황이 실시간 모니터링 되며, 항로주변의 위험 상황을 고려하여 최적 항로변경을 제시한다. 또한 입항 시 도선 정보, 묘박지 정보, 선석 정보의 제공을 통하여 효과적이고 신속한 입항을 지원한다.

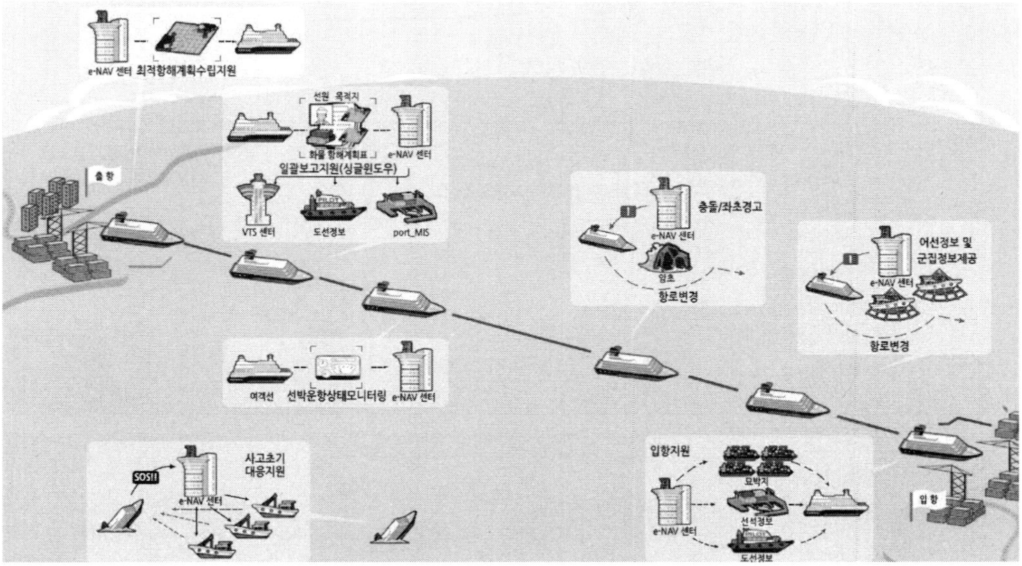

〈그림 11-3〉 한국의 e-Navigation 미래 모습

[출처: 정중식, 한국형 e-Navigation 목표와 정부계획]

3. 한국형 e-Navigation 홍보 [출처: 해양수산부]

00화물선
그동안은 장기간의 항해를 하는동안 육상과의 통신이 쉽지 않았다.
선장님 경유하려는 곳의 기상 상황이 좋지않아 항로를 바꿔야 할 것 같습니다.
새 해도가 필요할 것 같습니다 어쩌죠?
e-Navigation 시스템을 통해 항로 변경을 보고하고 새로운 해도를 다운받자!
아~! e-Navigation으로 필요한 정보를 실시간으로 받으니 걱정 없네요!
DOWNLOAD
또한 육상에서도
우리딸 여행 잘하고 있니? 바다에서 힘들지는 않고?
걱정마세요 엄마. 이렇게 영상 통화도 되고 육지에 있는 것과 다를게 없어요
그래 세상이 정말 좋아졌구나 안심이 돼
LTE급 통신이 가능하니 육상의 가족, 동료들과 실시간 연락 및 업무가 가능!
e-Navigation을 통한 보다 효율적이고 보다 즐거운 항해!

제2절 ENC와 ECDIS

1. ENC

전자해도(ENC; Electronic Navigational Chart)란 전자해도표시시스템(ECDIS; Electronic Chart Display &Information System)에서 사용하기 위해 종이해도에 표기된 해안선, 등심선, 수심, 항로표지, 위험물, 항로 등 항해와 관련된 모든 해도정보를 국제수로기구(IHO)의 표준규격(S-57)에 따라 제작된 디지털 해도를 말하며, 국가별 공인기관에서 제작한 전자해도만을 국제적으로 인정한다. 1989년 국제수로기구(IHO)가 전자해도위원회를 설립하여 전자해도 실용화를 위한 기술검토, 시험운용, 국제표준 제정에 대하여 연구결과 1996년에 S-57 표준규격을 완성하여 공표함으로써 국가별 전자해도 개발에 활기를 띄게 되었다.

국내에서는 국립해양조사원이 1995년부터 1999년까지 전자해도 개발을 완료하여 2000년 7월부터 대행업체를 통해 공급하고 있다.

전자해도 개발과정은 <그림 11-4>와 같이 공인된 종이해도를 디지털화 작업을 수행하여 S-57 표준규격에 따라 변환하여 데이터화 하였으며, 지금은 최신 항해안전정보를 직접 데이터화하여 업데이트를 관리하고 종이해도와 전자해도로 배포하고 있다.

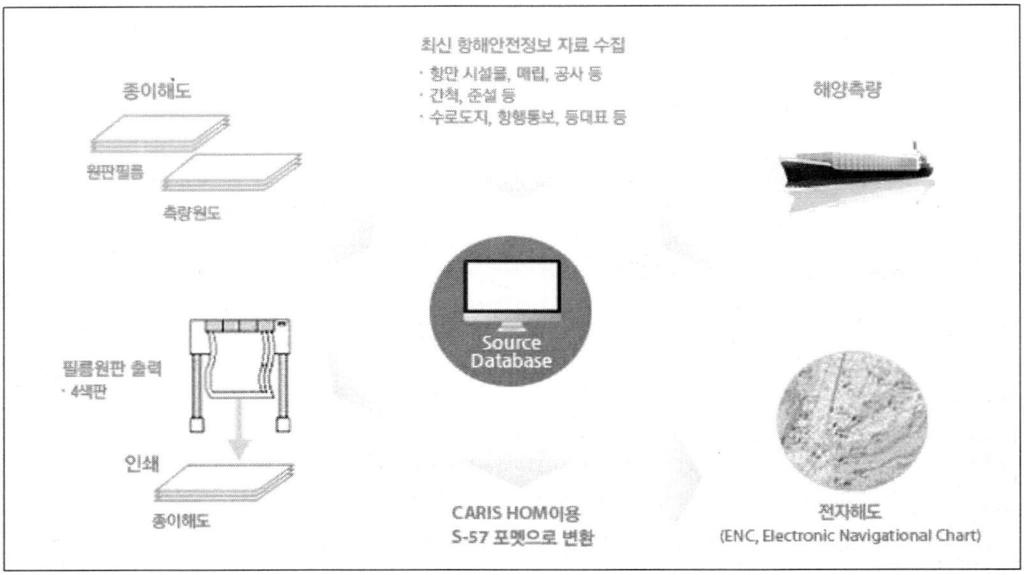

〈그림 11-4〉 전자해도 개발과정 [출처: 국립해양조사원]

국립해양조사원에서 간행되는 전자해도는 다음과 같은 번호를 부여하여 관리하고 있다. 첫 번째 영문 두자(XX)는 전자해도 생산국가 코드이며 한국은 KR 이고 두 번째 영문 한자(X)는 <표 11-3>과 같이 항해목적별 분류 코드번호이다. 또한 세 번째 'XXXX'는 국립해양조사원에서 간행된 종이해도 번호이고 마지막 숫자(000)는 전자해도 업데이트 번호를 의미한다.

XX X XXXX. 000

XX = 생산국가 코드(한국 KR)
X = 항해목적별 코드 번호
XXXX = 국가별 해도 번호
000 = 업데이트 번호

〈표 11-3〉 항해목적별 분류 코드번호

코드번호	항 해 목 적	축 척
1	총도(Overview Chart)	≥ 1,500,000
2	항양도(General Chart)	350,000 ~ 1,499,999
3	해안도(Coastal Chart)	90,000 ~ 349,999
4	항만접근도(Approach Chart)	30,000 ~ 89,999
5	항박도(Harbour Chart)	7,500 ~ 29,999
6	항박계류도(Berthing Chart)	〈 7,500

전자해도는 크게 벡터방식(Vector Chart)과 래스터방식(Raster Chart)으로 구분된다. 벡터방식은 선택적으로 표현이 가능하도록 해안선, 수심, 물표들이 선과 레이어로 구성되며, Zoom-in & Out과 해도 업데이트가 용이하나 제작기간과 경비가 많이 소요된다. 대표적인 벡터방식은 S-57에 의한 ENC와 미국 NIMA(National Imagery and Mapping Agency)의 DNC(Digital Nautical Chart)가 있다. 래스터방식은 기존의 종이해도를 스캐닝한 것으로 픽셀로 저장되어 Zoom-in & Out 시 글자가 깨지는 현상이 발생되며, 해도 업데이트가 어려우나 제작기간과 경비가 적게 소요된다. 대표적인 래스터방식은 영국의 ARCS(Admiralty Raster Chart Service)와 미국 NOAA(National Oceanic and Atmospheric Administration)의 BSB가 있다. 전자해도의 벡터방식과 래스터방식 표현방법은 <그림 11-5>와 같다.

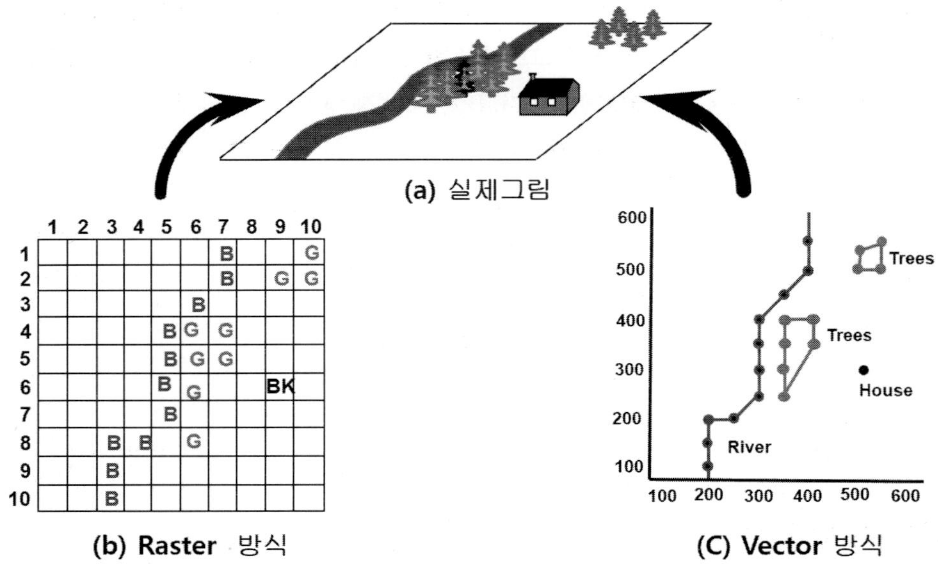

〈그림 11-5〉 전자해도의 벡터방식과 래스터방식

국제수로기구(IHO)에서는 기존의 전자해도 국제표준을 유지하면서도 첨단 기술을 요구하는 사용자 수준을 만족시키기 위해 국제적인 지리정보표준과 연계하여 S-100이라는 표준을 제정 중에 있다.

S-100 표준은 다양한 수로데이터 관련 자료를 지원할 수 있는 수로분야 최신의 지리공간 표준으로 수로정보의 제작, 처리, 분석, 접근, 표현의 전 과정에 대한 내용을 담고 있으며, 3차원 데이터 표현, 위도, 경도, 수심, 시간을 갖는 4차원 시계열 데이터 처리, 웹서비스 제공 등의 미래 요구사항을 수용 할 수 있게 개발되고 있다.[32]

2. ECDIS

전자해도표시시스템(ECDIS; Electronic Chart Display & Information System)은 전자해도를 보여주는 장비로써 선박을 안전하고 효율적으로 항해하기 위해서 의사결정에 요구되는 각종 항해 정보(위치, 속도, 방위, 수심 등)를 동시에 컴퓨터 화면에 표현하며, 국제해사기구(IMO)와 국제수로기구(IHO)의 표준규격(S-52)에 따라 제작된 것을 말한다.

32 이희용, "차세대 전자해도 표준과 국제동향", TTA Journal, no.131, p.92, 2010.

전자해도표시시스템은 기존 종이해도기반으로 수립하던 항해계획, 항로감시, 자함 위치표시, 항정기록 등을 디지털로 편리하고 정확하게 그리고 효율적으로 수행이 가능하며, 선박의 항해장비인 AIS, Radar 등 정보와 연동되어 항해와 관련된 정보를 손쉽게 얻을 수 있다.

전자해도표시시스템의 개념은 <그림 11-6>과 같다.

〈그림 11–6〉 전자해도표시시스템의 개념

전자해도표시시스템의 주요 기능은 다음과 같다.

① 항해계획(Route Planning) : 항해계획은 항로, 변침점, 대체 항로 계획을 손쉽게 입력하여 선박 운항이 가능하며, 계획된 항로상의 위험 구간과 안전 등을 운용자에게 제공한다.

② 항로감시(Route Monitoring) : 항로감시는 지속적인 자함위치 감시와 갱신을 수행하고 위험 상황 발생 시 경보를 한다. 또한 방위선(North-Up 등) 표시, 스케일에 따른 거리환산, 기타 항해 도구를 모니터상 제공한다.

③ 자동항적기록(Logbook & Route Recording) : 자동항적기록은 1분간의 간격으로 과거 12시간 동안 시간, 위치, 방위, 속력, 해도 데이터 등 각종 사항이 자동으로 기록되어 선박의 해양사고 발생 시 블랙박스 기능이 가능하다.

④ 위험경고(Alarm & Indication) : 경보 알람의 종류는 변침, 도착, 항로 이탈, 위험지역 진입 등 약 10여 가지가 있으며, 항해 시 운용자가 다양하게 설정하여 경고 메시지를 제공받을 수 있다.

⑤ 항해정보(Navigation Information) : 항해정보는 해도상에 나타나는 해안선, 등심선, 수심, 항로표지, 위험물 등을 포함하여 자함의 항해장비(Radar, AIS, 측심기, 컴퍼스 등)의 정보를 종합적으로 항해자에게 제공한다.

전자해도표시시스템은 국제협약(SOLAS 제5장 19규칙) 요건에 따라 선박에 비치하는 해도 대신 사용가능하나 별도의 백업장치를 보유하도록 하고 있다.

2.1.4 선박이 예정된 항해에 필요한 항로를 계획하고 표시하며, 그 항해기간 동안 선박의 위치를 표시하고 감시하는데 필요한 해도 및 수로서지를 비치하여야 한다. 전자해도표시시스템은 요구조건 만족 시 해도로써 받아드려진다. 2.10에서 적용되는 선박은 톤수에 따른 탑재요구조건을 따라야 한다.

2.1.5 전자적인 수단에 의해 일부분 또는 전부가 수행된다면 2.1.4항을 만족하는 백업 장치를 보유하여야 한다. 단, 종이해도는 전자해도표시시스템의 백업장치로 사용될 수 있다. 기타 백업 장치도 인정될 수 있다.

2.1.4 nautical charts and nautical publications to plan and display the ship's route for the intended voyage and to plot and monitor positions throughout the voyage. An electronic chart display and information system (ECDIS) is also accepted as meeting the chart carriage requirements of this subparagraph. Ships to which paragraph 2.10 applies shall comply with the carriage requirements for ECDIS detailed there in;

2.1.5 back-up arrangements to meet the functional requirements of subparagraph .4, if this function is partly or fully fulfilled by electronic means;*

* An appropriate folio of paper nautical charts may be used as a back-up arrangement for ECDIS. Other back-up arrangements for ECDIS are acceptable.

또한 전자해도표시시스템 탑재요건은 국제항해에 종사하는 3,000톤 이상 모든 선박, 국제항해에 종사하는 500톤 이상 탱커, 모든 해역의 500톤 이상 여객선으로 정하고 있다. 전자해도표시시스템이 탑재된 선박의 모든 선장 및 항해 당직자는 관련 교육과정을 이수하여야 한다.

미해군은 1998년 독자적인 전자해도표시시스템(ECDIS-N) 개발에 착수하여 상업적인 전자해도표시시스템(ECDIS)에 기초하여 개발하였으며, 벡터방식과 래스터방식이 모두 가능하여 DNC, ENC, CMAP이 사용가능하며 2009년부터 운용 중이다.

3. 전자해도에 의한 해양사고 사례

미 7함대 소속 소해함 MCM-5 Guardian 함이 필리핀 수빅만에서 인도네시아로 이동 중 '13년 1월 17일 02시 25분 필리핀 Sulu Sea Tubbataha Reef(8° 56 ′ N, 120° 02 ′ E)에서 좌초되는 사고가 발생하였다.

<그림 11-7>은 Guardian함이 좌초된 사진이다. 이 해양사고는 Guardian 함의 우현삼수가 산호초에 걸려 좌초된 사고로 인명피해 및 기름유출은 발생치 않았으나 세계문화유산 중 하나인 곳에서 사고가 발생하여 산호초 피해를 최소화하기 위해 선박을 해체하여 인양하였다.

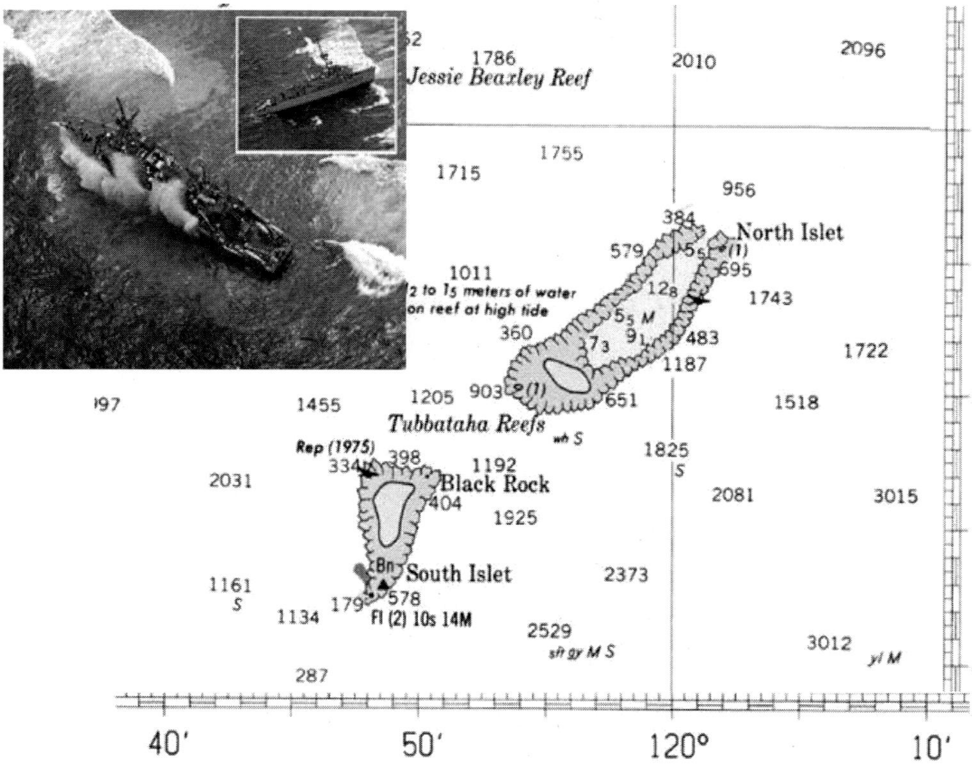

〈그림 11-7〉 필리핀 Sulu Sea에서 좌초된 Guardian 함

사고 분석결과 Guardian함의 전자해도 상 산호초가 8마일 잘못 표기 되었던 것으로 결론이 났으며, 미 해군의 전자해도를 제작한 NGA(National Geospatial-Intelligence Agency)는 Guardian 함이 사용한 DNC(Digital National Chart)에 오류가 있음을 시인하였다.

전자해도는 앞에서 설명한 것과 같이 종이해도에서 보았던 해도상의 여러 가지 정보를 디지털화 한 것으로 제작 시 오차요소가 포함될 수 있다.

전자해도의 오차요소는 제작과정에서 발생하는 오차, 즉 전자해도는 종이해도를 근간으로 하였기 때문에 종이해도의 오차요소를 배제할 수 없으며, 좌표체계 불일치에 따른 오차, 디지타이징 과정에 있어서의 오차요소와 PC 환경 구현상 S/W의 오차요소도 배제할 수 없다. 그리고 제작된 전자해도가 각 국의 정부기관에서 제작하여 신뢰할 수 있는 것인지 아니면 사기업에서 제작한 것인지에 따라서 신뢰도가 차이가 날 수 있으며, 주기적인 업데이트가 어떻게 체계적으로 이루어지는 것이 항해안전에 무엇보다도 중요하다할 수 있다.

또한 공간상의 어떤 기준에 대하여 위치를 표시하는 방법을 좌표계라 한다. 좌표계는 크게 우주공간상 천체의 위치를 표시하는 천문좌표계와 지구상 위치를 표시하는 지구좌표계로 나눌 수가 있다. 우리가 항해할 경우 사용되는 해도는 지구좌표계를 사용하며 가장 중요한 것이 지구의 크기가 어떠하며 수학적으로 표현하는 회전타원체의 크기가 어떠한지에 따라 다르게 표현될 수 있다.

나라마다 자국에 적합한 지역타원체로 사용할 수밖에 없었으나 현대에는 세계 표준타원체를 기준으로 해도가 제작되고 있다. 우리나라는 1990년 후반에 지역타원체인 Bessel 타원체에서 WGS-84 타원체로 변형하여 사용되고 있으며 변경당시 오차는 약 400m였다. 만약, 해도 또는 운용시스템이 이처럼 변경되지 않았다면 큰 오차가 포함될 수도 있다.

최근 해상에서 항법을 수행하는데 위성항법시스템(GNSS)에 대한 의존도가 점점 높아지고 있으며, 실제 해상에서 전자해도 상 위치 기점 시 잘못 기점 되는 경우도 있고 정상적인 항로로 항해하는데 저수심이나 암초 지역으로 도시되는 상황이 발생한 경우도 있다. 앞에서 제시한 미 해군의 Guardian 함의 해양사고도 전자해도 불일치 문제로 발생한 좌초사고로 선박 항해 시 매우 중요한 요소이다.

따라서 항해할 경우 다음과 같은 사항을 고려하여 안전항해를 하여야 한다.

첫째, 국제 표준으로 인증된 전자해도를 사용해야 하며, 오차 최소화를 위해 업데이트가 체계적으로 이루어져야 한다.

둘째, 구조적으로 발생되는 항해 오차를 최소화하기 위해 단일정보에 의존하기보다는 Radar, 측심기, 지형, 후각 등 가용 수단을 이용한 주기적인 Cross Check가 이루어져야 한다.

셋째, 해상에서는 정확한 항로계획과 해역에 대한 스터디를 통해 다양한 상황에 적합한 판단을 내릴 수 있도록 정확한 관찰과 예측을 하여야 한다.

제3절 AIS

선박자동식별시스템(AIS; Automatic Identification System)은 선박 상호간의 충돌사고 예방에 이용되는 레이더의 한계점[33]을 극복하고 레이더 범위를 벗어난 해역에서도 선박식별(선명, 침로, 속력 등), 충돌예방, 해양오염 방지, 선박 보고, 탐색 및 구조 등을 통해 선박의 안전항해를 향상시킬 목적으로 만들어진 시스템이다.

국제해사기구(IMO)는 AIS를 표준화하여 4S(Ship to Shore, Ship to Ship) Broadcasting 트랜스폰더를 Universal Shipborne AIS로 채택하였고, 전용주파수로 채널 87(161.975 MHz)과 채널 88(162.025 MHz)를 할당하였다. 4S 방식은 육상과 선박뿐만 아니라 선박과 선박 상호 간 정보 교환의 중요성을 감안하여 결정되었으며, 이는 선박의 항행정보, 육상 기지국의 교통정보 등과 같은 데이터를 전용주파수를 통하여 짧은 주기(2~12초)로 자동 데이터통신에 의해 4S 간에 실시간으로 전송하여 이를 컴퓨터 화면에 구현할 수 있다.

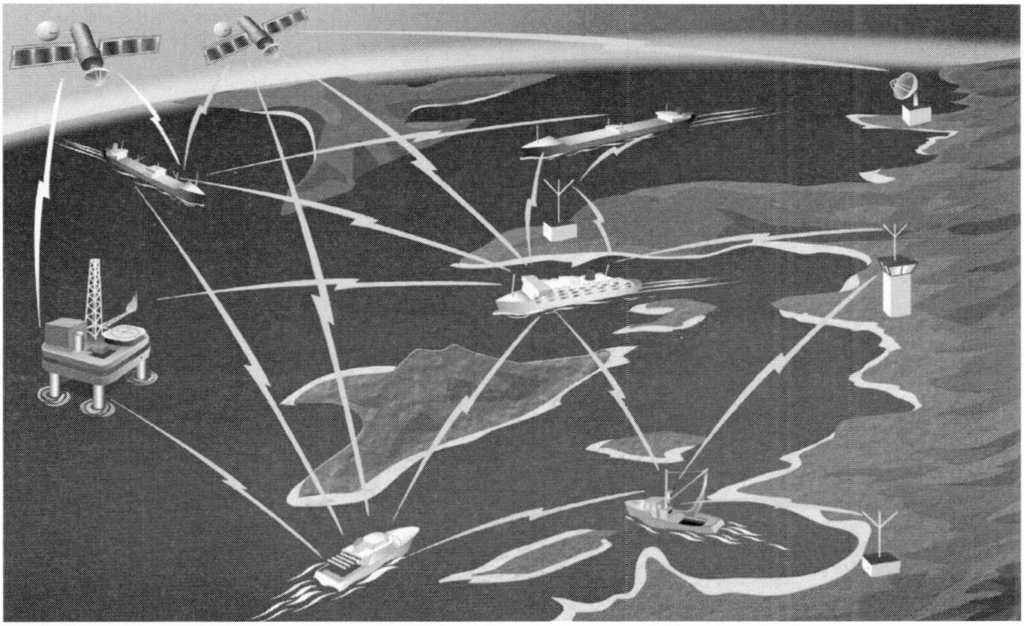

〈그림 11-8〉 AIS 시스템 개념도

33 레이더는 기상상태에 따라 감도 변화가 생길뿐 아니라 전파 특성 상 레이더 그늘이 나타나고, 접촉이 되었다 할지라도 별도의 정보 확인은 불가한 한계점이 있음.

<그림 11-8>은 AIS 시스템의 개념도이다. 4S 개념으로 선박과 육상, 선박과 선박 상호간의 정보를 서로 교환하여 안전관리가 더욱 효율적이다.

AIS 운영체계는 육상에 설치된 기지국과 개별 선박에 탑재된 항행시스템으로 구성되며, 중앙과 지방 기지국간의 통신은 데이터 통신을 통하여 각 지방의 해역 관리 내용을 송신하여 컴퓨터(전자해도)상에 실시간 정보를 제공한다. 그러나 서비스구역이 넓을 경우에는 해역별로 지방 기지국 단위로 관리를 행하고, 중앙기지국은 생략 또는 모니터 기능만 부여하는 것도 가능하다. 육상기지국은 주위 여건에 따라 무인중계 기지국으로 활용할 수 있다.

지방기지국에서는 각 선박으로부터의 무선 데이터 통신으로 보고되는 선박정보를 수신하여 저장하고, 필요시 개별 선박 심벌을 선택하여 해당 선박에 대한 정보를 열람하는 것도 가능하다.

선박에서는 GPS(DGPS)를 이용한 선박 위치, 기타 선박의 항행 정보를, 무선데이터 송신 방식으로 주위선박과 육상기지국에 보고하고, 타 선박 및 육상기지국으로부터의 정보를 수신하여 컴퓨터의 전자해도 위에 <그림 11-9>과 같이 실시간으로 제공할 수 있다.

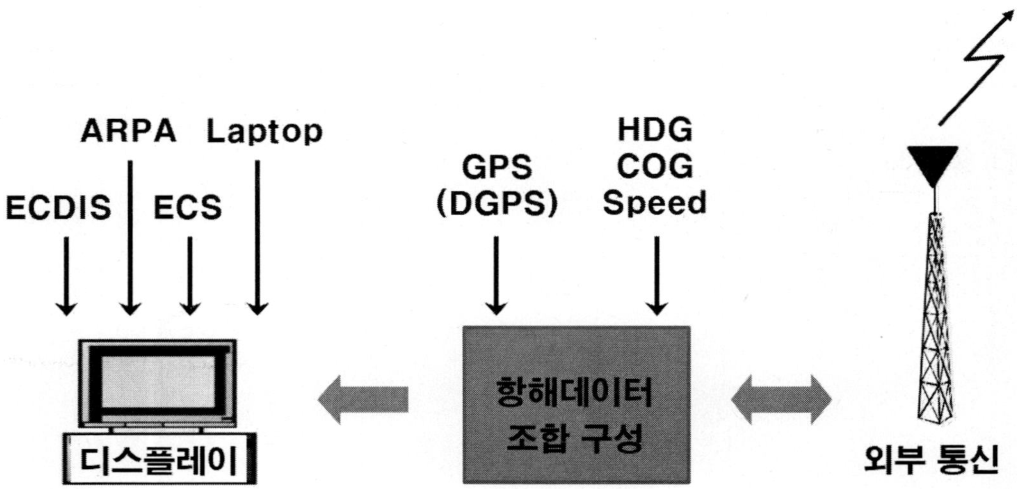

〈그림 11-9〉 선박 AIS 구성요소

AIS 정보는 컴퓨터 내에서 데이터의 효율적인 처리를 위하여 정적정보, 가변정보, 동적정보로 구분하며 <표 11-4>와 같다. 이 외에 기상 또는 안전항해에 관한 정보도 포함된다.

〈표 11-4〉 AIS 정보

구 분	내 용	
정적정보	– IMO 번호(IMO number) – 선박길이와 폭(Length/Beam) – 안테나 위치(Antenna location)	– 호출부호와 선명(Callsign/Name) – 선종(Type of ship)
가변정보	– 흘수(Draft) – 도착시간, 목적지(ETA/Destination)	– 유독성화물(HAZ cargo type) – 항로(Route)
동적정보	– 위치(Position) – 대지침로(Course) – 항해상황(Navigation status) – 선회율(Rate of turn)	– 시간(UTC) – 대지속력(Speed) – 선수방위(Heading) – 경사각,종요,횡요(Heel/Pitch/Roll)

AIS 정보 보고간격 및 갱신주기는 정보의 유형별 정적정보, 동적정보, 항해와 관련된 정보, 안전과 관련된 정보가 다른 시간간격의 갱신주기를 가지며 <표 11-5>와 같다. 일반적으로 선박 속력이 빠른 경우는 주기도 짧게, 느린 경우는 주기도 길게 천천히 갱신되도록 한다.

〈표 11-5〉 AIS 정보 보고간격(갱신주기)

구 분		보고간격(갱신주기)
정 적 정 보		6분, 수정 및 요구 시
동적정보	At anchor	3 분
	0–14 knots	12 초
	0–14 knots, Changing course	4 초
	14–23 knots	6 초
	14–23 knots, Changing course	2 초
	〉 23 knots	3 초
	〉 23 knots, Changing course	2 초
항해와 관련된 정보		6분, 수정 및 요구 시
안전과 관련된 정보		요구 시

선박의 AIS 장착 의무화는 국제해사기구(IMO) NAV 소위원회의 제44차 회의(1998년 9월)에서 초안이 마련하였고, 2000년 6월 MSC 72차 회의에서 승인되었다. 이 규정에 따르면 2002년 7월부터 모든 여객선과 총톤수 300톤 이상의 국제 항해선박, 총톤수 500톤 이상의 국내 항해선박은 AIS 장착이 의무화되며, 현존선에 대해서는 2008년까지 단계별 탑재계획이 마련되었다. 지금은 기간이 지나 현존선 포함 모두 적용된다.

제4절 VTS

해상교통관제(VTS; Vessel Traffic Service) 시스템은 레이더, VHF, AIS 등을 이용하여 항만 또는 연안해역의 선박교통안전과 효율성을 확보하고 해양환경을 보호하기 위하여 관제구역 내 통항선박의 동정을 관찰하고 이에 필요한 정보를 제공하는 정보교환체제를 말한다[34].

해상교통관제시스템은 해상에서의 교통량의 폭주, 위험화물의 증가와 잠재적인 환경오염의 위험 등의 항만의 안전 또는 항만운영 효율성 제고측면에서 서비스가 실시되었다. 주요 임무는 다음과 같다.

- 입출항 선박 및 운항 선박에 대한 동정 파악
- 선박통항에 대한 항행안전 정보제공 및 필요시 권고, 조언
- 해상기상 및 항만운영과 관련된 사항 정보 제공
- 항만이용자 및 관련기관간 정보제공 및 교환(전파)
- 도선, 정박선, 선석지정에 관한 정보 제공
- 항계내 해상교통질서 유지에 따른 안전사고 예방
- 선박의 해양안전사고 및 긴급상황 발생시 신속한 초동조치 및 전파

해상교통관제시스템에서는 선박자동식별시스템(AIS), 레이더, 영상정보처리기(CCTV), 육안 등을 이용해 각 선박의 침로, 속력 등의 정보를 이용하여 각 선박간의 위험 및 충돌 여부를 확인, VHF 통신장비를 이용해 관제를 실시한다. 또한 입항 및 출항 보고, 기상 악화 시 통제, 사고 발생 시 통항관제의 업무도 수행하고 있다. 해상교통관제시스템은 각 국에 설정된 VHF 통신 채널을 이용하거나, 국제공용채널인 16번 채널(156.8 Mhz)에서 호출하여 주변 채널로 이동하는 방식으로 교신, 관제를 실시한다.

한국의 해상교통관제시스템은 1993년 포항항에 최초 도입이후 부산 등 15개 항만 및 진도, 여수연안, 통영연안에 3개가 구축되어 <그림 11-10>과 같이 총 18개소가 운영 중이다. 향후 2021년까지 경인, 목포, 제주 등 해역연안에 8개가 추가 구축될 예정이다.[35]

34 국민안전처훈령 제40호, 『해상교통관제시스템 시설관리규정』, 2015.4.15.

35 국민안전처 보도자료(2016.1.27.) "전국 해상교통관제센터장 한자리에 모여 체계적인 해상교통관제센서 운영을 위한 발전방안 모색"

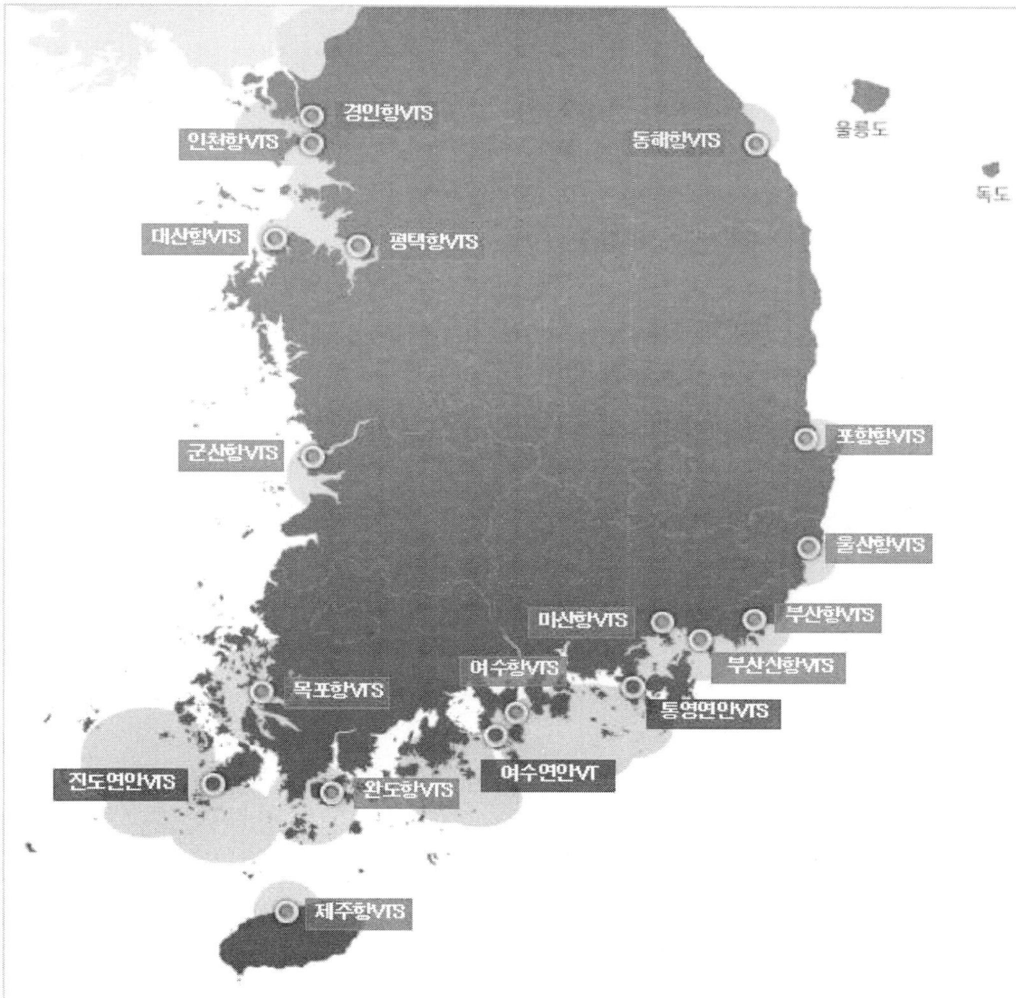

〈그림 11-10〉 한국의 해상교통관제시스템 구축 현황 [출처: 해상교통관제센터]

각각의 해상교통관제시스템은 <그림 11-11>처럼 선박자동식별장치(AIS), 레이더(X 밴드), VHF 통신기, VHF 방향탐지기(VHF-DF), 영상정보처리기(CCTV), 기상장비, 중계기 등으로 구성되며, 해상교통관제센터에서 운영하고 있다. 각 해상교통관제시스템별로 관제채널이 할당되어 있고 관제대상 선박은 관제해역에 진입 시 관제채널에서 호출하여 진입 보고를 해야 하며, 관제 대상선박이 아니더라도 관제해역에서는 관제채널을 항상 청취하고 있어야 한다.

해상교통관제 통신절차는 <표 11-6>과 같으며 관제 대상선박은 다음과 같다.

- 국제항해에 종사하는 선박
- 총톤수 300톤 이상인 선박(내항 어선은 제외)
- 『해사안전법』 제2조 제6호에 따른 위험화물운반선
- 그 밖에 국민안전처장관이 정하여 고시하는 선박

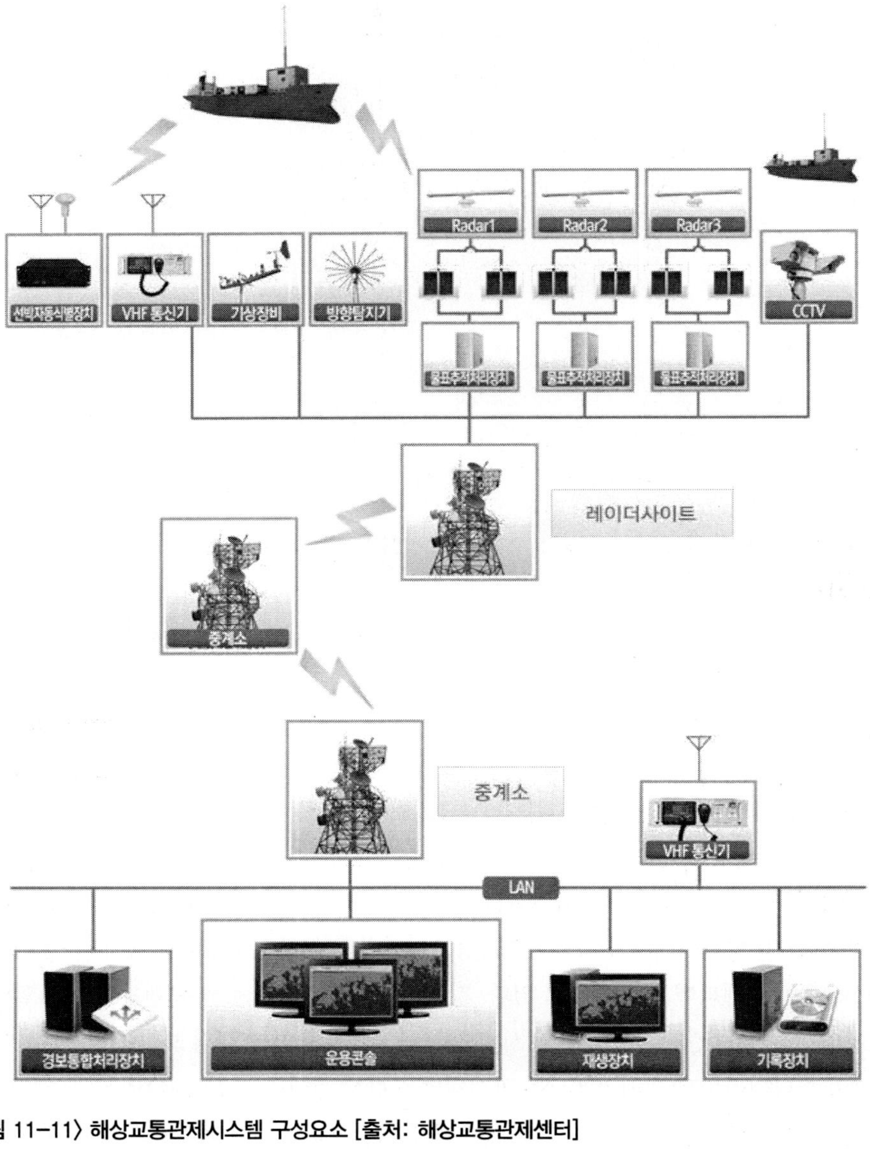

〈그림 11-11〉 해상교통관제시스템 구성요소 [출처: 해상교통관제센터]

〈표 11-6〉 해상교통관제 통신 절차

구 분	내 용
입항예정보고	– 보고시점 : 항계선 도착 1 – 2시간전 – 통보내용 : 선명, 호출부호, 도착예정시간
통과(진입)보고	– 보고시점 : 해상교통관제위치선(VTS Reporting Line) 진입 시 – 통보내용 : 선명, 호출부호, 현재위치, 침로 및 속력
입항보고	– 보고시점 : 선석 접안 및 정박지 투묘 시 – 통보내용 : 선명, 호출부호, 입항장소 및 시간
출항보고	– 보고시점 : 선석이안 및 정박지 양묘 시 – 통보내용 : 선명, 호출부호, 출항장소 및 시간, 목적지
이동보고	– 보고시점 : 접안, 이안, 투묘, 양묘 시 – 통보내용 : 선명, 호출부호, 현재위치, 이동장소, 이동시간

제5절 INS와 IBS

통합항법시스템(INS; Integrated Navigation System)이란 선박의 전자해도표시시스템(ECDIS), 레이더, 자동항법장치(Auto Pilot), 기관 및 GPS, 자이로컴퍼스, 속력계, 측심기 등 각종 항해계기를 선교에서 종합적으로 통합하여 항해를 계획하고 항로를 감시하며, 항해계기를 통제하여 항해안전을 도모하기 위한 시스템이다.

통합선교시스템(IBS; Integrated Bridge System)은 통합항법시스템(INS)에 추가하여 선박통신 및 선박에 적재된 Cargo System 등을 연계하여 발전시킨 것으로 선박의 항해안전을 도모함은 물론, 선박관리의 효율성을 증대시키기 위한 것이다.

통합항법시스템(INS)과 통합선교시스템(IBS)은 국제해사기구(IMO)에 의해 별도의 성능사양 및 국제 표준이 제정되어 있으나 강제적 탑재 요건은 아니다. 또한 일반적으로 많은 항해자들이 통합항법시스템(INS)과 통합선교시스템(IBS)을 혼용하여 사용하고 있다. 향후 이 시스템들은 e-Navigation과 연계하여 항해안전을 위해 더욱 발전할 것으로 판단된다.

<그림 11-12> 통합선교시스템(IBS)의 구성도이다.

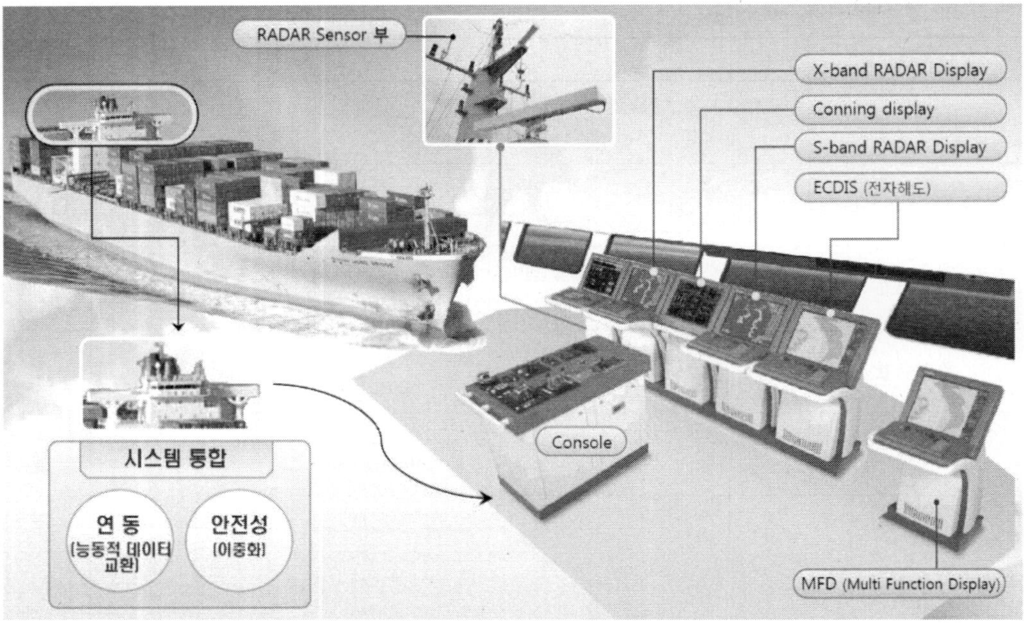

〈그림 11-12〉 통합선교시스템(IBS) 구성도 [출처: 현대비에스앤씨]

제6절 VDR

항해자료기록장치(VDR; Voyage Data Recorder)는 선박에 피해를 가져오는 해양사고에 이르는 기간 동안 날짜, 시간, 위치, 속력, 선수방향, 통신내용, 풍향·속 및 기관사용 상태 등 각종 정보가 자동으로 기록되는 장치로 선박용 블랙박스라고 할 수 있다. 또한 선박이 침수나 침몰되더라도 정보가 손상되지 않도록 캡슐 속에 저장되며 신속한 회수를 위해 위치표시 기능이 장착되어 있다.

과거 선박의 해양사고에서는 일반적으로 사고의 특수성으로 인해 원인 규명이 현실적으로 어려우며, 당사자나 생존자의 진술, 사고 발생 시의 기상과 주변 상황에 기초하여 추측에 의한 사고 원인을 밝힐 수밖에 없는 실정이었다. 이에 따라 해양사고의 명확한 원인규명을 위해 항공기 블랙박스와 같이 항해관련 모든 선박 정보를 실시간 기록할 수 있도록 도입된 장비가 항해자료기록장치(VDR)이다.

항해자료기록장치(VDR)를 탑재해야하는 대상선박은 국제협약(SOLAR 협약)에 따라 국제항해 여객선과 3,000톤 이상 화물선이다. 연안여객선은 적용되지 않는다. 그러나 2014년 세월호 침몰사고 이후 연안여객선 도입을 추진하였다.

항해자료기록장치(VDR)는 <그림 11-13>과 같이 구성되어 있다.

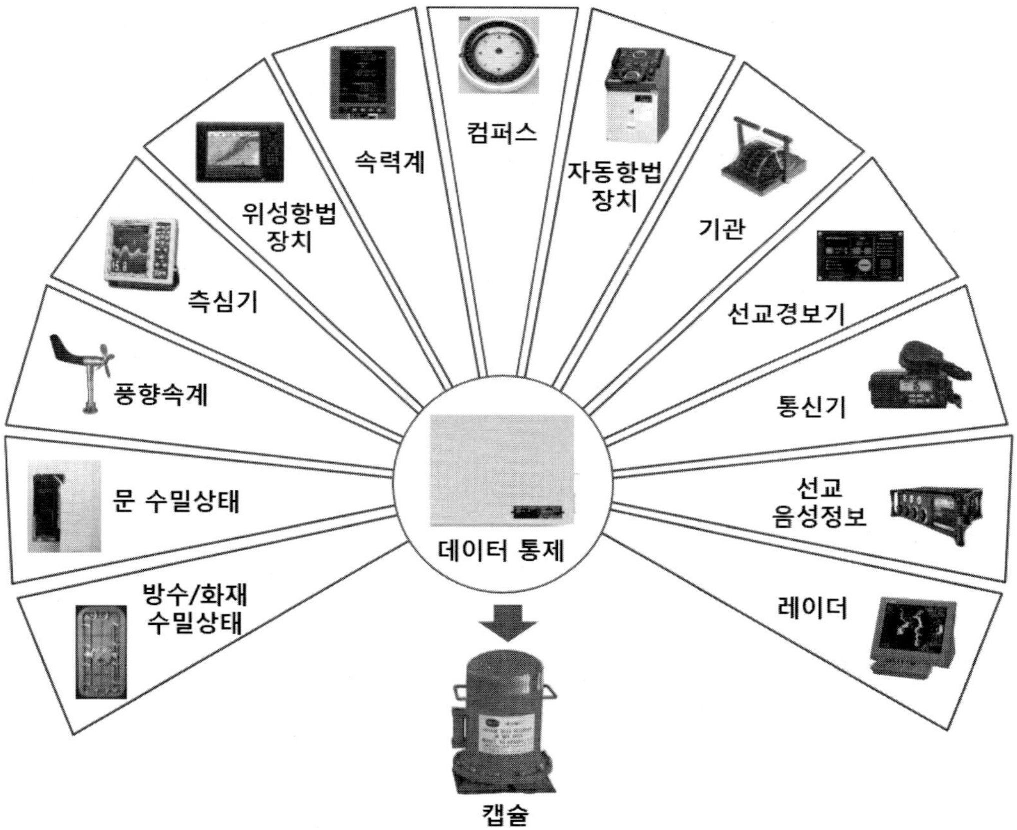

〈그림 11-13〉 항해자료기록장치(VDR) 구성

해양사고 발생 시 원인규명을 위해 항해자료기록장치(VDR)는 다음과 같은 주요 작동요건을 가지고 있다.

- 선박 장비의 상태, 명령, 제어관련 자료가 순차적 기록 및 유지
- 추후 분석가능토록 각종 자료들이 적절한 장비로 재생하는 동안 날짜와 시간에 확실하게 상호연관이 될 수 있도록 기록
- 최종기록매체는 다음의 요건에 만족하는 보호 캡슐에 설치
  · 사고 후에 접속이 가능하여야 하며 조작할 수 없는 구조이어야 함
  · 사고 후 생존능력 및 최종 기록자료의 복구능력을 최대화하여야 함
  · 잘 보이는 색깔이어야 하며 역반사 물질로 표시되어야 함
  · 위치추적을 도와주는 적절한 장치가 부착되어야 함
- 기록된 자료자체를 부당하게 조작할 수 없도록 설계
- 기록방법은 기록 자료의 각 항목에 대한 무결성을 확인할 수 있고 수정 불가능한 오류가 탐지될 경우 경고 알람
- 연속적으로 기록을 위해 비상전원으로 작동할 수 있어야 하며 전용 예비전원으로 2시간 동안 기록 가능하고 2시간 이후는 모든 기록 활동이 자동으로 정지되어야 함
- 모든 기록 자료가 유지되는 시간은 최소 12시간 이상이어야 하며 이 시간보다 오래된 자료는 새로운 자료로 기재될 수 있음
- 기록되어야하는 자료 : 날짜, 시간, 위치, 속력, 측심, 선수방위, 선교 음향, 통신내용, 레이더 정보, 기관명령, 풍향속 등

제7절 GMDSS

전세계 해상조난안전시스템(GMDSS; Global Maritime Distress Safety System)은 해상에서의 인명안전을 위하여 최신의 디지털 통신 기술, 위성 통신 기술을 이용해 전세계의 어느 해역에서 선박이 조난당해도 그 선박으로부터 육상의 구조기관이나 부근을 항해하는 선박에게 신속하고 정확하게 원조 요청이 가능하며 육상으로부터 항해안전에 관한 정보 등을 적절히 수신할 수 있는 시스템이다[36].

해상에서 인명안전에 관한 규정이 논의 된 것은 1912년 타이타닉호 빙산 충돌사고로 거슬러 올라간다. 이 사고는 타이타닉호가 첫 항해에서 북대서양의 뉴펀들랜드로부터 남서쪽 640km 떨어진 해역에서 빙산에 충돌하여 1,513명의 희생자가 발생되었다. 이 사고를 계기로 국제적으로 해상에서의 인명안전에 대한 관심이 증대되어 1914년에 영국 런던에서 해상인명안전조약

36 김순갑 등 5, 선박항해용어사전, 다솜출판사, 2012.

(SOLAS; International Convention for the Safety of Life at Sea)이 체결되어 탄생되었다.

이후 1979년 해상 수색 및 구조에 관한 국제 조약(SAR; International Convention on Maritime Search and Rescue)이 채택되었다. SAR 조약은 해상 조난자를 신속히 효과적으로 구조하기 위하여 연안국이 자국 주변의 일정 해역에 대해서 수색 구조의 책임을 분담하고, 적절한 수색구조 업무를 수행하기 위하여 국내 제도를 확립함과 동시에 관계국간에 해난구조 활동의 조정 등의 협력을 행할 것을 결정하여 세계적인 수색 구조 체제를 구축하는 것이다.

1979년 SAR 조약 채택 시 조난 및 안전을 위한 통신망의 확립과 정비가 필요하다고 인식되어 국제해사기구(IMO)에 미래의 전세계 해상조난안전시스템(FGMDSS; Future Global Maritime Distress and Safety System) 개발을 요청하여 FGMDSS가 등장하게 되었다. FGMDSS는 1986년 후반부터 F자를 제외한 GMDSS라 부르게 되었으며, 1991년부터 단계적 시행되어 현재에 이르고 있다.

이 제도의 기본 개념은 해사위성 통신 및 텔렉스, 디지털 선택호출 등 최신 통신기술을 해상조난 및 안전분야에 도입하여 선박 조난 시 조난신호의 자동 송 · 수신으로 선박의 위치에 관계없이 가장 짧은 시간 내에 수색 및 구조 활동이 가능하고 항해 및 기상정보 등을 포함한 해상안전 정보를 제공하여 선박 안전운항을 도모하는 것으로 <그림 11-14>와 같다.

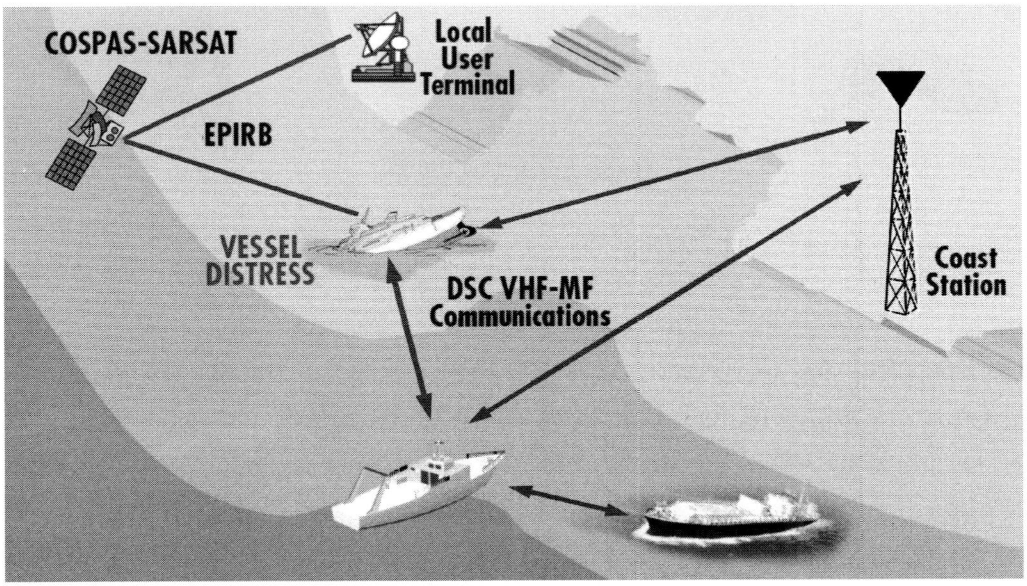

〈그림 11-14〉 전세계 해상조난안전시스템(GMDSS) 개념

전세계 해상조난안전시스템(GMDSS)을 적용하는 대상선박은 국제항해에 종사하는 여객선, 총톤수 300톤 이상의 선박과 원양어선이며, 연해구역이상 운항선박 및 길이 24미터 이상 어선은 비상위치발신기(EPIRB; Emergency Position Indication Radio Beacon)를 반드시 탑재하여야 한다.

전세계 해상조난안전시스템(GMDSS) 구성은 <그림 11-15>와 같다.

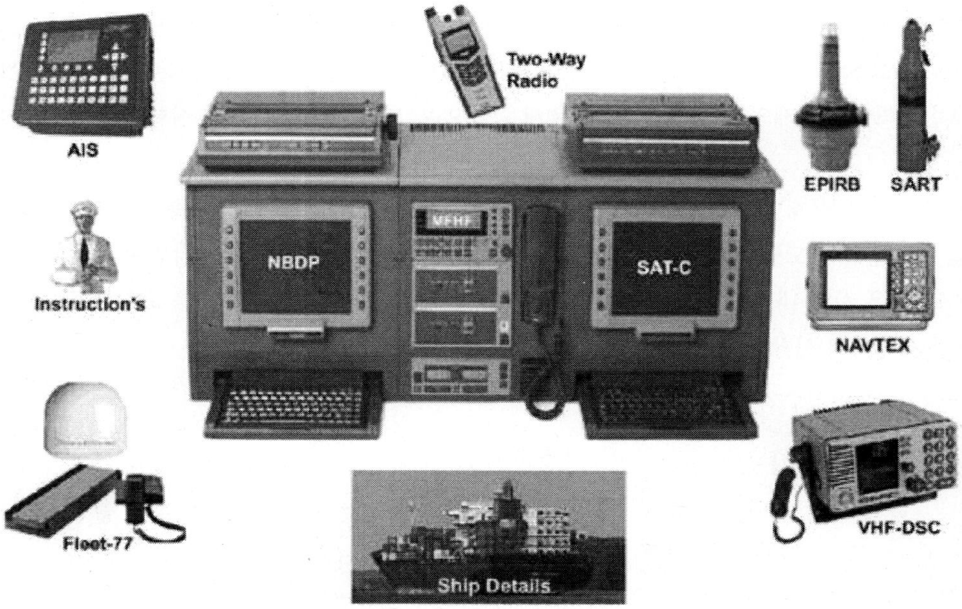

〈그림 11-15〉 전세계 해상조난안전시스템(GMDSS) 구성
[출처: 한국방송통신전파진흥원 연구보고서]

전세계 해상조난안전시스템(GMDSS)에 도입된 각종 무선장치는 지리적인 유효범위와 사용목적에 따라 한계가 있다는 점을 고려하여, 각 선박에 설치하여야 하는 무선설비를 선박의 운항구역에 따라 구분하였으며 <표 11-7>과 같다. 여기서 운항구역은 A1, A2, A3 및 A4 해역으로 구분된다.

〈표 11-7〉 전세계 해상조난안전시스템(GMDSS) 운항구역별 탑재 무선장치

구분	1	2	3	4	5	6	7	8
	VHF설비	MF설비	MF/HF설비	NAVTEX	INMARSAT	EPIRB (406MHz /1.6GHz)	레이더 트랜스폰더	휴대용 VHF 무선전화
A1	○			○		○	○	○
A2	○	○		○		○	○	○
A3	○		○ 5항 대안	○	○ 3항 대안	○	○	○
A4	○		○	○		○	○	○

– A1 해역 : 해안국의 초단파대 무선전화 통신권의 해역(30마일 이내)
– A2 해역 : 해안국의 중단파대 무선전화 통신권의 해역(150마일 이내)
– A3 해역 : A1, A2 해역을 제외한 북위 70도와 남위70도 사이 해역
– A4 해역 : A1, A2, A3 해역을 제외한 해역(남극, 북극)

이것만은 알아둡시다!

1 e-Navigation이란?

해상에서 안전과 보안, 해양환경 보호를 위해 부두에서 부두까지 항해와 관련된 서비스를 향상시키기 위하여 전자적 수단에 의한 선박과 육상에서 해양정보의 조화로운 수집, 통합, 교환, 표현 및 분석을 하는 개념

2 ENC란?

전자해도(ENC; Electronic Navigational Chart)란 전자해도표시시스템(ECDIS)에서 사용하기 위해 종이해도에 표기된 해안선, 등심선, 수심, 항로표지, 위험물, 항로 등 항해와 관련된 모든 해도정보를 국제수로기구(IHO)의 표준규격(S-57)에 따라 제작된 디지털 해도

3 ECDIS란?

전자해도표시시스템(ECDIS; Electronic Chart Display & Information System)은 전자해도를 보여주는 장비로써 선박을 안전하고 효율적으로 항해하기 위해서 의사결정에 요구되는 각종 행해 정보(위치, 속도, 방위, 수심 등)를 동시에 컴퓨터 화면에 표현하며, 국제해사기구(IMO)와 국제수로기구(IHO)의 표준규격(S-52)에 따라 제작된 것

4 AIS란?

선박자동식별시스템(AIS; Automatic Identification System)은 선박 상호간의 충돌 사고 예방에 이용되는 레이더의 한계점을 극복하고 레이더 범위를 벗어난 해역에서도 선박식별(선명, 침로, 속력 등), 충돌예방, 해양오염 방지, 선박 보고, 탐색 및 구조 등을 통해 선박의 안전항해를 향상시킬 목적으로 만들어진 시스템

이것만은 알아둡시다!

5 **VTS란?**

해상교통관제(VTS; Vessel Traffic Service) 시스템은 레이더, VHF, AIS 등을 이용하여 항만 또는 연안해역의 선박교통안전과 효율성을 확보하고 해양환경을 보호하기 위하여 관제구역 내 통항선박의 동정을 관찰하고 이에 필요한 정보를 제공하는 정보교환체제

6 **INS란?**

통합항법시스템(INS; Integrated Navigation System)은 선박의 전자해도표시시스템(ECDIS), 레이더, 자동항법장치(Auto Pilot), 기관 및 GPS, 자이로컴퍼스, 속력계, 측심기 등 각종 항해계기를 선교에서 종합적으로 통합하여 항해를 계획하고 항로를 감시하며, 항해계기를 통제하여 항해안전을 도모하기 위한 시스템

7 **IBS란?**

통합선교시스템(IBS; Integrated Bridge System)은 통합항법시스템(INS)에 추가하여 선박통신 및 선박에 적재된 Cargo System 등을 연계하여 발전시킨 것으로 선박의 항해안전을 도모함은 물론, 선박관리의 효율성을 증대시키기 위한 것

8 **VDR이란?**

항해자료기록장치(VDR; Voyage Data Recorder)는 선박에 피해를 가져오는 해양 사고에 이르는 기간 동안 날짜, 시간, 위치, 속력, 선수방향, 통신내용, 풍향 · 속 및 기관사용 상태 등 각종 정보가 자동으로 기록되는 장치로 선박용 블랙박스

9 **GMDSS란?**

전세계 해상조난안전시스템(GMDSS; Global Maritime Distress Safety System)은 해상에서의 인명안전을 위하여 최신의 디지털통신 기술, 위성통신 기술을 이용해 전세계의 어느 해역에서 선박이 조난당해도 그 선박으로부터 육상 구조기관이나 부근을 항해하는 선박에게 신속 · 정확하게 원조 요청이 가능하며 육상으로부터 항해안전에 관한 정보 등을 적절히 수신할 수 있는 시스템

| 참고문헌 |

[1] 이광일, 송문섭, 장병태, "E-navigation과 해양 사물인터넷(IoT)의 국제표준 및 기술동향", *전자통신동향분석*, 제29권, 제5호, pp. 18-29, 2014년 10월.

[2] 정중식, "한국형 e-Navigation 목표와 정부계획", *TTA Journal*, vol. 159, pp.20-27, 2015년 5-6월.

[3] 김수엽, 이호춘, 이건우, 이혜진, *해양수산분야 e-Navigation 활용방안 연구*, 한국해양수산개발원 연구보고서, 2015.

[4] 이희용, "e-Navigation 시대의 항해통신시스템 동향(INS를 중심으로)", *TTA Journal*, vol. 159, pp.55-64, 2015년 5-6월.

[5] IMO Homepage E-navigaion : http://www.imo.org

[6] 한국형 e-Navigation 사업단 Homepage : http://www.smartnav.org

[7] SOLAS Chaptor Ⅴ Reg.19 "Carriage requirements for shipborne navigational systems and equipment"

[8] 국립해양조사원 Homepage : http://www.khoa.go.kr

[9] 이희용, "차세대 전자해도 표준과 국제동향", *TTA Journal*, no. 131, pp.89-96, 2010.

[10] 최창묵, "최근 해양사고와 관계된 항해 오차원 분석", *한국항해항만학회 공동학술대회 논문집*, pp.21-22, 2013. 6.

[11] 국민안전처 훈령 제38호『해상교통관제 운영규정』

[12] 국민안전처 훈령 제40호『해상교통관제 시설관리규정』

[13] 국민안전처 고시 제2016-121호『선박교통관제의 시행 등에 관한 고시』

[14] 국민안전처 자료(2016. 1.27.) "전국 해상교통관제 센터장 한자리에 모여 체계적인 해상교통관제센터 운영을 위한 발전방안 모색"

[15] 해상교통관제센터 Homepage : http://www.vtskorea.go.kr

[16] 해양수산부 자료(2014. 4.26.) "연안여객선에도 항해기록장치(VDR) 탑재 추진"

[17] 이상집 등 3,『최신 항해기기론』, 다솜출판사, 2006.

[18] 이은방 등 4,『전파전자항해학』, 상학당, 2014.

[19] 한국방송통신전파진흥원, *국내외 인명안전 관련 무선국 전파관리실무 조사 · 비교분석 연구보고서*, 2015.

[20] 김선근, *GMDSS 도입에 따른 해안국 통신망 구성 및 운용개선에 관한 연구*, 한국해양대학교 석사학위논문, 2002.

[21] 김순갑 등 5,『선박항해용어사전』, 다솜출판사, 2012.

[22] Wikipeadia : http://en.wikipedia.org

부록 1
데시벨이란?

부록 1. 데시벨이란?

1. dB, 데시벨(Decibel)은 무엇인가?

dB는 "데시벨(Decibel)" 또는 "디비"라고 읽는다. 이것은 10분의 1을 의미하는 "Deci"와 전화 발명자의 이름인 "bel"의 합성어(Deci+bel)이다.

과거 bell 실험실에서 넓은 범위의 값들을 한눈에 보기도 어렵고 계산하기도 귀찮고 해서 밑수를 10을 사용하는 log로 변환하여 사용하기 시작했다고 한다. 이 때 log를 취한 값들이 너무 작아지기 때문에 추가적으로 10을 곱해서 사용했다고 한다.[37]

dB를 사용하는 주된 이유는 log 스케일을 사용하여 큰 수치를 상대적인 크기의 비를 간단하게 표현할 수 있을 뿐만 아니라 귀로 듣는 음원이나 전압/전력과 같이 주파수를 가지는 신호는 실제 측정값에 비례하는 것이 아니라 log를 사용하여 표현하는 dB에 정량적으로 비례하는 특성이 있어 편리하게 이용할 수 있기 때문이다.

예를 들어, 어떤 물건의 값이 A는 10,000원과 B는 200,000원이라면 이 A와 B 값의 차이는 20배가 난다. 이것을 dB 값으로 표현하면, 20배는 10배×2배, 즉, 10dB + 3dB = 13dB 이다. 따라서 가격(원)을 dB 스케일로 표현하면, A는 40dB(원), B는 53dB(원)으로 쉽게 표현할 수 있다.

dB 값은 기본적으로 입력과 출력의 상대적인 비율 값을 표현한다. 전력과 전압, 전류의 값은 상대적 힘의 비를 구하여 나타내는 단위로 다음과 같이 나타낸다.

- 전력이득(dB) = 10 × log(출력전력/입력전력)
- 전압이득(dB) = 20 × log(출력전압/입력전압)
- 전류이득(dB) = 20 × log(출력전류/입력전류)

37 http:www.RFDH.com.

따라서 전력비를 dB 값으로 환산하면 다음의 <표 1>과 같은 관계가 있다.

〈표 1〉 전력비의 dB값

dB	30	20	10	3	0	−3	−10	−20	−30
전력비 (배율)	1,000	100	10	2	1	0.5	0.1	0.01	0.001

예를 들면, 어떤 시스템이 신호를 보낼 때 1,000배로 증폭하여 보낼 수 있다. 이 값을 dB 값으로 표현하면, 1000은 10×10×10이므로 10배의 dB 값 10dB를 이용하여 10dB+10dB+10dB=30dB로 손쉽게 표현할 수 있다.

2. 전력과 전압에서의 dB

앞에서 dB에 대하여 개념을 이해했다면 다음은 dBm, dBμ 가 무엇인지 알아보자.

dB가 상대적인 값을 표현하는 방법이라면 dBm, dBμ는 절대적인 값이 얼마인지를 표현하는 방법이다. 이런 단위들은 전파를 사용하는 수신기의 감도나 전파의 세기를 나타내는 전계강도를 표현할 때 사용한다. dBm은 전력의 단위를 1mW로 기준삼아 dB로 환산한 것이고 dBμ는 1μW로 기준삼아 dB로 환산한 것이다.

즉, 다음과 같은 결과를 보인다.

1mW	→	0dBm
10mW	→	10dBm
100mW	→	20dBm
1,000mW = 1W	→	30dBm = 0dB(W)

만약, 동일한 dBm 일지라도 전력이 아니라 전압을 이용하여 환산하였다면,

20log[전압(V)]을 이용하여야 한다. 이것은 전력이 전압의 제곱에 비례하기 때문에 10log[전압(V)]^2 인 것이다.

3. 소리에서의 dB

북을 세게 치면 큰소리가 나고 약하게 치면 작은 소리가 들리는데 이것은 소리의 크기가 다르기 때문이다. 즉, 진폭이 클수록 큰 소리가 나고 진폭이 작을수록 작은 소리가 나는 것이다. 우리가 귀로 들을 수 있는 소리는 1초에 16번 진동하는 16Hz부터 1초에 20,000번 진동하는 20,000Hz까지이다. 따라서 가청 주파수는 16Hz~20kHz까지를 말하며 20kHz보다 커서 들을 수 없는 소리를 초음파라고 한다.

이러한 소리의 단위로 우리는 dB를 이용한다.

정상적으로 귀로 들을 수 있는 가장 작은 소리가 $10^{-16}W/cm^2$ 이며, 이를 0dB로 정하고, 소리의 세기가 10배씩 증가하면 10dB씩 올려 부른다.

일반적인 소리의 세기는 다음 <표 2>와 같다.

〈표 2〉 일반적인 소리의 세기

소리 형태	세기(W/cm^2)	데시벨	소리 형태	세기(W/cm^2)	데시벨
최고 작은 소리	10^{-16}	0	고속도로	10^{-8}	80
속삭임	10^{-14}	20	공사장	10^{-6}	100
침실소음	10^{-12}	40	천둥	10^{-4}	120
일상 대화	10^{-10}	60	제트엔진	10^{-2}	140

부록 2
항해관련 영문 약어

부록 2. 항해관련 영문 약어

A

A-GNSS	Assisted GNSS	보조위성항법시스템
A-GPS	Assisted GPS	보조 GPS 항법
A/A	Air-To-Air	공대공
AAL	Above Aerodrome Level	비행장 상공 고도
AAR	Airport Acceptance Rate	공항 수용률
ABM	Abeam	정좌/우현
ABN	Aerodrome Beacon	비행장 비콘
ABS	American Bureau of Shipping	미국선급협회
ACC	Area Control Center	지역관제소
ACLS	Automatic Carrier Landing System	항공기 자동 착륙시스템
ADIZ	Air Defense Identification Zone	방공 식별 구역
AFD	Airport/Facility Directory	비행장/시설 주소
AI	Accuracy and Integrity	정확도와 무결성(Galileo 서비스)
AIS	Automatic Identification System	자동식별시스템
AIMET	Airman's Meteorological Information	항공기상정보
AJ	Anti Jamming	안티 재밍(방해대책)
AL	Alert Limit/Level	경보한계/수준
ALNOT	Alert Notice	항공기 탐색 경보
ALS	Approach Light System	항공 진입등
AM	Amplitude Modulation	진폭변조
AOA	Angle Of Arrival	방위각
AP	Access Point	접근점
API	Air Position Indicator	항공위치지시기
ARAC	Army Radar Approach Control	육군레이더 접근 통제
ARCS	Admiralty Raster Chart Service	영국의 라스터방식 전자해도
ARPA	Automatic Radar Plotting Aids	자동충돌예방보조장치
ARSR	Air Route Surveillance Radar	항로 감시 레이더
AS	Anti Spoofing	안티 스푸핑(기만방해대책)

ASD	Aircraft Situation Display	항공기 상태 전시
ASDE	Airport Surface Detection Equipment	공항지표 탐색장비
ASR	Airport Surveillance Radar	공항감시 레이더
ATC	Air Traffic Control	항공교통관제
ATCAA	Air Traffic Control Assigned Airspace	항공교통관제 인가공역
ATCRBS	Air Traffic Control Radar Beacon System	항공교통관제 비컨체계
ATCT	Airport Traffic Control Tower	비행장 관제탑
ATS	Air Traffic Service	항공교통관제서비스
AWOS	Automated Weather Observing System	자동기상정보시스템

B

BCAS	Beacon-based Collision Avoidance System	비콘기반 충돌방지시스템
BCS	Beacon Control System	비콘통제시스템
Bn	Beacon	비콘
BOC	Binary Offset Carrier	바이너리 오프셋 캐리어(변조형태)
bps	bits per second	초당비트수
BPSK	Binary Phase Shift Keying	디지털위상편이방식(변복조)

C

C4I	Command, Control, Communication, Computer, and Intelligence	지휘통제체계
C/A code	Coarse Acquisition code	C/A 코드(GPS 민간코드)
c/s	callsign	호출부호
CA	Civil Aviation	민간항공
CAS	Collision Avoidance System	충돌방지시스템
CAT Ⅰ/Ⅱ/Ⅲ	Category Ⅰ Ⅱ/Ⅲ	항공기 정밀접근 단계
CC	Compass Course	컴퍼스 침로
CCIR	International Radio Consultative Committee	국제무선자문위원회
CDMA	Code division multiple access	코드분할다중접속방식
CELL-ID	Cell-Identification	핸드폰 위치측정기법
CEP	Circular Error Probable	원형공산오차(확률 50%)
CH	Channel	채 널

CIRM	International Radio-Maritime Committee	국제해사무선위원회
CM	Centimeter	센티미터
CMB	Climb	상 승
CMI	Committee Maritime International	국제해법회
CMPL	Complication Or Completed Or Complete	완 료
CNL	Cancel	취 소
C/No	Carrier-to-Noise	반송파잡음비
CNS	Continuous	지 속
COA	Contract Of Afreightment	장기운송계약
COG	Course Over the Ground	대지침로
COGSA	Carriage of Goods by Sea Act	해상물건운송법
COLREG	International Regulation for Preventing Collisions at Sea	국제해상충돌예방규칙
COM	Communication	통 신
COMSAR	Sub-committee on Radiocomunications and Search And Rescue	무선통신 및 수색구조 소위원회
CPA	Closest Point of Approach	최근접거리
cps	cycles per second	주파수 단위(Hz)
CS	Commercial Service	상용서비스(Galileo 서비스)
CSS	Co-ordinator Surface Search	해상수색조정선
CTA	Control Area	관제구역
CTW	Course Through Water	대수침로
CWAAS	Canadian Wide area augmentation system	캐나다의 WAAS

D

dB	Decibel	데시벨
DARC	Direct Access Radar Channel	직접 입출력 레이더
Dest	Destination	목적지
Dev	Deviation	편차
DGNSS	Differential Global Navigation Satellite System	GNSS 보정시스템
DGPS	Differential Global Positioning System	GPS 보정시스템
DHS	Department of Homeland Security	미국토안보부
dist	Distance	거리
DME	Distance Measuring Equipment	거리측정장치
DNC	Digital Nautical Chart	전자해도(미국)
DNS	Decca Navigator System	데카항법시스템

DoD	Department of Defence	미국방부
DOA	Direction Of Arrival	신호도착방향
DOP	Dilution Of Position	위치의 기하학적 배치 계수
DOT	Department Of Transportation	미교통부
DR	Dead Reckoning	추측항법
DRS	Dead Reckoning System	추측항법시스템
drms	Distance root mean square	거리평균자승근(확률분포)
DRNS	Doppler Radar Navigation System	도플러 레이더 항법시스템
DSC	Digital Selective Calling	디지털 선택호출(GMDSS)
DSP	Digital Signal Processing	디지털 신호처리
DSRC	Dedicated Short-Range Communication	근거리 전용 통신
DVOR	Doppler VHF Omni-Directional Range	도플러 초단파 전방향 무선표지

E

E-LORAN	Enhanced LORAN	개량된 로란(차세대항법시스템)
EA	Electronic Attack	전자 공격
EADI	Electronic Attitude Director Indicator	전자고도지시기
EBL	Electronic Bearing Line	전자방위선(레이더)
EBM	Electronic Bearing Marker	전자방위표시
EC	European Community	유럽공동체
ECM	Electronic CounterMeasure	전자 방해책
ECCM	Electronic Counter CounterMeasure	대전자 방해책
ECDIS	Electronic Chart Display and Information System	전자해도표시시스템
ECINS	Electronic Chart and Integrated Navigation System	전자해도통합시스템
eCompass	Electronic Compass	전자컴파스
ECS	Electronic Chart System	전자해도시스템
ECU	Electronic Control Unit	전자제어장치
ED	Emission Delay	방사지연(로란시스템 신호 송신)
EDI	Electronic Data Interchange	전자정보교환
EDU	Electronic Display Unit	전자표시장치
EET	Estimated Elapsed Time	예상 경과 시간
EEZ	Exclusive Economic Zone	배타적경제수역
EFIS	Electronic Flight Information System	전자적 비행정보체계
EGNOS	European Geostationary Navigation Overlay Service	유럽의 SBAS
ELBA	Emergency Location Beacon Aircraft	비상 위치표시 항공기

ELT	Emergency Locator Transmitter	비상위치지시용 무선표지설비
EM	Electromagnetic	전자기
EMC	Electromagnetic Compatibility	전자파 양립성
EMI	Electromagnetic Interference	전자파 장해
EMP	Electromagnetic Pulse	전자기 펄스
EMS	Electromagnetic Susceptibility	전자파 내성
ENC	Electronic Navigational Chart	전자해도
ENS	Electronic Navigation System	전자항법시스템
EO	Electro-Optics	전자광학
EOW	End Of Week	GPS 주기 종료
EP	Electronic Protection	전자보호
EPA	Electronic Plotting Aid	전자기점장치
EPIRB	Emergency Position Indicating Radio Beacon	비상위치표시무선비콘
EPO	EGNOS Project Office	EGNOS 추진본부
EPS	ECDIS Performance Standard	전자해도표시시스템 성능표준
ERA	Earth Rotation Angle	지구자전각
ERC	En-Route Chart	진입차트
ERP	Effective Radiated Power	유효방사출력
ES	Electronic Support	전자지원
ESA	European Space Agency	유럽우주국
ESP	European Space Policy	유럽우주정책
ETA	Estimated Time Of Arrival	도착 예정시간
ETC	Electronic Toll Collection	전자요금징수
ETD	Estimated Time of Departure	출항 예정시간
ETE	Estimated Time of En-route	진입 예정시간
EU	European Union	유럽공동체
EW	Electronic Warfare	전자전

F

FAA	Federal Aviation Administration	미연방 항공청
FAAO	FAA Order	미연방 항공청 지침서
FANS	Future Air Navigation System	미래 항공항법시스템(ICAO)
FAR	Federal Aviation Regulation	미연방 항공규정
FCC	Federal Communications Commission	미연방 통신위원회
FCU	Flight Control Unit	항공제어장치

FDMA	Frequency division multiple access	주파수분할다중접속방식
FERNS	Far East Radio Navigation System	극동전파표지협의회
FG	Fog	안개
FIR	Flight Information Region	비행정보구역
FIS	Flight Information Station	비행운항실
	Flight Information Service	비행정보서비스
FL	Flight Level	비행고도
flt	Flight	비행
FM	Frequency Modulation	주파수 변조
FMC	Federal Maritime Commission	미국연방해사위원회
FMCS	Flight Management Computer System	비행관리시스템
FMS	Flight Management System	비행관리시스템
FNA	Final Approach	최종접근
FOC	Flag of Convenience	편의치적
	Full Operational Capability	정상가동선언
FOG	Fiber Optic Gyro	광자이로
FRA	Federal Rail Administration	미연방철도국
FRP	Federal Radionavigation Plan	미연방 무선항행 계획
FRS	Federal Radionavigation System	미연방 무선항행시스템
FSK	Frequency Shift Keying	주파수 변이 변조
FTC	Fast Time Constant	고속시간고정(눈/비 반사 제어)
FTD	Flight Training Device	비행훈련장치

G

GAGAN	GPS and GEO Augmented Navigation	인도의 위성항법보정시스템
GB	Gyro Bearing	자이로컴파스 방위
GBAS	Ground-Based Augmentation System	지상기반보정시스템
GC	Great Circle	대권
GCA	Ground Controlled Approach	지상관제접근
GCC	Galile Control Center	갈릴레오 주제어국
GCS	Ground Control Segment	지상통제부문
GDGPS	Global DGPS	전세계 GPS보정시스템
GDOP	Geometric Dilution Of Position	3차원 위치의 기하학적 배치 계수
GE	Gyro Error correction	자이로 오차보정
GEO	Geostationary Earth Orbit	정지궤도

GEOSAR	Geostationary satellites of COSPAS-SARSAT	정지궤도위성을 이용한 탐색구조
GH	Gyro Heading	자이로 방향
GHz	Gigahertz	기가헤르츠
GINS	Global Inertial Navigation System	전세계 관성항법장치
GIS	Geographic Information System	지리정보시스템
GISM	GPS Scintillation Model	GPS 신틸레이션 모델
GLONASS	Global Navigation Satellite System	러시아의 위성항법시스템
GLOSS	Global sea Level Observing System	전세계 해면관측시스템
GMDSS	Global Maritime Distress and Safety System	전세계 해상조난 및 안전제도
GMS	Ground Mission Segment	지상임무부문(Galileo)
	Ground Monitor Station	지상관제국(MSAS)
GND	Ground	지 상
GNSS	Global Navigation Satellite System	전세계 위성항법시스템
GOOS	Global Ocean Observing System	전세계 해양관측시스템
GPS	Global Positioning System	미국의 위성항법시스템
GRAS	Ground-based Regional Augmentation System	지상기반 지역보정시스템
GRI	Group Repetition Interval	펄스그룹 반복주기(로란)
GRM	GPS Receiver Module	GPS 수신기 모듈
GRS	Geodetic Reference System	좌표기준계
GSO	Geosynchronous Orbit	지구동기궤도
GUI	Graphical User Interface	그래픽 사용자 인터페이스

H

HA-NDGPS	High Accuracy NDGPS	고정밀 NDGPS(미국)
HAL	Horizontal Alert Limit	수평경보한계
HAZMAT	Hazardous Material	위험물질
HCS	Heading Control System	방향통제시스템
HDLC	High Data Link Communication	고정밀 데이터링크 통신
HDOP	Horizontal Dilution Of Position	수평 위치의 기하학적 배치 계수
HEA	Harbour Entrance and Approach	해상항만접근
HEO	Highly Elliptical Orbit	장타원궤도
HF	High Frequency	고주파(단파)
HGA	High Gain Antenna	고이득안테나
HGE	Harmonization Group on ECDIS	전자해도표시시스템 표준화기구
HI	High Integrity	고무결성(Galileo 서비스)

HIRL	High Intensity Runway Lights	고광도 활주로 등
HL	Heading Line	선수방위라인(레이더)
HOW	Head Over Word	항법메시지 앞쪽 단어
HP	High Precision	고정밀도
HPL	Horizontal protection level	수평보호수준
HPZ	Helicopter Protected Zone	헬리콥터 보호지역
HR	High Risk	고위험
hr	Hour	시간
HRA	High Risk Area	고위험지역
HRV	High Risk Vessel	고위험선박
HS	High Sensitivity	고감도(GPS 수신기)
HSC	High Speed Craft	고속정
HUD	Head-Up Display	선수방위 표시(레이더 표시방법)
Hz	Hertz(cycles per second)	주파수 단위
HZA	High Zenith Antenna	고고도 안테나

I

IACS	International Association of Classification Societies	국제선급협회
IADC	International Association of Drilling Contractors	국제석유시추계약자협회
IAEA	International Atomic Energy Agency	국제원자력기구
IAG	International Association of Geodesy	국제측지학회
IAIN	International Association of Institutes of Navigation	국제항해학회
IALA	International Association of Lighthouse Authorities	국제항로표지협회
IAPH	International Association of Ports and Harbours	국제항만협회
IBCS	Integrated Bridge Control System	통합선교통제장치
IBLS	Integrity Beacon Landing System	무결성 비콘 착륙장치
IBS	Integrated Bridge System	통합선교장치
ICAO	International Civil Aviation Organization	국제 민간 항공기구
ICC	Integrity Control Center	무결성 통제센터
ICCL	International Council of Cruise Lines	국제여객선이사회
ICD	Interface Control Document	인터페이스 통제문서
ICF	Integrity Control Facility	무결성 통제시설(Galileo)
ICOMIA	International Council of Marine Industry Association	국제해양산업협회이사회
ICG	International Committee on Global Navigation Satellite Systems	GNSS 국제위원회

ICS	International Chamber of Shipping	국제해운회의소
	Initial Control System	최초통제시스템
	International Code of Signals	국제신호코드
ICT	Information and Communication Technology	정보통신기술
ICZM	Integrated Coastal Zone Management	통합연안지역관리
IEC	International Electrotechnical Commission	국제전기표준협회
IEE	Institute of Electrical Engineers	전기공학회
IEEE	Institute of Electrical and Electronic Engineers	전기전자공학회
IF	Intermediate Frequency	중간주파수
IFCS	Integrated Fright Control System	통합항공관제시스템
IFF	Identification Friend or Foe	적·아식별
IGS	Inertial Guidance System	관성유도장치
	Instrument Guidance Systme	계기유도장치
	International GNSS Service	국제 위성항법 서비스
IGSO	Inclined Geosynchronous Orbit	경사동기궤도
IHO	International Hydrographic Organization	국제수로기구
ILA	International Loran Association	국제로란연합
ILAMA	International Life-Saving Appliances Manufacturers' Association	국제구명설비제조자협회
ILO	International Labour Organization	국제노동기구
ILS	Instrument Landing System	계기착륙장치
IM	Integrity Monitoring	무결성 관제
IMDG	International Maritime Dangerous Goods Code	국제해상위험물운송규칙
IMES	Indoor Messaging System	옥내 메시지 시스템
IMO	International Maritime Organization	국제해사기구
IMP	Integrated Maritime Policy	통합해상정책
IMPA	International Maritime Pilots Association	국제도선사협회
IMS	Integrated Management System	통합관리시스템
	Integrity Monitor Station	무결성관제국
IMU	Inertial Measurement Unit	관성측정장치
INA	International Navigation Association	국제항행연합
INMARSAT	International MARitime SATellite organization	국제해사위성기구
INMCC	Indian Mission Control Center	인도 임무통제국
INRES	Indian Reference Station	인도 기준국(GAGAN)
INS	Inertial Navigation System	관성항법장치
	Integrated Navigation System	통합항법장치
	Indian Navigation System	인도 항법시스템
INWAAS	Indian WAAS	인도 WAAS

IOC	Initial Operational Capability	최초가동선언
IOI	International Ocean Institute	국제해양연구소
ION	Institute Of Navigation	항행협회
IOP	Initial Operations Phase	최초임무단계
IOV	In Orbit Validation	궤도검증
IR	Infrared	적외선
ISF	International Shipping Federation	국제해운연맹
ISO	International Standardization Organization	국제표준화기구
IRD	Interface Requirements Document	인터페이스 요구문서
IRNSS	Indian Regional Navigation Satellite System	인도 지역 위성항법시스템
ISM	Industry, Scientific and Medical	공업, 과학, 의료
	International Safety Management code	국제안전 관리코드
ISO	International Organization for Standardization	국제표준화기구
	International Security Organization	국제안보기구
ISRO	Indian Space Research Organization	인도우주연구기구
ISSN	International Standard Serial Number	국제표준화 일련번호
IT	Information Technology	정보기술
ITS	Intelligent Transport System	지능형 운송시스템
ITU	International Telecommunication Union	국제전기통신연합
IULS	Integrity Uplink Station	무결성 업링크국

J

J/S	Jamming to signal ratio	신호대 재밍비
JAA	Joint Aviation Authorities	연합항공지휘권
JAR	Joint Aviation Requirement	연합항공요구서
JAM	Jamming	전파방해
JAXA	Japanese Aerospace Exploration Agency	일본 우주항공 연구개발기구
JGS	Japan satellite navigation Geodetic System	일본 위성 좌표체계
JIN	Japan Institute of Navigation	일본 항해학회
JSR	Jamming to Signal Ratio	신호대 재밍비
JWG	Joint Working Group	연합작업반(IMO and ICAO)

K

KADIZ	Korea Air Defence Identification Zone	한국방공식별구역
KF	Kalman Filter	칼만필터
kg	kilograms	킬로그램(질량단위)
kHz	Kilohertz(1,000 cycles per second)	킬로헤르츠
km	kilometer	킬로미터(거리단위)
kn	knot	노트
kt	knot	노트
kW	Kilowatt(1,000watts)	킬로와트

L

L/L	Latitude and Longitude	위도와 경도
LAADR	Low-Altitude Arrival/Departure Route	저고도 도착/출발 항로
LAAS	Local Area Augmentation System	지상보정시스템(항공용)
LADGNSS	Local Area Diffenential GNSS	지역 위성항법보정시스템
LADGPS	Local Area Diffenential GPS	지역 GPS 보정시스템
LAIN	International Association of Institute of Navigation	국제항해학회연합
LAN	Local Area Network	근거리통신망
LASA	Latin America Shipowner Association	라틴아메리카 선주협회
Lat	Latitude	위도
LBS	Location Based Service	위치기반서비스
LBSN	Location Based Social Network	위치기반 소셜네트워크
LEO	Low Earth Orbit	저궤도
LEOSAR	Low Earth Orbit satellites of COSPAS-SARSAT	저궤도 구조탐색
LF	Low Frequency	저주파
LGF	LAAS Ground Facility	LAAS 지상시설
LMT	Local Mean Time	평균태양시
LMU	Location Measurement Unit	위치측정장치
LNA	Low Noise Amplifier	저잡음증폭기
LNAV/VNAV	Lateral navigation/vertical navigation	측면/수직 항법
LNV	Land Navigation Vehicle	지상항법차량
Lon	Longitude	경도
LOP	Line Of Position	위치선

LORAN	Long Range Navigation System	장거리 항법시스템(로란)
LOS	Line Of Sight	조준선
LPL	Lateral Protection Level	측면보호수준
LPM	Loran Propagation Model	로란 전파모델
LRNS	Long Range Navigation System	장거리 항법시스템
LT	Local Time	지역시간

M

mag	magnitude	강도(별빛)
MAGVAR	Magnetic Variation	자기편차
MARAD	Maritime Administration	미국해사청
MARPOL 78	Protocol of 1978 Relating to the International Convention for the Prevention of Pollution from Ships	해양오염방지협약
MB	Magnetic Bearing	자침방위
Mb	Megabyte	메가바이트
MBB	Maritime Black Box	해상 블랙박스
MC	Magnetic Course	자침로
MCC	Master Control Center	중앙제어국
MCF	Mission Control Facility	임무제어센터
MCS	Master Control Station	주제어국
MDGPS	Maritime DGPS	해상용 DGPS
MEA	Minimum Enroute Altitude	최저 항로 고도
MEO	Medium earth orbit	중궤도
MEPC	Marine Environment Protection Committee	해양환경보호위원회
MF	Medium Frequency	중파
MFC	Multi-Frequency Channel	다중주파수 채널
MFR	Multi Function Radar	다기능 레이더
MH	Magnetic Heading	자침 방향
MIDS	Maritime Identification Digits	해사식별숫자
MIL-STD	MILitary Standard	군사표준
MILSPEC	MILitary SPECification	군사규격
MLS	Microwave Landing System	마이크로파 착륙장치
MN	Magnetic North	자북
MOPS	Minimum Operational Performance Standards	최소작동성능표준
MPA	Maritime Patrol Aircraft	해상초계기

MRS	Monitor and Ranging Station	관제 거리국(MSAS)
MS	Monitor Station	감시국
ms	millisecond(one-thousandth of a second)	밀리세컨드
MSAS	MTSAT Satellite-based augmentation system	일본의 위성항법보정시스템(SBAS)
MSC	Maritime Safety Committee	해사안전위원회
MSF	Mission Support Facility	임무지원시설(Galileo)
MSK	Minimum Shift Keying	최소 편이 방식
MSI	Maritime Safety Information	해사안전정보
MSL	Mean Sea Level	평균해수면
MTI	Moving Target Indicator	이동 표적 식별기
MTO	Multi-modal Transport Operation	복합운송인
MTSAT	Multi-functional Transport SATellite	다목적 위성

N

NAA	National Aviation Authorities	국립항공국
NAD	North American Datum	북미 데이텀
NATO	North Atlantic Treaty Organization	북대서양 조약기구
NAV	Sub-Committee on Safety of Navigation	항해안전 소위원회
NAV-msg	NAVigation message	항법메시지(GPS)
NAVAID	NAVigation AID	항행안전시설
NAVCEN	NAVigation CENter	항행센터(USCG)
NAVD	North American Vertical Datum	북미 수직 데이텀
NAVTEX	NAVigational Information Telex Service	항해정보전신서비스
NAVWAR	NAVigation WARfare	항법전
NCF	Navigation Control Facility	항행통제시설
NDB	Nondirectional Radio Beacon	무지향표지시설
NDGPS	Nationwide DGPS	내륙 DGPS
NGA	National Geospatial-Intelligence Agency	국립지리정보국
NFC	Near Field Communication	근거리 무선통신
NFL	No Fly Line	비행금지선
NIMA	National Imagery and Mapping Agency	국립 영상 및 지도제작국(미국)
NIN	Netherlands Institute of Navigation	네덜란드 항해학회
NM	Nautical Mile	해상마일(해리)
nm	nanometer	나노미터(10^{-9}m)
NNSS	Navy Navigation Satellite System	미해군 위성항법시스템(Transit)

NOAA	National Oceanic and Atmospheric Administration	국립해양기상청(미국)
NPA	Non-Precision Approach	비정밀접근
NRL	Naval Research Laboratory	미해군연구소
NSA	National Security Agency	국가안보국(미국)
NSC	National Security Council	국가안전보장회의(미국)
NSCC	Navigation System Control Center	항해시스템 통제국(Galileo)
NTZ	No Transgression Zone	이탈 금지구역
NW	Navigation Warning	항해경고
NWS	National Weather Service	국립기상서비스(미국)

O

OAC	Oceanic Area Control	해상구역관제
OAS	Open Access Service	개방형 접근서비스 (Galileo 무료 서비스)
OAT	Operational Air Traffic	항공교통운영
OBI	Omni-Bearing Indicator	전방위지시기
OBT	On-Board Terminal	탑승터미널
OBU	On-Board Unit	탑승장치
OCA	Oceanic Control Area	해상관제구역
OCC	Operations Control Center	운영통제센터
OCH	Obstacle Clearance Height	장애물 없는 고도(항공)
OCS	Operational Control System	운영통제시스템
	Operational Control Segment	운영통제부문
OECD	Organization for Economic Cooperation and Development	경제협력개발기구
OEM	Original Equipment Manufacturer	원장비제조사 (주문자 상표 부착하는 제품 제조사)
OFP	Operational Flight Program	비행 운영 프로그램
OGC	Open Geospacial Consortium	개방형 공간정보 컨소시엄
OLED	Organic Light-Emitting Display	유기발광 디스플레이
OM	Operations Manual	운영 매뉴얼
OOD	Officer Of the Deck	당직사관
	Officer Of Duty	당직사관
OOW	Officer Of Watch	당직 근무 장교(직원)
OPF	Operations Preparation Facility	운영 준비 시설

OPUS	Online Positioning User Service	온라인 위치서비스
ORD	Observed Range Deviation	관측 거리 편차
	Operational Requirement Document	운영요구서
OS	Open Service	개방형 서비스(Galileo)
OSV	Offshore Support Vessel	연안 보조정

P

P-code	Precise code	GPS 정밀코드
P-RNAV	Precision Area Navigation	정밀지역항법
P/F	Platform	플랫폼(satellite)
PA	Precision Approach	정밀 접근
PAM	Precision Approach Module	정밀 접근 모듈
PAN	Position And Navigation	위치와 항법
PANS	Procedures for Air Navigation Service	항공 항법서비스 절차
PAR	Precision Approach Radar	정밀 접근 레이더
PAR	Preferential Arrival Route	우선 도착 비행로
PBN	Performance-Based Navigation	성능기반 항법
PC	Phase Code	위상코드(로란)
PCI	Phase Code Interval	위상코드 간격(로란)
PCM	Pulse Code Modulation	펄스 코드 변조
PCS	Personal Communication Services	개인용 통신 서비스
PDOP	Positional Dilution Of Position	위치의 기하학적 배치 계수
PED	Personal Electronic Device	개인용 전자장비
PF	Primary Factor	주요소(로란 지연)
PL	Position Line	위치선(LOP)
	Pseudolite	의사위성
PLB	Personal Locator Beacon	개인용 위치 비콘
PM	Pulse Modulation	펄스변조
PN	Pseudo-Noise	위사잡음
PNAV	Precise NAVigation	정밀항법
PNT	Position, Navigation and Time	위치, 항법, 시각
POP	Period Of Operation	운영기간
POR	Pacific Ocean Region	태평양 지역
Port-MIS	Port Management Information System	항만관리 정보체계
POS/NAV	Positioning and Navigation	위치와 항법

PP	Positioning Performance	위치 성능
PPC	Predicted/Potential Point of Collision	충돌 예측점
PPI	Plan Position Indicator	평면 위치 표시기
PPM	Pulse Position Modulation	펄스 위치 변조
PPP	Precise Point Positioning	정밀위치
PPS	Precise Positioning Service	정밀위치서비스(GPS)
	Pulses Per Second	초당 펄스 수
PRC	Pseudo-Range Correction	의사거리 보정치
PRE	Pseudorange Error	의사거리 오차
PRF	Pulse Repetition Frequency	펄스반복주파수
PRI	Pulse Repetition Internal	펄스반복주기
PRN	Pseudorandom Noise	의사난수 잡음
PROB	Probability	확률
PRR	Pseudo-Range Rate	의사거리율
PRS	Public Regulated Service	공공관리 서비스
PRT	Pulse Repetition Time	펄스반복시간
PSC	Port State Control	항만국통제
Psedolite	Pseudo-satellite	의사위성
PSK	Phase Shift Key	위상천이변조
PSR	Primary Surveillance Radar	주 감시레이더
PSU	Power Supply Unit	전력공급장치
PTAN	Precision Terrain-Aided Navigation	정밀지형보조항법
PVT	Position, Velocity and Time	위치, 속도, 시각

Q

QMS	Quality Management System	품질관리시스템
QPSK	Quadrature Phase Shift Keying	4상 위상 편이 기술
QZS	Quasi-Zenith Satellite	준천정위성(일본)
QZSS	Quazi-Zenith Satellite System	일본의 위성항법시스템

R

RAIL	Runway Alignment Indicator Lights	활주로 정대 지시등

RAIM	Receiver Autonomous Integrity Monitoring	수신기 자동 무결성 모니터링
RAMARK	Radar Marker beacon	레이더표시비콘
RAPCON	Radar Approach Control Facility	레이더 접근관제시설
RAR	Real Aperture Radar	실 개구레이더
RAS	Radar Advisory Service	레이더 경보 서비스
	Regional Augmentation System	지역 보정시스템
RBN	Radio Beacon	무선비콘
RCC	Rescue Coordination Center	구조조정센터
RCP	Required Communications Performance	통신 요구성능
RCS	Radar Cross Section	레이더반사단면적
RDF	Radio Direction Finder	무선방향탐지기
RDS	Radio Data System	무선 데이터 시스템
RF	Radio Frequency	무선주파수
	Range Finder	거리 측정기
RFI	Radio Frequency Interference	무선주파수 간섭
	Request For Information	정보요구
RFID	Radio Frequency Identification	무선주파수 식별
RFU	Radio Frequency Unit	무선주파수 장치
RHL	Rhumb Line	항정선
RIN	Royal Institute of Navigation	영국 항해학회
RIS	Radar Information Service	레이더 정보서비스
RL	Rhumb Line	항정선
RLG	Ring Laser Gyro	링 레이저 자이로
rms	root mean square	제곱평균 제곱근(실효값)
rmse	root mean square error	제곱평균 제곱근 오차
RNAV	Regional Navigation	지역항법
RNC	Raster Navigational Chart	라스터 항해해도
RNG	Radio range	무선통신 범위
RNP	Required Navigation Performance	항법 요구성능
	RadioNavigation Plan	무선항행 계획
RNS	RadioNavigation System	무선항행서비스
RNSS	RadioNavigation Satellite Service	무선항행 위성서비스
RP	Radar Plotting	레이더 기점
RR	Radio Regulations	무선규격
	Reference Receiver	참조수신기
RSA	Russian Space Agency	러시아 우주국
RSIM	Reference Station Integrity Monitor	참조국 무결성 모니터
RSS	Received Signal Strength	수신 신호강도

	Regional Safety Service	지역 안전서비스
rss	root sum square	제곱합 제곱근
RSSI	Received Signal Strength Indicator	수신 신호강도 지시기
RTCA	Radio Technical Commission for Aeronautics	항공통신기술위원회(미국)
RTCM	Radio Technical Commission for Maritime Services	해상서비스 통신기술위원회(미국)
RTK	Real-Time Kinematic	실시간 이동
RWD	Relative Wind Direction	상대풍향
RWS	Relative Wind Speed	상대풍속

S

S-VDR	Simplified Voyage Data Recorder	간이 항해정보기록기
S/N	Signal-to-Noise ratio	신호대 잡음비
S&R	Search and Rescue	탐색 및 구조
SA	Selective Availability	선택적 유용성(GPS 허위 오차)
SAR	Search And Rescue	수색 구조
	Specific Absorption Rate	전자파흡수율
	Synthetic Aperture Radar	개구면 레이더
SARSAT	Search And Rescue Satellite-Aided Tracking	위성을 이용한 수색 구조
SAS	Safety Access Service	보안접근서비스(Galileo)
SBAS	Satellite-Based Augmentation System	위성 기반 보정시스템
SBCN	Space Based Communication Network	우주 기반 통신 네트워크
SBNS	Satellite Based Navigation System	위성 기반 항법시스템
SC	Service Center	서비스센터
	Special Committee	특별위원회
SCDS	Ship Control Display System	선박 통제 표시시스템
SCF	Satellite Control Facility	위성통제시설
SCOS	Satellite Control and Operations Support	위성통제 및 운영 지원
SD	Standard Deviation	표준편차
SDCM	System of Differential Correction and Monitoring	차분 보정 및 관제 시스템
SDS	Safety Data Sheet	안전 데이터 시트
SEC	Space Environment Center	우주환경센터
SENC	System Electronic Navigation Chart	전자항해해도시스템
SF	Secondary Factor	이차요소(로란 오차)
SFC	Single Frequency Channel	단일주파수 채널
SFD	Satellite Failure Detection	위성오류탐지

SIL	Safety Integrity Level	안전 무결성 수준
SIR	Signal-to-Interference Ratio	신호대 간섭비
sl	sea level	해수면
SLR	Satellite Laser Ranging	위성 레이저 거리측정
SLS	Satellite Landing System	위성 착륙시스템
SMC	Safety Management Certificate	선박안전경영증서
SMD	Smart Mobile Device	스마트 이동용 장치
SMS	Safety Management System	안전관리시스템
SN	Snow	눈
SNF	Satellite Navigation Frame	위성 항법 프레임
SNR	Signal-to-Noise Ratio	신호대 잡음비
SNU	Standard Navigation Unit	표준항법장치
SOG	Speed Over Ground	대지속력
SoL	Safety of Life Service	생명안전서비스(Galileo)
SOLAS	International Convention for the Safety of Life at Sea	국제해상인명안전협약
SOP	Surface Of Position	해상위치
SP	Standard Precision	표준정밀도(GLONASS)
SPD	Speed	속도
SPL	Signal Power Level	신호전력수준
SPS	Standard Positioning Service	표준위치서비스(GPS 서비스 일종)
SRA	Surveillance Radar Approach	감시레이더 접근
SRR	Search and Rescue Region	탐색 및 구조 지역
SS	Signal Strength	신호강도
	Space Segment	우주부문
	Sunset	일몰
SSH	Sea Surface Height	해면고도
STC	Sensitivity Time Control	감도조절(해면반사제어)
STCW	International Convention on Standards of Training, Certification and Watchkeeping for Seafarers	선원훈련 · 자격증명 및 당직근무의 기준에 관한 국제협약
STOL	Short Takeoff And Landing	단거리 이 · 착륙
STW	Sub-committee on Standards of Training and Watchkeeping	선원훈련 및 당직기준 소위원회
SV	Space Vehicle	우주선

T

TACAN	Tactical Air Navigation	전술항행표지시설
TAS	True Air Speed	진대기속도
TAWS	Terrain Awareness and Warning System	지형인식경보시스템
TB	True Bearing	진방위
TC	Telecommand	원격지시(Satellite)
	Tide Committee	조석위원회
	True Course	진침로
TCA	Time of Closest Approach	최단접근시간
TCAS	Traffic Alert And Collision Avoidance System	공중 충돌 회피 시스템
TCC	Traffic Control Center	통항관제센터
TCN	Terrain Contour Navigation	지형등고선 항법
TCPA	Target Closest Point of Approach	목표 최근접점
	Time to Closest Point of Approach	최근접시간
TCS	Track Control System	경로통제시스템
TD	Time Difference	시간차
TDEV	Time Deviation	시편차
TDMA	Time Division Multiple Access	시분할다중접속
TDOA	Time Difference Of Arrival	도착시간차
TDOP	Time Dilution Of Position	시각의 기하학적 배치 계수
TDZL	Touchdown Zone Light System	접지구역 등화 시스템
TERCOM	Terrain Contour Matching	지형대조방식
TERNAV	Terrain-Referenced Navigation	지형참조항법
TFE	Timing and Frequency Equipment	시각과 주파수 장비
TH	True Heading	진방위
THUM	Relative Humidity	상대습도
TIBA	Traffic Information Broadcast for Aircraft	항공운항정보방송
TIE	Time Interval Error	시간격 오차
TML	Telemetry	원격측정
TMS	TOA Measurement System	TOA 측정시스템
TN	True North	진북
TOA	Time Of Arrival	도착시간
TOE	Time Of Emission	방사시간
TOT	Time Of Transmission	전송시간
TOW	Time Of Week	주시간(GPS)

TR	Transmit Receive	송신 수신
TRN	Terrain Referenced Navigation	지형참조항법
TS	Tracking Station	탐지국
TSD	Traffic Situation Display	운항상황표시
TT&C	Telemetry, Tracking and Command	원격측정, 탐지 및 관제
TTA	Time To Alarm/Alert	경보시간
TTC	Telemetry, Tracking & Command/Control	원격측정, 탐지 및 통제
TVE	Total Vertical Error	전체 수직 오차
TWD	True Wind Direction	진풍향
TWS	True Wind Speed	진풍속
Tx	Transmitter	송신기

U

UA	Unmanned Aircraft	무인항공기
UAS	Unmanned Aircraft System	무인항공장치
UCAV	Unmanned Combat Air Vehicle	무인 공격기
UDF	UHF Direction Finding	UHF 방위탐지
UERE	User Equivalent Range Error	사용자 등가 거리오차
UGV	Unmanned Ground Vehicle	무인차량
UHF	Ultra High Frequency	극초단파
ULBC	Ultra Large Bulk Carrier	극초대형 벌크선
ULCC	Ultra Large Crude Carrier	극초대형 운반선
ULS	Up-Link Station	업링크국
UN	United Nations	유엔
UNCED	United Nations Conference on Environment and Development	유엔환경개발회의
UNCLOS	United Nations Convention on the Law Of the Sea	유엔해양법협약
URA	User Range Accuracy	사용자 거리 정확도
URE	User Range Error	사용자 거리 오차
US	United States	미국
	User Segment	사용자부문
USA	United States Army	미 육군
USAF	United States Air Force	미 공군
USC	United States Code	US 코드
USCG	United States Coast Guard	미연안경비대

USN	United States Navy	미 해군
USNO	United States Naval Observatory	미해군 천문대
UTC	Coordinated Universal Time	국제 표준 시간
UUV	Unmanned Underwater Vehicle	무인잠수정
UWD	Ultra-Wide Band	초광대역

V

VDF	VHF Direction Finder	VHF 방위 탐지기
VDL	VHF Digital Link	VHF 디지털 링크
VDOP	Vertical Dilution Of Position	수직 위치의 기하학적 배치 계수
VDR	Voyage Data Recorder	항해자료기록기
VFR	Visual Flight Rules	시계비행규칙
VGS	VHF Ground Station	VHF 지상국
	Visual Guidance System	시계유도시스템
VHF	Very High Frequency	초단파
VIN	Vehicle Identification Number	차량식별번호
VIPS	Vessel Identification and Positioning System	선박식별 및 위치시스템
VLF	Very Low Frequency	초저주파
VMS	Vessel Monitoring System	선박관제시스템
VNS	Vehicle Navigation System	차량항법시스템
VOR	VHF Omni-Directional Range	초단파 전방향 무선표지
VORTAC	VOR and TACAN Navigation	항법보조시설(VOR+TACAN)
VPL	Vertical Protection Level	수직보호수준
VPS	Vehicle Positioning System	차량위치시스템
VTM	Vessel Traffic Management	선박통항서비스
VTS	Vessel Traffic System	선박통항시스템

W

W-CDMA	Wideband Code Division Multiple Access	광대역 부호다중분할접속
W/V	Wind Velocity	풍속
WAAS	Wide area augmentation system	광역보정시스템(미국의 SBAS)
WADGPS	Wide-Area DGPS	광역 DGPS

WGS-84	World Geodetic System-1984	세계좌표체계
WIG	Wing-In-Ground craft	수중익선
WL	Water Line	흘수선
WMS	Wide Area Master Station	광역 통제국(WAAS)
WMU	World Maritime University	세계 해양대학
WPS	WiFi Positioning System	와이파이 위치시스템
WRS	Wide Area Reference Station	광역참조국(WAAS)
WSO	Weather Service Office	기상 업무소
WWNWS	World-Wide Navigational Warning Service	전세계 항행경보서비스
WWRNS	World-Wide Radionavigation System	전세계 무선항행시스템

Z

ZT	Zone Time	경도대표준시
ZTD	Zenith Tropospheric Delay	천정 대류권 지연

부록 3
선박설비기준
(전파 항해계기분야)

부록 3. 선박설비기준 (전파 항해계기 분야)

개정 2016. 9. 6. 해양수산부고시 제2016-121호

제1조(목적) 이 기준은 「선박안전법」 제26조에 따른 조타설비, 계선·양묘설비, 거주설비, 위생설비, 항해설비 및 하역설비 등 기타 작업설비, 「해사안전법」 제80조에 따른 등화 및 형상물의 기준과 「해사안전법」 제91조제3항에 따른 기적 · 호종 및 징의 기준 등에 관하여 필요한 사항을 규정함을 목적으로 한다. <개정 2007. 11. 2> <개정 2012. 11. 26> <개정 2014. 05. 28>

~ 생 략 ~

제93조(항해용해도 등)

① 연해구역 이상을 항해구역으로 하는 선박에는 항해하여야 할 해역 및 항만의 해도 기타 항해용간행물을 비치하여야 한다. 이 경우 항해용간행물은 「선박안전법 시행규칙」 제75조에 따라 최신의 것을 비치하여야 한다. 다만, 한정된 해역만 운항하는 선박에 대한 조석표는 해당 항만의 조석표만을 비치할 수 있다. <개정 2007. 11. 2, 2009. 04. 10, 2010. 08. 10>

② 국제항해에 종사하는 총톤수 500톤 이상의 여객선 및 총톤수 3,000톤 이상의 화물선에는 「선박안전법 시행규칙」 제75조제1항에 따른 전자해도(ECDIS : Electronic chart display and information system)를 설치하여야 한다. 이 경우 전자해도는 백업장치를 갖추어야 하며, 제1항에 따른 최신화된 해도를 백업장치로 활용할 수 있다. <신설 2010. 08. 10> <개정 2016. 4. 14>

③ 제1항에도 불구하고 제2항에 따른 선박이외의 선박은 해도에 대신하여 「선박안전법 시행규칙」 제75조제1항에 따른 전자해도(ECDIS)를 설치할 수 있다. 이 경우 전자해도(ECDIS)는 백업장치를 갖추어야 하며, 예비의 최신화된 해도를 백업장치로 활용할 수 있다. <개정 2008. 07. 18, 2010. 08. 10> <개정 2016. 4. 14>

④ 제2항의 규정에 의한 전자해도표시시스템은 다음 각 호의 요건에 적합한 것이어야 한다. <개정 2010. 08. 10>

1. 표시된 정보 또는 오작동에 대하여 적절히 경보를 발하거나 표시할 수 있을 것
2. 항해계획 및 항로감시를 하는 동안 화면상에 표시되는 시스템전자해도(SENC : System electronic Navigational Chart)는 기본화면, 표준화면 및 기타 필요한 정보를 표시하는 화면으로 구성될 것
3. 사용자가 한번의 조작을 통하여 표준화면을 표시할 수 있을 것
4. 화면에서 쉽게 정보를 추가하거나 수정할 수 있어야 하며, 기본화면내에 포함된 정보는 변경할 수 없는 것일 것
5. 사용자가 시스템전자해도가 제공하는 등심선을 이용하여 안전항해를 위한 수심을 선택할 수 있을 것
6. 최신화된 해도자료를 입력할 수 있는 장치가 구비되어 있을 것
7. 사용되는 전자해도(ENC : Electronoc Navigational Chart)는 변조가 불가능하여야 하며, 시스템전자해도는 선박의 예정항로에 적합한 것일 것
8. 최신화된 해도자료는 기존의 입력된 전자해도와 별개로 저장될 수 있을 것
9. 사용자가 화면을 통하여 최신화된 내용을 검토하고 최신화된 내용이 시스템전자해도에 포함되었는지를 확인할 수 있는 것일 것
10. 전자해도에 포함된 정보 또는 기타 항해정보를 화면상에 추가할 수 있을 것
11. 필요할 경우 레이더정보 또는 기타 항해정보를 화면상에 추가할 수 있는 것일 것
12. 화면표시는 항상 노스업(North-up)방향의 시스템전자해도에 표시할 수 있을 것
13. 화면표시모드는 실제 이동모드를 사용하는 것일 것
14. 시스템전자해도는 적절한 색상 및 기호를 사용하는 것일 것
15. 전자해도에서 지정한 축적으로 화면표시를 하는 경우 시스템전자해도의 정보는 지정된 크기의 기호, 숫자 및 문자를 사용하는 것일 것
16. 다음의 정보를 화면에 표시할 수 있어야 하며, 이 경우 항로감시를 위한 해도의 화면표시는 최소한 가로 270밀리미터, 세로 270밀리미터 이상일 것
    가. 항로계획 및 추가 항해업무 <개정 2007. 11. 2>
    나. 항로감시
17. 화면은 해양수산부장관이 적당하다고 인정하는 색상 및 해상도로 표시하는 것일 것 <개정 2008. 07. 18>
18. 화면에 표시되는 정보는 주간 또는 야간에 선교에서 통상적으로 사용하는 조명 및 일광하에서 1명 이상이 명확히 식별할 수 있을 것

19. 간단하고 신뢰성 있는 방법으로 항로계획 및 항로감시를 할 수 있을 것
20. 모든 경보 또는 선박이 안전한 수심범위를 지나치거나 금지구역에 진입할 경우의 표시를 위하여 지역에 대한 가장 큰 축척의 자료가 시스템전자해도에 사용될 것
21. 직선과 곡선의 항로계획을 할 수 있어야 하며, 항로상에서 변침점을 추가 또는 삭제, 변침점의 변경 또는 순서를 변경할 수 있을 것
22. 선박의 계획된 항로가 예정항로를 벗어나거나 금지구역의 경계 또는 특별한 항해조건이 부여된 지역에 진입할 경우 이를 표시할 수 있을 것 <개정 2007. 11. 2>
23. 선박이 금지구역의 경계 또는 특별한 항해조건이 부여된 지역에 진입할 경우 설정된 시간 내에 경보 및 표시를 할 수 있을 것 <개정 2007. 11. 2>
24. 설정된 항로 이탈범위를 초과하는 경우에는 경보를 발하는 것일 것
25. 설정된 시간 또는 거리범위 내에서 선박의 예정항로상에 지정한 특정지점에 도달할 것임을 알리는 경보를 발할 것
26. 1분과 120분 사이에 설정된 간격으로 수동 및 자동으로 선박의 항적을 따라 시간을 화면에 표시할 수 있을 것
27. 적절한 수의 지점, 자유이동가능한 전자방위선(Free Movable bearing lines), 가변 및 고정영역표시(Variable and fixed-range markers) 등 기타 항해에 필요한 다른 기호를 화면에 표시할 수 있을 것 <개정 2007. 11. 2>
28. 모든 위치의 지리적인 좌표입력 및 선택이 가능하여야 하며, 사용자의 필요에 따라 이를 화면에 표시할 수 있을 것
29. 전체 항해의 항적을 4시간 이하의 간격으로 표시하여 기록할 수 있어야 하며, 12시간동안의 항적을 저장할 수 있는 용량을 가져야 하며, 기록된 자료는 조작하거나 변경할 수 없을 것
30. 다음의 자료를 1분 간격으로 기록할 수 있을 것
    가. 시간, 위치, 방향 및 속도 등의 선박의 항적 기록
    나. 전자해도 제공처, 버전, 최신화이력 등 공식자료의 기록
31. 다른 장비와 연결할 경우 성능이 저하되지 아니할 것
32. 선박 내에서 주요기능을 자동 또는 수동으로 시험할 수 있어야 하며, 시험을 할 경우에는 고장부위에 대한 정보를 화면상에 표시할 수 있을 것
33. 비상전원으로 정상적인 기능을 유지할 수 있을 것
34. 기타 해양수산부장관이 필요하다고 인정하는 요건

〔전문개정 2004. 04. 1〕 <개정 2008. 07. 18>

⑤ 제1항에도 불구하고 연해구역 이상을 항해하는 선박은 해도(전자해도를 제외한다)를 제외한 조석표 등의 항해용간행물에 대하여 소프트웨어 또는 전자문서 등 전자적 방법의 항해용간행물을 비치할 수 있다. 다만, 전자적 방법의 항해용간행물은 상시 확인이 가능한 것이어야 하며, 이에 대한 적절한 백업장치를 갖추어야 한다. <신설 2009. 04. 10><개정 2010. 08. 10><개정 2012. 2. 21> <개정 2016. 4. 14>

⑥ 해양수산부장관이 발행한 항해용간행물을 가공·복제한 유사간행물은 제1항부터 제5항까지의 규정에 따른 정식 항해용간행물로 보지 아니한다. <신설 2016. 4. 14>

제94조(항해용레이더)

① 다음 각 호의 어느 하나에 해당하는 선박에는 9기가헤르쯔대의 항해용레이더 1대를 설비하여야 한다. 다만, 호소·하천 또는 항내만을 항해하는 선박 및 출발항에서 도착항까지(출발항에서 최종도착항까지의 사이에 가장 가까운 도착항이 있는 경우에는 각각의 항로의 출발항에서 도착항까지)의 거리가 5마일이내의 항로를 항해하는 선박으로서 당해 항로외에는 항해하지 아니하는 선박에 대하여는 그러하지 아니하다. <개정 2004. 04. 1, 2007. 11. 2><개정 2012. 2. 21>

1. 「해운법」에 따른 해상여객운송사업면허를 받은 선박 및 총톤수 30톤 이상의 여객선
2. 최대속력이 20노트 이상인 여객선
3. <삭 제>
4. 제1호 및 제2호외의 선박으로서 총톤수 100톤 이상의 선박 <개정 2010. 08. 10><개정 2012. 2. 21>
5. <삭제 2010. 08. 10>

② 제1항에도 불구하고 총톤수 3,000톤 이상의 선박에는 동시에 조작할 수 있고 독립된 형태의 3기가헤르쯔대 또는 9기가헤르쯔대의 항해용레이더 1대를 추가로 설비하여야 한다. <개정 2004. 04. 1> <개정 2016. 4. 14>

③ <삭제 2009. 04. 10>

④ <삭제 2009. 04. 10>

⑤ 2대 이상의 항해용레이더에 상호전환장치를 설치하는 경우에는 1대의 항해용레이더가 고장난 경우에도 다른 항해용레이더의 기능에 장애를 일으키지 아니하도록 하여야 한다. <개정 2004. 04. 1>

제95조(전자플로팅설비)

① 다음 각 호의 선박에는 충돌예방조치를 위하여 상대선박의 방위, 속력 및 최근접거리를 표시하는 설비[이하 "전자플로팅설비(EPA : Electronic Plotting Aids)"라 한다]를 하여야 한다.

1. 국제항해에 종사하는 여객선 및 국제항해 종사하지 아니하는 총톤수 150톤 이상 500톤 미만의 여객선
2. 여객선 이외의 선박으로서 총톤수 300톤 이상 500톤 미만의 선박 <개정 2010. 08. 10>
3. <삭제 2010. 08. 10>

② 제1항의 규정에 의한 전자플로팅설비는 다음 각 호의 요건에 적합한 것이어야 한다.

1. 레이더 화면상에 최소한 10개의 물표를 플로팅 할 수 있을 것
2. 3해리, 6해리 및 12해리의 축적범위(Range scale)로 물표를 플로팅 할 수 있어야 하며, 축적범위를 변환할 때에도 플로팅이 계속될 수 있을 것
3. 상대속도 75노트이하의 물표도 플로팅 할 수 있을 것
4. 사용자가 최근접점까지의 거리, 최근접점에 도달하는데 소요되는 시간 및 벡터시간을 조정할 수 있는 것일 것
5. 플로팅위치는 승인된 기호 및 관련 플로팅번호로 식별할 수 있는 것이어야 하며, 이 경우 플로팅번호는 화면상에서 삭제할 수 있을 것
6. 플로팅사이의 최소 경과시간은 30초 이상일 것
7. 두 번째 플로팅 후에는 벡터를 물표상에 표시할 수 있어야 하고, 진벡터(True vector) 또는 상대벡터(Relative vector)선택이 가능하여야 하며, 이 벡터모드를 분명하게 표시할 수 있을 것
8. 표시된 벡터는 계산된 실제 침로 및 속력에 의하여 정해진 비율 및 방향으로 화면을 가로질러 이동하는 것일 것
9. 플로팅위치의 수정이 가능할 것
10. 선택된 물표상에 다음의 내용을 필요에 따라 화면상에 표시할 수 있는 것으로서 선택된 플롯은 승인된 기호 및 플롯자료로 명확하게 식별할 수 있어야 하며, 레이더 화면상의 레이더 영역 바깥쪽에 이를 표시하는 것일 것
11. 기타 해양수산부장관이 필요하다고 인정하는 요건

〔전문개정 2004. 04. 1〕 <개정 2008. 07. 18>

제95조의2(자동추적장치)

① 총톤수 500톤 이상 10,000톤 미만의 선박에는 자동추적장치(ATA : Automatic Tracking Aids) 1대를 설치하여야 한다.

② 제1항의 규정에 의한 자동추적장치는 다음 각 호의 요건에 적합한 것이어야 한다.

1. 최소한 10개의 물표에 대한 정보를 자동으로 추적, 처리, 동시표시 및 연속적으로 최신화할 수 있는 것이어야 하며, 자동추적장치의 오작동이 레이더 화면상에 표시되는 내용에 영향을 미치지 않을 것
2. 최소한 3해리, 6해리 및 12해리의 축적범위로 사용할 수 있는 것이어야 하며, 사용중인 축적범위를 명확히 표시할 수 있을 것
3. 상대속도 100노트 이하의 물표에 대한 정보를 수동으로 얻고, 취소할 수 있을 것
4. 노스업 및 코스업(Course-up)상태로 방위가 안정된 상대운동표시상태로 사용가능할 것
5. 물표의 방향 및 속력정보는 물표의 예상되는 운동을 명확히 나타내는 벡터 또는 그래픽형식으로 화면에 표시되는 것일 것
6. 레이더 화면상에 나타난 물표의 확인을 방해하지 않는 것이어야 하며, 원하지 않은 자료는 3초 이내에 화면상에서 제거할 수 있을 것
7. 자동추적한 자료의 완전한 제거를 포함하여 자동추적 및 레이더 화면상의 자료의 밝기를 조절할 수 있을 것
8. 주야간 선교에서 통상 사용하는 조명하에서 화면상에 나타난 자동추적자료를 볼 수 있을 것
9. 화면상에 나타난 물표의 거리 및 방위를 신속히 확인할 수 있을 것
10. 물표의 운동방향을 1분 이내에 표시할 수 있어야 하며, 제4호 · 제15호 · 제16호 및 제18호의 규정에 의한 물표의 예상되는 움직임에 대한 정보를 3분 이내에 화면에 표시할 수 있을 것
11. 축적범위를 변경하거나 화면표시를 재조정한 후에는 전체의 플로팅정보가 하나의 스캔을 초과하지 않는 시간 내에 표시될 것
12. 자동추적하는 물표가 사용자가 설정한 범위에 근접하거나 횡단할 경우 가시가청경보를 이용하여 사용자에게 경고할 수 있어야 하며, 이 경우 경보를 발생시키는 물표를 적절한 기호로 명확히 표시할 수 있을 것
13. 자동추적하는 물표가 사용자가 설정한 안전 또는 시간영역내에 접근이 예상될 경우 가시가청경보를 이용하여 사용자에게 경고할 수 있어야 하며, 이 경우 경보를 발생시키

는 물표는 적절한 기호로 명확히 표시할 수 있을 것

14. 자동추적하고 있는 물표를 놓친 경우(물표가 범위를 벗어난 경우는 제외한다) 이를 명확하게 표시할 수 있어야 하며, 물표의 최종 추적위치를 화면상에 명확히 표시할 수 있을 것
15. 사용자가 가청경보를 작동하거나 중단할 수 있을 것
16. 사용자가 자료를 얻기 위하여 임의의 추적 물표를 선택할 수 있어야 하며, 선택된 물표를 화면상에 적절한 기호로 표시할 수 있을 것
17. 선택한 물표에 대한 다음 각 목의 정보를 레이더 화면 영역 밖에 신속하고 명확하게 표시할 수 있어야 하며, 이 경우 마목 및 바목의 정보에 대하여는 육상을 기준으로 한 것인지 또는 해상을 기준으로 한 것인지를 구분할 수 있을 것

    가. 물표의 현재 거리

    나. 물표의 현재 방위

    다. 최근접점에서 예상되는 물표의 거리

    라. 최근접점에 도달하는 시간

    마. 물표의 실제침로

    바. 물표의 실제속도
18. 여러개의 물표가 화면에 표시된 경우 각각 선택한 물표에 대하여 제16호 규정에 의한 정보를 2개 이상 화면에 표시할 수 있을 것
19. 다음 각 목의 정밀도를 유지할 수 있을 것

    가. 다음 표에 의한 각각의 시나리오에 대하여 동 표에서 정한 정밀도(95% 가정치)를 유지하면서 물표의 상대운동방향의 추적을 정적인 상태에서 1분 이내에 표시할 수 있을 것

자료 / 시나리오	상대침로 (도)	상대속도 (노트)	최근접점 (해리)
1	11	2.8	1.6
2	7	0.6	–
3	14	2.2	1.8
4	15	1.5	2
비고 가. 정적인 상태에서 자선 및 물표는 직선침로를 유지하고 속도는 일정할 것 나. 가정치는 신뢰도와 같음			

나. 다음 표에 의한 각각의 시나리오에 대하여 동 표에서 정한 정밀도(95% 가정치)를 유지하면서 물표의 상대운동방향의 추적을 정적인 상태에서 3분 이내에 표시할 수 있을 것

자료 / 시나리오	상대침로 (도)	상대속도 (노트)	최근접점 (해리)	최근접점에 이르는 시간(분)	진침로 (도)	실제속도 (노트)
1	3.0	0.8	0.5	1.0	7.4	1.2
2	2.3	0.3	–	–	2.8	0.8
3	4.4	0.9	0.7	1.0	3.3	1.0
4	4.6	0.8	0.7	1.0	2.6	1.2

다. 가목 및 나목의 표에 있어서 시나리오라 함은 다음 표에 의한 시나리오를 말한다.

구분	본선의 침로 (도)	본선의 속도 (노트)	물표의 거리 (해리)	물표의 방위 (도)	물표의 상대침로 (도)	물표의 상대속도 (노트)
1	000	10	8	000	180	20
2	000	10	1	000	090	100
3	000	5	8	045	225	20
4	000	25	8	045	225	20

20. 추적된 물표 또는 자선이 기동을 마친 경우 물표의 이동방향을 1분이내에 표시할 수 있어야 하며, 제4호・제15호・제16호 및 제18호의 규정에 의한 표시를 3분 이내에 할 수 있을 것. 이 경우 자선이 기동을 마친 경우라 함은 1분 동안 ±45도의 침로변경이 이루어진 것을 말한다.
21. 선박에 설치된 다른 장비와 연결할 경우 그 장비의 성능을 저하시키지 아니할 것
22. 오작동에 대한 경보를 제공할 수 있어야 하며, 오작동여부를 확인할 수 있는 장치가 구비되어 있을 것
23. 기타 해양수산부장관이 필요하다고 인정하는 요건

〔전문신설 2004. 04. 1〕 <개정 2008. 07. 18>

제96조(자동충돌예방보조장치)

① 총톤수 10,000톤 이상의 선박에는 자동충돌예방보조장치를 설치하여야 한다.

② 제1항의 규정에 의한 자동충돌예방보조장치는 다음 각 호의 요건에 적합한 것이어야 한다.

1. 연동하는 항해용레이더, 자이로컴퍼스 또는 선속거리계의 기능에 장애를 일으키지 아니하는 것일 것

2. 수동조작에 의하여 물표를 포착하는 것에 있어서는 10개 이상, 자동적으로 물표를 포착하는 것에 있어서는 20개 이상의 물표를 포착할 수 있고 포착된 물표를 자동적으로 추적할 수 있는 것일 것
3. 자동적으로 물표를 포착할 수 있는 것은 수동조작으로도 물표를 포착할 수 있는 것일 것
4. 연속하는 10회의 주사에서 5회 이상 표시되는 물표를 계속하여 추적할 수 있는 것일 것
5. 추적중의 물표를 다른 물표와 식별할 수 있는 방법에 의하여 표시할 수 있는 것일 것
6. 자동적으로 물표를 포착하는 것에 대하여는 포착하는 범위를 한정하고 당해 범위를 표시할 수 있는 것일 것
7. 물표를 포착한 후 1분 이내에 당해 물표의 개략의 예상이동범위를 벡터 또는 도형에 의하여 표시할 수 있는 것일 것
8. 물표를 포착한 후 3분 이내에 당해물표의 예상이동범위를 벡터 또는 도형에 의하여 표시하고 필요에 따라서 당해 물표에 관계되는 다음 각 목의 사항을 숫자 또는 문자로 표시할 수 있는 것일 것

   가. 진방위 · 진침로 및 진속력

   나. 최근접지점에 있어서의 거리

   다. 최근접지점에 이르는 시간

   라. 거리
9. 벡터에 의하여 물표의 예상이동범위를 표시하는 것에 있어서는 진벡터표시방법(당해 물표의 진침로 및 진속력에 의한 표시방법을 말한다. 이하 같다) 및 상대벡터표시방법(본선을 기준으로 하여 당해 물표의 상대침로 및 상대속력에 의한 표시방법을 말한다. 이하 같다)에 의하여 표시할 수 있고 사용 중의 표시방법을 표시할 수 있는 것일 것
10. 도형에 의하여 물표의 예상이동범위를 표시하는 것에 있어서는 진벡터표시방법 또는 상대벡터표시방법으로 표시할 수 있는 것일 것
11. 물표 이동의 예측에 사용되는 시간을 조절할 수 있는 것에 있어서는 당해 시간을 숫자로 표시할 수 있는 것일 것
12. 물표의 추적 및 예상이동범위의 정확도는 해양수산부장관이 적당하다고 인정하는 것일 것 <개정 2008. 07. 18>
13. 8분 이상 추적중의 물표에 대하여 4회 이상의 같은 시간마다 과거의 위치를 표시할 수 있는 것일 것
14. 포착한 물표의 추적을 해제할 수 있는 것일 것. 다만, 자동적으로 또는 범위를 한정하여

포착을 한 경우 당해 범위에 대하여는 그러하지 아니하다.

15. 추적중의 물표가 없어진 경우에 신속히 가시가청의 경보를 발하고 당해 물표가 없어진 위치를 다른 물표와 구별할 수 있는 방법으로 표시할 수 있는 것일 것
16. 표시면의 유효지름은 340밀리미터 이상일 것
17. 진방위 및 침로방위(본선의 진로 또는 선수방향을 기준으로 한 방위를 말한다)에 의하여 표시할 수 있는 것일 것
18. 12해리 또는 16해리의 거리레인지 및 3해리 또는 4해리의 거리레인지를 가지는 것일 것
19. 사용중인 거리레인지의 값을 보기 쉬운 장소에 표시할 수 있는 것일 것
20. 항해용레이더에 의하여 얻어진 정보를 손상시키지 아니하고 표시할 수 있는 것일 것
21. 자동충돌예방보조장치에 의한 정보(이하 "충돌예방정보"라 한다) 및 제20호의 규정에 의한 정보표시의 밝기는 각각 독립하여 조정할 수 있는 것일 것
22. 충돌예방정보표시의 밝기는 해양수산부장관이 적당하다고 인정하는 것일 것 <개정 2008. 07. 18>
23. 충돌예방정보의 표시는 필요에 따라서 소거할 수 있는 것일 것
24. 거리레인지, 표시방법 등의 전환 후 신속히 물표의 포착 및 추적을 할 수 있는 것일 것
25. 본선에 대한 물표의 접근을 경계하기 위하여 미리 접근 경계권을 설정할 수 있는 것으로서 당해 접근경계권에 물표가 진입한 경우 신속히 가시가청의 경보를 발하고 당해 물표를 다른 물표와 식별할 수 있는 방법에 의하여 표시할 수 있는 것일 것
26. 물표의 최근접지점에 있어서의 거리 및 최근접지점에 이르는 시간이 미리 설정 된 값 이내로 될 것으로 예측되는 경우 신속히 가시가청의 경보를 발하고 당해 물표를 다른 물표와 식별할 수 있는 방법에 의하여 표시할 수 있는 것일 것
27. 모의조선상태의 충돌예방정보를 통상의 표시와 명확히 구별할 수 있는 방법에 의하여 표시할 수 있는 것일 것. 다만, 물표의 포착 및 추적을 중단하여서는 아니된다.
28. 표시된 물표의 거리 및 방위를 신속히 측정할 수 있는 것일 것
29. 자동적으로 기능을 점검할 수 있는 것일 것
30. 연동하는 항해용레이더, 자이로컴퍼스 또는 선속거리계로부터 정보전달이 정지되는 경우 가시가청의 경보를 발하는 것일 것
31. 제15호 · 제25호 · 제26호 및 제30호의 규정에 의한 경보를 발하기 위한 장치는 다음 각 목의 요건(제30호의 요건에 의한 경보를 발하기 위한 것에 있어서는 가목의 요건)에

적합한 것일 것

가. 작동시험을 위한 회로를 설치한 것일 것

나. 가청경보를 일시적으로 정지할 수 있고 정지 중에 다른 경보를 발하는 것을 방해하지 아니하는 것일 것

32. 자동충돌예방보조장치 성능에 관한 국제협약 규정(국제해사기구 총회 결의서 823(19)) 및 이에 대한 개정규정에 적합한 것일 것 <개정 2010. 08. 10, 2014. 09. 11> <개정 2016. 4. 14>

제96조의2(자동추적장치 등 추가 설치) 제95조의2 및 제96조 제1항의 규정에 불구하고 총톤수 3,000톤 이상의 선박에는 자동추적장치 또는 이와 동등 이상의 자동추적장치 1대를 추가로 설치하여야 한다.

〔전문신설 2004. 04. 1〕

~ 생 략 ~

제101조(음향측심기)

① 다음 각 호의 선박에는 수심을 측정할 수 있는 음향측심기를 설치하여야 한다. 다만, 500톤 미만의 선박(국제항해에 종사하는 선박으로서 근해구역 이상을 항해구역으로 하는 선박을 제외한다)으로서 제108조의2에 따른 위성항법장치 및 항해하여야 할 해역등의 해도를 비치한 경우에는 그러하지 아니하다. <개정 2004. 04. 1, 2007. 11. 2, 2010. 08. 10>

1. 150톤 이상의 여객선.
2. 여객선 이외의 선박으로서 연해구역 이상을 항해구역으로 하는 총톤수 300톤 이상의 선박 <개정 2007. 11. 2>

② 제1항의 규정에 의한 음향측심기는 다음 각 호의 요건에 적합한 것이어야 한다. <개정 2004. 04. 1>

1. 송수파기는 가능한 한 선체 또는 프로펠러 등에 의하여 발생하는 수류의 영향을 받지 아니하는 위치에 이를 설치할 것
2. 통상의 음파의 전파상태에서 송수파기의 아래쪽 2미터에서 400미터까지의 수심을 측정할 수 있는 것일 것
3. 측정할 수 있는 최대의 수심에 대응하는 측심레인지 및 그 10분의 1 측심레인지를 가지

는 것일 것

4. 음파를 매분 12회 이상 발사할 수 있는 것일 것

5. 수심의 표시방법은 해양수산부장관이 적당하다고 인정하는 것일 것<개정 2008. 07. 18>

6. 측정할 수 있는 최대수심에 대응하는 측심레인지에서 15분간의 측심기록을 표시할 수 있는 것일 것

7. 선박이 5도 종요 또는 10도 횡요된 상태에서도 그 기능에 장애를 받지 아니하는 것일 것

8. 삭제<2016. 4. 14>

~ 생 략 ~

제108조의2(위성항법장치 등)

① 다음 각 호의 선박에는 본선의 위치를 측정할 수 있는 위성항법장치(보정위성항법장치의 보정수치가 선박위치 표시에 적용되는 것을 말한다. 이하 같다), 지상파 무선항해시스템 또는 이와 동등 이상의 장치를 설치하여야 한다. 다만, 당해 선박에 설치된 자동식별장치 등의 항해 장비 내부에 본선의 위치를 측정할 수 있는 위성항법장치가 설치된 경우에는 그러하지 아니하다. <단서신설 2007. 11. 2><개정 2009.08.21.>

1. 국제항해에 종사하는 선박

2. 국제항해에 종사하지 아니하는 선박으로서 다음 각 목의 선박

   가. 연해구역 이상을 항해구역으로 하는 총톤수 20톤 이상의 선박 <개정 2007. 11. 2>

   나. 평수구역을 항해구역으로 하는 총톤수 500톤 이상의 선박 <개정 2007. 11. 2>

3. <삭제 2010. 08. 10>

② 제1항의 규정에 의한 위성항법장치는 다음 각 호의 요건에 적합하여야 하며 지상파무선항해시스템 등은 해양수산부장관이 정한 요건에 적합하여야 한다. <개정 2008. 07. 18>

1. 2003. 7. 1전에 탑재되는 위성항법장치

   가. 다음의 장비를 포함하는 것일 것

      1) 신호를 수신할 수 있는 안테나

      2) 수신기 및 처리장치

      3) 계산된 위도 및 경도위치를 입출력할 수 있는 장치

      4) 자료제어 및 다른 장비에 연결할 수 있는 장치

      5) 위치를 표시할 수 있는 장치

나. 안테나는 위성과 연결이 확실히 될 수 있는 위치에 설치할 수 있는 구조일 것

다. 측위정도관리(SA)에 의하여 수정된 표준위치신호를 수신하고 처리할 수 있어야 하며, 세계측지계(WGS-84)의 좌표를 도, 분 및 1/1000분으로 된 위치정보 및 협정세계시(UTC)에 의한 시간을 제공할 수 있을 것

라. 세계측지계에 따라 계산된 위치정보를 사용한 해도의 자료와 일치하는 자료로 변환할 수 있는 장치가 있는 경우에는 화면상에 변환된 기준좌표를 표시할 수 있어야 하며, 위치를 나타낸 좌표시스템을 식별할 수 있을 것

마. L1(1575.42 MHz)신호 및 C/A(Coarse/Acquisition)코드로 작동할 수 있을 것

바. 위치정보를 다른 장비에 제공할 수 있도록 최소한 하나의 위치정보를 출력할 수 있을 것

사. 정적정밀도는 100미터이내에서 4이하의 또는 6이하의 3차원측위정도계수(PDOP)를 갖는 것일 것

아. 동적정밀도는 100미터이내에서 4이하의 2차원측위정도계수(HDOP) 또는 6이하의 3차원측위정도계수(PDOP)를 갖는 것일 것

자. 필요한 정밀도 및 최신화율로 선박의 위치를 결정하기 위하여 적절한 위성송신신호를 자동적으로 선택할 수 있을 것

차. 130데시벨미터(dBm)와 120데시벨미터 범위의 케리어 레벨(Carrier level)의 입력신호를 갖는 위성신호를 포착할 수 있어야 하며, 일단 위성신호를 포착하면 133데시벨미터의 위성신호로 연속적으로 원활하게 작동할 수 있을 것

카. 유효한 천측력자료가 없는 경우에는 30분 이내에 필요한 정밀도로 위치를 포착할 수 있을 것

타. 유효한 천측자료가 있는 경우에는 5분 이내에 필요한 정밀도로 위치를 포착할 수 있을 것

파. 위성신호가 최소한 24시간동안 중단된 경우에도 전력 손실없이 5분 이내에 필요한 정밀도로 위치를 포착할 수 있을 것

하. 60초간 전원이 차단된 경우에도 2분이내에 필요한 정밀도로 위치를 포착할 수 있을 것

거. 최소한 매 2초마다 새로운 위치를 표시할 수 있을 것

너. 위도 및 경도를 최소한 1/1000분으로 나타낼 수 있을 것

더. 보정위성항법장치(DGPS)신호를 처리하기 위한 장치가 있어야 하며, 보정수신장치

가 설치된 경우에 있어서 사목 및 아목의 규정에 의한 정적정밀도 및 동적정밀도는 10미터 이내일 것

러. 수신장비는 우발적인 회로의 차단, 안테나의 손상, 입출력 연결장치의 손상, 5분간의 위성신호 수신장치의 입출력 차단 등을 유발할 수 있는 항구적인 손상이 없도록 할 것

머. 다음 사항을 표시할 수 있는 수단이 구비되어 있을 것

1) 특정 2차원측위정도계수저하율이 초과된 경우 또는 새로운 위치가 2초 이상 계산되지 않은 경우 이를 5초 이내에 표시할 수 있는 수단

2) 위치상실경보

3) 보정위성항법장치 신호의 수신상태

4) 보정위성항법장치의 보정수치가 선박위치 표시에 적용되고 있는지 여부

버. 기타 해양수산부장관이 필요하다고 인정하는 요건 <개정 2008. 07. 18>

2. 2003. 7. 1이후에 탑재되는 위성항법장치

가. 최소한 매 1초마다 새로운 위치를 표시하고, 다른 장비에 위치정보를 제공할 수 있을 것

나. 대지침로, 대지속도 및 협정세계시 등의 정보를 다른 장비에 디지털로 제공할 수 있어야 하며, 대지침로 및 대지속도의 정밀도는 자이로콤파스 및 선속거리계의 정밀도 이상 일 것

다. 선박의 운항중 발생할 수 있는 전파의 간섭상태에서도 원활하게 작동할 수 있을 것

라. 다음 사항을 표시할 수 있는 수단이 구비되어 있을 것

1) 특정 2차원측위정도계수저하율이 초과된 경우 또는 새로운 위치가 1초 이상 계산되지 않은 경우 이를 5초 이내에 표시할 수 있는 수단

2) 위치상실경보

3) 보정위성항법장치 신호의 수신상태

4) 보정위성항법장치의 보정수치가 선박위치 표시에 적용되고 있는지 여부

5) 보정위성항법장치의 상태 및 경보

6) 보정위성항법장치의 통지문의 표시

마. 제1호 가목 내지 하목, 너목 내지 러목 및 버목의 요건

3. 2003. 7. 1전에 탑재되는 보정위성항법장치(최고속력이 50노트 미만인 선박에 탑재되는 것에 한함)는 다음 각 목의 요건에 적합하여야 한다.

가. 다음의 장비를 포함하는 것일 것 <개정 2009.08.21.>

1) 보정위성항법장치 신호를 수신할 수 있는 안테나

2) 보정위성항법장치 수신기 및 처리장치

3) 수신기 제어 및 출력된 정보를 다른 장비에 제공할 수 있는 장치

나. 지식경제부장관이 적당하다고 인정하는 주파수대역에서 사용할 수 있을 것 <개정 2009.08.21>

다. 자동 및 수동으로 주파수를 선택하는 장치를 갖추어야 하며, 자동모드에서 주파수의 변경사항을 사용자에게 알릴 수 있을 것

라. 자료를 수신한 후 100밀리초 이내에 자료를 사용할 수 있는 것일 것

마. 전격(電擊)상태에서도 45초간 신호를 수신할 수 있는 것일 것

바. 최소한 하나의 연속자료를 출력할 수 있을 것

사. 수평면에 대하여 전방향성을 갖는 안테나가 있을 것

아. 수신장비는 우발적인 회로의 차단, 안테나의 손상, 입출력연결장치의 손상 및 5분간의 해사무선표지수신장치의 입출력차단 등을 유발할 수 있는 항구적인 손상이 없을 것

자. 기타 해양수산부장관이 필요하다고 인정하는 요건 <개정 2008. 07. 18>

4. 2003. 7. 1이후에 탑재되는 보정위성항법장치(최고속력이 70노트 미만인 선박에 탑재되는 것에 한함)는 다음 각 목의 요건에 적합하여야 한다.

가. 전파발신국을 자동 및 수동으로 선택할 수 있는 장치가 있을 것

나. 선박의 운항 중 발생할 수 있는 전파의 간섭상태에서도 원활하게 작동할 수 있을 것

다. 제3호 가목 및 나목, 라목 내지 자목의 요건

〔전문신설 2004. 04. 1〕

~ 생 략 ~

제108조의5(자동식별장치)

① 다음 각 호의 선박에는 자동식별장치(AIS)를 설치하여야 한다.

1. 「해운법」에 따른 여객선<개정 2004. 10. 19, 2006. 6. 30>
2. 총톤수 150톤 이상 여객선. 다만, 호소・하천을 운항하는 선박과 「유선 및 도선사업법」에 따른 도선은 제외한다. <개정 2006. 6. 30>

3. 여객선 이외의 선박으로서 다음 각 목의 선박

가. 국제항해에 종사하는 총톤수 300톤 이상의 선박

나. 국제항해에 종사하지 아니하는 총톤수 500톤 이상의 선박

다. 연해구역 이상을 항해하는 총톤수 50톤 이상의 선박. 단, 부선은 제외한다. <개정 2004. 10. 19, 2007. 11. 2, 2010. 08. 10>

4. <삭제 2010. 08. 10>

② 제1항에 따라 선박에 자동식별장치를 설치할 경우에는 다음 각 호의 요건에 따라야 한다. <개정 2010. 08. 10>

1. 적절한 장비를 갖춘 육상기지국, 타선박 및 항공기에 선박의 제원, 종류, 위치, 침로 및 다른 안전관련 정보를 포함한 정보를 자동으로 제공할 수 있을 것
2. 유사설비를 갖춘 선박으로부터 제1호의 규정에 의한 정보를 자동으로 수신할 수 있을 것
3. 선박을 감시 및 추적할 수 있을 것
4. 육상기지국과 정보를 교환할 수 있을 것
5. 다른 선박의 접근을 경계하기 위하여 미리 접근 경계권을 설정할 수 있으며 접근 경계권 내에 선박이 진입한 경우 가시가청경보를 이용하여 사용자에게 경고할 수 있을 것 <개정 2008. 07. 18, 2010. 08. 10>
6. 「해상업무용 무선설비의 기술기준」(국립전파연구원 고시) 제22조에 따른 자동식별장치의 성능요건에 적합한 것일 것. 다만, 설치 대상 선박 중 국제항해에 종사하는 선박은 종별(class) A 자동식별장치를 설치하여야 하며, 국제항해에 종사하지 아니하는 선박은 종별(class) A 또는 B 자동식별장치를 설치하여야 한다. <신설 2010. 08. 10, 개정 2014. 09. 11>

〔전문신설 2004. 04. 1〕

~ 생 략 ~

제108조의7(항해자료기록장치)

① 국제항해에 종사하는 선박으로서 다음 각 호의 어느 하나에 해당하는 선박에는 운항중의 각종 자료를 실시간으로 기록하기 위한 항해자료기록장치를 설치하여야 한다. <개정 2007. 11. 2, 2009. 04. 10, 2010. 08. 10>

1. 여객선
2. 여객선 이외의 선박으로서 총톤수 3,000톤 이상의 선박

② 제1항의 규정에 의한 항해자료기록장치는 다음 각 호의 요건에 적합한 것이어야 한다.

1. 항해자료기록장치는 선박 내에 설치된 각종 장비의 상태, 출력, 선박의 지휘통제를 위하여 사전 선택한 자료들을 순차적으로 계속 기록 유지할 수 있어야 하며, 재생 및 분석을 위하여 다음 각 목의 항목들이 날짜와 시간에 확실하게 상호연관이 될 수 있는 방법으로 기록될 것 <개정 2010. 08. 10>
   가. 날짜 및 시간
   나. 선박의 위치
   다. 선박의 대수속력 및 대지속력
   라. 선박의 침로
   마. 선교에서 발생하는 대화내용
   바. 선박운항과 관련하여 초단파대를 사용한 통신내용
   사. 설치가 요구되는 모든 레이더에 표시되는 자료 <개정 2014. 05. 28>
   아. 음향측심자료
   자. 선교에 표시되는 경보사항
   차. 타의 상태 및 선수방위 또는 침로 컨트롤러(Heading or track controller)가 설치된 경우 그 장치의 상태 <개정 2014. 05. 28>
   카. 주기관의 상태 및 바우스러스터(Bow thruster)가 설치된 경우 그 상태
   타. 선교에서 표시가 의무화된 모든 상태 정보를 포함한 선체의 개구 상태
   파. 선교에서 표시가 의무화된 모든 상태 정보를 포함한 수밀문 및 방화문의 상태
   하. 선체응력 및 응답 감시장치가 설치된 선박의 경우 사전에 선택된 모든 자료
   거. 풍속 및 풍향(풍속 및 풍향을 측정할 수 있는 센서가 설치된 선박에 한한다)
   너. 전자해도(ECDIS)가 설치된 선박의 경우 전자해도가 사용되는 동안에 표시되는 자료 <신설 2014. 05. 28>
   더. 자동식별장치(AIS)가 설치된 선박의 경우 자동식별장치에 표시되는 모든 자료 <신설 2014. 05. 28>
   러. 전자식 경사계(Electronic inclinometer)가 설치된 선박의 경우 횡운동 자료(전자해도가 설치된 선박의 경우 전자식 경사계는 전자해도에 연결될 것) <신설 2014. 05. 28>
   머. 항해자료기록장치 및 이에 연결된 감지장치의 형상(Configuration)상태를 정의하는

최신화된 데이터 블록(Data block) 자료 <신설 2014. 05. 28>

버. 전자항해일지가 설치된 선박의 경우 기록되는 자료 <신설 2014. 05. 28>

2. 최종 기록장치는 다음 각 목의 요건에 적합한 고정식(Fixed) 기록장치, 자유부양식(Float-free) 기록장치, 장기저장(Long-term) 기록장치로 구성될 것 <개정 2014. 05. 28>

가. 고정식 기록장치는 다음의 요건에 적합한 고정된 보호용기 내에 설치될 것

1) 사고 후에 접속할 수 있어야 하며, 물리적 또는 전자적으로 조작된 변화와 기록된 자료의 삭제로부터 안전할 것

2) 기록이 최종 종료된 날부터 최소 2년 동안 기록된 자료를 보존할 수 있을 것

3) 화재, 충격, 침투 및 심해 수압의 영향에서 최대한 보호되어야 하며, 사고 후에도 최종 저장된 자료를 최대한 복구 가능할 것

4) 눈에 잘 띄는 색상이어야 하며, 역반사 재질일 것

5) 수중에서 위치를 추적할 수 있는 적절한 장치가 부착되어 있을 것

나. 자유부양식 기록장치는 다음의 요건에 적합한 자유부양식 보호용기 내에 설치될 것

1) 장치를 운반하거나 회수하는 것을 용이하도록 하는 수단을 갖출 것

2) 기록이 최종 종료된 날부터 최소 6개월 동안 기록된 자료를 보존할 수 있을 것

3) 국제해상인명안전협약에서 정한 자유부양식 위성 비상위치지시용무선표지(EPIRB)에 대한 성능표준에 적합하여야 하고, 회수하는 동안 손상의 위험을 최소화 할 수 있는 구조일 것

4) 초기위치신호를 발신하여야 하며, 7일(168시간) 이상의 기간 동안에 추가위치 수신신호(Homing signal)를 최소 48시간 동안 발신할 수 있을 것

5) 제2호가목 1)의 요건

다. 장기저장 기록장치는 선박 내의 쉽게 접근할 수 있는 장소로부터 접속할 수 있어야 하고, 저장하고 있는 자료에 접속이 가능하여야 하며, 물리적 또는 전자적으로 조작된 변화와 기록된 자료의 삭제로부터 보호될 것

라. <삭제 2014. 05. 28>

3. 기록되는 자료의 상태를 점검할 수 있어야 하며, 수정할 수 없는 오류가 발생하였을 경우 경보를 발하는 것일 것

4. 선박의 비상전원으로 작동될 수 있어야 하며, 비상전원이 손실된 경우에도 예비전원으로 선교의 음성을 2시간 동안 계속 기록할 수 있을 것

5. 기록이 중단된 후에도 장기저장 기록장치는 최소 30일(720시간) 동안, 고정식 및 자유

부양식 기록장치는 최소 48시간 동안 저장된 모든 자료를 유지할 수 있어야 하며, 이 기간이 지나면 기존 자료는 새로운 자료로 대체될(Overwrite) 수 있을 것 <개정 2014. 05. 28>

6. 정상적인 상태에서 자동으로 작동되어야 하며, 사고 후에 기록된 자료가 적절히 저장되고 기록의 중단이 최소화 될 수 있을 것
7. 필요한 센서와 적절히 연결될 수 있어야 하며, 항해정보기록장치의 오류로 인하여 다른 장비의 기능저하가 없는 것일 것
8. 외부 컴퓨터로 사용자가 설정한 기간 동안 기록된 자료를 다운로드 및 재생 할 수 있는 인터페이스 수단이 있는 것이어야 하며, 인터페이스 수단은 이더넷(Ethernet), USB, 파이어와이어(Firewire) 등 국제적으로 승인된 형식의 것일 것 <신설 2010. 08. 10> <개정 2014. 05. 28>
9. 외부컴퓨터에서 자료를 재생하기 위하여 자료 재생 소프트웨어의 복사본이 다음 각 목과 같이 제공될 것 <신설 2010. 08. 10>
   가. 이동식 저장장치(CD-ROM, DVD, USB 등)에 제공되어야 하고 상업용 컴퓨터에서 구동될 것
   나. 가목의 이동식저장장치는 VDR주장치 내부에 저장될 것. 외부 상업용 컴퓨터와 연결하기 위한 지침서와 필수부속품을 갖출 것
   다. VDR에서 표준이 아닌 형식의 자료가 저장된다면, 자료 형식 변환 소프트웨어가 VDR 내의 데이터 또는 이동식저장장치로 제공될 것
10. 언제든지 성능을 시험할 수 있는 기능이 포함될 것. 이러한 시험은 재생장치를 사용하여 시행되어야 하며, 필요한 모든 자료들이 올바르게 저장되는지 확인할 수 있을 것 <신설 2014. 05. 28>
11. 장기기록장치 인터페이스에 대한 위치정보 및 제9호에 따른 장비들의 인터페이스 수단에 대한 지침은 최소한 영어로 제공되어야 하며, 장비문서(Equipment documentation)는 정보 및 설명서를 장기기록장치 인터페이스에 가능한 가깝고 눈에 뛰기 쉬운 위치에 배치하도록 이에 대한 지침을 포함할 것 <신설 2014. 05. 28>
12. 그 밖의 해양수산부장관이 필요하다고 인정하는 요건 <개정 2008. 07. 18, 2010. 08. 10, 2014. 05. 28>

［전문신설 2004. 04. 1］

③ 제2항의 규정에 불구하고 제1항제2호의 규정에 의한 선박으로서 2002년 7월 1일 전에 건

조된 총톤수 3,000톤 이상의 선박은 다음 각 호의 규정에 적합한 간이항해자료기록장치를 설치할 수 있다.

1. 제2항제1호 가목 내지 사목, 제2항제6호 내지 제8호의 요건
2. 제2항제1호 아목 내지 거목의 정보는 사용되는 포맷과 일치하는 유효한 정보일 경우에만 기록할 수 있는 것일 것
3. 제2항제1호 사목에 따른 자료의 기록이 불가능하다면 자동식별장치의 정보를 기록할 수 있을 것 <개정 2010. 08. 10>
4. 최종기록장치는 다음 각 목의 요건에 적합한 것으로서 고정되어 있거나 자유부양식 보호용기 내에 설치될 것 <개정 2010. 08. 10>
   가. 사고 후 자료를 입수할 수 있어야 하며, 자료를 변조할 수 없을 것
   나. 기록된 자료는 기록이 종료된 시점에서 적어도 2년 이상 보존할 수 있는 것일 것
   다. 눈에 잘 띄는 색상이어야 하며, 역반사재가 부착되어 있을 것
   라. 위치추적을 도와주는 적절한 장치가 부착되어 있을 것
5. 자유부양식 보호용기일 경우, 다음 각 목의 요건에 적합할 것 <신설 2010. 08. 10> <개정 2014. 05. 28>
   가. 회수를 용이하게 하기 위한 설비를 갖출 것
   나. 회수 작업 동안 손상을 최소화 할 수 있을 것 <개정 2014. 05. 28>
   다. 초기위치신호를 발신하여야 하며, 7일(168시간) 이상의 기간 동안에 추가위치 수신신호를 최소 48시간 동안 발신할 수 있을 것 <개정 2014. 05. 28>

④ 「해운법」에 따른 해상여객운송사업면허를 받은 선박으로서 국내항해에 종사하는 총톤수 300톤 이상의 여객선에는 제3항에 따른 간이항해자료기록장치를 설치하여야 한다. <신설 2014. 09. 11>

제108조의8(레이더반사기)

① 다음 각 호의 선박에는 레이더반사기를 선박의 갑판실 상부 등에 견고히 설치하여야 한다. 다만, 하천, 호소를 항해구역으로 하는 선박과 야간(일몰 30분 후부터 일출 30분 전까지를 말한다) 항해를 하지 아니하는 선박을 제외한다.

1. 총톤수 20톤 미만의 강제 및 알루미늄합금제 선박
2. 총톤수 30톤 미만의 합성수지제 선박 및 목제 선박

② 레이더반사기는 다음 각 호의 요건에 적합하여야 한다.

1. 수평방향에 대한 레이더 단면적은 다음 각 목의 요건에 적합할 것
   가. 최대 레이더 단면적이 10제곱미터 이상 일 것
   나. 레이더 단면적이 2.5제곱미터 이상 인 각의 합계가 수평방향 360도 중 240도 이상 일 것
   다. 레이더 단면적이 2.5제곱미터 이하인 부분의 각이 수평방향의 어느 방향에 대하여도 연속하여 10도를 초과하지 아니할 것
2. 수직방향에 대한 레이더 단면적은 수평방향으로부터 ±15도까지의 경사상태에서 0.625제곱미터 이상인 레이더 단면적의 각의 합계가 수평방향 360도 중 240도 이상 일 것

③ 레이더반사기의 설치높이는 다음 각 호의 어느 하나에 적합한 높이에 설치하여야 한다.

1. 총톤수 20톤 미만의 선박은 해수면으로부터 1미터 이상
2. 총톤수 20톤 이상의 선박은 갑판실 상부 등 설치 가능한 높이

〔전문신설 2004. 04. 1〕 <전문개정 2007. 8. 24>

~ 생 략 ~

부칙 〈2004. 04. 1〉

제3조(위성항법장치에 대한 경과조치) 제108조의2의 규정에 의한 위성항법장치에 관한 규정의 적용에 있어서 현존선에 대하여는 이 기준 시행일이후 처음 도래하는 검사시부터 적용한다. 다만, 국제항해에 종사하지 아니하는 현존선으로서 위성항법장치(제108조의2 제2항의 성능요건에 부적합하여도 된다)를 설치한 경우에는 그러하지 아니하다.<개정 2009. 8.21>

제4조(선박자동식별장치에 대한 경과조치) 제108조의5 규정에 의한 선박자동식별장치에 관한 규정의 적용에 있어서 현존선에 대하여는 다음 각 호의 규정에 의한 날짜까지 선박자동식별장치를 설치하여야 한다. 다만, 선박자동식별장치를 설치하여야 하는 날짜로부터 2년 이내에 선박을 폐선할 경우에는 그러하지 아니하다.

1. 국제항해에 종사하는 선박
   가. 여객선 및 탱커 이외의 총톤수 50,000톤 이상 선박은 2004년 7월 1일까지
   나. 여객선 및 탱커 이외의 총톤수 300톤 이상 50,000톤 미만의 선박은 2004년 7월 1일 이후 처음 도래하는 안전설비 검사일 또는 2004년 12월 31일중 빠른 일시
   다. 총톤수 300톤 미만의 예선, 유조선 및 위험물을 운송하는 선박 <신설 2007. 4. 6>

2. 국제항해에 종사하지 아니하는 선박

가. 제108조의5제1항제3호 다목에 해당하는 선박

(1) 3,000톤 이상은 2004.12.31.까지

(2) 500톤 이상 3,000톤 미만은 2006.7.1.까지

(3) 150톤 이상 500톤 미만은 2007.7.1까지

나. 제108조의5제1항제1호 및 제2호의 규정에 의한 여객선 : 2005.12.31까지<개정 2004. 10. 19>

다. 가목 및 나목 이외의 선박 2008.7.1까지. 다만, 선박길이 45미터 이상 어선은 2008. 7. 1 이후 최초로 도래하는 정기적인 검사(정기 또는 중간검사)일 까지<개정 2004. 10. 19> <개정 2008. 10. 8>

제5조(항해자료기록장치에 대한 경과조치) 제108조의7 규정에 의한 항해자료기록장치에 관한 규정의 적용에 있어서 현존선중 2002년 7월 1일전에 건조되었거나 이미 건조에 착수한 로로여객선에 대하여는 2002년 7월 1일 이후 처음 도래하는 검사시까지, 로로여객선 이외의 여객선에 대하여는 2004년 1월 1일까지 항해자료기록장치를 설치하여야 한다. 다만, 2002년 7월 1일 이전에 건조된 로로여객선 이외의 여객선으로서 본선의 현존설비에 항해자료기록장치를 접속시키는 것이 불가능 한 경우에는 설치를 면제할 수 있다.

부칙 〈2004. 10. 19〉

제4조(레이더반사기에 대한 경과조치) 제108조의8의 규정에 의한 레이더반사기에 관한 규정의 적용에 있어서 현존선에 대하여는 2009. 7. 1이후 도래하는 첫 번째 정기적 검사시부터 적용한다. <개정 2008. 10. 8>

부칙 〈2005. 6. 17〉

제4조(항해자료기록장치 설치에 대한 경과조치) 제2조의 규정에 불구하고 제108조의7제3항의 규정은 당해 선박의 규모에 따라 다음 각 호의 규정에 의한 시기까지 항해자료기록장치 또는 간이항해자료기록장치를 설치하여야 한다. 다만, 다음 각 호에서 정한 시기로부터 2년이내에 선박을 폐선하는 경우에는 그러하지 아니하다.

1. 총톤수 20,000톤 이상 의 여객선 이외의 선박은 2006년 7월 1일 이후 처음 도래하는 정기

또는 제1종 중간검사시까지 설치하되 2009년 1월 1일 이전까지는 설치하여야 한다.

2. 총톤수 3,000톤 이상 20,000 미만의 여객선 이외의 선박은 2007년 7월 1일 이후 처음 도래하는 정기 또는 제1종중간검사시까지 설치하되 2010년 1월 1일 이전까지는 설치하여야 한다.

제5조(레이더반사기 설치에 관한 경과조치) 제108조의8의 개정규정은 2005년 7월 1일 이후 건조된 선박에 적용한다.

부칙 〈2009. 8. 21.〉

② (위성항법장치에 대한 경과조치) 2004년 4월 21일 이후 건조되었거나 건조에 착수한 선박으로서 이 기준 시행 전까지 국제항해에 종사하지 아니한 선박에 대하여는 제108조의2제1항의 개정 규정에도 불구하고 종전의 규정에 적합한 것으로 본다. 다만, 상기 선박이 이 기준 시행 후 국제항해에 종사하는 경우에는 제 108조의2 제1항의 개정규정을 적용한다.

부칙 〈2010. 8. 10〉

제7조(전자해도 설치에 관한 적용례) 제93조의 개정규정에 따른 전자해도는 다음 각 호에 해당하는 선박 또는 각 호에서 정한 시기까지 선박에 설치하여야 한다. 다만, 다음 각 호에서 정한 시기로부터 2년 이내에 선박을 폐선하는 경우에는 그러지 아니하다.

1. 2012년 7월 1일 이후 건조되는 총톤수 500톤 이상의 여객선
2. 2012년 7월 1일 이후 건조되는 총톤수 3000톤 이상의 탱커선
3. 2013년 7월 1일 이후 건조되는 탱커선 이외의 총톤수 10000톤 이상의 화물선
4. 2014년 7월 1일 이후 건조되는 탱커선 이외의 총톤수 3000톤 이상 10000톤 이하의 화물선
5. 2012년 7월 1일 전에 건조된 총톤수 500톤 이상의 여객선은 2014년 7월 1일 이후 도래하는 첫 번째 정기적 검사 전까지 설치
6. 2012년 7월 1일 전에 건조된 총톤수 3000톤 이상의 탱커선은 2015년 7월 1일 이후 도래하는 첫 번째 정기적 검사 전까지 설치
7. 2013년 7월 1일 전에 건조된 탱커선 이외의 총톤수 50,000톤 이상의 화물선은 2016년 7월 1일 이후 도래하는 첫 번째 정기적 검사 전까지 설치
8. 2013년 7월 1일 전에 건조된 탱커선 이외의 총톤수 20,000톤 이상 50,000톤 이하의 화물선

은 2017년 7월 1일 이후 도래하는 첫 번째 정기적 검사 전까지 설치

9. 2013년 7월 1일 전에 건조된 탱커선 이외의 총톤수 10,000톤 이상 20,000톤 이하의 화물선은 2018년 7월 1일 이후 도래하는 첫 번째 정기적 검사 전까지 설치

제9조(자동식별장치 설치대상 선박에 관한 적용례) 제108조의5 개정규정에 따라 자동식별장치를 설치하여야 하는 예선, 유조선 및 위험물운반선을 제외한 선박에 대해서는 다음 각 호의 기준에 따른 날부터 적용한다.

1. 시행일 이후 건조되는 선박: 건조 검사일
2. 총톤수 100톤 이상 500톤 미만의 선박: 2011년 1월 1일 이후 도래하는 첫 번째 정기적 검사일
3. 총톤수 50톤 이상 100톤 미만 선박: 2012년 1월 1일 이후 도래하는 첫 번째 정기적 검사일

부칙 〈2012. 2. 21〉

제2조(항해용레이더 설치에 대한 경과조치) 이 기준 시행일 전에 건조되었거나 이미 건조에 착수한 선박(이하 "현존선"이라 한다)의 항해용레이더 설치에 관한 제94조의 개정규정은 다음 각 호에서 정한 날부터 적용한다.

1. 총톤수 300톤 이상 500톤 미만의 선박 : 2012년 7월 1일 이후 처음으로 도래하는 정기적 검사일
2. 총톤수 100톤 이상 300톤 미만의 선박 : 2013년 1월 1일 이후 처음으로 도래하는 정기적 검사일

부칙 〈2014. 05. 28〉

제3조(항해자료기록장치에 대한 적용례) 제108조의7제2항의 개정규정은 2014년 7월 1일 이후에 새로이 설치되거나, 교체되는 항해자료기록장치부터 적용한다.

부칙 〈2014. 09. 11〉

제3조(항해자료기록장치에 대한 적용례 및 경과조치) ① 현존선에 대하여 제108조의7의 개정규정은 연해구역 이상을 항해구역으로 하는 총톤수 500톤 이상의 여객선에 적용한다.

② 제1항에 따른 여객선에 대하여는 2015년 7월 1일 이후 처음으로 도래하는 정기검사 또는 중간검사 시부터 적용한다.

부록 4
항해당직의 이해

부록 4. 항해당직의 이해

1. 개 요

함정의 상태는 크게 정박상태와 항해상태로 구분된다. 정박의 사전적인 의미는 닻 정(碇) + 머무를 박(泊)의 합성어이다. 즉, 닻을 이용해서 머무르는 상태를 보이는 것을 말하며, 일반적으로 부두에 계류되어 있거나, 닻을 내려 투묘해있는 상태를 말한다. 반면에 항해상태는 사전적인 의미로 배 항(航) + 바다 해(海)의 합성어로 배가 바다에 나가는 상태를 말한다. 즉, 배가 이동중인 상태를 의미하는 것이다.

당직의 개념은 결과적으로 이러한 함정의 상태에 연유하며, 함정의 당직은 정박당직과 항해당직으로 구분된다. 항해당직은 함정이 출항하여 항해 중에 이루어지는 당직을 의미한다. 항해 중 발생하는 상황은 언제나 동일한 경우가 없으므로 당직자는 항상 상황을 정확히 인식하고 판단할 수 있는 충분한 경계심과 지식을 갖추어야 한다.

2. 항해 당직체계

항해 당직체계는 기본 당직체계를 준수해야 하나, 함정의 특성에 맞도록 적절하게 조정할 수 있다. 당직체계는 함장이 책임지며, 각종 상황에 신속하고 적절히 대처할 수 있도록 구성되어야 한다. 당직조직을 편성할 시에는 당직자 전원이 자기의 직능, 업무, 책임 결정권 및 조직 상호간 관계를 명확히 이해할 수 있도록 해야 한다.

항해당직은 원칙적으로 1일 3직제로 편성하나, 함의 전비태세 유지 정도에 따라 함장은 당직 직수를 적의 조정할 권한을 가진다. 예를 들어 기본 1일 3직제를 운영하다가 북한의 도발 징후가 증가되는 등 다수의 인원이 당직임무를 수행함으로써 함의 전비태세를 증강시킬 필요가 있을 경우 2직제로 적의 조정할 수 있는 것이다.

〈표 1〉 1일 3직제 개념

구 분	당 직 시 간	용 어
1직	0000 ~ 0400시	Mid Watch
	1200 ~ 1600시	Afternoon Watch
2직	0400 ~ 0800시	Morning Watch
	1600 ~ 2000시	(16~18) First Dog Watch (18~20) Second Dog Watch
3직	0800 ~ 1200시	Forenoon Watch
	2000 ~ 2400시	Evening Watch

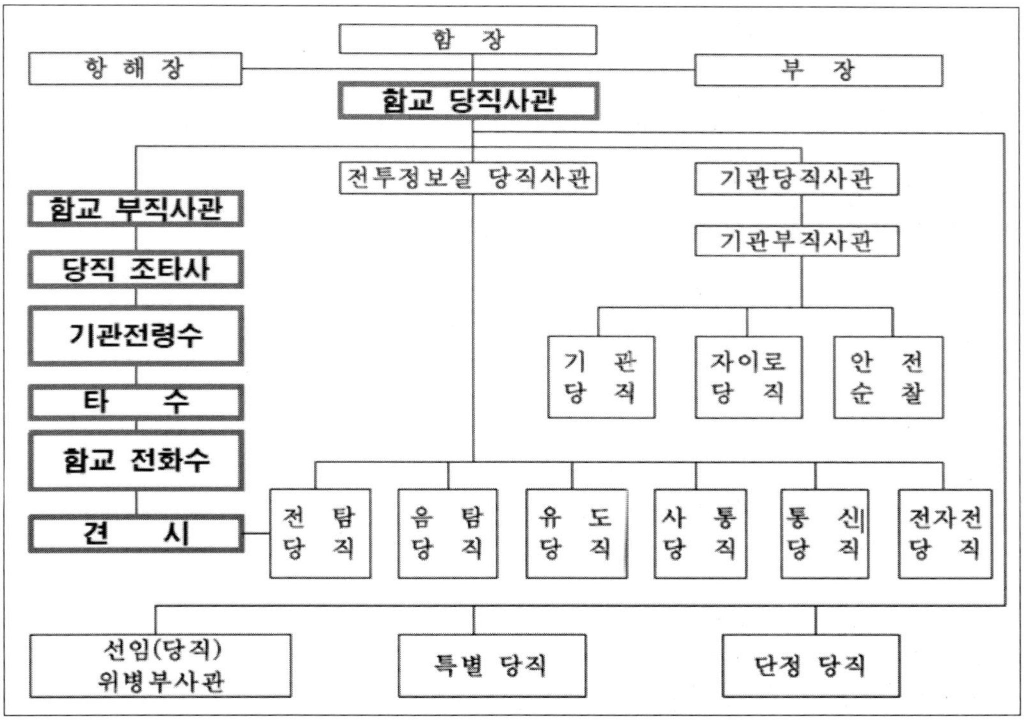

〈그림 1〉 함정 기본당직 편성(수상함)

3. 주요 당직자 임무 및 책임

㉮ 함교 당직

당직 직책	임무 및 책임
 함교 당직사관	– 함장이 임명한 자로서 함의 전반에 대하여 책임지는 당직 장교로써 함의 안전운항과 적절한 장비 운용에 대한 책임을 가짐 – 함교 당직사관은 항해에 필요한 현행 제반 법규 및 규칙을 숙지하고 준수해야 하며, 함장 및 항해장의 지시사항을 수행해야 함
 함교 부직사관	– 항해에 대한 오랜 경험을 보유한 인원으로서 함교 당직사관의 보좌관의 역할을 수행 – 함교 당직사관 임무를 수행한다는 자세로 함교 당직사관을 보좌해야 하며, 함교 당직사관이 지시한 사항을 수행해야 함
 당직 조타사	항해에 관련되는 사항에 대하여 함교 당직사관을 보좌 * 기적 취명, 기류 게양, 탐조등 작동 등
 타　수	교육훈련 책임관(작전관)이 자격을 부여한 자(하사 또는 병)로서 함교 당직사관이 지시한 침로를 유지

당직 직책	임 무
 함교 전화수	함교-전투정보실/필요개소 간 음력전화기를 사용하여 제반보고 및 당직사관의 명령을 전달
 견 시	다른 선박, 항공기, 육지, 암초, 장망경, 부표, 신호소, 등대, 부유물, 냄새, 소리 등 함교 당직사관의 관심이 되는 모든 것을 발견하여 함교 당직사관에게 신속하게 보고 예) "우현 견시보고! 상선 1척, 방위 030도, 거리 8000(yds), 방위끌림 조금씩 오른편"
 기관 전령수	함교 당직사관의 기관 명령을 전달하고 결과를 보고 * 당직인원에 여유가 없을 경우 타수와 교호로 당직을 운용할 수 있음

㉯ 전투정보실 당직

당직 직책	임무 및 책임
전투정보실 당직사관	작전관을 대리하여 전투정보실 운영을 감독하며, 다음사항을 확인 1. 대함, 대공 레이더 및 ES 운용하여 접촉된 표적에 대해 함교 보고 2. 기점사의 기점을 통해 종합 기점판, 상황판에 정확한 표적정보 유지 3. 무선전화와 함내 전화 요원을 배치하고, 입수된 작전정보를 검토/평가 4. 모든 탐지 장비의 상태를 함교에 보고, 함장의 허가 없이 정지금지
전탐 당직	– 각 장비 성능을 극대화, 대함/대공 및 ES 접촉 탐지/보고 – 종합 기점판, 상황판에 정확한 정보 기점/유지 – 모든 레이더 상태를 전투정보실 당직사관에게 보고 – 당직임무 또는 전투정보실 운용에 관련된 현행 작전계획, 작전예규, 전술교리, 작전지시 및 규정 등을 숙지
사통 당직	– 당직포 운영에 따른 사통장비 운용 – 긴급상황 발생 시 사통장비를 신속히 가동
유도 당직	– 유도 조종실에 위치, 상황 발생시 지시의거 유도탄 운용
음탐 당직	– 함교 당직사관 지시 의거 음탐 탐색 및 청음을 실시 – 접촉되는 모든 신호에 대해 함교 및 전투정보실에 보고/식별
통신 당직	– 무선통신 절차에 따라 각종 전문을 송/수신 임무수행에 지장이 있는 장비고장 또는 통신보안의 위반 사항 등은 즉시 함교 당직사관에게 보고

㉰ 기관실 당직

당직 직책	임무 및 책임
기관실 당직사관	– 주/보기를 안전하고 적절하게 운전하며, 예하 당직자를 감독/지휘 – 함교 당직사관으로부터 받은 제 명령신호가 신속하고 적절하게 집행되고 있는가를 확인
기관 부직사관	– 기관 당직사관을 보좌하고, 제반 주/보기 작동상태를 확인 – 특이사항 발생시 선조치 후 기관 당직사관에게 보고
자이로 당직	– 자격 있는 전기사로서 자이로 고장시 즉시 기관 당직사관 및 기관장에게 보고
후부 타기실 당직	– 함교 당직사관 지시 의거 후부 타기실에 위치, 비상 조타상황 대비

㉣ 기타 당직

당직 직책	임무 및 책임
선임 위병부사관	함 일과 진행, 항해 중 안전, 군풍기 확립 및 함내 청결유지에 대해 함교 당직사관을 보좌하며, 당직위병 부사관을 통제
당직위병 부사관	선임 위병부사관을 보좌하며, 부사관 및 병을 감독

4. 당직사관이 갖추어야 할 자질

당직사관 근무를 위해서는 항해에 필요한 제반지식을 겸비하고 경험을 토대로 함교 당직사관의 자격기준에 맞는 자질을 갖추어야 한다. 당직사관이 갖추어야 할 자질은 준비심, 경계심, 상식, 용모와 태도, 전문지식 이다.

㉮ 준비심

준비심은 앞으로 일어나게 될 상황을 미리 예측하고, 각종 상황 발생 시 조치사항을 숙지하는 것을 의미한다. 항해 중에는 예측되지 못하는 다양한 상황이 발생할 수 있다. 갑자기 안개가 짙게 끼어서 저시정에서 항해를 하게 되는 경우도 발생할 수 있으며, 파도가 높아져서 황천항해를 할 경우도 발생한다. 또한 갑자기 타기계통에 고장이 발생하여 비상조타를 운용할 수도 있다. 이러한 다양한 상황 발생시 조치해야 하는 사항에 대해 충분히 숙지를 하고, 상황이 발생할 경우에 이를 슬기롭게 해결하기 위해 준비심을 갖추어야 한다.

㉯ 경계심

경계심은 모든 현상을 주의 깊게 관찰하고 이를 통해 사고를 미연에 방지하기 위해 필요하다. 항해 중 주변에 접촉되는 표적은 다양하게 존재한다. 당직사관은 항해 중 주변 접촉물들의 기동양상을 충분히 파악하고, 위협이 되는 표적에 대해 적극적인 회피기동을 실시해야 한다. 만약 어떤 표적이 접근하면서 방위 끌림이 없다면, 이는 충돌침로로 접근중인 것임을 인지하고 위험상황을 극복하기 위한 기동을 지시해야 한다.

㉰ **상 식**

상식이란 직면하는 여러 상황에 대해 합리적이고 적절하게 조치를 취해야 한다는 것을 의미한다. 예를 들어 음탐기를 통해 표적을 접촉하였는데 견시나 R/D 등 시각으로 식별이 되지 않는 상황의 경우 수상 표적이 아니라 대잠 표적일 수 있음을 인지하고 이에 대한 조취를 취해야 한다는 것이다. 또한 적 경비정이 평소와 다른 행동양상을 보인다거나 다수의 적 잠수함이 미식별되는 상황 같은 경우에는 적의 도발 징후가 농후하다는 점을 인지하여 비록 휴일이라고 하더라도 함장에게 건의하여 보다 강한 경계태세를 유지할 수 있도록 조치를 해야 한다.

㉱ **용모와 태도**

용모와 태도는 통솔력을 갖추기 위한 기본 조건이라 할 수 있다. 당직사관의 단정하고 위엄 있는 용모는 장교로써의 권위를 유지시키며, 예하 당직자들에게 적절한 긴장감을 갖도록 하는데 도움을 준다. 만약 새벽에 당직을 서야하는 상황에서 당직사관이 늦게 일어나 면도도 하지 않고 머리가 부스스한 상태로 당직근무를 서게 된다면 당직사관으로써의 권위가 떨어지게 되며, 당직자들 또한 긴장을 풀게하는 원인을 제공할 수 있다.

㉲ **전문지식**

전문지식은 직무에 대한 폭넓은 지식을 의미한다. 항해중 위험 접촉물을 식별하고 이를 효과적으로 피하기 위해서는 함정 타기의 특성, 선회경 등 기동특성을 정확히 숙지하고 있어야 한다. 또한 입항시 함의 안전을 보장하기 위해서는, 함정의 전/후진시 선회특성 등을 숙지해야 한다. 또한 갑자기 갑판요원이 갑판에서 미끄러져 바다에 빠졌을 경우에 인명구조 절차 등을 정확히 알고 있는 것은 익수인원 구조에 필수적이라 할 수 있다.

5. 당직교대 준비사항

㉮ **항해에 관한 사항**

① 주위에 있는 다른 선박
② 현재의 수심, 조류, 조석
③ 기상상태 및 기상의 예측
④ 현재 및 예정된 침로/속력

⑤ 레이더, 소나, 통신기 등 전자 장비의 상태

⑥ 함장의 현재 위치

㉯ 기동에 관한 사항

① 작전 명령의 확인

② 현재의 진형, 자함 위치 및 진형 내 각 함정의 상대위치

③ 전술지휘관과 향도(Guide)의 위치

④ 진형 내 속력과 침로

⑤ 통신망 관련 사항

㉰ 함정 자체에 관한 사항

① 당직교대 상태

② 현재의 기관상태 및 가능한 최고속력

③ 당직반의 능력

④ 현재의 기재태세[38](X,Y,Z)

⑤ 항해 중 계획된 주요 사항

⑥ 기타 필요사항(함장 주/야간 지시록, 이전 당직자의 기록물 등)

6. 당직교대 절차

기본적으로 함정에서 당직교대 시, 후번 당직자는 구령 및 신호 의거 당직교대 15분 전까지 근무위치에 도착해야 한다.[39] 함교당직사관의 경우 항해 중 함장의 권한을 위임받아 함정을 지휘하는 인원으로 조함권 인계인수 절차를 명확히 알아야 한다. 항해 당직사관은 함장에게 함 행동을 집행하는 조함권과 감독권을 위임받기 때문이다.

함교 당직사관 교대 시 전번 당직사관은 함정의 현 위치, 항해상 위험물 여부, 차기 함정에 계획된 임무, 현재 기관의 상태, 장비 운용 상태, 예하 당직근무 상태 등을 인계할 준비를 해야 하

38 함정에서 전투 및 손상 시 최고도의 공격력과 방어력을 유지하기 위한 준비태세로써 여러상황 대비 개폐등급을 정한 것(X:위험이 없는 항구 정박시(모항), Y:출항시, 안전하지 않은 항구 정박시, Z:출입항전, 전시에 명령의거 설정, 전투배치, 화재/충돌시 자동설정)

39 당직교대를 위한 정보사항 확인은 전투정보실에서 15분전 이전에 이루어지며, 교대 15분전까지는 함교에 위치하여 교대준비를 해야 한다.

며, 후번 당직사관은 사전에 파악한 내용을 바탕으로 미숙지된 분야를 전번 당직사관으로부터 완전히 확인한 후 조함권[40]을 인수해야 한다.

당직교대 요령은 다음과 같다. 우선 함장님이 함교에 계신 상황에서 전번 당직사관이 "전번 당직사관 (계급) (성명) 은/는 당직사관 근무를 인계하겠습니다."라고 함장님께 인계보고를 한다. 이후 후번 당직사관이 "후번 당직사관 (계급) (성명) 은/는 당직사관 근무를 인수하였습니다."라고 함장님께 인수보고를 한다. 인수를 마친 당직사관은 함교, 전투정보실 등 당직개소에 "지금부터 후번당직사관(계급/성명 또는 직책)이 조함한다."라고 조함권 인수를 통보한다. 당직사관의 교대를 인지한 각 당직개소에서는 순차적으로 당직사관에게 당직개소의 상황을 보고하게 된다.

당직교대 시 유의해야 할 사항이 다음과 같다.

① 교대 중 견시 임무를 소홀히 하지 않도록 해야 한다.

② 전번 당직사관이 함 기동, 함장에게 중요사항 보고 등 기타 사유로 교대가 제한될 경우 후번 당직사관은 전번 당직사관이 일처리를 완료한 후 교대를 해야 한다. 당직시간이 되었다고 해도 시급히 처리할 사항을 완료한 후에 교대를 해야 하는 것이다.

③ 전번 당직사관이 지시된 함 위치를 과도하게 이탈한 상황이나 위험한 곳에 본함을 위치시켰을 때에는 당직교대를 거부할 수 있다. 즉, 전번 당직사관은 함정의 안전과 관련하여 후번 당직사관이 부담을 갖지 않도록 인계전에 적절한 조치를 취하여야 한다.

④ 야간 교대 시에는 당직자의 시각이 당시의 명암조건에 충분히 조정되지 아니한 경우 당직을 인수하여서는 안 되며, 시간을 갖고 시력조정이 완료 된 후 확인사항이 정확히 판단된 다음 인수하여야 한다.

---

40 조함권은 함정의 이동(항해)를 실제로 통제하는 기능으로 함정의 운용(과업집행) 기능과 구분된다. 함장은 조함권 인계인수 절차 없이 언제든지 조함권을 행사할 수 있으며, 함장은 부장을 포함하여 항해 당직사관에게 조함권을 위임할 수 있다. 그러나 함장이 조함권을 위임하였다고 해서 함 안전에 대한 법적 책임에 있어 자유로울 수는 없다.

부록 5
선박의 등화와 형상물, 기류신호

부록 5. 선박의 등화와 형상물, 기류신호

▌등화와 형상물▐

등화와 형상물은 모든 날씨에 적용된다. 선박은 해지는 시각부터 해뜨는 시각까지 법정등화를 표시하여야하며, 이 시간 동안에는 법정등화외의 등화를 표시하면 아니 된다. 또한 선박은 낮 동안에는 법에서 정하는 형상물을 반드시 표시하여야 한다.【해사안전법 제78조 등화와 형상물】

1 선박의 등화

구 분	형 상	내 용
마스트등	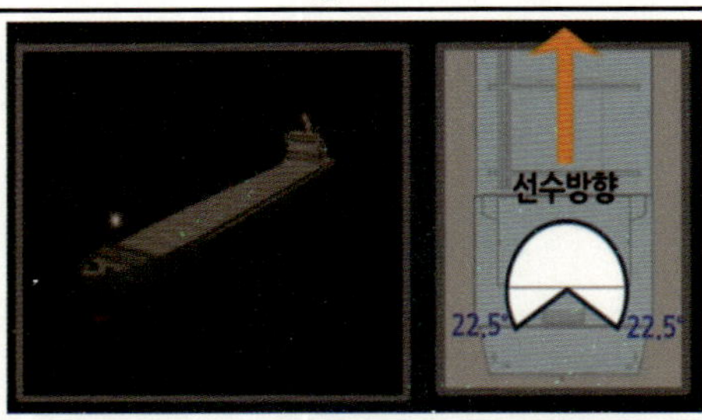	선박의 중심선상에 설치되어 225도에 걸치는 수평의 호를 비추되, 그 불빛이 **정선수 방향으로부터 양쪽 현의 정횡으로 부터 뒤쪽 22.5도**까지 비출 수 있는 흰색등
현 등	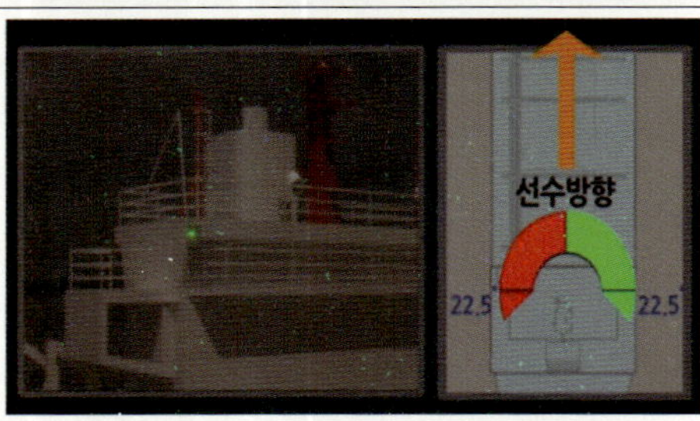	**정선수 방향에서 양쪽 현으로 각각 112.5도**에 걸치는 수평의 호를 비추는 등화로서 좌현은 붉은색, 우현은 녹색의 등화를 설치
선미등	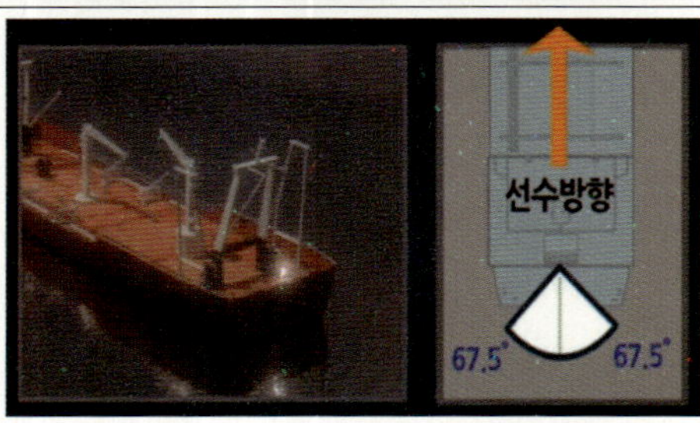	135도에 걸치는 수평의 호를 비추는 흰색등으로 **정선미 방향으로부터 양쪽 현의 67.5도까지** 비출 수 있도록 선미부분에 설치된 등

<table>
<tr><th>구 분</th><th>형 상</th><th>내 용</th></tr>
<tr><td>예선등</td><td>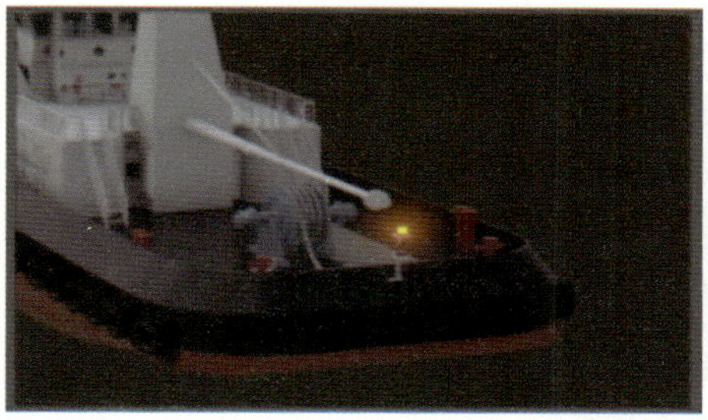</td><td>선미등과 같은 특성을 가진 황색등</td></tr>
<tr><td>전주등</td><td>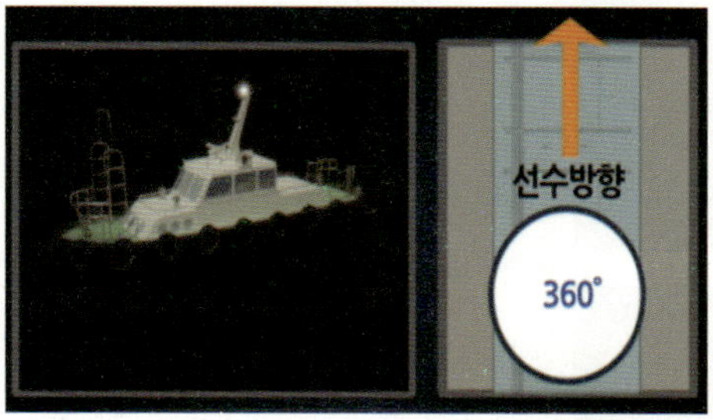
</td><td>360도에 걸치는 수평의 호를 비추는 등화</td></tr>
<tr><td>섬광등</td><td>
</td><td>360도에 걸치는 수평의 호를 비추는 등화로서 일정한 간격으로 1분에 120회 이상 섬광을 발하는 등</td></tr>
</table>

2 선박의 형상물

둥근꼴 형상물	마름모꼴 형상물	원뿔꼴 형상물	원통형 형상물	장고형 형상물
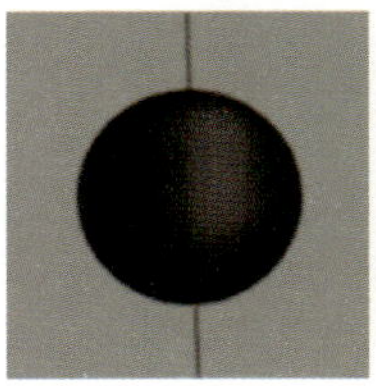	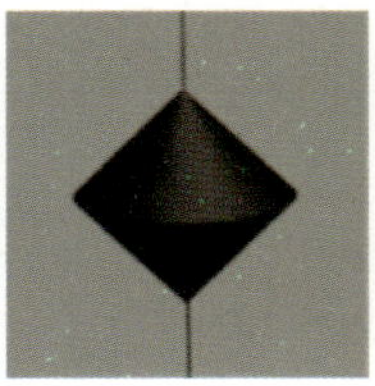			

※ 선박의 형상물은 선박의 규모와 용도에 따라 해사안전법에 명시된 형상물을 표시하여야 함

3 상황에 따른 등화 및 형상물

<table>
<tr><th colspan="2">구 분</th><th>형 상</th><th>내 용</th></tr>
<tr><td rowspan="5">항행중인 동력선</td><td>50m 이상</td><td>
</td><td>앞쪽에 마스트등 1개와 그 마스트등보다 뒤쪽의 높은 위치에 마스트등 1개, 현등 1쌍, 선미등 1개를 표시</td></tr>
<tr><td>50m 미만</td><td></td><td>마스트 등 1개는 생략이 가능</td></tr>
<tr><td>20m 미만</td><td></td><td>현등을 대신하여 양색등을 표시할 수 있음</td></tr>
<tr><td>12m 미만</td><td>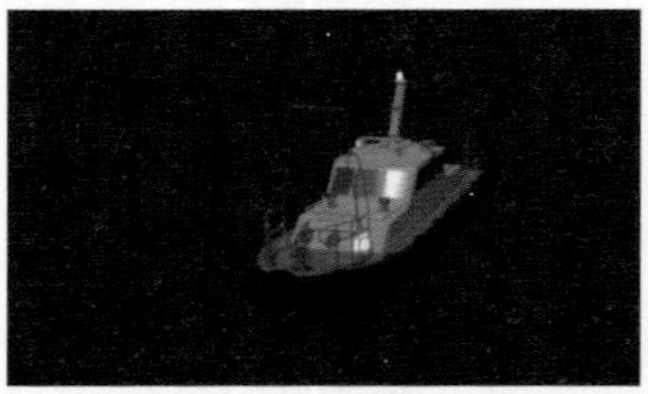</td><td>항행중인 동력선 등화를 대신하여 흰색 전주등 1개와 현등 1쌍만을 표시할 수 있음
이 때, 마스트등 또는 전주등이 선박의 중심선상에 표시가 불가능한 경우 중심선에서 벗어난 위치에 표시 가능</td></tr>
<tr><td>7m 미만</td><td>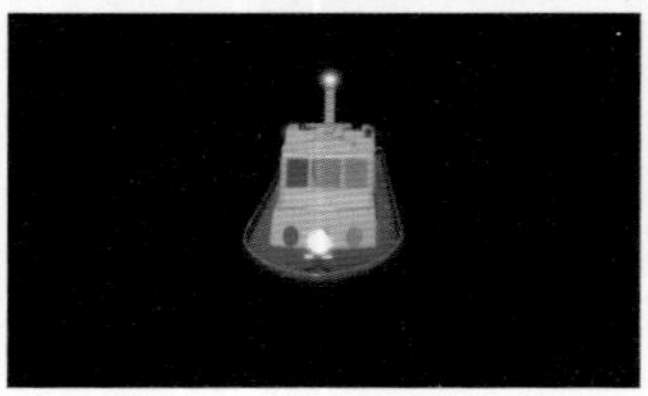</td><td>흰색 전주등 1개만 표시 가능하며,
가능한 경우 현등 1쌍도 표시하여야 함</td></tr>
</table>

<table>
<tr><th colspan="2">구 분</th><th>형 상</th><th>내 용</th></tr>
<tr><td rowspan="6">항행중인 예인선</td><td rowspan="4">등 화</td><td></td><td rowspan="3">항행중인 동력선은 수직선 위에 마스트등 2개, 현등 1쌍, 선미등 1개, 선미등의 위쪽에 수직선 위로 예선등 1개 표시
단, 50m 이상의 동력선은 전부에 마스트등 1개를 추가, 총 3개 표시</td></tr>
<tr><td>
</td></tr>
<tr><td>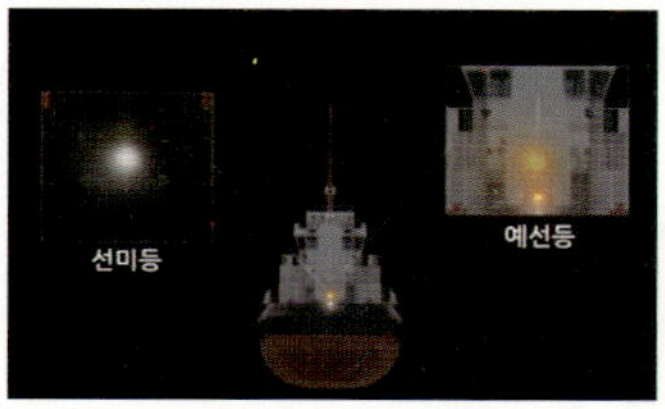
</td></tr>
<tr><td>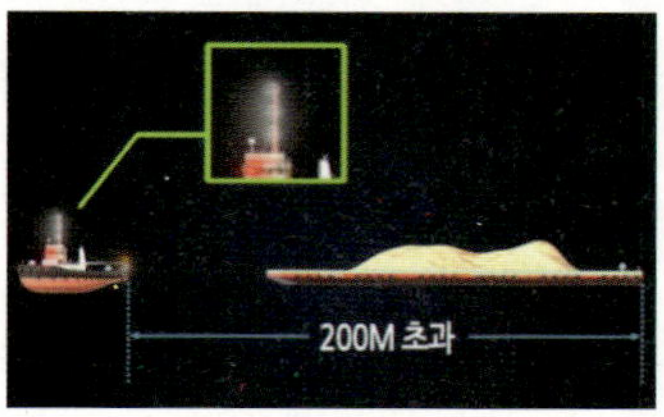
</td><td>예인선열의 길이가 200m 초과시 같은 수직선 위에 마스트등 1개 추가, 총 3개 표시</td></tr>
<tr><td rowspan="2">형상물</td><td></td><td rowspan="2">예인선의 주간 형상물은 예인선열의 길이가 200m를 초과할 경우에만 설치</td></tr>
<tr><td>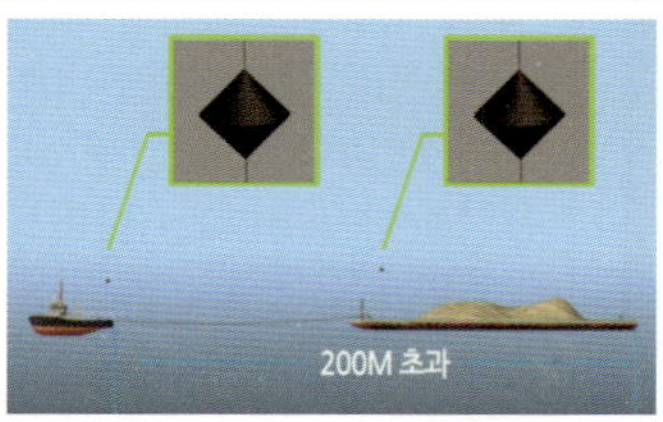
</td></tr>
</table>

<table>
<tr><th colspan="2">구 분</th><th>형 상</th><th>내 용</th></tr>
<tr><td rowspan="2">항행중인 예인선</td><td rowspan="2">형상물</td><td>
예인선열 길이 100m 초과시</td><td>선박이나 물체의 뒤쪽 끝 또는 그 부근에 마름모꼴의 형상물 1개 표시</td></tr>
<tr><td>

예인선열 길이 200m 초과시</td><td>가장 잘 볼 수 있는 앞쪽 끝 부분에 마름모꼴의 형상물 1개를 함께 표시</td></tr>
<tr><td rowspan="2">어선</td><td rowspan="2">등화</td><td>

트롤망 종사
50m 미만 어로에 종사중인 선박</td><td>수직선 위쪽에는 녹색, 그 아래쪽에는 흰색 전주등을 표시하고 녹색 전주등보다 뒤쪽의 높은 위치에 마스트등 1개를 표시하며, 어선이 대수속력이 있는 경우 규정등화와 함께 현등 1쌍, 선미등 1개를 표시함
다만, 어로에 종사하는 50m 미만의 선박은 마스트등을 표시하지 않을 수 있음</td></tr>
<tr><td>
트롤망 종사 / 쌍끌이</td><td>쌍끌이의 경우 외끌이에 해당하는 등화 외에 야간에는 한쌍을 이룬 다른 선박의 진행방향을 비추는 탐조등 1개를 표시</td></tr>
</table>

구분		형 상	내 용
어선	등화	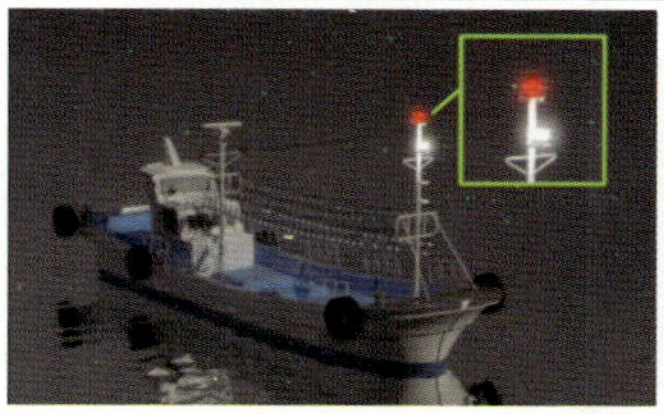 트롤망 이외의 어로에 종사하는 선박	트롤망 어회 이외의 어로에 종사하는 선박은 수직선 위쪽에는 붉은색, 아래쪽에는 흰색의 전주등을 표시
		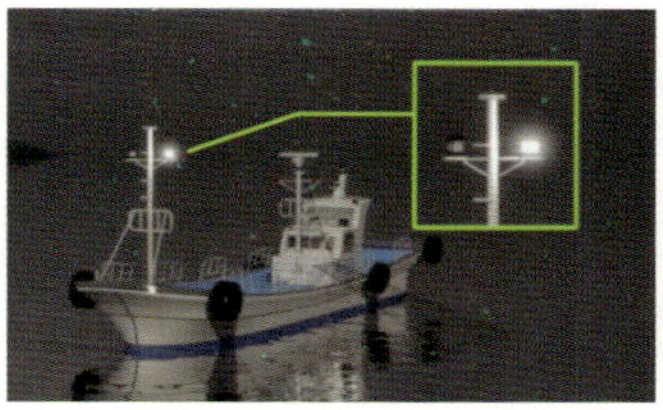 150m 이상 어구	수평거리로 150m가 넘는 어구를 선박 밖으로 내고 있는 경우, 어구를 내고 있는 방향으로 흰색 전주등 1개 표시
		 대수속력이 있는 경우	대수속력이 있는 경우 규정등화와 함께 현등 1쌍, 선미등 1개를 표시
		  선망어선이 어구에 의해 조정성능 제약받을 시	수직선상에 1초마다 번갈아 섬광을 발하며, 꺼지고 켜지는 시간이 동일한 황색등 2개를 표시

구분		형 상	내 용
조종불능선	등화		가장 잘 보이는 곳에 수직으로 붉은색 전주등 2개 표시
	형상물	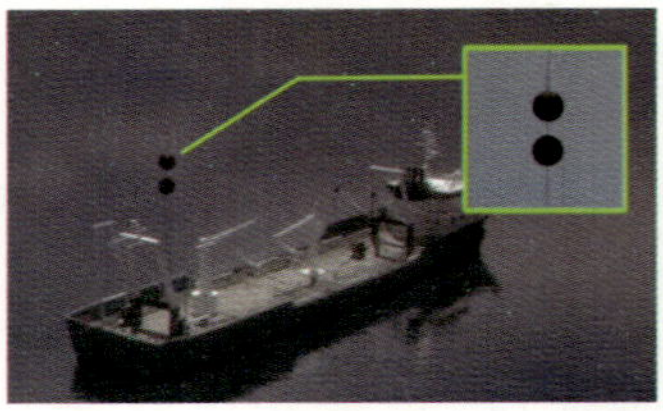	가장 잘 보이는 곳에 수직으로 둥근꼴이나 그와 비슷한 형상물 2개 표시
조종제한선	등화	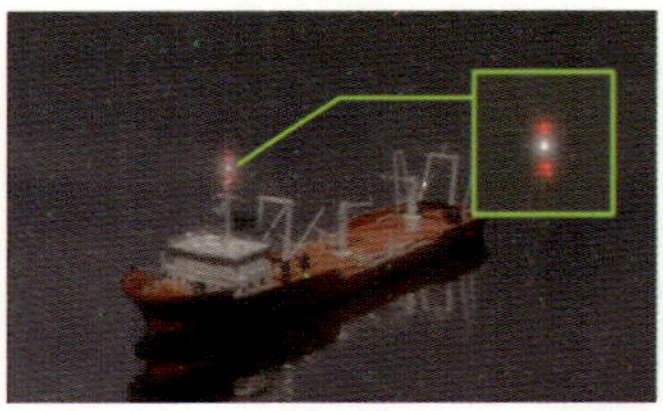	기뢰제거작업에 종사하고 있는 선박을 제외한 조종제한선은 가장 잘보이는 곳에 수직으로 위쪽과 아래쪽에는 붉은색 전주등, 가운데에는 흰색 전주등 각 1개를 표시 대수속력 있을 시 규정등화와 함께 마스트등 1개, 현등 1쌍 및 선미등 1개를 표시
	형상물	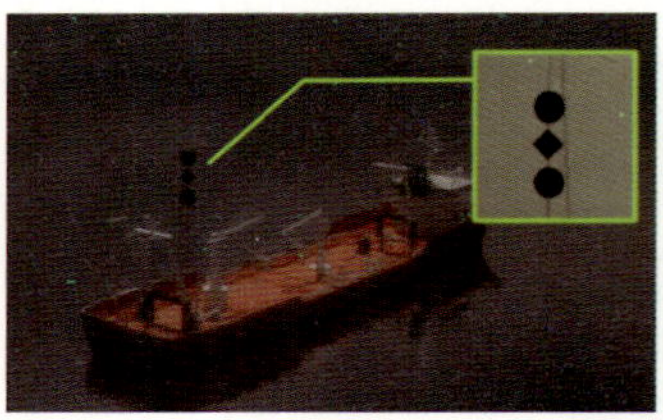	가장 잘 보이는 곳에 수직으로 위쪽과 아래쪽에는 둥근꼴, 가운데에는 마름모꼴의 형상물 각 1개씩을 표시
	등화	 제한받는 예인작업에 종사시	동력선이 진로로부터 이탈능력을 매우 제한받는 예인작업에 종사하고 있는 경우 앞쪽에 표시하는 마스트등을 대신하여 같은 수직선 위에 마스트등 2개, 현등 1쌍, 선미등 1개, 선미등 위쪽에 수직선 위로 예인선 등 1개, 가장 잘보이는 곳에 수직으로 위쪽과 아래쪽에는 붉은색 전주등, 가운데에는 흰색 전주등 각 1개를 표시

구분		형상	내용
조종제한선	등화	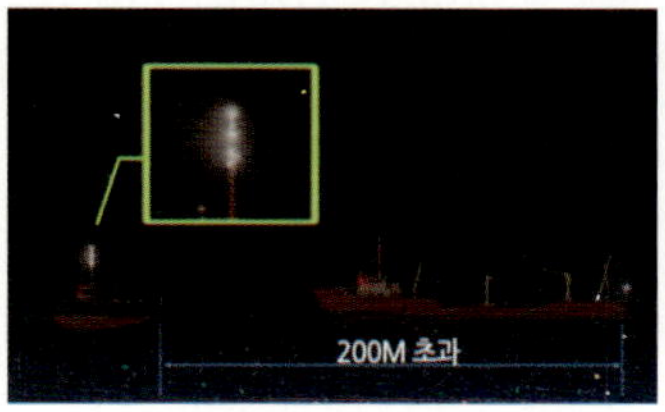 예인선열의 길이 200m 초과시	수직선 위에 마스트등 3개를 표시
	형상물	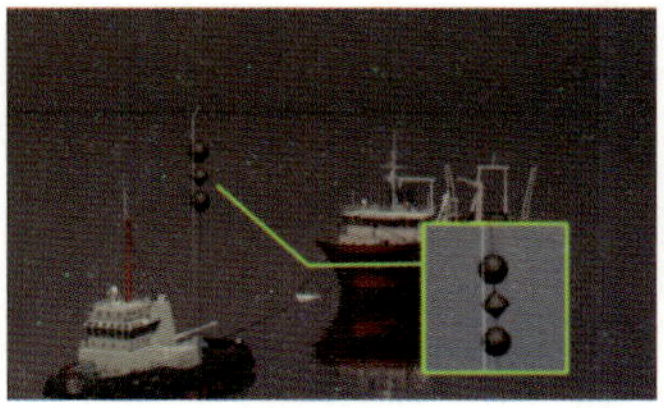 제한받는 예인작업에 종사시	가장 잘 보이는 곳에 수직으로 위쪽과 아래쪽에 둥근꼴, 가운데에는 마름모꼴의 형상물 각 1개씩 표시
		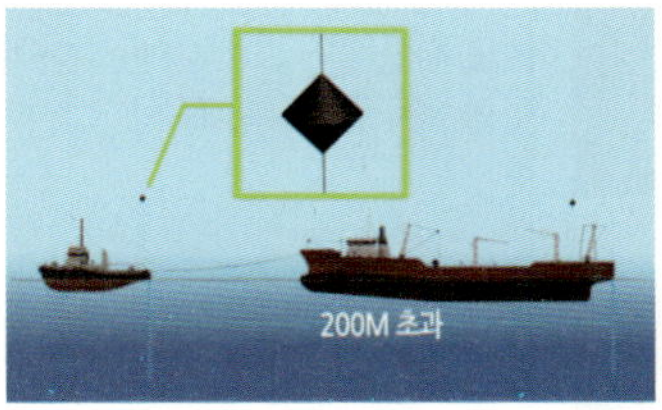 예인선열의 길이 200m 초과시	가장 잘 보이는 곳에 마름모꼴의 형상물 1개를 추가
	등화	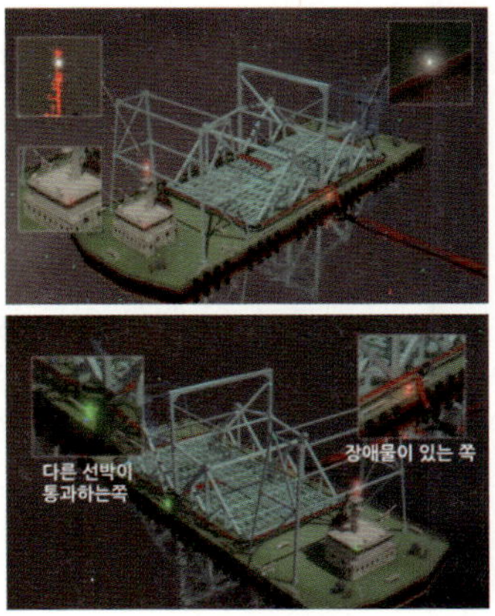 준설이나 수중작업으로 조종능력 제한받는 경우	가장 잘 보이는 곳에 수직으로 위쪽과 아래쪽에는 붉은색 전주등, 가운데에는 흰색 전주등 각 1개, 대수속력이 있는 경우 이에 덧붙여 마스트등 1개, 현등 1쌍 및 선미등 1개 표시 장애물이 있는 경우에는 추가로 장애물이 있는 쪽을 가리키는 뱃전에 수직으로 붉은색 전주등 2개, 다른선박이 통과할 수 있는 쪽을 가리키는 뱃전에 수직으로 녹색 전주등 2개 표시

<table>
<tr><th colspan="2">구 분</th><th>형 상</th><th>내 용</th></tr>
<tr><td rowspan="6">조종제한선</td><td>형상물</td><td>
준설이나 수중작업으로
조종능력 제한받는 경우</td><td>가장 잘 보이는 곳에 수직으로 위쪽과 아래쪽에는 둥근꼴, 가운데에는 마름모꼴의 형상물 각 1개씩 표시
장애물이 있는 경우에는 추가로 장애물이 있는 쪽을 가리키는 뱃전에 수직으로 둥근꼴의 형상물 2개, 다른 선박이 통과할 수 있는 쪽을 가리키는 뱃전에 수직으로 마름모꼴 형상물 2개 표시</td></tr>
<tr><td>등화</td><td>
잠수작업 종사시</td><td>가장 잘 보이는 곳에 수직으로 위쪽과 아래쪽에는 붉은색 전주등, 가운데에는 흰색 전주등 각 1개를 표시</td></tr>
<tr><td>형상물(기류)</td><td>
잠수작업 종사시</td><td>국제해사기구가 정한 국제신호서 A기의 모사판을 1m 이상 높이로 하여 사방에서 볼 수 있도록 표시</td></tr>
<tr><td>등화</td><td>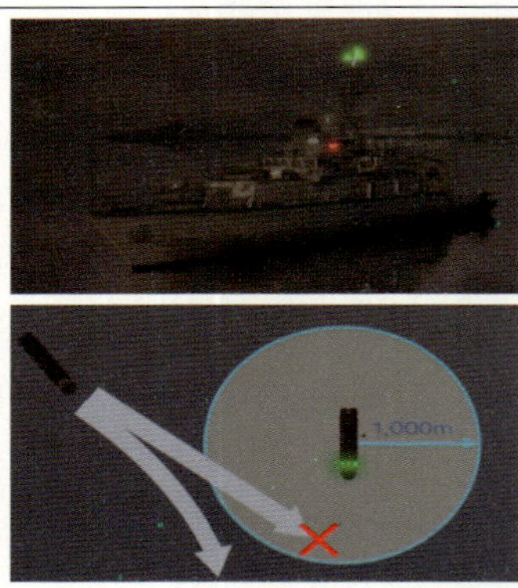

기뢰작업에 종사하는 선박</td><td rowspan="2">1000m 이내로 접근하면 위험하다는 경고로서 항행중인 경우 동력선의 의무 등화 및 형상물을, 정박중인 경우 정박선의 의무 등화 및 형상물을 표시하고, 이에 덧붙여 녹색의 전주등 3개 또는 둥근꼴의 형상물 3개표시, 이 경우 이들 등화나 형상물 중에서 하나는 앞쪽 마스트의 꼭대기 부근에 표시하고, 다른 2개는 앞쪽 마스트의 가름대의 양쪽 끝에 1개씩 표시</td></tr>
<tr><td>형상물</td><td>
기뢰작업에 종사하는 선박</td></tr>
</table>

▌기류신호(旗類信號 : Flag Signaling)▌

인명의 안전에 관한 여러 가지 상황이 발생하였을 경우를 대비하여, 특히 언어에 의사소통에 문제가 있을 경우 규정된 신호방법 중 기류를 통한 방법.

*국제신호서(International Code of Signals)에 규정되어 있는 신호기에는 영문자기 (Alphabetic Flags), 숫자기 (Numerical Pendants), 대표기(Substitutes) 및 회답기(Code and Answering Pendant)가 있다.

【선박항해용어사전, 기류신호】

이름	기류	이름	기류	이름	기류
A		N		P1	
ㅗ		ㅛ		장1	
B		O	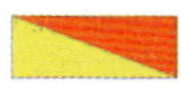	P2	
ㄷ		ㅍ		장2	
C		P		P3	
ㅊ		ㅈ		장3	
D		Q		P4	
ㅡ		ㅒ		장4	
E		R		P5	
ㅏ		ㅠ		장5	
F	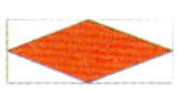	S		P6	
ㄴ		ㅕ		장6	
G		T		P7	
ㅅ		ㅓ		장7	
H		U		P8	
ㅜ		ㅣ		장8	
I		V	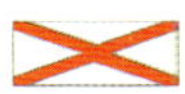	P9	
ㅑ		ㄹ		장9	
J		W		P0	
ㅎ		ㅂ		장0	
K		X		1	
ㅐ		ㅋ			
L		Y		2	
ㄱ		ㅔ			

이름	기류	이름	기류	이름	기류
M ㅁ		Z ㅌ		3	
Ans		Div		4	
Screen		Flotilia		5	
Desig		Int		6	
Emerg		Prep		7	
Form		Speed		8	
Negat		STBD		9	
Port		Station		0	
Squad		First sub		문 자 기 : 26매 숫자장기 : 10매 숫 자 기 : 10매 특 수 기 : 18매 대 표 기 : 4매	
Subdiv		Second sub			
Turn		Third sub			
Corpen		Forth sub			

기 류	내 용
SECOND B V 3 6 X	재 박 훈 련
EMERGE B V 3 2 X	전 투 배 치
CODE D	운전부자유선
CODE O	인 명 구 조

기 류	내 용
 CODE U W	안전항해를 기원합니다
 CODE U W P2	감사합니다
 DEGIG W E L C O M E	환영합니다
 CODE H	도선사가 타고 있다
 **EMERGE** **4**	72시간 이내 태풍권 내습이 예상될 때
 **EMERGE** **3**	48시간 이내 태풍권 내습이 예상될 때
 **EMERGE** **2**	24시간 이내 태풍권 내습이 예상될 때
 **EMERGE** **1**	12시간 이내 태풍권 내습이 예상될 때
 **NEGAT** **EMERGE**	태풍 경보 해제